살기좋은 도시 만들기 사전
숲의 도시

지은이 제종길
펴낸이 강정희
펴낸곳 도서출판 각 Ltd.
초판 인쇄 2021년 12월 23일
초판 발행 2021년 12월 29일

도서출판 각 Ltd.
주소 (63168) 제주특별자치도 제주시 관덕로6길 17 2층
전화 064·725·4410
팩스 064·759·4410
등록번호 제651-2016-000013호

ISBN 979-11-88339-81-5 03980

값 25,000 원

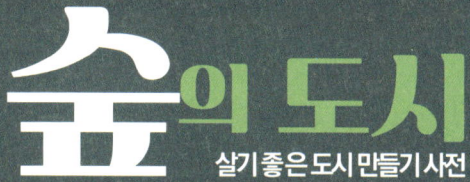

숲의 도시
살기좋은 도시 만들기 사전

글·사진 제종길
그림 이호중

GAK

머리말

처음 "도시가 뭐지?"하고 갑자기 의문이 생겼던 때가 있다. 17년 전의 일이다. 분명 도시에 살고 있으면서도 도시에 관해 제대로 아는 것이 거의 없다는 사실에 스스로 너무나 놀랐다. 충격이었다. 그동안 도시 문제에 대해 아는 체하고 다닌 일이 부끄러울 정도였다. 따져보니 자주 다니던 몇몇 길, 직장, 가끔 가던 식당과 쇼핑센터, 극장 등이 아는 것의 전부였다. 그리고 동네 골목을 찾아다니고 마을 이름을 익히고 사람들을 만나도 도시의 실체가 잘 잡히지 않았다. 그래서 시작한 것이 도시에 관한 책 수집이었다. 책을 사면 적어도 목차만큼은 꼼꼼히 살펴보는데, 보고 나서 책장에 꽂아 두면 조금은 위안이 되었다. 그러던 어느 날 '2007 지구환경보고서'인 『도시의 미래』를 읽고 도시화로 도시인구가 세계 인구의 절반을 넘어서게 된다는 것을 알았다. 도시의 시대가 도래한 것이다. 또 유엔해비타트UN-HABITAT는 21세기를 도시의 세기Urban Century로 이름붙였다. 도시가 지구환경을 힘들게 만드는 핵심이 될 것이라는 점을 직감적으로 알 수 있었다. 2002년에 쿠리치바를 방문하고 그 도시를 배웠는데 그때 깨닫지 못한 일들이 새삼 이해되고 그 의미가 와닿았다. 도시 문제, 특히 빈곤과 환경문제 해결을 위해 어떻게 접근하고 풀어나갔는지를 알게 되었다. 도시계획과 정책을 만드는 공무원과 전문가들의 열정까지도.

오랫동안 강의하면서 깨달은 것이 있었다. "가르치는 것이 곧 배우는 것이다." 강의를 잘하려면 열심히 공부하지 않으면 안 되기 때문이다. 그래서 글을 한번 써 보기로 했다. 그것도 정기적으로 쓰지 않으면 안 되는 일로 신문 연재를 택했다. 도시를 전공하지 않았고, 도시를 운영해 본 경험과 도시 전문 서적 몇 권을 가지고 있는 것이 다이지만 쓰면서 공부해보자는 다짐을 했다. 두 지역 신문에 '생태 여행'과 '도시'를 주제로 한 칼럼을 연재했다. 글을 쓰면서 몰랐던 사실을 하나둘씩 알아가면서 도시학습의 즐거움을 깨닫게 되었다. 조금씩 "도시가 무엇인가?"를 알 것 같은 자부심을 가질 때쯤 인천 부평구에서 강의 요청이 왔다. '도시 부천의 미래'로 제목을 정하고 발표자료를 만들며 그동안 읽고 쓰면서 배운 지식을 총동원했다. 당시의 결론은 지구의 미래가 도시에 달려있다는 것, 그리고 도시에서 가장 시급히 해결해야 할 문제는 기후변화, 빈곤, 환경이었다.

세상은 빠르게 변하고 있다. 특히 도시화와 인구 증가 문제가 그렇다. 수많은 도시 문제 중 양극화와 빈곤의 문제는 불편한 진실이었다. 2008년 당시 도시빈민은 10억 명 미만이었지만 2030년이면 20억 명으로 늘어난다. 너무나 빠른 속도다. 환경 지속성도 위기라고 할 정도다. IPCC 2차 보고서에서 자연이 주는 편익의 60%가 악화되었다고 하고, 『도시의 미래』의 서문을 쓴 월드워치연구소 소장이었던 크리스토퍼 플래빈Christopher Flavin은 "생태계서비스의 2/3가 이미 파괴되었다."고 했다. 따라서 도시에서 해야 할 일이 너무나 명확해졌다. 도시의 문제를 스스로 해결하고 지구를 살리는 데 앞장서야 한다.

도시에 다른 문제가 없다는 말은 아니다. 오히려 셀 수 없을 정도로 많다. 수만 가지라고 해도 지나치지 않다. 도시계획, 도로, 대중교통, 쓰레기, 산업, 오염, 물, 폭력, 복지와 공공의료, 건축, 자연환경 등등 이들 문제는 별도로 발생하거나 해당 문제만 따로 해결할 수 없다. 서로 얽혀있는 것이다. 문제와 해결의 중심에는 항상 사람, 즉 시민들이 있다. 그러니 문제의 종류는 셀 수 없게 된다. 그래서 통합적인 사고와 사람들이 활동하는 현장 중심의 접근 방식이 필요하다. 도시를 움직이는 사람들을 주목하지 않을 수 없었고, 지도자 개인이나 주도적인 역할을 하는 단체나 조직 그리고 공무원과 전문가 그룹, 기업을 비롯한 이해당사자들, 마지막으로 주민들과 마을공동체가 있어 이 모든 관계를 들여다보면 복잡한 관계망 같이 느껴진다. 그래서 도시에 접근할수록 미지의 세계를 탐사하는 기분이 든다. 두근거림도 있다. 상상하지도 못했던 기상천외한 일도 많다. 민유기는 마크 기로워드Mark Girouard의 책 『도시와 인간』을 옮기면서 "도시는 상상력의 보물창고다. 도시는 사람들이 만들어가는 살아 움직이고 변화하는 유기체다. 도시는 언제나 이성과 감성, 꿈과 현실, 희망과 절망, 갈등과 타협, 전통과 새로운 유행이 혼재된 하나의 소우주였다."라고 썼다. 참 적절한 표현이다. 소우주를 찾아가는 기분으로 책을 썼다. 이 책은 시민들이 바라는 도시, 즉 살고 싶어 하는 도시를 알아내려는 지난한 과정 중의 일부이다.

이 책은 주간지인 〈투데이 안산〉에 90회 연재한 것을 모은 것이다. 각 주제는 독립적으로 기술되었으나 '숲의 도시'라는 비전을 가지고 정리한 것이라 각 소주제에서도 방향성이 파악될 것으로 생각한다. 90개의 소주제를 나누다 보니 각 주제 간 연결이 매끄럽지 않아 사전 형식을 취했다. 강준만의 정치학 사전이나 다카하시 마꼬토의 창의력 사전 등 인문학 분야의 유사 형태를 참고했다. 전체를 다시 대주제 여섯 개 – 도시, 좋은 도시, 문화도시, 당당한 도시, 환경도시, 숲의 도시로 나누어 소주제를 묶었다. 그러니까 씨줄과 날줄이 있어 하나는 '숲의 도시'로 가고, 다른 하나는 각 주제에 충실하고자 했다. 그러다 보니 참고문헌들이 많았다. 전문도시, 책, 신문 기사 등이나 위키피디아와 나무위키 등의 자료를 참고했음을 밝힌다. 참고문헌과 자료 등은 책의 마지막 부분에 따로 실었다. 이 책에서 언급한 도시들은 반 이상은 직접 방문한 곳 중에서 골랐으나 그밖의 도시들은 자료를 통해 필요한 곳을 선정하여 기술했다.

  이 책의 원고 연재를 하게 해준 장기준 〈투데이 안산〉 사장과 삽화를 그려준 건축사 이호중 박사와 이예진 선생 그리고 제주에 있는 도서출판 각의 박경훈 사장과 강경흠 편집장 그리고 문봉순 선생께 감사드린다. 원고를 만들고 정리하는 과정에 여러 가지 도움을 준 (사)도시인숲의 박진한 선생과 임도연 선생, 끝으로 옆에서 묵묵히 격려해준 아내 임미정 씨에게도 고마움을 전한다.

추천사

우리는 전체 국민의 90% 이상이 도시에 사는 시대에 살고 있다. 특히 인구밀도 1위에서 10위에 해당하는 도시가 모두 서울과 수도권에 있는 도시이다. 이런 점을 살펴보면 우리나라의 도시인구 집중비율, 그중에서도 수도권 집중비율이 얼마나 높은지 알 수 있다. 우리나라의 도시 기준은 인구 5만 명 이상 모여 사는 지역으로서, 그곳에 사는 경제인구의 50% 이상이 일차 산업이 아닌 이차 산업이나 삼차 산업에 종사하는 지역을 도시라고 정의한다. 도시는 나라에 따라 그 기준이 다르지만, 공통적인 것은 많은 사람이 모여 살면서 경제활동을 하는 공간이라고 하는 점이다.

수도권과 같이 많은 사람이 도시에 몰려 살게 되면 도시에서는 사회, 문화, 경제, 환경과 관련된 다양한 문제들이 필연적으로 발생하게 된다. 그래서 도시는 농촌과 비교해 어두운 곳과 같은 느낌을 주기도 한다. 하지만 많은 사람들은 여전히 자연환경이 좋은 농촌보다는 항상 경쟁과 다툼이 있는 도시에 사는 것을 선호한다. 도시가 주는 역동성과 기회 요인이 도시가 가진 부정적인 면을 상쇄시키기 때문이다.

그런데 도시는 도시 자체만으로는 유지되기가 어렵다. 도시 외곽의 농촌 지역에서 생산하는 곡식과 물, 에너지가 공급되지 않으면 도시는 하루아침에 허물어지는 모래성과 같다. 도시는 태생부터 농촌과 자연환경에 종속되어 살아가야 하는 숙명을 가지고 출발하였다. 그래서 생태학자들은 도시를 농촌과 자연에 종속된 생태계라고 부른다. 하지만 도시에 사는 시민들은 도시가 자연과 농촌에 종속된 생태계라고 하는 점을 종종 잊고 살아간다. 그래서 음식과 물, 에너지를 과소비하기도 한다. 이런 과소비는 도시를 넘어 자연과 농촌에 영향을 주기도 한다. 오늘날 우리가 겪고 있는 기후변화 문제, 미세먼지 문제, 폐기물 문제는 도시가 일으킨 대표적인 문제들이다.

결국, 도시문제는 지구가 가진 여러 가지 문제의 기본일 수 있다. 그래서 도시문제 해결이 지구문제 해결의 지름길이다. 도시문제 해결을 위해 노력하는 많은 분이 있다. 대표적인 분이 이 책을 쓴 제종길 박사이다. 제 박사의 원래 전공은 해양생태학이다. 사면이 바다로 둘러싸인 우리나라에서 해양생태학은 매우 중요한 기초과학 분야다. 하지만 이 분야 전공자가 매우 드물다. 그러다 보니 제 박사는 해양생태학자에서 환경운동가로, 그 이후 국회의원으로, 경기도 안산시의 시장으로, 한국생태관광협회 회장으로 계속 활동의 폭을 넓혀 왔다. 이런 활동의 핵심에는 항상 환경문제가 있었다. 특히 도시환경문제와 그 해결방법에 대한 깊은 고민이 있었다.

도시는 사람이 만드는 천국이라고 하는 이야기가 있다. 도시는 암울하고 답답한 다양한 문제들을 가지고 있지만, 한편으로 도시에는 사람들이 기대고 힘을 모아 살아가기 위한 다양한 대안들도 있다. 내가 살아가는 도시를 우리가 모두 행복한 도시로 만들어가는 일은 큰 보람이 있는 일이다. 제 박사는 국회의원과 시장, 다양한 사회단체장을 지내는 바쁜 와중에서도 새벽마다 도시를 더욱 좋은 곳으로 만들기 위한 다양한 대안들을 정리하고 고민했다. 그 결과가 이 책에 고스란히 담겨있다. 환경, 안전, 공공의료, 정보화, 일자리, 사람 중심, 문화, 예술, 건축, 대중교통, 도시재생, 자치분권, 축제, 스포츠, 생태관광, 어메니티, 도시농업, 사회적 자본, 물과 에너지, 폐기물, 음식, 지속가능발전, 환경교육, 도시숲, 생태계서비스, 기후변화, 도시공원, 그린 뉴딜, 보호지역, 폭염, 환경도시, 스마트도시, 생태도시, 걷기 좋은 도시, 포용도시, 창조도시, 책의 도시, 녹색도시, 친환경도시, 숲의 도시, 국립공원도시 등 아마도 지금 현재 우리가 고민하는 도시문제 대부분이 이 책에 백과사전처럼 담겨있는 것 같다.

모든 지방자치단체의 시장들이 이런 고민을 하고 살아가지는 않겠지만, 안산시장을 지낸 제종길 박사의 고민과 학습량에 절로 고개가 숙여진다. 이 책은 우리나라 도시 행정을 하는 분들이 한 번은 꼭 읽어야 하는 필독서라고 생각된다. 또한, 도시문제와 환경문제를 고민하는 시민들도 꼭 읽어보도록 강력하게 추천해 드린다.

오충현 동국대학교 바이오환경과학과 교수
지속가능발전위원회 생태분과위원장

추천사

도시의 시대를 함께 헤쳐나가면서

　도시는 거대한 담론이고 화두다. 도시를 운영해본 사람이면 누구나 다 안다. 최근 지방정부는 도시에서 일어나는 모든 것에 관계를 맺고 중앙정부는 물론이고 다른 도시, 다른 국가의 도시들과도 교류하는 등 마치 작은 국가와 같이 돌아간다.
　그 속사정을 알면 알수록 빠져드는 미지의 세계와도 같다. 그래서 도시가 매력적이다. 한국에서는 도시인구가 90%를 넘어섰기 때문에 도시 문제는 절대 주제이다. 도시정책을 잘 세우고 실행하느냐가 세상을 바꾸기도 한다. 그래도 도시의 속성을 제대로 알려고 든다면 무지하거나 욕심이 너무 많은 사람이라는 소리를 듣는다. 제종길 박사는 후자에 가깝다. 학자이자 시장 경험도 해본 사람이라 무지하다고는 할 수 없다. 도시에 관한 공부가 부족하다고 늘 말하곤 하면서 신문 연재를 한다는 이야긴 들었다. 매주 한 번씩 도시를 주제로 연재한다는 것은 해본 사람이라면 다 아는 피 말리는 노력을 해야 가능한 일이다. 그것도 장장 90회에 걸쳐서 했다는 것은 그 자체로 놀라운 일이다. 제종길 박사의 성실성과 인내심은 누구나 다 아는 사실이지만 새삼 확인하게 된다. 이 점이 이 책을 쓸 수 있었던 첫 번째 이유가 될 것이다.
　굳이 두 번째 이유를 들자면 제 박사는 안산시장으로 기초지방자치단체장을 역임했을 뿐 아니라 전국시장·군수·구청장협의회 사무총장을 역임하면서 느낀 아쉬움과 경험이 그를 도시라는 주제에 더 집착하게 만든 것 같다. 협의회는 전국에서 온갖 민원이 다 올라오는 곳이다. 그리고 그 문제를 직접 해결하고 중앙정부의 여러 부서와 조정했으니 책의 각 주제를 다른 사람보다 더 깊이 들여다볼 수 있었을 것이다. 대한민국은 지방자치를 시행하는 국가지만 아직 말뿐이지 중앙정부에 크게 예속되어 있다. 특히 재정문제가 그렇다. 나아지기는 커녕 전혀 개선이 되지않고 있다. 문재인 정부의 공약인 국세와 지방세의 비율도 7:3에도 미치지 못하고 있다. 기초자치단체 처지에서는 답답함이 컸을 것이고, 여기서 얻은 정보를 다른 사람들 - 정책결정자와 시민들과 공유하고 싶었던 것 같다. 그렇게 본다면 주제별로 정리한 것이 학습하기에는 좋은 체계인 같다.

세 번째는 그가 환경 분야의 전문가라는 거다. 그는 이 분야에서 오랫동안 학문연구와 사회활동을 병행해왔다. 국회의원일 때도 환경노동위원회 간사만 4년을 했다. 그다운 뚝심이 있었던 거다. 그래서 어떤 주제에서도 '풀과 나무' 냄새가 난다. 그가 7년 전 안산시장 재직 때 '숲의 도시'를 하고 싶다고 할 때만 해도 산업도시에서 "왜지?" 하는 의구심이 있었는데 이젠 알겠다. 지속가능발전목표를 달성하려면 지속가능한 도시가 되어야 하고 새 도시의 브랜드도 필요하니 '숲의 도시'인 것이었다. '숲의 도시'를 도시의 비전으로 삼으면서 그가 이룬 성과가 많다. 나무를 심어 폭염 일수를 줄인 것을 비롯하여 기후변화에 대응하기 위한 '안산 에너지 비전 2030'도 그다운 것이지만 도시계획을 다시

정비하고 대부도에 도시가스를 넣은 것 등등. 그를 보면 환경학자 시장이 시대에도 딱 맞는 것 같았다.

  책은 도시를 운영해본 사람이라면 꼭 알아 두어야 할 일들을 주제로 삼았다. 각 주제를 새로 학습하는 사람처럼 주제의 정의에서부터 활용범위와 국내외 사례 등등. 학습을 위한 치열한 노력이 그의 도시 안산 사랑에서 비롯된 것을 너무나 잘 알 것 같다. 도시의 시대에 전국의 기초자치단체장을 비롯한 도시에 관심을 가진 모든 분에게 꼭 권하고 싶다. 그의 도시와 자연 사랑을 성원하면서 자치분권 운동을 함께한 동료들이 축하를 보낸다.

국회의원 이해식 (전 서울 강동구청장)
수원시장 염태영
논산시장 황명선

목 차

머리말

추천사

우리가 사는 소우주, 도시

도시 20 / 비전 25 / 빈곤 29 / 지속가능발전 33 / 콜롬비아 메데인 37 / 일본 후쿠오카 42

사람들이 살고 싶어하는 좋은 도시

안전 48 / 공공보건의료 서비스 53 / 비상계획 58 / 회복력 62 / 일자리 65 / 완전한 거리 69 / 사람 중심 마을 74 / 걷는 길 78 / 걷기 좋은 도시 83 / 포용도시 89 / 즐거움을 주는 도시 94 / 살기 좋은 도시 98 / 미국 포틀랜드 103 / 핀란드 헬싱키 107 / 오스트리아 빈 111 / 덴마크 코펜하겐 115

세상을 곱게 빛내는 문화도시

색상 122 / 건축 127 / 박물관 131 / 축제 135 / 스포츠 139 / 생태관광 143 / 도시관광 148 / 책의 도시 153 / 어메니티 159 / 예술도시 164 / 창조도시 169 / 문화도시 173 / 전라남도 담양 178 / 오스트레일리아 멜버른 183 / 미국 디트로이트 188 / 스페인 바르셀로나 193 / 크로아티아 리예카 199

발칙한 정책이 만드는 당당한 도시

도시농업 206 / 역세권 210 / 대중교통 214 / 선명한 도시 219 / 인재양성 223 / 리더의 도전 227 / 사회적 자본 232 / 축소도시 236 / 자치분권 241 / 도시재생 245 / 전라남도 순천 251 / 스웨덴 말뫼 256 / 네덜란드 로테르담 260 / 청색경제 264 / 히든 챔피언 269 / 빅데이터 274 / 4차 산업혁명 276 / 초연결사회 281 / 스마트도시 285 / 스페인 산탄데르 289 / 이스라엘 텔아비브 293

사람과 생명을 지키는 환경도시

물 300 / 에너지 303 / 플라스틱 쓰레기 308 / 음식물 312 / 폐기물 317 / 생태마을 321 / 보호지역 326 / 환경교육 331 / 일본 기타큐슈 335 / 영국 더럼 340 / 프랑스 낭트 344 / 기후변화 349 / 대담한 도시 354 / 그린 뉴딜 358

도시와 자연을 살리는 숲의 도시

폭염사회 364 / 도시숲 369 / 생태계서비스 374 / 자연 돕기 377 / 도시공원 381 / 녹색수도 387 / 독일 에센 391 / 싱가포르 395 / 지속가능한 도시 399 / 이탈리아 밀라노 403 / 영국 밀턴 케인즈 408 / 숲의 도시 413 / 경기도 안산 415 / 말레이시아 421 / 중국 루저우 426 / 프랑스 파리 430 / 영국 글래스고 434 / 영국 런던 439 / 미국 워싱턴 DC 443

도시의 미래, 미래 도시 450

그 밖의 참고서적 456

찾아보기 463

우리가 사는 소우주, 도시

"도시는 사람들이 만들어가는 살아 움직이고 변화하는 유기체다."
- 민유기 -

도시

지구에서 살아가는 사람들 반 이상이 도시에 살고 있다. 이러한 인구의 도시 집중은 점차 가속화되어 2050년이면 인구의 70%가 도시에 살게 될 것이라고 많은 학자가 예측한다. 도시는 이미 생산과 소비의 중심이 되었고, 세계 경제 비중의 80%나 되며, 온실가스를 75% 이상 배출한다. 이렇게 보면 도시가 세계를 움직이고 있으며, 기술과 문화도 도시에서 생성되고 발전한다고 해도 지나치지 않다. 그러니 도시에 사람들이 모이지 않을 수 없다. 과연 그것 뿐일까? 일자리 때문이라는 간단한 해답으로 마감할 수도 있으나 그렇게 단순하지 않다. 오히려 사람들의 욕망과 흥미를 충족시켜주는 측면이 강해서 일 수도 있다. 과거라면 도시와 시골에 사는 것의 차이가 크지 않았지만, 흥미를 제공하는 것의 다양성 정도나 그에 따른 즐거움이나 행복감에서 너무 큰 차이가 나기 때문은 아닐까? 사람들은 정리되지 않은 자연에서보다 도시가 더 아름답고 더 자연 친화적이라고 느끼는 것은 아닐까? 물론 역으로 자연 속의 삶을 찾아 도시를 떠나는 사람들도 늘고 있으나 그 수는 상대적으로 훨씬 적다. 어쨌든 우리가 도시에 사는 한, 특히 우리나라는 적어도 인구의 90% 정도가 도시에서 살아간다고 하니 도시의 이면을 찾아 좋은 도시를 만들려는 노력을 해보아야 할 것이다.

『브리태니커Britannica』 사전에서는 도시를 "마을이나 동네보다 크기나 중요성이 상대적으로 크고, 상대적으로 영구적이고 고도로 조직화된 사람들이 모여 사는 곳이다. 도시라는 이름은 지역이나 국가에 따라 다를 수 있는데 법적 또는 관습적 차이에 따라 특정 공동체에 주어지기도 한다. 그러나 대부분은 도시 개념은 '어바니즘urbanism'이라고 알려진 특정한 유형의 공동체, 도시 공동체와 그 문화로 나타낸다."라고 정의하고 있다.

고대의 초기 도시는 신석기 시대(대략 기원전 9,000~3,000년)에 나타났는데 마을이 도시로 발전하는 데는 최소 1,500년이 걸렸다. 많은 도시가 등장한 시기는 기원전 5,000년에서 3,500년 사이로 보고 있다. 인류가 모여 살 수 있도록 한 동기는 처음에는 농업기술의 혁신이었다. 신석기 시대의 식물 재배와 동물의 가축화는 점차 개선된 경작과 가축 사육 방법으로 이어졌다. 이는 나중에 잉여 생산으로 이어지고 더 많은 인구의 유지가 가능하게 되었다. 동시에 공동체의 일부 구성원들은 자유로워지고 숙련된 장인이 되어 비필수품인 상품과 서비스를 생산하기 시작했다. 시간이 지나면서 관개와 경작 기술의 발달로 인간의 정착지 규모가 커져감에 따라 상품과 사람의 순환은 더욱 활발해졌다. 끊임없이 식량을 찾아 유목 생활을 했던 신석기 이전 인류는 주로 도보로 이동했으나 도시에서는 다른 수단으로 생필품을 나르기도 했다. 기원전 약 3,500년경에 생긴 도시로 보이는 거주지가 발견되었다. 최초의 도시 시민들은, 문자 소통, 기술 발전(특히 금속), 점점 더 정교한 형태의 사회와 정치 조직(종교·법률로 공식화되고 사원과 성벽으로 상징됨)으로 다른 곳의 사람들과 구별된 것을 알 수 있었다. 도시의 형태는 나일강 계곡과 우르$_{Ur}$의 수메르 해안에서 처음 나타났으며, 기원전 3천 년 경에 모헨조다로Mohenjo-Daro의 인더스 계곡에서도 보였다.

---

1) 일반적으로 도시 생활을 지향하고, 도시에서의 특징적인 생활 양식을 말한다. 또는 근대 이후의 도시계획 전반을 가리킨다. 도시성(都市性) 또는 도시주의(都市主義)라고 번역한다(위키백과에서 인용). 이와 관련하여 뉴 어바니즘(new urbanism)과 그린 어바니즘(green urbanism)과 같은 용어도 있다. 뉴 어바니즘(new urbanism)은 산업화가 진행되면서 무분별한 도시확장으로 인해 등장한 이론으로 보행 친화성, 다양성, 지속가능성 등을 지향하며 인간, 지역성 회복에 앞장섰다. 하지만 특성 있는 도시개발을 실행하기 위해서는 지역 특성을 반영한 계획을 수립하고 각종 계획을 종합적으로 고려해야 할 필요가 있다(대구창의도시재생, 2020 에서 인용). 또 그린 어바니즘은 도시와 자연을 양분해서 생각하는 전통적 관점을 극복하도록 요구한다. 사람들이 삶 자체를 즐기는 지역사회, 또 정서적으로 고양될 뿐만 아니라 도시의 비전 측면에서도 영감이 넘치는 장소를 만드는 데 중점을 둔다. 즉, 거주하기에 좋은 도시를 만들려는 것뿐 아니라, 생태적으로도 바람직한 도시를 창조하려 한다.

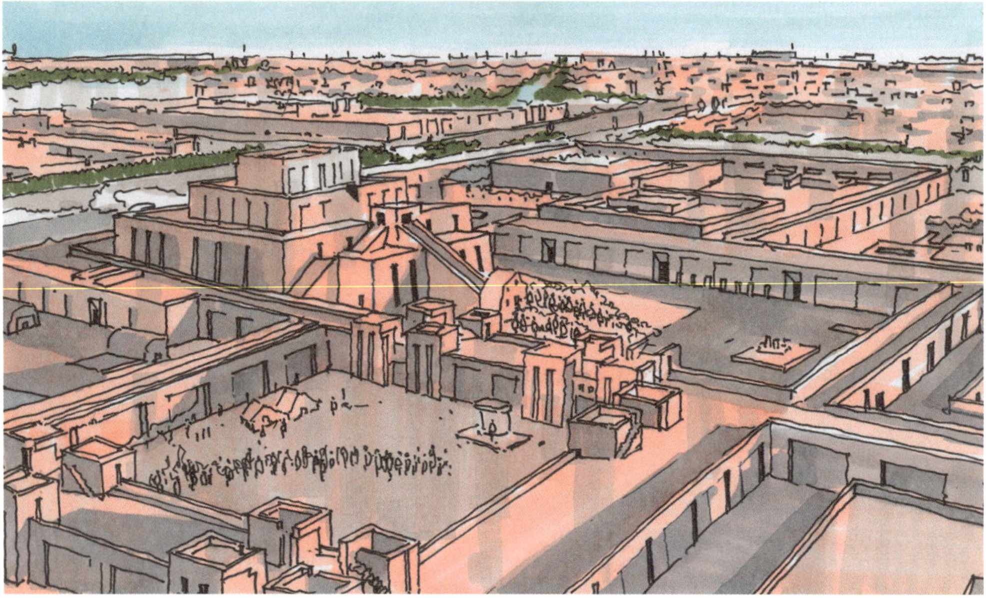

이라크 우루크 세계에서 가장 오래된 도시유적으로 기원전 4,000년에서 2,000년까지 번성한 것으로 추정된다. 현재 유네스코 세계문화유산으로 등재되었으며, 그림은 복원 상상도이다.

영국 런던 새로운 도시를 설계할 때는 도시 모형을 만들어 주변환경이나 경관과 잘 어울리는지 살핀다.

22 숲의 도시

인류 최초의 도시에 관한 학설은 여러 가지가 있으나[2] 기록에 나타난 기원전 9,000년쯤 가나안의 사해 인근 예리코Jericho를 드는 경우가 있다. 그러나 대부분 도시에 관한 문헌은 우루크Uruk를 든다. 최초의 거대 도시로 알려진 우루크는 수메르어 '우누그'로도 불린다. 이 도시는 메소포타미아의 두 강, 유프라테스강과 티그리스강 사이에 있었지만 유프라테스강과 더 가까운 저지대에 약 5,500여 년 전에 세워진 수메르계 도시이자 도시 국가였다. 이 위치는 현재 이라크에 속하며, 이라크라는 나라 이름이 '우루크'에서 파생되었다는 설이 있다. 전성기 우루크의 인구는 5~8만 명, 성벽 내의 면적은 6km^2 정도로, 당시에는 세상에서 가장 큰 도시였다. 현재까지 알려진 바로는 우루크는 밀집된 인구를 가진 세계 최초의 도시로 여겨진다. 이 도시는 전문 관리, 군인 등으로 계층화된 사회를 이루며, 메소포타미아의 도시국가 시대를 열었다. '길가메시 서사시Epic of Gilgamesh'의 주인공이자 영웅인 길가메시가 다스렸던 도시국가였기도 하다. 우루크는 아카드의 사르곤 대왕 이전 시대에 강력한 패권을 장악하였고, 후반기(기원전 2004년)에는 엘람(기록에 남아있는 가장 오래된 문명 중 하나)의 사람들과 치열하게 경쟁했다. 이러한 역사적 기록은 서사시에 문학적으로 표현되어 있다.

'도시city'라는 단어는 '문명civilization'과도 연관이 있으며, 본디 '시민권citizenship' 또는 '공동체 구성원'을 의미하는 라틴어 어원인 'civitas'에서 유래했다. 더욱 물리적인 느낌을 주는 'urbs'와도 부합되어 '도시의urban' 등에서 도시의 의미를 나타낸다. 로마어에서 'civitas'는 그리스어 '폴리스polis'와 가깝게 연결되어 있었는데, 이는 '거대도시metropolis'와 같은 영어 단어에 나타나는

---

2) 위키피디아(Wekipedia)의 '도시의 역사'에서는 가장 오래된 도시를 기원전 7,100년에서 기원전 5,700년으로, 아나토리아 남부에 있는 약 10,000명의 정착지인 카탈회요크(Çatalhöyük)라고 하였다.

영국 런던 세계 최초의 현대도시로 인정받는 영국 런던은 도시를 재정비하고 확장하면서 도시재생으로 도시 경관이 변모하고 있다.

어근으로 이해된다.

한편 위키피디아에서는 더 현대적으로 도시를 정의하고 있는데 "사람들의 큰 정착지로 구성원들이 주로 비농업 작업에 종사하는 행정적으로 정의된 경계가 있는 영구적이고 조밀하게 정착하는 장소다. 도시는 일반적으로 주택, 교통, 위생, 공익시설utilities, 토지 이용, 상품 생산, 통신과 관련된 광범위한 시스템을 갖추고 있다. 이들의 밀도는 사람, 정부 조직과 기업들 사이의 상호작용을 촉진하고, 때로는 상품과 서비스 분배의 효율성 향상과 같은 과정에서 다른 당사자들에게 혜택을 주기도 한다."라고 하였다. 역사적으로 도시 거주자는 인류 전체의 작은 비율이었지만 지난 2세기 동안 전례 없이 급속한 도시화가 진행되면서 현재 세계 인구의 절반 이상이 도시에 거주하고 있으며, 이는 전 세계의 지속가능성에 중대한 영향을 미쳐왔다. 오늘날의 도시들은 일반적으로 더 큰 대도시권의 중심지를 형성하고 일자리, 오락, 문화생활이 가능한 도심을 조성하여 이곳으로 오가는 수많은 통근자를 만들어 냈다. 심화하는 세계화 속에서, 모든 도시는 상상 이상으로 해당 지역을 넘어 전 세계적으로 연결되어 있다. 증대되는 도시의 영향력은 지속가능한 발전과 지구온난화 그리고 안전 등과 같은 전 지구적 문제에도 부정적인 영향을 미칠 수밖에 없다는 것을 의미한다. 따라서 그 영향을 최소화하거나 거꾸로 긍정적으로 바꾸려는 노력이 진행 중이므로 제대로 된 도시를 계획하고 운영하는 것이 무엇보다 중요하다.

대구창의도시재생, 2020. 새롭게 바뀌는 도시_뉴어바니즘. // 티머시 비틀리(이시철 옮김), 2020. 그린 어바니즘, 유럽의 도시에서 배운다(Green Urbanisam: Learning from European Cities). 한국연구재단총서 학술명저번역 545. 아카넷. // National Geographic Society. 'The History of Cities' // Wekipedia 'City' // Wekipedia 'History of the city'

비전

어느 도시나 비전을 가지고 있다. 어떤 도시로 보이고 싶어 하는지를 시정책임자라면 누구라도 잘 나타내고 싶어 한다. 하지만 희망하는 도시의 명칭이나 도시를 표현하는 문장만으로 비전이 되지는 않는다. 사전에서는 비전vision을 '내다보이는 장래의 상황'으로 풀이한다. 비전에는 '눈에 보이는'이라는 의미가 담겨있다. 따라서 시민 누구나 이해할 수 있도록 뚜렷하고, 시민 대다수가 동의하는 비전이 좋은 비전이다. 예를 들면 '행복한 도시'라고 하면 누구라도 이해하고 좋아할 수 있는 비전이라고 할 수 있다. 행복하자는데 이의를 달 시민은 없을 것이다. 행복은 세상 모든 도시가 꿈꾸는 공통의 목표이다. 그러나 '행복한 도시'라고만 하면 다른 도시와 차이를 나타낼 수가 없는 너무 평범하고, 또 구체적이지 않아 주목을 받지 못한다. 비전은 한 도시의 구체적인 꿈이자 브랜드가 될 수 있기 때문이다. 그러므로 비전을 가지고도 도시 간 경쟁이 있을 수 있다. 인기 있는 비전이라면 먼저 선언하는 것도 필요하다.

순천은 '생태수도'라는 비전을 우리나라에서 처음으로 내세웠다. 순천만을 잘 보전해왔고 세계적으로도 주목을 받고 있으니 한국에서 생태나 습지만으로 볼 때 "순천이 수도다"라고 주장하는 것이 된다. 현재 순천시가 달성한 성과나 도시의 발전상으로 보면 시의적절한 비전이었음을 알 수 있다. 일본의 기타큐슈北九州는 '환경수도'를 내세워 세계적으로 명성을 얻었다. 오염도시라는 불명예를 안고 있던 이 공업도시는 '환경'이라는 주제로 멋진 반전을 만들어냈기 때문이다. 환경정책을 앞서 만들어 오염문제를 해결하고 시민들의 삶의 질을 높여 도시의 자산가치를 높였다. 도시전문가들도 이젠 아시아에서 최고의 환경도시로 이곳을 떠올릴 정도다. '생태도시' 울산도 매우 비슷한 사례이다. 완전히 썩었던 태화강은 연어가 올라오고 수영시합을 할 정도가 되었으니 말이다.

정책적으로 보면 비전은 도시의 최상위 목표이다. 따라서 앞에서 언급한 것처럼 가능하면 방향이나 배경에 대한 설명이 쉬워서 시민들이 고개를 끄덕일 정도가 되어야 한다. 그러려면 먼저 그 도시의 장점을 발굴해 내어야 한다. 그리고 시민들이 좋아하는 주제를 비전으로 삼으면 좋다. 설령 좋아하지 않더라도 도시의 미래가 비전을 통해서 보이고, 장점이 될 것 같은 확신을 심어주면 된다. 두 번째로는 기존의 단점이나 부정적인 면이 있었다면 긍정적으로 바꾸

미국 뉴욕 어느 도시나 나름대로 이미지와 색깔이 있다. 도시의 비전은 이런 이미지와 맞추어 수립하는 것이 좋다.

　는 방편으로 삼아야 한다. 기타큐슈와 울산뿐 아니라 유엔에서 우수한 환경도시로 손꼽았던 브라질의 쿠리치바와 독일의 프라이부르크가 그런 도시이다. 세 번째는 어쩌면 당연한 것이지만 비전을 달성하거나 그 과정에 도시의 가치가 높아지도록 노력해야 한다.

　비전을 달성하려면 몇 가지 목표를 가지고 있어야 하고 각 목표는 또 몇 개의 실행계획을 가지고 있어야 체계적인 추진이 가능하다. '비전'은 처음에는 누가 보더라도 꿈같고 이상적으로 보이며, 실현 가능성에 대해 의구심을 가질 수가 있다. 이럴 때 하위 목표와 그 목표를 달성하기 위한 실행계획을 보고 "아하!" 할 수 있어야 한다. 실행계획에는 목표 연도와 결과가 정량적으로 나타나면 더 좋다. '숲의 도시'라고 하면 목표가 "국내 최고의 도심 녹지 면적을 만든다."가 되고, 실행계획에는 나무를 어떻게 심고 작은 동네공원들을 몇 개 만들어 2030년에 시민 1인당 녹지면적이 15m^2가 되도록 하겠다는 구체적인 추진

경기도 안산 안산시는 2016년 '숲의 도시'라는 비전을 만들고 우리나라 최초로 지속가능성 보고서를 발표하였다.

계획이 세워지게 마련이다. 계획한 소목표는 매년 확인하고, 시행착오가 있으면 수정해 가면서 목표 연도에 목표가 제대로 달성되도록 하는 것이 바로 실행계획이다. 도시의 정책에는 반드시 이와 같은 과정을 거치게 되어있어 계획을 잘 수립하기만 하면 실행은 그리 어려운 일은 아니다.

안산의 경우 '숲의 도시'로 비전을 세워서 계획대로 추진한 결과 2015년에서부터 2018년 4년 동안 경기도에서 한여름 폭염일수가 제일 적은 도시가 되었다. 당연히 시민 한 사람당 녹지 면적도 늘었는데 약 $6㎡$이던 것이 세계보건기구가 권장하는 $9㎡$를 넘어섰다. 이런 성과가 바탕이 되어 친환경경영과 관련된 여러 가지 상들을 받았다. 비전을 잘 세우고 목표들을 차질 없이 추진하면, 어느 시점에서 도시가 가지고 있었던 부정적인 이미지는 긍정적으로 대체되고 높은 부정적인 지명도도 긍정적으로 작용하게 될 것이다. 이처럼 혁신을 거듭하면서 도시는 빠르게 탈바꿈해 명성을 얻게된다. 그런 도시들이 의외로 많다. 그렇게까지만 되면 시의 중장기 계획들이 모두 탄력을 받고 시민들도 자신이 사는 도시에 대해 자부심을 품게 된다. 바른 비전이 있는 도시는 늦어도 10년 정도 시간이 흘렀을 때 비로소 빛을 발할 것이다.

김은경, 2009. 10. 22. '대한민국 생태수도 순천' 700년 꿈, 세계를 품다. 시정일보.

빈곤

도시에는 수만 가지 문제점이 있다. 그중에서도 가장 심각하고 해결하기 어려운 문제가 빈곤 문제이다. 영화와 해외 드라마를 좋아하는 사람에게 도시 이야기를 해보면, 세계 어떤 도시에서나 빈민들이 사는 뒷골목이나 거리 또는 빈민촌을 보았다는 말을 듣게 된다. 그러나 그곳에서 직접 살지 않는다면 그 실상을 정확하게 알 수 없을 것이다. 정책을 입안하는 공무원이라도 그 실상을 이해하기가 어렵고 기준이 모호하다는데 대책 마련의 어려움이 있다. 설령 안다고 하더라도 사회적 견해가 다르면 오판을 하게 된다. 그러한 사례를 언급한 영국 글래스고에 관한 글을 읽은 적이 있다.

이번 대통령 선거에 나선 한 대통령 후보가 '빈곤 민감성'이라는 단어를 사용했다. "나는 빈곤에 대한 감수성이 있다."라는 의미일 텐데 "가난을 겪어 보지 않은 사람은 가난을 이해하거나 받아들이는 것이 어렵다."라는 뜻으로 말한 것으로 보인다. 맞는 말이라 생각한다. 흔히들 예술 감수성이나 자연생태 감수성이라고들 하는데, 이들 단어의 사용을 통해서 이해하면 될 것이다. 보통 예술이나 자연생태 감수성이 부족하면 그 분야를 알지 못하게 되고 결국 이들 분야에서 멀어지게 된다.

위키백과에서는 '빈곤貧困, Poverty'을 "일반적인 부족, 결핍을 말하거나 일정량의 물질적 소유물이나 돈을 잃게 되는 현상을 말한다. 절대적 빈곤은 일반적으로 음식, 물, 위생시설, 옷, 주거시설과 건강관리를 포함하고 있는 기초적인 생활품의 부족을 의미한다. 반면 상대적 빈곤은 다른 사람들과 비교했을 때 자신이 부족함을 느끼고 빈곤한 상태에 있지만, 그 상태가 일반적인 생활이나 건강을 즉각적으로 위협하는 상태는 아니다." 라고 정의하고 있다.

브라질 상파울르 대도시의 빈곤한 사람들이 모여사는 정착촌 지역으로 유명한 파벨라다. 문제는 도시의 효율적인 정책 부재로 이러한 지역이 늘어난다는 점이다.

  문제는 도시에서 빈민들이 꾸준히 늘고 있다는 점이다. 그러나 도시 자체 인구 대비 비율의 변동을 파악하기 어려운 것은 농어촌에서 도시로 옮겨오는 인구가 있어서다. 따라서 시골에서는 도시화가 이루어지는 동안 빈민이 줄어든다. 도시에서는 빈곤에 의한 문제는 인구의 증가에 따라 다양해지고, 빈곤층이 사회적 약자인 생활능력이 없는 노인이나 장애인, 아동 그리고 여성에게 집중되어 나타나고 있어 대책 마련에 어려움이 있다.

  도시빈민의 수가 10억 명 이상이라는 것이 전문기관들의 일반적인 추정이다. 2020년 현재 세계 인구를 약 78억 명으로 가정하고, 그중 56%(약 43.7억 명)가 도시인구이니 적어도 도시에서 20% 이상이 빈민이라는 점을 알 수 있다. 물론 대륙이나 나라 또는 도시에 따라 비중이 다를 수 있지만 빈민의 수가 늘어나고 문제들이 많아질 것이라는 데에는 이론이 없는 듯하다. 다른 통계자료를 보면, "2019년 현재, 지구에서 살아가는 사람들 대부분은 빈곤하다. 구매력 기준으로 볼 때 85%는 하루에 30달러(약 35,000원) 미만으로 살고, 이것의 3분의 2는 하루에 10달러(약 11,800원) 미만으로 살고 있으며, 10%는 하루에 1.90달러(약 2,250원) 미만(절대 빈곤)으로 살고 있다."고 한다. 지역과 나라에 따라서 또는 빈곤의 정의에 따라서 크게 달라질 수 있지만 적어도 56% 이상이 10달러 미만으로 살고 있으며, 8.5% 정도나 그 이상이 절대적 빈곤 상태라는 이야기가 된다. 절대적 빈곤은 6억5천만 명인데 70% 정도가 아프리카 사하라 이남 지역이고, 20% 정도가 아시아 지역이다. 이 수는 아프리카를 제외하면 빠르게 줄어들고 있다. 이렇게 기준이 다르고 주관적으로 빈곤층이라고 인식하는 사람들이 많다는 것을 알 수 있다.

  그러나 소득으로 빈곤을 정의하는 데는 문제가 있다. 한편에서는 사회적인 처지를 고려해야 한다는 의견을 가진 학자들도 있다. 마침 유엔에서 빈곤이 갖는 사회적 의미를 강조한 빈곤의 정의가 있어 소개한다. "근본적으로 빈곤은 선택과 기회를 얻지 못하는 것이며, 인간의 존엄성을 침해하는 것이다. 이것은 사회에 효과적으로 참여할 수 있는 기본 여건이 부족하다는 것을 의미한다. 또 빈곤은 가족을 먹이고 옷을 입히기에 충분하지 않고, 학교나 진료소에 보내지 못하며, 자신의 식량을 경작할 땅이나 일자리를 얻을 수 있는 땅을 가지고 있지 않고, 그리고 신용도 얻을 수 없다는 것을 의미한다. 그것은 개인, 가정, 지역사회에서 불안정하고 무기력하며, 그리고 배제되고 있음을 의미한다. 그것은 폭력 등에 노출되기 쉽다는 것을 의미하며, 깨끗한 물이나 위생에 접근이 어렵고, 종종 외곽지역이나 위태로운 환경에서 사는 것을 의미한다."(위키피

디아Wikipedia에서 인용)

　유엔에서 정의하는 것처럼 도시에서 살아간다면 상대적 박탈감으로 인해 소외감을 느낄뿐만 아니라 공동체 내에서 갈등을 유발하고 이러한 갈등은 사회적 문제로 발전할 수도 있다. 유럽이나 남미 등에서 정책의도로 빈민촌을 별도로 두는 경우가 많은데 이 경우 사회문제 해결이 도움이 안되고 불평등이 더 심화된다는 보고도 있다. 결국 좋은 도시라는 이상과는 모순된 현상이 나타나기도 한다. 리처드 플로리다는 저서 『도시는 왜 불평등한가?』에서 "크고 인구가 밀집된 지식 기반 도시는 단순히 불평등을 반영하는 것이 아니라 불평등을 만드는 데 일조한다. 도시와 대도시 지역이 더 크고, 더 밀집하고, 더 집중될수록 경제적 불평등이 더 악화한다. 다시 말하지만, 이것이 새로운 도시 위기의 핵심이다. 경제 성장을 만드는 요인이 바로 경제적 불평등을 만든다."라고 하였다.

　잡지 《마니에르 드 부아르(Manière de voir)》 한국어판 5권 '도시의 욕망'을 보면 시애틀이나 글래스고 같은 도시도 도시의 발전에 가난한 사람들을 배제시키고 있음을 확인할 수 있다. 도시에서 빈민촌을 두는 방식은 문제의 해결이 아님을 알 수 있었다. 약 10억 명[3]에 가까운 도시 거주자들이 빈민촌 즉, 비공식 정착촌에 살고 있으며, 그중 대부분은 질 나쁜 복잡한 주택 / 물 부족 / 열악한 위생 상태 / 의료와 치안에 접근성 부족 / 먼 정부기관과 학교 / 재해 위험과 강제 퇴거 위협 상존과 같은 영향을 받는다. 또 장세훈은 "도시빈민들은 빈약한 사회적 안전망이 제구실하지 못한 탓에, 가족해체, 자살과 범죄 충동 등과 같은 반사회적 양상을 보인다. 게다가 더 큰 문제는 이러한 경제위기가

---

3) 비공식 정착촌이 없는 도시들도 있으니 실질적으로는 이러한 정착촌에 사는 사람들은 10억 명이 안 될 것으로 본다.

해소되더라도 향후 취업이 쉽지 않다는 점에서, 절대 빈곤층의 적체, 상대적 빈곤감의 확산, 빈곤 문화의 정착 등과 같은 도시 빈곤 문제가 심화할 것이다." 라고 전망했다.

유엔은 2030년까지 지속가능발전 목표(SDGs)의 이행을 권장하고 있다. 17개 목표 중 첫 번째가 빈곤에 관한 것이다. 목표 1은 "모든 곳에서 모든 형태의 빈곤 종식"을 하는 것이다. 유엔은 전 세계적으로 약 7억 8천만 명이 절대적 빈곤에 처해 있다고 추정하고 있으며, 이들은 하루에 1.25달러(약 1,480원) 미만의 비용으로 생활하는 것으로 추정된다. 도시들은 이에 적극적으로 호응하여 시민들이 빈곤으로부터 해방되도록 도와야 한다. 좋은 도시를 만들기 위해 지속가능발전 목표1부터 실행해 나가자.

마니에르 드 브아르, 2021. 도시의 욕망. 르몽드. // 장세훈, 1999. 12. 10. 현대 한국사회에서 도시 빈민의 추이와 특성. 복지 동향(참여연대 사회복지위원회). // Anna Walnycki, 2014. Introduction to urban poverty. iied. // Max Roser and Esteban Ortiz-Ospina, 2019. Global Extreme Poverty. Our World in Data. // ODI, 2016. Are we underestimating urban poverty. SDGF.

지속가능발전

우리는 도시의 시대에 살고 있다. 2008년 이후 지구상의 인구는 도시에서 더 많이 사는 것으로 집계되었다. 그러니 도시화의 시대는 지나간 것이다. 도시 집중현상은 점점 심해져 2010년 35억 명이던 도시인구가 2050년이면 65

억 명에 달할 것이라고 예측하고 있다. 전체 도시는 육지 면적의 3%에 불과하지만, 자원의 80%와 에너지의 60~80%를 소비한다. 그리고 탄소 배출량의 75% 이상을 차지한다. 도시에서는 빈민이 늘어나고 있어 현재 10억 명 이상일 것으로 추정하고 있으며 그 증가 속도가 빠르다. 도시는 이렇듯 환경, 빈곤, 복지, 교통 등 온갖 문제를 잉태하고 있지만, 해결은 쉽지 않아 보인다. 도시의 과소비와 환경문제는 지구환경 전체를 위협할지도 모른다는 우려가 현실화되고 있다. 1990년대에는 인구 1,000만이 넘는 광역 거대도시가 10개였는데 2014년에는 28개가 되었고 현재 40여 개에 달한다. 특히 개발도상국에서 그 숫자가 늘고 있다. 우리나라의 도시화 비율은 이미 90%를 넘어섰다.

  도시에 당면한 무수히 많은 문제를 해결하기 위해 도시들은 '환경도시', '녹색도시', '생태도시', '지속가능한 도시'를 목표로 나아가고 있다. 오염과 쓰레기 문제에서 시작해서 도시 생태계서비스에 이르기까지 시민들이 쾌적한 생활환경에서 거주하게 하려는 다양한 노력을 전개하고 있는 것이다. 각 도시의 노력은 도시 간의 교류와 협력 차원을 넘어서 여러 형태의 연대 차원으로 발전하여 그 성과를 내고 있다. 독일의 프라이부르크와 베를린, 브라질의 쿠리치바, 일본의 기타큐슈, 한국의 서울과 수원 등이 그러한 노력에 앞장서고 있다. 이런 도시들의 궁극적인 목표는 도시의 지속가능한 발전이다. 그러나 지속가능발전sustainable development이라는 용어가 광범위하게 쓰이는 만큼 그 의미가 모호하여 자의적으로 이용되는 경우가 많다.

  지속가능발전이라는 용어는 유엔환경계획UNEP의 세계환경개발위원회 WCED가 1987년 펴낸 보고서 「우리 공동의 미래Our Common Future」(일명 브란트란트 보고서Brundtland Report)에서 "미래 세대의 필요를 충족시킬 능력을 저해하지 않으면서, 현세대의 필요를 충족시키는 발전"으로 정의하면서 처음 언급되었다. 이런 용어는 처음에 환경에 초점을 맞추어 사용하다가 1992년 리우 회의에서 채택된 의제21에서는 지속가능발전의 3대 요소로서 경제, 사회, 환경 분야의 통합적이고 균형잡힌 관점을 제시하였다.

2015년 하버드대 교수인 제프리 삭스Jeffrey Sachs의 저서 『지속가능발전의 시대』에서 지속가능발전을 '환경적으로 지속가능하며 사회적으로 포용적인 경제 성장'이라고 정의하였다. 같은 해 유엔 총회에서 채택된 '지속가능발전 2030 의제'인 '지속가능발전 목표SDGs: Sustainable Development Goals'는 "누구도 배제하지 않는다No One Left Behind"라는 대원칙 아래 모든 사람의 인권 신장, 성 평등 달성, 경제·사회·환경 영역의 통합과 균형을 기본 목적으로 전제하고 있다. 지속가능발전을 달성하기 위해 반드시 고려해야 하는 기본 요소로 사람, 지구, 번영, 평화, 파트너십 등 다섯 가지를 제시하였다.

전체 지속가능발전목표에는 17개의 큰 목표goal가 있고 각각의 목표 아래에 있는 세부 목표target는 모두 169개가 된다. 17개의 큰 목표들은 지구생태계 보전과 평화롭고 정의로운 사회 그리고 포용적 경제 성장을 통해 서로 연결되어 있다. 따라서 총체적이고 상호의존적으로 각 목표가 작동해야 지속가능발전이 가능하고 지구환경을 개선하고 사람들의 삶의 질을 높일 수 있다고 본다. 17개의 큰 목표 중에 도시에 관한 것은 11번 목표인 '포용적이고 안전하며 회복력 있는 지속가능한 도시와 거주지 조성'이다. 세부 목표로는 주거권 보장, 보편적 교통서비스, 도시계획 참여, 지역 문화유산 보전, 재해재난 대응력, 도시환경 복지, 이행수단 등 일곱 개가 있다. 이렇게 구체적이고 체계적으로 세운 목표는 2030년까지 각 국가가 이행하기를 권고하고 있다. 물론 강제력은 없다.

우리 중앙정부는 이를 반영하고자 국가 지속가능발전목표K-SDGs를 국민 참여·여론수렴 과정을 거쳐 마련하고, 2020년 12월에는 5년 주기에 따라 제4

우리나라는 2020년 12월에 제4차 지속가능발전 기본계획(2021-2040) 수립을 통해 국가 지속가능발전목표(K-SDGs)[4] 내에서 119개의 세부 목표와 241개의 지표로 개편하였다.

차 지속가능발전기본계획(2021~2040년)을 수립, 지속가능발전위원회 심의를 거쳐 국무회의를 통해 의결했다. 지속적인 사회 공론화, 수정·보완 요구에 관한 연구와 국민 조사 결과 등을 반영했다. 안산은 2016년 도시 단위에서 전국 최초로 지속가능성보고서를 만들고 지속가능발전목표 이행 계획을 수립하였다. 보고서는 GRIGlobal Reporting Initiative에 등재하는 등 지속가능발전을 향해 가고 있다. 최근에는 경상남도, 서울의 강서구, 도봉구, 은평구 그리고 당진시가 지방 지속가능발전 목표를 수립하였다.

어떤 도시든, 그 비전이 어찌 되었든, 지역과 국가를 넘어서서 서로 협력하고 노력하지 않으면 각각의 도시가 안고 있는 문제를 해결할 수가 없다는 것도 분명해지고 있다. 그래서 범세계적으로 움직이고 있는 지속가능발전을 위한

---

4) 2018년에 처음으로 '국가 지속가능발전목표(K-SDGs, 법정계획명은 제3차 국가 지속가능발전 기본계획의 변경계획)를 수립하였다.

노력에 동참하는 것이 도시를 합리적으로 발전시키는 가장 손쉬운 일이 되었다. 이는 자신의 도시가 앞으로 하려는 일들이 이미 유엔에서 제시한 지속가능발전 목표 11번을 비롯한 다른 16개의 큰 목표 안에 수렴되기 때문이다. 그러니 따로 새로운 목표와 행동 강령 등을 수립하지 말고 17개의 목표를 잘 학습하고, 무엇보다 중요한 것은 시민들이 적극 참여하도록 이해시키는 일이 우선이다. 그리고 지금까지 해왔던 일들을 혁신해 나가는 일만 남았다. 이제 교과서는 이미 있고 국가 지속가능발전목표도 마련되었다. 이를 선택하고 자신의 도시에 맞게 지방 목표를 만들고 실천하는 일만 남았다. 이를 통해 도시브랜드 가치 향상까지 기대해 보자.

권기태, 2021. 지방의 지속가능발전목표(SDGs) 수립사례 고찰: 경상남도, 서울 강서구, 서울 은평구, 당진시를 중심으로. 2021 한국지속가능발전학회 추계학술대회 발표논문집: 1-9. // 대한민국 정책브리핑, 2021. 5. 17. 국가 지속가능발전목표(K-SDGs). 정책위키. // 안산시, 2016. 숲의 도시, 안산: 2016 안산시 지속가능성보고서. // 환경부 지속가능발전포털. 지속가능발전의 국제적 배경.

콜롬비아 메데인

영화와 드라마를 좋아하는 사람에게 '메데인Medellín'은 어디서 많이 들어본 도시 이름이라고 생각할 것이다. 물론 도시를 연구하는 전문가들에게 낯익은 이름이다. 메데인은 놀라운 변화를 거듭한 도시로써 현재 국제적으로 가장 주목받는 도시 중에 하나다. 메데인은 인구 250만 명으로 콜롬비아에서 두 번째로 큰 도시지만, 인구 740만 명인 수도 보고타와는 인구 격차가 크다. 이 나라의 서부 산악지대에 있는 안티오키아주의 주도이다. 메데인은 '메델린' 또는 '메데진'으로 발음하기도 하는데 현지인들은 '메델린'에 가깝게 발음한다. 'll'을 영어 'j'에 가깝게 발음해서다.

메데인이 처음 유명세를 타게된 것은 마약 갱단의 스토리 때문에 얻어진 것이다. 전 세계에서 살인율이 제일 높은 도시이기도 했던 전력이 이를 반증한다. 최근 온라인 스트리밍 서비스 '넷플릭스'에서 반영된 미드 '나르코스Narcos'가 1970년대 메데인을 본거지로 활약했던 마약왕 '파블로 에스코바르'의 카르텔인 메데인 카르텔을 소재로 하고 있다는 점도 그렇다. 그리고 미술가 페르난도 보테로Fernando Botero의 고향이기도 하다. 시내에는 관광객에게 인기가 많은 보테로 광장에서 그의 특이한 조각들을 감상할 수 있다. 메데인은 꽃과 미녀의 도시라고 불리기도 하고, 현대 라틴음악을 주도하는 도시로 푸에르토리코와 미국의 마이애미, 멕시코의 멕시코시티와 함께 바로 이 콜롬비아의 메데인을 꼽는다.

폭력과 마약으로 얼룩졌던 기존의 도시 이미지를 떨쳐내고자 메데인은 혁신 도시로 변모하려는 시도를 많이 했다. 이제 메데인은 변화와 사회 혁신의 성공 사례이자 이 분야의 국제 표준으로 간주되곤 한다. 한때 '세계 살인의 수도'로 알려졌던 이곳은 오랜 기간 매우 높은 비중의 빈곤, 불평등 그리고 사회적 어려움을 겪었다. 그러나 불과 20여 년 만에 세계에서 가장 혁신적인 도시로 선정되는 등 국제적인 관심과 인정을 받는 이전보다 더 안전하고 포용적이며 번영하는 장소로 변모했다. 메데인은 2013년 비영리 기관인 '도시토지연구소 Urban Land Institute'가 주최한 대회에서 세계에서 가장 혁신적인 도시로 선정되었다. 텔아비브와 뉴욕을 제치고 수상한 것이라 더 의미가 있었다. 연구소는

여러가지 부정적인 이미지를 가지고 있는 도시의 혁신은 결코 쉬운 일이 아니지만, 메데인처럼 이를 실현한 도시들이 있다.

"현대사에서 가장 주목할 만한 도시 전환 중 하나를 목격했다."라고 말했다. 공공공간, 도서관과 미술관 뿐만 아니라 특히 에스컬레이터와 케이블카를 포함하는 인프라를 칭찬했다. 가파른 언덕 빈민촌에 사는 주민들이 도심으로 쉽게 출퇴근할 수 있도록 한 이동수단을 건설한 데 주목한 것이다.

또 2016년 2년마다 싱가포르 정부가 수여하는 '리콴유 세계 도시 상Lee Kuan Yew World City Prize'에는 다른 38개 도시와 경쟁을 거친 후에 메데인이 선정되었다. 콜롬비아에서는 수도 보고타 다음으로 두 번째로 받았다. "대담하고 비전 있는 리더십, 장기 계획 및 사회 혁신을 통해 도시의 지도자들은 가장 시급한 문제를 해결하고, 경제는 물론 시민의 고용 가능성과 삶의 질을 개선했다." 라고 수상 이유를 들었다. 이 상의 지명위원장은 "메데인의 변화는 대단했다. 세계에서 가장 위험한 도시 중 하나에서 살기 좋고 혁신적인 도시로 발전했다. 그 성공은 다음에 일어날 대규모 도시화의 물결이 개도국의 많은 도시에 희망

에스컬레이터(위 사진)와 케이블카(아래 사진)는 서민들의 교통 편이성에 크게 이바지한 바도 크지만, 도시전문가들은 두 지대로 분할된 도시가 하나로 통합하는 계기가 되었다는 점에 더 주목하고 있다.

을 준다. 메데인은 그들을 위한 학습의 메카가 될 수 있다."라고 하였다. 싱가포르 정부 기록에 따르면 시의 수상 전략으로 "핵심은 리더십을 주축으로 한 사회와 도시의 혁신이다. 선출된 지도자들은 좋은 거버넌스, 시민 참여 그리고 모든 시민을 위한 동등한 기회 우선순위에 대한 강력한 정치적 의지와 헌신을 보여주었다. 제한된 자원에 직면하여 그들은 도전적인 문제를 다루는 데 창의적이고 비전통적인 접근 방식을 채택했다. 메데인은 변화를 가져오기 위해 교육과 문화적 변화를 강조하고 단기간에 지역사회와 도시를 변화시킨 소규모이지만 효과적이고 영향력이 큰 도시 프로젝트를 구현했다."라고 하였다. 메데인은 2014년에는 세계 최초의 케이블카 시스템과 창의적이고 비전통적인 도시 솔루션으로 '특별 언급 상'을 받았다. "도시의 가장 가난한 지역의 이동성을 크게 향상했다."라는 점이 인정되어서였다.

대중교통 혁신은 일종의 혁명이었다. 메데인의 서쪽 고산지대 '코무나 13Comuna 13' 지역은 교통이 매우 불편한 가난한 달동네였는데 주황색 에스컬레이터가 설치되면서 인근 지하철역까지 서민들을 편하게 옮겨준다. 가파른 계단 길이 이젠 지그재그로 여섯 단계, 길이가 384m나 되는 에스컬레이터 덕분에 5분이면 언덕을 오르내릴 수 있게 되었다. 에스컬레이터에서 마을버스로 갈아타면 8분 만에 '산 하비에르' 지하철역에 도착한다. 역에는 특이하게 케이블카, '메트로 카블레Metro Cable'도 정차한다. 지하철에서 케이블카로 그 반대로도 추가 요금 없이 환승이 가능하다. 관광용이 아니라 대중교통수단이기 때문이다.

놀랍게도 '특별 언급 상'을 수상한 후 살인율이 많이 감소했다. 1992년에 메데인은 세계에서 가장 위험한 도시로 꼽힌 범죄 도시였다. 2014년이 지나면서 낮은 살인율을 보이며 범죄 도시의 오명에서 벗어났다. 살인사건으로 사망한 사람은 1992년에 381명이었던 것이 2015년에는 19명으로 줄었다. 이렇듯 범죄의 온상이었던 메데인은 현재 혁신만큼은 세계 어떤 선진도시와도 어깨를 나란히 할 정도가 되었다. 이제는 건축가와 도시계획가를 활용해서 물리적, 기능적 및 사회적 변화까지 꾀할 수 있게 되었고 그 효과는 범죄율 감소를 비롯한 여러 분야에서 나타나고 있다. 교통, 거버넌스, 교육문제 해결에 더해 녹지공간 재생과 관련된 프로젝트도 시작하였다. 모두가 포기하고 회생할 수 없을 것이라고 여겼던 골칫거리 도시 메데인은 개발도상국들의 도시 혁신과 재생의 모범이 된 것만으로도 그 성과가 얼마나 뛰어났는지를 입증하고 있다. 어떤 도시든 의지가 있으면 변할 수 있다는 점을 잘 보여준 것이었다.

구정은, 2015. 6. 14. 낡고 가난한 도시를 문화 · 복지로… 가디언이 뽑은 '삶을 바꾸는 도시와 시장들'. 경향신문. // Daniel Salgar and Maria Paula Trivino, 2018. 4. 18. Medellin: City of Inclusive Innovation. Anadolu Agency. // The URA centre. 2016. 3. 16. Medellin, Colombia conferred Lee Kuan Yew World City Prize 2016. Urban Redevelopment Authority.

일본 후쿠오카

일본에는 잘 알려진 녹색도시, 혁신도시 또는 환경도시와 창조도시들이 많다. 세계적으로 가장 잘 알려진 도시는 일본의 환경수도로 자타가 인정하는 기타큐슈다. 기타큐슈만큼은 아니지만 조용하게 그러나 적극적으로 기후변화에 대응하고 있는 도시인 후쿠오카福岡를 알게 되었다. 같은 후쿠오카Fukuoka현에 속한 도시로 기타큐슈와 인접해 있고, 두 도시 모두 환경도시를 지향하고 있어서 비교해서 보는 것도 흥미로울 것 같다. 후쿠오카는 인구 150만으로 규슈에서 가장 큰 도시이고 일본에서는 여섯 번째이며, 현청 소재지다. 1972년에 정령지정도시[5]로 지정되었다. 후쿠오카는 이보다 9년이나 나중에 지정되었으나 지금은 인구수에서 기타큐슈보다 많다.

후쿠오카는 규슈의 북단에 있으며, 7월과 8월에 최고 기온이 약 37°C에 달하고 연간 평균 강우량이 1,612mm에 이른다. 습한 아열대 지역에 있는 이 도시는 현재 인구와 경제가 함께 성장하고 있는 일본에서 매우 드문 사례이다. 후쿠오카의 인구는 2010년과 2017년 사이에 도쿄가 5.8% 성장한 데 비해 7.1%나 증가하였다. 일본의 주요 도시 중 가장 큰 성장 기록이다. 노인 인구 비율도 가장 낮다. 또한 지방정부들이 기후변화 완화에 더 초점을 맞춘다는 비판을 받아온 일본에서 기후변화 적응에 있어 비교적 괄목할만한 발전을 이루었다는 점과 녹지 확대를 중심으로 기후변화에 적응 정책을 폈다는 데에 주목하게 되었다. 후쿠오카시는 1990년대 후반 이후의 녹지와 도시계획 내 환경정책 방향을 적극적으로 준비했다. 1997년 교토의정서를 채택한 후 일본의 지방정부들은 오염물질 배출 감소와 신재생에너지 배치를 목표로 하는 기후변화 계획을 통해 기후변화 완화에 열정적으로 참여했다. 그러나 적응 정책의 진전은 훨씬 더디었다. 늦었지만 2018년에 제정된 '기후변화적응법'에는 지방자치단체도 기후변화 지역행동계획을 수립하도록 명시하였다. 그러나 이때까지 일본 도시들은 적응 조치의 필요성과 이를 다룰 특정 법률과 계획이 있었음에도 실제 적응 조치를 구체적으로 실행한 도시들은 거의 없었다.

---

5) 일본 지방자치법 제252조 19항 이하의 정령으로 정해진 도시 제도의 하나이며, 법률상으로는 지정도시 또는 지정시 등으로 표기되고, 흔히 정령시라 부르기도 한다. 법정인구 50만 명 이상의 시에 지정하나 무조건 지정되는 것은 아니다. 정령지정도시는 중핵시, 특례시 등과 함께 3단계로 나눠진 대도시 행정 단위 중 가장 높은 지위를 갖는다.

아크로스 후쿠오카 현립 국제관ACROS Fukuoka Prefectural International Hall은 녹화로 도심 온도를 낮추고 생물다양성 혜택을 보여주는 좋은 예이다. 1995년에 완공되었으며 녹색 건축 선구자인 에밀리오 암바스Emilio Ambasz가 설계하였다. 'ACROS'는 '해상 아시아 교차로Asian Cross Roads Over the Sea'의 머리글자다.

    대조적으로 후쿠오카에서는 지역에 기반을 둔 연구자들이 수십 년 동안 도시 녹화, 건축 환경과 도시 열 환경 간의 관계에 관한 응용 연구들을 수행해 왔다. 1994년 시가 처음으로 지역 기후계획을 수립한 이래로 지금까지 발전하면서 지속적인 조치를 취해왔다. 이와 같은 초기의 공식화된 기후변화에 대한 움직임은 교토(1997), 고베(2000), 오사카(2002), 히로시마(2003)와 같은 일본 서부지역 도시들보다 몇 년이나 앞섰다.

    후쿠오카의 기후정책이 주목받는 이유는 다음과 같다. 첫째, 지역 기후변화 정책과 여러 관련 연구 성과로 뒷받침되는 적응 정책으로 선도 도시가 되었다. 둘째, 인구감소 추세에도 불구하고 일본 도시 중 가장 빠른 속도로 인구가 증

오호리 공원은 도시공원으로서 규모도 크고 자연성도 뛰어나다. 대부분 호수인데 세 개의 섬이 있고 호변산책로는 시민들에게 인기가 있다.

가하였다. 그 결과 도시 개발과 확장이 동시에 이루어지고 있다. 셋째, 후쿠오카는 습한 아열대 기후대에 있는 일본 최남단 지정도시 중 하나다. 중앙 정부의 느린 정책 실행에도 불구하고 기후적응 관련 문제를 지역 환경정책에 통합하여 체계적으로 추진함으로써 도시 열섬효과 및 홍수와 같은 기후 관련 위험이 증가하는 다른 아시아 아열대 도시와 국제사회에 좋은 모델이 되었다.

후쿠오카시의 기후변화에 대한 적응은 인구 증가와 관련하여 도시개발에 대한 압력과 녹지 보존 그리고 확대의 필요성에 대한 인식과 함께 발생하였다. 인구밀도의 증가에 따라 전체 시와 도심의 녹지 비율은 2007년까지 꾸준히 감소하였다. 도심에서는 1985년에 25.9%였던 것이 2007년에는 20.7%로 줄어들었다. 이에 가로수 심기, 공공장소와 개인주택 녹화 등의 활동을 통해 새롭게 조성된 녹지면적은 1996년과 2008년 사이에 9.1% 늘었으며, 이 기간에 공공 공원과 녹지면적은 새로운 공원 조성과 확대를 통해 21.4% 나 증가했다. 매년 봄에 개최되는 '플라워 시티 후쿠오카 축제Flower City Fukuoka Spring Festival' 행사도 이런 정책들과 연계해 왔고, 공원 수나 녹지공간이 늘어나면서 축제도 풍성해졌다.

2018년 여름 일본의 폭염은 후쿠오카에도 영향을 미쳤다. 2018년 7월 20일에 관측된 기온은 38.3℃로 1890년 이래 가장 높았다. 2018년 여름 동안 시내에서 821명이 열사병으로 입원하였는데, 2017년 같은 기간에 비교해 241명이나 더 많았다. 후쿠오카현의 연평균 기온은 1898년과 2017년 사이에 2.54℃ 증가했지만, 같은 기간 동안 일본 전체 평균은 1.19℃ 였다. 따라서 주요 정책들의 핵심 지침은 '온도 낮추기와 적응 사업Cool and Adapt Project'으로 알려진 2017년에 수립된 '후쿠오카시 기후변화 대책 실행계획'이다. 이것은 도시의 지역 기후변화계획과 더 광범위한 환경계획을 통합하기 위해 착수되었다. 이전에 있었던 '녹색기본계획(1999)과 신 녹색기본계획(2009)' 등을 통합하는 것으로 2020년에 완결되었다. 녹지의 확대와 다양한 적응 정책으로 도심 내의 온도 낮추기를 성공적으로 이행하여 미래에 있을지도 모를 재해 위험에 대비하고 있다. 이러한 정책에 대한 시민들의 신뢰는 외부인들도 후쿠오카를 살기 좋은 도시로 인식하게 되었고, 자연 인구도 늘어났다.

Leslie Mabon, Kayoko Kondo, Hiroyuki Kanekiyo, Yuriko Hayabuchi and Asako Yamaguchi, 2019. Fukuoka: adapting to climate change through urban green space and built environment?. Cities 93: 273-285.

사람들이 살고 싶어하는 좋은 도시

"도시는 주거 공간이어야 한다는 고정 관념을 깨면
자생 가능한 매력적인 도시로 만들 수 있다"

— 유현준 —

안전

도시민들의 삶은 전원의 단조로운 생활과는 확연히 다르다. 도시가 커질수록 도시시스템은 더욱 복잡다단해진다. 도시에 살다 보면 다른 사람들의 상황을 살피고, 공동체의 미래 등을 생각하기는 쉽지 않다. 그러니 도시가 각박하게 느껴진다. 복잡한 도시 속에서 바쁘게 지내다 보면 안전에도 무감각해질 수 있다. 도시에서 시민들의 건강이나 생명을 위협하는 요소는 셀 수 없을 정도로 많다. 그런데도 전 세계 인구는 빠르게 도시로 이동하고 있다. 세계은행the World Bank의 최근 자료에 따르면 1960년에 도시화 비율이 33.6%에 불과하던 것이 2018년 현재는 55%를 넘어섰다. 예상보다 빠른 도시화는 2050년이 되면 66%에 달할 것으로 전문가들은 내다보고 있다. 세계은행 자료에는 우리나라의 도시화 비율은 81%였다[1]. 여러 측면에서 도시들은 사회와 경제의 중심지로서 기능하고 있어 개발도상국일수록 도시화 속도가 빠르다. 또 이전에는 상상할 수 없었던 인구 규모의 거대도시들이 만들어지고 있다. 2016년에는 인구가 천만 명 이상인 도시가 31개였다. 2030년에는 41개로 증가할 것으로 예상했는데 벌써 광역기준으로 40개가 되었다.

2019년 8월에 싱가포르의 유명 경제지인 《이코노미스트the Economist》지가 개최하는 '안전도시 정상회담Safe Cities Summit'이 있었다. 회담에는 전 세계의 정책 입안자, 경영진, 전문가 그리고 기업가들이 모여 사이버 보안, 교통과 인프라, 범죄 예방 그리고 도시 주민의 건강과 복지를 포함하여 안전하고, 회복력 있는 도시를 만들어 유지하는 방안에 대해 논의하였다. 도시들의 규모와 수

---

[1] 국토교통부 보도자료(2021. 6. 30)에 따르면 도시계획현황 통계조사에서 2020년 현재 도시화 비율은 인구로 볼 때 91.8%이고, 도시 지역은 전 국토의 16.7%로 조사되었다.

가 계속 증가함에 따라 정부, 민간 부문, 시민들과의 연결성, 안전과 개인 정보 보호 간의 균형을 유지하는 것이 매우 중요하기 때문이다. 도시를 조밀하게 연결하는 전력망은 시민들에게 편의성을 제공하지만, 잠재적으로는 사이버 공격에 노출되어 있다. 도시 전역에 깔린 CCTV 카메라와 센서를 확산하면서 시민들의 안전이 보장되는 것과 동시에 사생활이 침해받을 수 있는 여지에 대해서도 논의되었다. 이밖에도 기후변화에 대비하는 회복력 있는 도시 건설과 안전한 주택 마련 등에 대한 논의도 이루어졌다. 전 세계의 수많은 도시에서 저소득 가정들이 열악한 거주 환경과 시설에서 생활하고 있는 점도 거론되었다. 세계자원연구소World Resources Institute는 전 세계 도시 거주자의 1/3 정도인 12억 명이 안전하지 못한 주택에서 사는 것으로 추정하였다.

이날 안전도시 순위가 발표되었는데 서울이 덴마크의 코펜하겐과 함께 공동 8위였다. 이러한 순위는 '이코노미스트 인텔리전스 유닛Economist Intelligence Unit: EIU'에서 제공한 '안전도시 지수 2019Safe City Index 2019: SCI 2019'에 따른 것으로 디지털 안전Digital Security, 인프라 안전Infrastructure Security, 건강 안전 Health Security, 그리고 개인 안전Personal Security 등 네 부분의 57개 지표를 가지고 60개 도시의 순위를 매긴 것이었다[2]. 지표를 살펴보면 디지털에서는 사생활 보호 정책이나 디지털 위협에 대한 시민의 인식수준 등이 있고, 인프라에서는 교통안전에 관한 법 집행, 재해 관리, 자연재해에 의한 사망, 전력, 철도, 도로 네트워크 등이 있으며, 건강에는 수질이나 공기질은 물론이고 유아 사망률,

---

[2] 2021년에는 환경 안전(Environmental Security)이 추가되어 다섯 개 부분이 되었으며, 지표 수도 71개로 늘어났고, 건강 안전에는 코로나-19와 관련된 지표 – 팬데믹 대비(Pandemic preparedness)와 코로나-19 사망률(Covid-19 mortality)이 포함되어 있었다. 2019년 안전도시 지수의 종합 순위에서 서울은 25위로 그 순위가 많이 낮아졌고, 건강 안전은 6위로 여전히 상위 그룹에 포함되어 있으나 환경 안전은 33위로 다섯 분야 중에서 순위가 가장 낮았다.

일본 도쿄 도시민들이 생활에서 편안함을 느끼는 것은 시정에 대한 신뢰가 안전으로까지 이어지기 때문이다.

환경정책, 건강보험 가입 정도, 인구 1,000명 당 의사 수 등이 있었다. 그리고 개인 안전 지표는 공동체 중심의 순찰, 총기 관리, 형사사법제도의 효율, 경범죄 정도, 마약 사용률 등이었다. 서울은 건강 안전 부문에서 세계 3위에 올랐었다.

여기서 주목해야 할 점은 SCI 2019는 '도시회복력'을 보다 잘 측정하도록 설계되었다는 점이다. '도시가 내외부 충격을 흡수하고 회복할 수 있는 역량'이라는 회복력의 개념은 기후변화를 비롯한 도시 안전을 위협하는 요소에 대응하는 가장 효과적인 정책수단이 될 수 있다는 것을 보여주었다. 또 하나 강조되고 있는 점은 투명성이었다. "투명성은 도시 안전에 있어서 자산만큼 중요하다."라고 하였다. 세계은행의 부패 관련 척도에 따라 측정한 도시의 투명성 수준은 지수 평가 점수와 소득과 밀접한 관련이 있다. 투명한 도시 행정에서 진행되는 사업이나 건설은 시민들의 안전을 위협하지 않을 것이라고 보았다. 도시 안전지수의 네 부분 전부에서 투명성과 책임이 필수적이라는 점을 강조하였다. 잘 관리되고 책임 있는 도시는 더 안전한 도시라 판단하였다. 그러므로 잘 관리되지 않은 도시는 회복력이 거의 없다는 점도 지적한 것이다.

한편 우리 정부의 국민안전처에서는 안전에 관한 각종 통계를 활용하여 기

디지털 안전

The top five:
1. Tokyo
2. Singapore
3. Chicago
4. Washington, DC
5 = Los Angeles
5 = San Francisco

건강 안전

The top five:
1. Osaka
2. Tokyo
3. Seoul
4 = Amsterdam
4 = Stockholm

인프라 안전

The top five:
1. Singapore
2. Osaka
3. Barcelona
4. Tokyo
5. Madrid

개인 안전

The top five:
1. Singapore
2. Copenhagen
3. Hong Kong
4. Tokyo
5. Wellington

SCI 2019에서 도시 안전을 평가한 네 부분에서 5위 내에 든 도시들이다.

초자치단체별 안전수준을 계량화하여 '지역안전지수'를 2015년부터 매년 공표하고 있다. 지난 2015년에는 화재, 교통, 자연재해, 범죄, 안전사고, 자살, 감염병 등 '2015 지역 안전지수' 일곱 개 분야를 첫 공표하였다[3]. 각 분야를 안전수준으로 평가해 각각 1~5등급으로 계량화하였다. 안전수준 측정을 통해 자치단체의 안전관리 책임을 강화하고, 취약부문의 자율적인 개선을 유도함으로써 국가 전반의 안전수준을 높이고자 하는 목적으로 시행되었다. 하지만 발표 이후 여러 가지 문제점이 제기되었음에도, 지수의 발표는 계속되고 있다.

SCI 2019와 비교하면 우리의 안전지수는 단편적이면서 특히 '범죄' 부문에서 취약지표 적용이 불합리하다는 지적을 받고 있다. 즉, 지역 안전지수는 100 - (위해 지표 + 취약지표 - 경감지표)로 정해지는데 취약지표가 합리적이지 못하면 사실과는 다른 등급이 나올 수밖에 없다. 관광객 수나 다문화 주민 수 그리고 저소득층 인구의 수가 취약지표로 잡혀있기 때문이다. 그렇게 되면 관광지나 외국인 근로자가 많은 곳은 해당 도시의 안전관리 수준과 관계없이 범죄 취약지역이 되는 것이다. 비록 한 분야이지만 도시 안전에 대한 평가가 지나치게 단순한 소수의 지표로만 판단되는 것이 아닌가 하는 우려를 낳게 된다.

인구가 집중된 도시에서 안전은 다양한 측면에서 위협을 받을 수 있으므로 위협요인들을 잘 평가하고 모니터하는 것이 필요하다. 그러나 분명한 것은 도시의 복잡성을 잘 이해하고 투명한 시정을 펼치는 것이 도시 안전과도 직결된다는 점도 알아야 한다.

국토교통부 보도자료(2021. 6. 30) 도시계획현황 통계조사 결과. // 행정안전부 보도자료

---

[3] 2019년 지역안전지수(2018년 통계)에 따르면 2015년과 비교하여 자살과 법정 감염병 사망자는 증가하고, 교통사고 사망자 수는 연속 감소하였다.

(2019. 12. 10) 행정안전부, 2019년 전국 지역안전지수 〈2018년 통계 기준〉 공개. // The Economist Intelligence Unit(sponsored by NEC), 2019. Safe Cities Index 2019, Urban security and resilience in an interconnected world. // The Economist Intelligence Unit, 2021. Safe Cities Index 2021, New expectations demand a new coherence.

공공보건의료 서비스

2020년 8월에는 우리의 눈앞에는 두 현상이 목격되었다. 코로나 바이러스의 확산에 대해 우려, 더 나아가 공포에 가까운 두려움 그리고 의사협회의 파업에 따른 걱정이다. 관련하여 또 다른 두 가지 논쟁이 있다. 우리나라의 보건의료체계가 우수하다는 것과 개선해야 할 점이 많다는 주장이 서로 엇갈려 있다. 네 가지 관점이 서로 얽히고설켜 있어 문제의 해결을 더 어렵게 하고, 이를 바라보는 일반 국민은 혼란을 겪고 있다. 이 글에서는 의료계의 파업에 대해 옳고 그름을 논의하자는 것은 아니다. 다만 이러한 코로나-19와 같은 어쩌면 더 강한 전염병이 도래했을 때 도시는 어떻게 대응해야 하는 가에 관해 논의를 해보려는 것이다. 즉 긴급한 상황이 벌어졌을 때 즉각 대응할 수 있는 공공을 위한 의료체계가 있어야 하고, 그러한 상황이 발생하지 않도록 대비하는 예방과 방역 체계를 갖추는 것이 도시민들의 건강과 생명을 지키는 데 중요하기 때문이다.

참고로 '공공보건의료에 관한 법률'에서는 '공공보건의료'를 "국가, 지방자치단체와 보건의료기관이 지역·계층·분야와 관계없이 국민의 보편적인 의료 이용을 보장하고 건강을 보호·증진하는 모든 활동을 말한다."라고 정의하고 있다. 한편 '공공보건의료기관'을 "국가나 지방자치단체 또는 대통령령으로 정하는 공공단체가 공공보건의료의 제공을 주요한 목적으로 하여 설립·운영하는 보건의료기관을 말한다."라고 하였다. 법률 전문의 맥락으로 보아서 지방자치단체는 광역지방자치단체를 의미하는 것으로 보인다. 의료기관을 따로 설립하지 않더라도 이 법률 13조에 따르면 "광역지방자치단체장은 의료취약지의 주민에게 적정한 보건의료를 제공하는 데 필요한 시설·인력·장비를 갖추었거나 갖출 능력이 있다고 인정하는 의료기관 중에서 '의료취약지 거점 의료기관'을 지정할 수 있다. 또 14조를 보면 보건복지부 장관은 수익성이 낮아 공급이 원활하지 아니한 전문진료, 국민건강을 위하여 국가가 육성하여야 할 필요성이 큰 전문진료, 지역별 공급의 차이가 커서 국가가 지원하여야 할 필요가 있는 전문진료에 대해서 전문진료 분야별로 필요한 시설·인력 및 장비를 갖추었거나 갖출 능력이 있다고 인정하는 의료기관 중에서 '공공전문진료센터'를 지정할 수 있다."

위와 같이 제도적 장치는 잘 갖추어진 것처럼 보이나 실상은 사각지대가 많고, 국민에게 공평한 공공보건의료 서비스가 제공되지 않기 때문에 여러 가지 논란이 거듭되고 있다. 이 부분에서 공공의

코로나-19 팬데믹과 같은 상황이 발생하면 사람들의 생활은 일시에 변화하고, 준비된 공공보건의료 서비스의 역량이 파산된다.

료체계에서 제공하는 서비스의 질과 앞으로 문제점을 어떻게 극복할 수 있는가를 알기 위해 우리의 공공의료체계가 잘 갖추어졌는가를 먼저 알아보아야 한다. 팩트가 중요하므로 신문이나 인터넷 등에서 신뢰할 수 있는 통계 자료부터 살펴보자.

한 중앙 일간지에서는 OECD(세계경제개발기구) 국가 간 보건의료를 비교하였는데, 우리나라는 국내 총생산GDP 대비 의료비 비중(2019년 기준)은 평균 정도이며, 병상 수(2018년 기준)는 평균의 거의 세 배에 달하는 최고 수준이었다. 한편 임상의사 수(2018년 기준)는 평균보다 적어 일본과 비슷하고, 의사 1인당 연간 외래진료 건수(2018년 기준)는 압도적 1위이며 평균의 두 배 반이 넘었다. 이 통계는 'OECD 보건통계 2020 OECD Health Statistics 2020'에 따른 것으로 전반적으로 보건의료 여건(인프라)은 좋았다. 하지만 임상의사의 경우 인구 1,000명당 한의사 포함 2.4명으로 나와 의사 수가 부족하다는 점을 알 수 있다. OECD 평균은 3.5명이다. 외래건수가 많다는 점도 의사 수의 부족을 확인하는 근거가 된다. 해당 일간지에서는 국민건강보험공단의 자료를 이용하여 수도권은 인구 1,000명당 두 명이 넘는 데 반해 강원, 충북, 제주는 0.3명 이하였다. 간호사이자 전국보건의료산업노조 위원장의 인터뷰에 의하면, "코로나 19 환자들을 전담해서 치료한 공공병원이 67개가 있었어요. 그런데 여기에 비인기과라고 하는 감염내과의 경우 거의 한 3분의 2의 병원에서 전문의사가 없이 환자 치료를 했어요."라고 하였다. 또 지방에서 근무하려는 의사가 없을 뿐 아니라 전체적으로 의사 수가 매우 부족하다는 것을 강조하였다. 이것은 감염내과만의 문제가 아니라는 것이다.

전문가들은 대부분 코로나 사태 이후에 대응하기 위해서는 공공의료 인프라를 확대해야 한다고 한다. 국내 의료기관 운영 주체의 경우 민간사업자 비중이

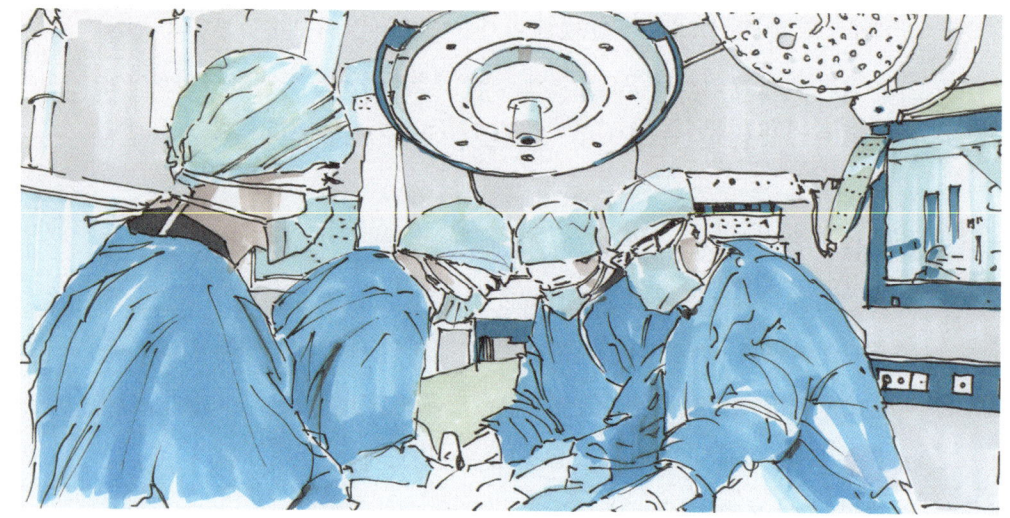
도시에서의 공공의료체계는 시민의 건강과 생명의 마지막 방어선이라 해도 지나치지 않다.

절대적으로 높다. 특히 우리나라는 주요 OECD 국가 중 공공의료 비율이 가장 낮다는 점을 주목할 필요가 있다. 보건복지부가 2020년에 펴낸 『2019 보건복지통계연보』에서 보면 국내 공공의료기관은 총 211개소로 종합병원은 67개소 그리고 일반 병원 54개소와 한방병원 2개소, 요양병원 92개소를 다 포함한 수치이다. 공공의료기관의 비율은 전체 병원의 약 0.31%에 불과한 것이다. 조금 오래된 보고서에서 지적한 것인데 국내 공공의료 병상 비율 역시 10% 전후에 불과했고, 이 수치도 크게 변하지 않은 것 같다. 보고서에는 대부분의 유럽 선진국들은 50% 전후였으며, 90%를 넘는 나라들도 있었다.

메르스나 코로나 사태 등에서 얻은 교훈으로는 공공보건에 지대한 영향을 미치는 사태가 발생했을 때 지방정부가 문제 해결에 가장 먼저 나설 수밖에 없다는 사실이다. 따라서 국가 차원이 아니라 도시 차원에서도 공공보건의료 서비스 체계를 반드시 점검하고 대비책을 세워야 한다. '세계인구리뷰World Population Review'의 '2021년 세계의료서비스Best Healthcare In The World 2021' 순위에서는 한국이 세계 89개국 가운데 1위이고, 또 '2021 세계행복보고서World Happiness Report 2021'에서는 68위였다. 순위가 시사하는 점을 고려하길 권한다. 현대에는 보건의료 서비스를 제대로 받는 것은 기본적인 인권으로 간주하며, 서비스가 부족하면 안정적이고 양질인 체계를 갖춘 나라와 비교해 삶의 질이 떨어질 수밖에 없다. 세계보건기구WHO는 효율적으로 작동하는 보건의료서비스 체계를 갖추려면 안정적인 자금조달 메커니즘, 잘 훈련되고 적절한 보수를 받는 의사를 포함한 전체 의료인력, 잘 관리 된 시설과 신뢰할 수 있는 정보에 대한 접근이 필요하다고 한 점도 참고해야 한다.

더 나아가 시민들이 건강하고, 지속가능한 도시로의 이행을 성공적으로 이끌기 위해서는 건조환경build environment[4]의 설계, 도시계획, 개발, 관리에 관한 접근법을 재고해야 한다.

보건복지부 공공의료과, 2018. 10. 1. 공공의료 강화로 필수의료 서비스 지역격차 없앤다. 보건복지부. // 앤드류 댄넌버그 · 하워드 프럼킨 · 리차드 잭슨(김태환 · 김은정 외 옮김), 2014. 시민을 위한 건강한 도시만들기. 국토연구원. // Sophic Ireland, 2021. 4. 27. Revealed: Countries With The Best Health Care Systems. 2021. CEOWORLD Magazine. // World Happiness Report. 2021.

---

4) 인간에 의해 인위적으로 디자인, 조성, 개량, 관리된 환경. 예를 들어 집, 학교, 일터, 근린, 공원, 대중교통 시스템 등이 포함된다(앤드류 댄넌버그 등, 2014).

비상계획

전 세계를 강타하고 있는 코로나-19 팬데믹이 되어 우리의 일상을 완전히 바꾸어 놓았다. 우리가 전혀 예상하지 못했던 일들이 갑자기 일어나 사회경제적으로 심각한 악영향을 초래하고, 정서적으로도 사람들에게 큰 충격을 안겨주고 있다. 더 큰 문제는 앞으로도 이와 같은 사태가 언제 나타날지 모르고, 자주 발생할 가능성이 크다는 점이다. 예견되는 가장 우려되는 위기는 코로나 팬데믹 외에도 기후변화 문제가 있고, 다음은 전 지구적 경제 문제이다. 이런 위기가 실제로 나타나기 시작하면 우리는 보통 비상사태가 발생했다고 한다. 2001년 미국 9·11 테러, 2008년 글로벌 금융위기, 2011년 일본의 후쿠시마 원전 사고 그리고 우리나라만 한정해서 보면 1997년 IMF 외환위기도 다 비상사태라고 할 수 있다. 물론 한 도시에도 이런 일이 얼마든지 생길 수 있다. 지역적인 것으로 태안 유류유출사고, 포항 지진이나 대구 지하철 사건, 세월호 사건 등이 떠오르게 된다. 당연히 문제의 발생을 예방하는 것이 최선이지만 그래도 일이 터졌을 때 이를 대비할 잘 짜인 대안plan-B이 있고 없고가 중

미국 뉴욕 9.11 테러 희생자를 위한 추모 시설이 있는 그라운드 제로(Ground Zero)의 지상이다. 이와 같은 테러는 비상계획이 있다고 하여도 대처하기가 어렵다. 만약 없다면 효과적인 대처는 불가능하다.

요할 수밖에 없다. 여러 나라에서 비상사태를 대처할 때 허둥대는 정부나 무기력한 재해방지시스템을 자주 본 적이 있다. 과연 우리 도시는 대비를 잘하고 있는지 궁금하지 않을 수 없다.

어떤 사고가 발생해 인명이나 재산상 어마어마한 손실을 보았을 때를 대비하여 세우는 계획을 비상계획非常計劃 contingency plan 이라고 한다. 이런 계획은 공공기관이나 중앙정부만 수립하는 것은 아니다. 기업이나 작은 지방정부에게도 필요한 계획이다. 네이버 지식백과에서는 비상계획을 "비상사태나 재난이 발생할 경우, 기관·사람·자원에 미치는 피해를 최소화하거나 원천적으로 방지하기 위하여 기관 차원에서 준비하는 정책이나 절차. 비상계획에는 재난대비계획과 필수 기록관리 업무가 포함된다."라고 정의하고 있다. 또 IT 용어사전에서는 "국가 간 전쟁이나 분쟁, 자연재해 등 위기 상황에 대비해 미리 시나리오별로 준비해 놓은 계획을 말한다. 정부는 이 컨틴전시 플랜을 위기 발생 시 상황에 맞게 보완하고 점검해 필요하면 가동한다."라 하였다. 이 두 정의를 통해 볼 때, 비상계획은 갑자기 일어난 재난으로 피해를 볼 생명과 자산을 보호하기 위해 사전에 세워놓는 계획이다. 그러니까 사태 발생 이후에 즉각 대응해야 할 필수적인 대책인 것이다.

유류유출사고를 예로 들어보자. 연안을 지나는 유조선이 악천후로 침몰하거나 손상을 입어 대량의 기름이 유출되었을 때 어떻게 대처해야 하는가를 생각하면 된다. 해류의 이동 방향이나 속도에 따라 유류가 도달할 해역들이 정해지지만, 해황에 따라 시시각각 변할 수도 있다. 또한, 유류의 독성이나 점성 그리고 성상에 따라 생태계와 연안어장에도 치명적인 영향을 미치니 이점도 신경을 써야 한다. 기름의 도달이 예상되는 해안지역이라면 그 지역이 자연보호지구이거나 인구 밀집 지역일 경우 차단 대책도 세워야 하는 등 신경을 써야 할 것이 하나둘이 아니다. 비상계획에는 이러한 다양한 상황을 예측하고 준비해서 여건 변화에 따라 결단을 내려야 할 의결 집단이나 개인을 지명해 놓아야 한다. 어쩌면 이 인적 구성이 가장 중요할 수 있다. 유류유출에 따른 사고라면 아무래도 정부 부서의 해양수산부 공무원, 지방정부의 담당 공무원 그리고 해양오염, 유류, 선박, 생태계, 어장 전문가들과 경찰과 소방관 등이 필요하다. 상황에 따라 해양보호지역 관리책임자도 있어야 한다. 그리고 경험이 많고 다양하게 전개되는 상황에서 해결책을 찾아내어야 하는 리더의 존재가 필수적이다. 이에 못지않게 중요한 것은 발생단계별 절차와 의결 과정이 잘 정리된 매뉴얼이다. 그리고 매뉴얼대로 정기적으로 실제상황처럼 연습해야 비상시 작동한다.

　이를 다시 세월호 사고에 대입해보면 비상계획이 있어서 초기에 해양 전문가들이 의사결정 구조에 들어가고 해양사고에 정통한 지휘자가 있었다면 사고 해결이 훨씬 빨랐을 수도 있었다고 본다. 물론 의사결정 구조에서 결정한 결단을 믿고 따르는 체계도 필요하다. 일반 기업에서도 갑자기 다가오는 위기는 있게 마련이다. 위키피디아에 따르면 미국의 금융서비스 회사인 칸토 피츠랄드Cantor Fitzgerald는 비즈니스 비상사태계획, 즉 플랜 B가 성공적으로 구현된 대표적인 예다. 9·11 테러로 인해 단 2시간 만에 960명의 뉴욕 주재 직원 중 658명과 사무실 공간과 거래 시설을 잃었다. 이러한 심각한 손실에도 불구하고 이 회사는 일주일 만에 사업을 재개할 수 있었다. 오늘날에도 성공적인 회사로 인정받고 있다.

　그러면 도시에서는 어떻게 해야 하나? 첫째 우리 도시에 닥칠지도 모르는 위험의 종류를 찾아내는 일을 제일 먼저 해야 한다. 가장 위험하고 발생할 가능성이 큰 순으로 열거하여 계획을 세우되 가능하면 다섯 개 이내로 하는 것이 좋다. 도시일 때 이러한 대비는 소방청이나 광역단위 기관이 주관하는 경우가 많다. 하지만 기초자치단체마다 노출 가능한 위험들이 다를 수 있어 가능하면 독자적으로 계획을 세우는 것이 필요하다. 이때 전염성이 강한 질병이나 감염증은 어느 도시나 준비해야 할 부분이다. 두 번째는 자치단체가 확보한 역량을 파악해 놓는 일이다. 인적 물적 자원을 포함하여 모든 동원 가능한 자원을 충분히 데이터베이스화 하고 부족한 자원은 도시가 가지고 있는 네트워크를 통해서 확보해 놓아야 한다. 세 번째는 시나리오와 매뉴얼을 작성하여야 한다. 매뉴얼에는 위험의 전파 예상지역과 피해 범위 등이 표시된 민감지도까지 있으면 좋다. 디지털화하여 언제든지 그리고 쉽게 수정할 수 있으면 더 좋다. 마지막으로 훈련이다. 훈련에 참여하는 사람들의 몸에 익을 정도로 반복 훈련해야 하고, 과정에서 나타난 문제점은 피드백하여 계속 수정해가며 완성도를 높여야 한다.

인류 역사상 예상하지 못한 재난과 재해로 인해 도시가 엄청난 피해를 보는 예는 무수히 많다. 재난 영화에서도 쉽게 목격할 수 있다. 잘 대비한 도시 - 잘 짜여진 비상계획을 가지고 있는 도시가 시민의 생명과 재산을 안전하게 지킬 수 있다.

이현정, 2021. 12. 16. 방역 강화 효과까지 최소 2주 고비… "비상계획 자동 전환해야". 서울신문. // Hunter Powell, 2018. 3. 9. Have Recent Weather Events Affected the Water Sector's Approach to Emergency Planning & Resiliency? Water Finance & Management.

회복력

2020년 6월에 독일 본에서 '회복력 있는 도시Resilience City: RC'라는 국제회의가 열렸다. 2010년에 '지속가능성을 위한 세계지방정부, 이클레이ICLEI', '기후변화 세계시장협의회', 독일의 본bonn 시가 함께 이 회의를 출범하였고, 2012년에는 공식 명칭을 '도시 회복력과 적응 글로벌 포럼Global Forum on Urban Resilience and Adaptation'으로 하였으며, 매년 개최하여 10회째 회의가 진행되었다. 현재 84개국 350개 도시가 참여하고 있고, 아시아 국가 중에서 방콕, 호찌민, 자카르타, 싱가포르, 도쿄 등 여러 도시가 가입되어 있다. 우리나라에서도 서울과 수원이 회원 도시다.

이 국제 모임 외에도 '세계 100 회복력 도시100 Resilient Cities: 100RC'라는 조직이 있다. 2013년 록펠러재단 100주년을 맞이하여 전 세계 도시들의 회복력 강화를 지원하기 위해 세워진 일종의 지원단체이자 플랫폼이다. 출범 첫해에는 32개 도시가 선정되었고, 2014년에는 94개국에서 330개 도시가 응모했는데 35개 도시가 선택되었다. 마지막 세 번째 그룹은 2015년에 접수를 마감하여 2016년 말에 도시들을 발표했다. 1,000개가 넘는 도시들이 이 그룹에 들려고 노력을 기울인 것으로 안다. 마지막으로 선정된 37개 도시에는 서울이 있어, 100개 도시 중 유일한 우리나라 도시가 되었다. 한편 스톡홀름대학교에는 스톡홀름 회복력센터Stockholm Resilience Center가 있는데 도시와 생태계에 중심을 두고 연구뿐 아니라 석박사 대학원 교육과정까지 두고 있다.

이쯤 되면 "왜 도시 회복력인가?"라는 생각을 하게 될 것이다. 100RC는 도시 회복력을 '도시 내의 개인, 공동체, 기관, 사업체들, 시스템들이 겪었던 심각한 사건들이나 만성적인 스트레스 등이 무엇이든 간에 생존하고, 적응하며,

서울 광화문 세월호 같은 큰 재난사고도 그 나라나 도시의 사회적 회복역량이 크면 극복하는데 걸리는 시간과 노력이 절약된다.

성장하기 위한 역량'이라고 정의하고 있다. 도시의 시대에 접어들어 수많은 사람이 도시에 집중되고, 각 도시는 이들 시민이 도시 안에서 행복하게 지내게 하려고 많은 일을 한다. 하지만 지진, 화재, 홍수, 테러 등 충격적인 사건들 뿐만 아니라 높은 실업률, 과도한 세금, 비효율적인 대중 교통수단, 고질적인 폭력, 만성적인 식량부족과 단수 등 시민들에게 스트레스를 주는 부정적인 일들을 해결하지 못한다면 시민들의 삶의 질 저하는 물론이고 도시경제력 약화로 이어질 수밖에 없다. 이들 문제를 물리적, 사회적, 경제적으로 극복하는 힘이 회복력이다.

그런데 도시만의 문제인가? 이 책에서 반복해서 언급하고 있지만, 도시화는 전례 없이 빠른 속도로 진행되고 있다. 스톡홀름 회복력센터의 자료에 따르면 가까운 미래에 27억 명이 도시로 옮겨가면서 도시 경관을 바꾸게 될 것이고, 그 면적은 남아프리카 공화국과 맞먹을 것이라 하였다. 이 자료에서 지적하려는 것은 사람들의 바뀐 생활양식과 세계관들은 수만 년 동안 사람들의 삶을 지지해왔던 생물권에 막대한 영향을 미치게 될 것이므로 자연의 회복력도 고려해야 한다는 점으로 여겨진다. 생물권, 즉 자연이나 도시는 둘 다 사회적 그리고 생태적 역량을 되돌릴 수 있는 시스템이 필요하다는 것이다.

도시회복력을 강화하기 위해서는 도시를 전반적이고 통합적으로 바라보고, 도시를 움직이고 있는 체제를 정확하게 이해해야 한다. 도시의 구조를 근본적으로 강화하려면 당면하고 있는 발생할 가능성이 큰 대형 사건과 스트레스를 잘 이해하고 있어야 시민들의 안녕과 도시의 발전을 기대할 수 있다. 도시가 처하고 있는 도전 과제는 당연히 하나가 아닐 것이다. 대부분의 도시는 도시회복력을 약화하는 여러 문제를 떠안고 있다.

100RC는 도시의 시스템을 이해하는 것만으로 도시회복력을 강화하는 데 충분치 않다고 하였다. 도시를 위협하는 사고와 스트레스에 더욱 잘 적응하고, 반응하면서 견딜 수 있는 도시시스템을 디자인하고 기능화해야 한다고 했다. 도시에는 언제든지 위기가 닥쳐올 수 있다. 그것이 외부에서 발생하는 충격적인 사고이든 내부에 잠복해 있는 문제든 간에 이를 철저하게 잘 대비하는 것이 도시에서 가장 중요한 일이다. 결국, 도시회복력이 큰 도시가 강한 경쟁력을 가지게 된다.

최은희, 2021. 12. 회복력있는 도시를 향하여. 2021서울도시건축비엔날레. SPACE(649호). // The Rockefeller Foundation. 100 Resilient Cities.

일자리

"바보야, 도시에서도 문제는 일자리야!" 다소 도전적이고 도발적인 문장이다. 미국의 빌 클린턴 대통령이 1992년 선거 때 사용했던 구호 "바보야, 문제는 경제야It's the economy, stupid!"를 흉내 낸 것이다. 2020년 4월 초순에 한 중앙일간지 일면 제목으로 '일자리'가 등장하였다. 코로나 19사태로 기업들이 큰 어려움을 겪으면서 실직자 수도 기하급수적으로 늘어나고 있는 것을 지적한 것이다. '하루 실직자 6,100명 ⋯ 매일 대기업 하나가 사라진다'라는 충격적인 내용이다. 기사는 실질적인 실업자가 훨씬 더 많을 것으로 내다보았다. 다른 신문에는 '경제기반 붕괴 위기, 일자리가 방파제'라는 제목의 특집까지 내고 코로나-19 대확산의 여파로 직업을 잃었지만 많은 실업자가 대책에서 제외되는 등 여러 문제점을 짚고 "당장 재정 투입해 위기 막아야 경제회복 때 사회적 비용 줄어"로 해결점을 제시하였다.

일반 가정에서 가장의 실업은 가족 전체의 생존을 위협한다. 그만큼 심각하다. 일자리 문제는 다른 사회나 경제적인 문제와는 달리 사람들의 생존 문제인 것이다. 그래서 일자리의 증감 여부는 도시의 성장과 안정과도 직접적인 연관을 가질 수밖에 없다. 참여정부 시절 정부의 산하기관들을 지방도시로 보내는데 소속직원들은 불만이 많았고, 아직도 부분적으로 이어지고 있다. 어쩌면 당연한 일이지만, 지방도시 측면에서 보면 지역에 대한 재정 투자만으로 도시를 진흥시키기가 쉽지 않다는 것을 보여주었다. 즉, 일자리를 마련하지 못한 도시의 발전계획은 무의미하다. 따라서 기관의 이전이 아니라 일자리의 이동이어야 한다. 수도권의 위성도시는 서울이나 그 주변 도시에 일자리들이 있어 단순히 거주하는 도시로서의 기능이라도 하고 있어서 그나마 다행한 일이다. 이런 관점에서 볼 때 울산, 창원, 안산과 시흥 등의 도시들은 큰 산업단지가 있어서 규모 면에서 대도시로 성장할 수 있었다.

얼마 전에 있었던 다른 한 기억은 새로운 기술의 도입으로 일자리를 잃는 사람들을 보면서 가졌던 의문들이다. 고속도로 요금소 현금 수납원들의 농성 투쟁을 보면서 "새로운 기술의 도입으로 직업들이 사라져 가는 것이 현실이 되고 있는데 한쪽에서는 일자리를 늘린다고 예산을 쏟아붓고 있는 이런 모순은 무엇이지?" 하는 것이었다. 새로운 기술은 선택적으로 적용할 수는 없는 것인가? 기술의 도입으로 실질적으로 수익의 개선은 되는가? 만약 그렇다면 앞으로 좋은 일자리를 더 늘릴 수는 있는가? 마지막으로 수익의 개선이 서민 일자리와의 함수 관계를 고려하고 있는 것인가? 등의 의문으로 이어졌다. 우리 주변에서 고속도로 수납원뿐 아니라 주차요금 수납원이나 아파트 경비원들이 일자리를 잃고 있어도 이 문제가 대기업과 중앙정부만의 문제가 아닌 것은 분명해 보인다. 지방정부도 두 거대 조직과 유사한 정책을 쓰고 있기 때문이다. 특히 공공기관에서 시민들의 '실직'의 문제는 한 도시의 미래 문제이기도 한데, 이것이 '수익의 확대' 또는 '손실의 저감'과 대체할 수 있는 가치인지 진지하게 고민해봐야 할 숙제로 남는다.

유발 하라리Yuval Harari의 책 『21세기를 위한 21가지 제언: 더 나은 오늘은 어떻게 가능한가』에서 일자리에 대한 어두운 메시지를 전하고 있다. 그렇지만 한편으로는 그 메시지에 동의하지 않을 수 없다는 것이 답답했다. 생명기술과 정보기술은 누구나 미래 먹거리로 찬양하지만, 부정적인 이면은 누구도 잘 말하려고 하지 않는다. 특히 정치적으로. 또 다른 문제는 보통 사람들은 이런 기술의 진보는 물론이고 그 용어도 잘 이해하지 못한다. "하지만 기술 혁명은 앞으로 수십 년 내에 탄력을 받을 것이고, 그로 인해 인류는 지금껏 겪어보지 못

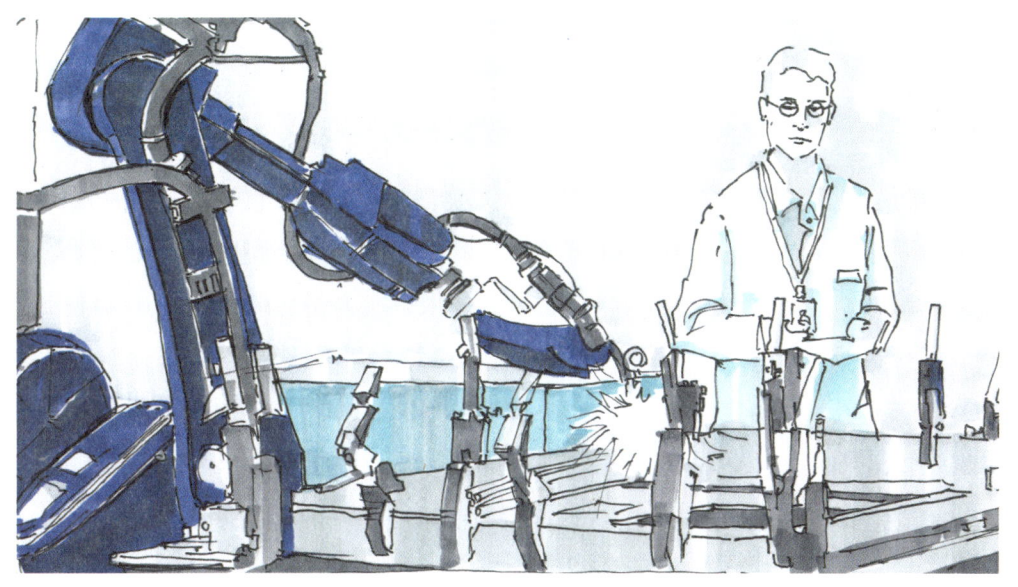
일터에서 노동자는 로봇으로 교체되고 있기에 서로 보완 할 수 있는 길을 찾아야 한다.

한 가장 힘든 시련에 직면하리라는 것은 의심의 여지가 없다. …… 바로 일자리다. 기술 혁명은 조만간 수십억 인간을 고용 시장에서 몰아내고 …… 모두 어떻게 대처해야 할지 모르는 사회적, 정치적 격변으로 이어질 것이다."라고 그는 통렬하게 지적하였다. 그러나 정작 이러한 기술을 개발하는 과학자나 대기업 경영자는 일자리 문제에는 무관심하고, 실직자들의 저항은 점차 거세질 것이라고 지적하였다.

　도시 처지에서 본다면 새로운 기술의 진입으로 발생하는 실업의 문제는 이미 현실이 되고 있음에도 불구하고 이 불편한 진실을 못 본 체하거나 과거 방식으로 일자리를 찾으려 한다. 시민들에게 더 큰 위협으로 다가오기 전에 도시가 나서야 한다. 아직 늦지 않았다고 생각한다. 필자도 특별한 대책을 가지고

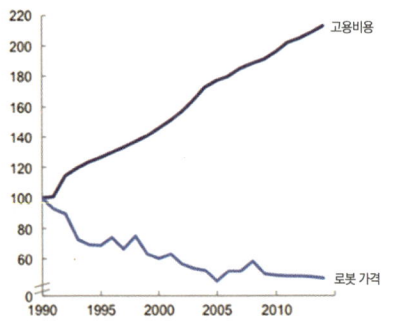

1990년을 100으로 보았을 때 노동자 고용비용과 노동을 대체한 로봇 가격의 변화(McKinsey&Company 자료 인용).

있지 않다. 하지만 새로운 기술의 도입으로 실업자가 늘 것이 예상되면 이에 대한 구체적인 대응책을 마련해야 한다. 당연한 이야기지만 기술의 전환이 일자리 전환이 될 수 있게 하면 좋다. 기술이 새로운 일자리를 창출하거나 더 많은 일자리를 만든다 해도 전환되지 않으면 일자리를 잃은 당사자들에겐 남의 일이 되고, 미래에 일어날지 모르는 일일 뿐이다. 한 방송사의 '그린 뉴딜, 에너지 전환-일자리 전환'이라는 기사를 보면 미국의 스

컴퓨터에서 일자리를 찾으면 수많은 일자리가 있는 것처럼 보이나 좋은 일자리 구하기는 점점 어려워진다.

탬퍼드대학교와 켈리포니아대학교University of California: UC 버클리의 공동 연구팀에서는 에너지 전환은 일자리 전환이 가능하다는 결론을 내렸다고 하였다. 더욱이 우리나라 정부도 추가 일자리까지 만들 수 있다고 추정까지 하였다고 한다. 이 문제에 대해서 상세한 기술적 문제와 평가는 지금 하기 어렵지만 새로운 기술의 출현도 잘 대비하면 일자리 전환을 가능하게 할 수 있다는 희망을 품을 수 있다.

  우리는 현실적으로 기후변화로 기인한 환경 문제와 더불어 일자리 문제에 직면하고 있다. 이런 상황에서도 도시는 중앙정부보다 순발력 있고 창의적으로 이들 문제를 극복해 낼 수 있는 주체가 되어야 한다. 일자리 문제가 도시의 미래를 좌우하는 핵심 문제가 될 것이기 때문이다. 얼마 후 한 일간지에는 '그래도 채용'이라는 제목의 기사가 실렸었다.

김기찬, 2020. 4. 7. 하루 실직자 6100… 매일 대기업 하나가 사라진다. 중앙일보. // 박은하, 2020. 4. 6. "경제기반 붕괴 위기, 일자리가 방파제". 경향신문. // 유발 하라리(전병곤 옮김), 2018. 21세기를 위한 21가지 제언 –더 나은 오늘은 어떻게 가능한가–. 김영사.

완전한 거리

  세계적인 도시계획자이자 건축가인 피터 비숍Peter Bishop과 이야기한 적이 여러 번 있다. 그때마다 비슷한 질문들을 반복했는데, "주민들의 삶의 질을 높이려면 가장 먼저 무엇을 해야 하나요?", "도시가 지속할 수 있게 하려면 무엇을 개선해야 하나요?", "관광도시가 되려면 어떻게 해야 하나요?" 등이었다. 이런 질문을 할 때마다 보행자 거리, 즉 걷는 거리를 늘려야 한다는 것이었다. 또 그런 전문가가 있다. 도시계획가이자 디자이너인 제프 스펙Jeff Speck은 그의 저서 『걸어 다닐 수 있는 도시: 부와 건강 지속가능성에 대한 해답Walkable City: How Downtown Can Save America. One Step at a Time』에서 "살기 좋은 도시에서 가장 훌륭한 기능을 발휘하는 힘은, 바로 워커빌리티walkability(보행 가능성 또는 보행 친화성)다. … 도시공학자들은 오로지 '원활한 교통'과 '충분한 주차공간'이라는 두 가지 요소에만 집중했다. 그 결과 도시는 찾아가기 쉽지만, 사람들이 찾지 않는 장소가 되었다."라고 하였다.

이 두 전문가는 여러 가지 설명을 곁들였는데 지금 보니 '완전한 거리complete streets'를 만들라는 것이었다. '완전한' 또는 '완벽한'이라는 용어의 의미 자체는 썩 마음에 들지 않았지만 사람 중심으로 만들어진 거리라는 뜻임을 직감했다. 도시에서 그 이상의 가치가 없기 때문이다. 완전한 도로란 모든 이용자가 안전하고 편리하며, 편안하게 이동하고 접근할 수 있도록 설계한 거리다. 기존의 자동차 중심의 도로를 불완전한 것으로 인식한 것이다. '모든 이용자'란 왜 그리고 어떻게 이동하는 지와 관계없이 자동차 운전자뿐만 아니라 보행자, 자전거 타는 사람 또는 대중교통 탑승자 등 모든 연령층과 다양한 역량을 가진 사람들을 말한다. 이들을 염두에 두고 교통 네트워크를 보다 안전하고 효율적으로 만들기 위해 도로를 계획, 설계, 운영 그리고 유지하려는 거리가 '완전한 거리'다.

어떤 도시에도 걷지 않은 길, 위험한 건널목 그리고 빠르게 움직이는 교통량 등 보행자를 힘들게 하는 거리가 있다. 이런 문제들을 해결하기 위해 '완전한 거리'를 만들자는 운동이 생겨났다. 완전한 거리에서는 보행자와 자전거 타는 사람 그리고 대중교통 이용자에게 일반 자동차 운전자와 같은 비중을 두었다.

도심에서는 모든 대중교통 수단과 보행자 그리고 자전거까지 함께 하면서도 안전하고 편리하게 이용할 수 있는 거리가 필요하다.

처음 시작은 안전한 공공장소와 뛰어난 지속가능한 교통네트워크가 가능한 거리를 설계하여 모든 사용자의 삶의 질을 향상하는 것에 목표를 두었다. 1970년대와 1980년대에 미국 오리건주와 플로리다주의 도로 프로젝트에서 자전거를 타는 사람들과 보행자의 요구를 가장 먼저 들어 주었다. 나중에, 연방 고속도로 관리국과 미국 교통부의 정책에도 완전한 거리의 개념을 포함됐다. 미국의 많은 시민 단체들 뿐만 아니라 '미국 은퇴자 협회AARP: American Association of Retired Persons', 그리고 미국 설계협회와 미국 조경건축가회는 '전미 완전거리 연합National Complete Streets Coalition'을 결성하고, 2004년부터 완전한 거리 만들기 운동을 시작하여 관련 정책과 전문 관행의 개발과 이행을 촉구했다.

현재까지 미국에서 1,140개 이상의 기관이 완전한 거리 정책을 수용하여 전국적으로 총 1,200개 이상의 정책이 채택되었다. 이러한 활동의 성공으로 활발한 교통수단 홍보, 보다 기능적이고 매력적인 거리 경관 조성 그리고 교통사고 감소라는 측면에서 성과를 거두어 다른 국가에서도 유사한 개념을 채택하게 하였다. 지금은 브라질과 인도 그리고 영국과 네덜란드를 비롯한 유럽의 여러 나라까지 이 완전한 거리는 좋은 도시의 중심 개념이 되고 있다.

세계자원연구소World Resource Institute는 간략한 지침을 다음과 같이 제안하였다. '활동적인 거리 풍경이 필요하다.' 사람들이 경험을 공유하는 공간이 풍성하면 좋다. 상업, 소매, 음식 서비스와 같은 대화가 있는 상점의 혼합은 활동적인 거리 풍경을 만든다. 또 거리 풍경을 풍성하게 할뿐만 아니라 거리에 색과 다양성을 더한다. 광장은 군중을 끌어들이고 보행자의 이용을 늘릴 수 있다. 소통과 사교를 위해 스마트 폰에 의존하는 시대에는 공용 와이파이가 있으면 좋다.

'보행자를 위한 적절한 조명이 있어야 한다.' 거리 조명은 교통과 범죄로부터 안전한 환경을 제공한다. 조명은 공간의 경험에도 영향을 준다. '녹색 인프라를 만들어야 한다.' 나무, 관목 그리고 잔디가 있는 공간을 녹색경관greenscapes이라 하는데, 도시에 환경적, 사회적, 경제적 혜택을 제공한다. 녹색지역은 지하수 매장량을 보충하고, 열섬효과를 완화하며, 오염된 공기를 정화한다. 일부 식물은 토양의 유해오염물질을 자연적으로 정화한다.

오스트리아 빈 자전거 타는 길의 확보는 완전한 거리를 만드는데 필수적인 사항이다.

'거리 시설에도 신경을 써야 한다.' 길거리 시설은 공공장소의 좋은 경험을 갖게 하고, 사람들을 활동적으로 만드는 잠재력이 있다. 벤치와 의자로 거리를 예쁘게 만들고 벽, 건물, 나무 침대 그리고 화분과 연계할 수 있다. 보행자가 휴식을 취하고 즐기며, 보행과 자전거 통행을 장려한다. '자전거 시설은 필수다.' 거리를 자전거 친화적으로 만드는 것은 완전한 거리 만들기의 중심 개념이다. 잘 보호된 자전거 차선을 도입한 후 근거리 통근에 자전거를 선택하는 사람들의 수가 많이 증가하는 경향이 있다. '간판과 안내판도 중요하다.' 교통 표지판은 보행자, 자전거 타는 사람, 운전자 모두에게 안전을 보장하기 위해 고안되어야 한다. 보행자의 우선 순위를 강조하고, 표지판은 운전자에게 교차로의 위치를 예상토록 명확하게 경고하고, 보행자가 선호하는 교차로 위치를 만드는 것이 중요하다.

'장애인을 비롯한 누구에게나 편하게 접근할 수 있어야 한다.' 바쁜 도시를 거니는 것은 장애가 있는 사람은 물론 누구나 도전할 수 있어야 한다. 건물과 마찬가지로 도로는 능력, 장애 또는 나이와 관계없이 특별한 도움이 없어도 모든 사람이 즐길 수 있도록 설계해야 한다. '거리의 표면까지 신경을 써야 한다.' 거리와 공공장소의 재료 선택은 내구성, 지속가능성, 안전 그리고 이용자 경험에 영향을 준다. 일반적으로 다공성 아스팔트, 투과성 콘크리트 그리고 연질 포장재와 같은 투과성 포장재는 비침투성 재질보다 훨씬 바람직하다. 환경친화적 소재들은 빗물 유출을 줄이고, 유지·보수할 일이 적으며, 수질을 향상시킨다.

완전한 거리 디자인은 시민들에게 더 나은 도시로 나아가게 한다. 미국 메인Maine주 포틀랜드Portland시는 시민 공모전을 통해 '완전한 도시complete city'에 대한 비전 아이디어를 구하였다. 도시의 미래를 위한 조치였다. 350개가 넘는 작품이 제출되었고, 정직하고 상상력이 풍부한 작품이 많았다.

David Goldberg, 2018. 8. 9. Portland's Street Design Experimentation Creates A Redrawn Paradign. Sightline Institute. // Jean Crowther, 2019. 1. 16. Complete Streets 2.0: Responding to The Fast Pace of Change in Transportation. Alta. // The Complete City. 2019. The Complete City Filled in a Design Competition to Test and Visualize Housing Policy.

사람 중심 마을

대부분의 도시에서는 자연이나 환경의 중요성을 언급하고 비전을 세울 때도 이를 고려하는 경우가 많다. 도시는 자연과 반대되는 의미로 받아들이는 경우가 많았기 때문이다. 인류는 생존을 위해 울타리를 세우고 거주민들을 안전하게 하고 일자리를 만들어 왔다. 그리고 마을과 도시가 성장하면서 자연과 전원을 파괴해왔다. 이러한 경향은 산업혁명 이후 더 빨라졌고, 도시화는 갈수록 가속도가 붙었다. 한국의 도시화는 세계에서 제일 빠르다고 보는 견해가 지배적이다.

도시는 지구 전체 면적의 3%에 불과하지만, 에너지를 60~80%를 소비하고, 탄소 배출량의 75%, 그리고 지구 자원의 약 80%를 소모하고 있다. 향후 도시화의 95%는 개발도상 국가에서 일어날 것으로 예측된다. 전체 도시에서 10억 명 이상이 극빈층으로 전락하였으며, 2050년에는 도시에 약 65억 명이 거주할 것으로 내다보고 있다. 이럴수록 도시민들은 자연을 동경하고, 목가적인 전원에서 생활하던 시절을 그리워한다. 과거 누구도 예기치 못한 도시집중 시대에 사는 사람들은 예전의 시골 마을을 그리워하여 찾아가 살거나, 자연을 도시로 들여와 도시에서 자연과의 공존을 꾀하고 싶어한다.

현대적인 도시가 가장 먼저 발달했던 유럽에서는 20세기 초반에 자연을 도시 내부로 들이는 시도들을 하였다는 기록들이 있다. 도시에 들인 소자연들은 조금은 부자연스러웠지만 도시민들을 자유롭게 하고, 자연을 소중하게 여기도록 하기 위해 고안되었다. 자연을 들이는 다양한 시도들은 도시에 녹지를 넓히거나 야생화 화단을 만들고, 옥상이나 벽면 녹화를 하는 양상으로 나타났다. 이런 일들이 도시 온도를 낮출 뿐만 아니라 시민들의 정서 함양 등 생태계 문화서비스가 크다는 것이 입증되자 네이츄어nature 또는 에코eco라는 접두어를 가진 상품들이나 사업체들이 등장하기 시작하였다. 자연적인 디자인은 현재 건축, 음식, 패션 등에도 응용되고 있다.

이렇게 되자 마을만들기 운동도 같은 맥락에서 활발하게 전개되고 있다. 하나의 공동체이거나, 몇몇 공동체가 모여 사람 중심 마을을 만드려고 했다. 공동체 처지에서 보면 마을은 세상의 중심이기도 하고, 지역자치의 기본 단위이다. 물론 주변의 자연생태계와 조화를 이루는 생물학적 집단이기도 하다. 사람이 중심에 있는 것이다. 그러다 보니 생존을 위해서 마을주민들은 자연자원을 효율적이고 지속해서 이용하려는 공동 관리역량을 키워왔다. 이와같은 전통 생활양식을 일본은 사토야마里山라 하여 일본 고유의 친환경적 생활양식을 홍보하고 연구해오고 있다. 하지만 이런 생활양식은 아시아적 문화유산이다. 어쨌든 마을과 그 뒷산이 중심이 된 주변의 자연을 잘 활용하면서 유지해 왔던 오랜 생활을 강조하고 유지하려는 국가적으로 노력을 해온 점은 높이사고 싶다. 도시의 한 마을(동네)에서 보자면 이런 점이 부러울 수밖에 없고, 과거 우

경기도 안산 살기 좋은 마을이 모이면 좋은 도시가 된다는 것을 아는 주민들이 힘을 합쳐서 노력하면 큰 성과를 달성하기도 한다.

리 사회에서 이루어졌던 여러 양식을 현대화하는 작업이 지금의 마을만들기 운동에 포함되어 있다.

시애틀의 마을운동가인 짐 다이어Jim Dier는 '동네neighborhood[5] 단위로 도시를 경험한다.'라고 하였다. 아무리 작은 도시라도 한눈에 도시를 알아볼 수 없다. 결국, 마을이나 동네를 보며 짐작하게 된다. 특이한 점은 해당 도시에 사는 사람도 마찬가지라는 점이다. 또 어떤 이는 '도시는 커졌으나 사람을 위한 장

---

5) 근린으로도 해석한다.

경기도 안산 마을정원 만들기는 마을을 밝고 깨끗하게 만드는 것이 일차목표이지만 마을주민들 간 소통도 증대하는 방안이 된다는 것을 나중에 알게 되었다.

소는 없다.'라고 하였다. 즉 도시들은 사람이나 생명 더 나아가 공동체를 중심으로 도시정책을 실행하기보다는 물질이나 자본의 논리대로 작동되다 보니 정작 사람들은 소외되어 있다는 점을 잘 지적하고 있다. 도시는 제도나 법률 등 인공적인 정책시스템으로 움직여지다 보니 자연시스템에 의해 움직여지던 과거 시골마을들이 더 그리워하게 되는 것이다.

올해(2021년)도 안산시 일동은 전국 마을만들기 대회에서 최고상을 받았다.

주민자치를 위한 준비와 상대적으로 높은 주민역량이 높게 평가받은 것으로 보인다. 마을의 미래를 주민들이 사전 협의하고, 그 결과를 시정과 조화를 이루어 정책으로 집행되게 한다. 주민들은 마을 뒷산을 지키려는 노력도 하고 마을 어린이들의 돌보미로 자원봉사를 하고 모두가 여러 가지 프로그램을 협의해가며 진행한다. 몇 년 전엔 '100인 마을합창단'을 만들어 연주한 것도 그중 하나다. 마을연구소를 세워 동네사람들의 행복을 만들어 가고 있다.

서울마을센터, 2018. 5. 11. 시애틀에서 확인한 시민의 힘-2017 찾아가는 동주민센터추진위원단 국외선진지 방문기. // 일본 내각관방 마을·사람·일자리창생본부(국토연구원 옮김), 2020. 일본의 국토 및 지역 발전 계획, 마을·사람·일자리 창생 장기비전 2019(개정판)과 제2기 종합전략 2020~2024. 국토연구원 세계국토총서 20-203. // Kazuhiko Takeuchi, 2010. Rebuilding the relationship between people and nature: the Satoyama Initiative. Ecological Research, 25(5): 891-897.

걷는 길

얼마 전 작은 독서 모임에 참석했는데 한 주제에 한 권의 책을 선정하여 읽고 토론을 하는 모임이었다. 주제는 '건축'이었다. '중간건축을 살려야 도시가 산다.'라는 명제를 가진 어느 책을 주제로 토론하는 가운데 한 참석자가 '보행자 도로가 있어야 좋은 도시지!' 라고 하여 토론의 주제가 건축에서 걷는 길과 도시로 옮겨갔다. 그러고 보니 필자가 다녔던 많은 외국도시 대부분이 도심에 차 없는 긴 보행도로들이 있었고, 그 주변에 다양한 상점들과 문화시설이 있었

미국 뉴욕 뉴욕의 하이라인은 처음엔 몇 명의 상상력에서 출발했으나, 전체 거리를 바꾸고 주민들에게 자부심을 심어주었으며, 지역의 자산가치를 크게 높였다.

던 기억이 떠올랐다. 도시 정책 자문을 위해 안산을 몇 차례 방문했던 런던대학교 석좌교수 피터 비숍은 다음과 같은 이야기를 했다. "한국의 도시들은 자동차를 우선시하는 도시설계를 한 것 같다. 도시에 사는 사람들은 자신의 도시 내에 가고 싶은 곳을 가지고 싶어 한다. 그런 곳을 가진 외국 도시들은 대개 차가 다니지 않는 보행자 중심 도로다. 최근 도시설계를 하는 중동의 도시들도 도심에 긴 보행자 거리를 넣었다. 안산에도 적어도 2~3㎞ 정도 되는 보행자 도로가 필요하다. 보행자 도로는 단순히 걷는 것이 목적인 길이 아니고 사색하고 여유 있게 즐기며 소통하는 공간이다. 이런 걷는 길은 상가에도 큰 도움이 된다. 자동차 중심 도로에는 이런 효과를 기대할 수 없다."

『어디에서 살 것인가?』를 펴낸 저자 유현준 교수는 "골목길 같은 사이 공간이 사라진다는 것은 내가 소유하거나 임대하는 공간 밖으로 나가면 최소한의 이동공간만 남겨두고 내가 머물 수 있는 공간은 없어진다는 것을 의미합니다.

이런 사이 공간이 없어지면 누가 가장 큰 피해를 볼까요? 바로 최소한의 공간으로 밖에 살 수 없는 사람들입니다. (중략) 한국에서 커피숍이나 카페가 유독 많은 이유도 거기 있습니다. 돈을 지급하지 않고는 집이나 직장 밖에서 머무를 공간을 구할 수가 없는 거죠."라고 말하며 사이 공간 즉 걷는 길이나 골목길의 중요성을 강조하였다. 자동차가 중심인 도로에 나가면 길은 있어도 앉을 자리가 없고, 있어도 삭막한 풍광만 있어 여유가 없다.

도시의 높이와 현대화를 강조하다 보면 정작 시민들이 편하게 쉴 자리나 녹지를 배제하게 되고 결국 도시의 기능은 죽게 된다. 독일의 대학도시인 하이델베르크의 구시가지에는 유럽에서 가장 긴 보행자도로인 중심거리가 있고, 강변을 따라 난 도로와 사이에는 많은 골목들이 있다. 고풍 어린 건물들 사이에 난 길과 골목을 걸으며 역사적 풍취도 느끼고, 건물과도 잘 어울리는 예쁜 상점들과 식당들에서 지역 상품을 사고, 음식도 먹으며 여행을 즐긴다. 관광객들은 이곳에서 꽤 긴 시간을 보내며 여행의 편안한 여유를 느낀다.

한편 뉴욕의 걷는 길, 하이라인The High Line은 새로 만들어진 걷는 길이다. 도심을 통과하는 오래된 고층 철로에 공원과 길을 만들었다. 건물 2, 3층 사무실에서 같은 높이로 걸어가는 사람들을 보게 되는 길인데 10년 전 당시로써는 독특한 발상이 만들어 낸 일종의 사건이었다. 하이라인은 두 번에 걸쳐 완성되었는데 2009년 6월에 일반인에게 공개되었을 때는 성공적인 분위기는 있었지만, 단점도 여러 가지 지적이 되었다. 2년 후 여름에 연장 개장하였을 때는 군중이 열광하였고 1단계에서 심었던 나무와 작은 식물들이 성장하여 공원으로서 멋진 경관을 연출하였다. 사람들은 숲속 길로 들어가는 느낌을 받기도 하였다.

최근에는 낡고 보잘것 없이 크기만 했던 주변 건물들이 새 단장을 하거나 새

미국 샌프란시스코 군사기지였던 해안습지를 복원하고 주변을 걷기 좋은 장소로 만들어 시민들의 사랑을 받고있다.

롭게 지어졌고, 거리까지 활기가 넘치니 갤러리 거리와 첼시마켓도 북적거리고, 새 미술관까지 들어섰다. 이곳은 단기간에 뉴욕의 관광 명소가 되었다. 잡초와 야생화가 있는 자연 화원으로 변한 궤도를 따라 걷는 길이 생기자 바람에 실려 온 씨앗들이 화원을 더욱 다채롭게 만들었다. 상상 이상의 일이 펼쳐진 것이었다. 하늘 숲길이 된 하이라인은 대화하고 휴식을 취하며 점심을 먹는 장소로 자리를 잡았을 뿐 아니라, 전 세계에서 온 관광객들까지 불러 모았다. 불과 10년 만에 한 지역의 분위기를 완전히 바꾸어 놓은 것은 공원과 걷는 길에 대한 발칙한 발상에서 출발하였다.

서울연구원 자료에 따르면 프랑스 보르도Bordeaux시는 1950년대 이후 자가용 유입을 유도하여 도시 활성화를 기대하는 도시정책을 시행하였으나, 1970년대에 도심이 자동차와 보행자가 구분 없이 뒤섞인 혼란스러운 거리로 바뀌

서울 종로구 걷기 편한 길을 조금만 단장하고, 길에 예쁜 상점들이 들어서면 방문객들은 늘어나게 마련이다.

고 말았다. 1970년대 말 시는 도심 거리를 보행자 도로로 바꾸는 결단을 내렸고, 최장 보행자 쇼핑거리로 조성하는 모험을 단행하여 성공하였다. 도시학자 가운데 거리의 가치를 가장 중시한 제인 제이컵스 Jane Jacobs는 그의 저서 『미국의 위대한 도시의 죽음과 삶 The Death and Life of Great American Cities』에서 도시의 문제는 사람과 사람의 소통 공간인 거리와 녹지를 죽이면서 도시가 성장했지만, 결국 도시는 큰 문제점을 안게 되었다고 하였다. 효과적인 도시계획을 위해서는 활기차고 흥미로운 거리를 조성하고 거리의 연결성과 복잡성이 있도록 거리를 촘촘히 연결해야 한다고 하였다. 이런 거리 주변에 상점들이 들어서 거리 경제가 살아나고 궁극적으로 지역공동체가 활성화 된다. 결국, 도시에 활력을 불어넣은 것은 사람과 사람이 만나는 거리라는 것이다.

서울의 종로구 삼청동 골목길, 북촌과 서촌길 그리고 경리단길 등 보행자 도로를 중심으로 뜨는 길들과 길 양쪽의 작은 상점들의 상황을 보더라도 사람들이 골목과 걷는 길에 대한 향수와 필요성을 느끼고 있음을 알 수 있다. 수원에서는 화성행궁 주변을 복원하고 골목길을 들추어내어 경리단길에서 이름을 따와 행리단길로 명명하고 지명도를 높이고 있다. 이 길은 유명한 수원통닭거리(영화 '극한직업'에 나온 길)와 연결되어 있어 시너지효과까지 거두고 있다. 대구 중구에서는 골목 투어라는 관광 프로그램까지 만들어 관광객들이 대구를 찾게 만들었다. 이러한 경향을 알아서인지 서울을 비롯한 많은 도시가 보행자 거리 조성을 위한 연구와 조사를 시작하였고, 서울시는 서울역 고가도로에 서울로7017을 2017년 5월에 열었다. 서울의 하이라인인 것이다.

강성홍, 2011. 길모퉁이 건축. 현암사. // 김준광, 2018. 메인 스트리트 전체가 차량접근 통제된 '보행자 천국' (프랑스 보르도市). 서울연구원 세계도시동향 437호. // 유현준, 2018. 어디서 살 것인가, 우리가 살고 싶은 곳의 기준을 바꾸다. 을유문화사. // 제인 제이콥스(유강은 역), 2021. 미국 대도시의 죽음과 삶. 그린비.

걷기 좋은 도시

걷기가 좋은 계절인데도 마음대로 사람들과 어울리지 못해 안타까운 일이 하나 둘이 아니다. 그래도 "집 근처 걸어갈 수 있는 곳에 작은 찻집이나 서점이 있고 물건을 구입할 수 있는 상점이 있어 그나마 다행이다."라는 생각을 가끔 해본다. 오래 전 생태마을을 만들자는 논의를 자주 하던 때가 있었다. 마을을 교외의 자연이 좋은 곳에 지어야 한다는 의견에 일부 참석자들은 그러면 생태

미국 볼더 편안한 거리에서 사람들은 행복감을 느끼고 밝은 거리는 안전하다고 생각한다.

마을이 아니라는 반대 주장이 있었다. 집에서 일터까지 매일 차를 타고 다니고, 하물며 극장을 가려고 해도 편도 한 시간을 나와야 한다면 시간과 기름의 소모며 자연 훼손까지 생태적으로 역행하는 것이라는 지적이었다. 그 지적이 옳다는 생각이 들어서 입주자들이 생업을 함께 하는 자립공동체를 만들자는 주장까지 이어졌었다. 어쨌든 그 이후 교외에 주택을 짓는 붐이 20년이 지난 지금까지 이어지고 있고, 앞으로도 계속될 전망이다. 그런데 이런 유행은 어디에서 왔을까?

미국 생활의 동경에서 온 것이라는 나름대로의 결론을 내렸다. 현재가 궁금해졌다. 몇 년 전부터 읽었던 도시에 관한 책들에서는 미국 교외에 조성된 마을의 삶의 질이 상대적으로 떨어지고 있고, 범죄율도 높아진다고 말하고 있다.

브라질 쿠리치바 도심의 상가거리를 차없는 거리로 만들자고 할 때 상인들의 반대가 아주 심했다. 그러나 지금은 사람들이 이전보다 자주 찾고 관광객들도 많이 방문한다.

그래서 도시로 다시 재진입하려는 인구가 늘어나고 있다는 것이다. 설마 그렇다해도 이 사정은 도시계획이나 마을을 준비하는 과정에서 일어난 작은 문제이지 구조적인 문제로 보지 않았었다. 사람들은 여전히 자연과 가까운 한적한 마을에 대한 낭만적 분위기에 대한 기대와 도심의 장점에 대한 몰이해가 남아있었나 보다. 어느 날 필자의 책장에서 제프 스펙Jeff Speck이 지은 『걸어 다닐 수 있는 도시』라는 책이 눈에 띄었다. 신문 서평을 보고 지난해에 구입한 책인데 목차도 제대로 보지 않았었다. 걷기를 예찬한 책일 테고 지속가능한 도시를 만들기 위한 한 수단으로서 걷기에 좋은 도시를 만들어야 한다는 주장이 실린 것으로 지레짐작했다.

그래서 이 책을 꺼내보니 표지에는 영어로 '워커블 시티Walkable City'라고 원제가 제시되었는데, 원서에는 'how downtown can save America, one step at a time'이라는 부제가 있음을 속표지를 보고 알았다. 그 뜻은 '도심이 어떻게 미국을 구할 수 있나, 차근차근 시작하자'이다. 미국의 도시가 위기인가? 그동안 궁금했던 것이 이 책에 있나 주목했다. 서둘러 읽어보니 상당부분 포함되어 있었다. 이런 글까지 있어 놀랐다. "대부분의 미국 중소도시에서는 장기적인 도시계획이 반영되지 않은 지방 공무원들의 당일치기 계획이 비일비재하고, 그로 인해 주민의 삶의 질은 점차 악화된다. 계획이 나쁜 게 아니라 계획 자체가 부재한 것이다. 오랜 기간 도시계획가들이 저지른 실수로 인해 지금은 그들이 옳은 소리를 해도 무시당한다." 그리고 저자는 "지난 30년간 좋은 도시를 만드는데 실패했다."고 단언하였다.

걸어 다닐 수 있는 도시는 '걷기 좋은 길이 있는 도시'이다. 위키 백과에서는 보행친화성walkability 또는 걷기 좋은 정도를 "지역이 걷기에 얼마나 친근한 지를 나타내는 것으로 걷기는 건강, 환경, 경제적 이점이 있다. 보행에 영향을 미치는 요인에는 보도, 보행자 통행권, 교통과 도로 조건, 토지 이용 패턴, 건물 접근성 그리고 안전 등의 존재 여부와 품질이 포함된다."라고 정의하고 있다. 여기서 주목해야 할 점은 경제적인 이익이 있다는 점이다. 이를 위해서는 유용성, 안전성, 편안함, 흥미로움의 네 가지 필수조건을 갖추어야 한다. 조건 중에 다른 단어들은 쉽게 이해가 되지만 유용성은 이용을 자주하는 장소들이 걸어서 갈 수 있는 가까운 거리에 위치하는 가의 여부이다.

미국에서는 과거와는 달리 도시가 시민들의 삶의 질을 높여가야 새로운 거주자들이 오고 일자리도 늘어난다고 한다. 부자 도시가 되어야 오는 것과는 반대인 것이다. 또 백인중산층이 교외로 탈출했던 과거처럼, 이젠 교외에 살던 사람들이 도시로의 전도유망한 탈출을 꾀하고 있다. 지금은 도시가 지식 기반형 일자리와 편리한 대중교통 수단 그리고 여가를 즐길 곳 등을 바탕으로 매력적인 생활을 동경하는 젊은 층을 흡수하고 있다. 이러한 좋은 예로 미국 오리건 주의 포틀랜드시를 들 수 있다. 도시의 권역에는 현재 1,200개가 넘는 기술회사의 본사가 있다. 이는 도시가 가진 생산성 때문인데 회사 간 서로 밀접하여 걸어 다닐 수 있는 도시여서 가능했다는 것이다. 즉, 기업 간의 소통이 늘어나야 기술 발전과 교류가 일어나고 그래야 새로운 기술도 개발된다는 것인데 여러 전문가들이 이를 입증하고 있다. 실제로 걸을 수 있는 곳이 만날 가능성이 높은 곳이고, 아울러 생산성도 높아진다는 의미가 된다.

또 걷기 좋은 도시에서는 인프라에 대한 투자비용이 자동차 중심 도시보다 절약된다는 것도 포틀랜드가 보여주었다. 걷기와

오스트리아 잘츠브르크 이렇게 많은 사람들이 다니는 골목은 볼거리와 좋은 식당과 카페가 있기 때문이다.

자전거 타기에 비중을 높이자 젊은이들이 몰려오기 시작했다고 한다. 자가용의 이용도 낮아지면 그 경비가 운전자가 사는 도시에 쓰이지만 자가용을 많이 타고 다니면 외부로 많은 자금이 유출된다고 이해하면 된다. 더 나아가 이 도시는 차량을 빨리 이동시키기 위해 도로를 넓히지 않고 반대로 좁은 도로체계를 유지했다. 그리고 포틀랜드는 서점과 레스토랑이 많은 도시로도 잘 알려져 있다. 특히 인구대비 서점 수가 미국에서 1위다. 의외지만 다른 곳보다 술 소비량도 많았다. 이 모두가 걸어 다닐 수 있는 도시가 되자 변한 것으로, 이런 변화가 지역 경제에 도움이 되는 것으로 믿고 있다. 이 저서에 따르면 2007년 「포틀랜드의 녹색이익」이라는 보고서에서 걸어 다닐 수 있는 도시에서 많은 것을 얻을 수 있었다고 하였다.

서울연구원 보고서에 따르면 서울시의 보행정책은 민선 5기부터 적극적으로 전개되었다. 2012년 「보도블록 10계명」 선언을 시작으로 2013년 「보행친화도시」, 2014년 「도심 주요 도로 차도 축소」 등 보행친화정책이 시정 전반의 정책기조로 확산되었으며, 2016년 「걷는 도시, 서울」정책에서 극대화 되었다. 앞으로 계속 지켜볼 일이다. 세계에서 가장 걷기 좋은 도시들을 다양한 기관이나 단체에서 선정하고 있는데 이를 참조하기 바란다.

음성원, 2015. 12. 13. 서울 역고가 45년 만에 폐쇄… '걷기 좋은 도시' 패러다임 전환 주목. 한겨레. // 한지연, 2021. 10. 17. "걷기 좋은 도시가 국가 경쟁력… '걷기'로 사회문제 해결해요." 아주경제. // Renee Schoonbeek, 2020. 10. 27. Design for Walkability Makes Cities Healthy and Friendly. gb&d.

포용도시

　도시에 대해서 생각하다 보면 늘 유엔이 정한 지속가능발전 목표SDGs 17개 중 11번째 목표를 생각하곤 한다. 왜 도시와 지역사회에 대해서 이러한 목표를 정했을까? "도시와 사람들의 거주지를 포용적이고 안전하며 회복력 있고 지속할 수 있게 하라Make cities and human settlements inclusive, safe, resilient and sustainable" 이 목표에 적힌 용어들 가운데 '포용'이 처음에 가장 이해하기 어려웠다. 2019년 2월 어느 날 아침 신문에는 '줬다 뺏는 기초연금'을 언급하면서 "우리나라가 포용국가인가?"라는 의문을 제기한 칼럼이 있었다. 잘 알겠지만 현 정부가 2018년 '포용국가'를 미래 비전으로 제시하였다. '국민 누구나 성별, 지역, 계층, 나이에 상관없이 차별이나 배제 받지 않고 인간다운 삶을 보장받으며 함께 잘 살 수 있도록 국가가 국민의 전 생애주기에 걸쳐 삶을 책임지며, 공정한 기회와 정의로운 결과가 보장될 수 있도록 하며, 이를 뒷받침하는 나라'라고 설명하였다. '포용'의 사전적 의미는 '남을 너그럽게 감싸 주거나 받아들임.'이다. 포용의 반대말은 배제다. 그러니 누구든 사회로부터 배제되지 않게 하는 것이 포용이라 하겠다. 어쩌면 포용국가는 국가라면 가져야 할 당연한 목표이지만 모든 나라가 그렇게 못하기 때문에 회원국에게 권고하는 목표인 것이다.

　도시도 마찬가지라는 생각이 든다. 포용도시inclusive cities의 정의를 통해 포용의 개념을 좀 더 들여다 보자. 세계은행은 시민 모두에게 기회와 더 나은 생활 조건을 제공하는 도시를 포용도시로 본다. 여러 공간적, 사회적 그리고 경제적 요소가 포함되어 있다고 하였다. 첫째 공간적 포용은 많은 소외 계층의 삶에 필수적인 주택, 물과 위생을 제공하는 것이고, 둘째 사회적 포용은 도시에서 가장 소외된 사람들을 포용하여 시민 모두에게 동등한 권리와 참여를 보장해야 하며, 마지막으로 경제저 포용은 일자리 창출과 도시 거주자에게 경제성장의 혜택을 누릴 수 있는 기회를 제공하는 것이 전반적인 핵심 요소이다. 2016 지구환경보고서 「도시는 지속가능할 수 있을까?」에서 포용도시에 관한 글 중에는 다음과 같은 문장이 있다. "저소득 또는 불법 거주집단들을 대대적으로 쫓아내는 대규모 인프라와 재개발 사업을 초래하는 도시에서 나타나는 사회경제적 배제와 공간 분화는 도시 발전에 역효과를 일으킨다." 그러므로 포용도시를 만들려면 도시계획자와 정책결정자들의 이와 같은 개념에 대한 정확한 이해가 수반되어야 한다.

전 세계에서 2000년대 초반을 전후로 시작된 도시로의 인구 집중은 도시민의 불평등한 삶에 대해 주목하기 시작하였고, 2008년 이후 도시에 인구가 더

독일 베를린 독일의 국회의사당 근처에는 홀로코스트 기념관(유대인 학살 추모공원)이 있다. 이러한 공원의 건립은 이 사회의 어려움을 배려하는 포용도시여서 가능한 것이다.

많이 살게 되자 '포용도시'가 되어야 한다는 주장들이 여러 곳에서 제기되기 시작하였다. 그러니까 포용도시라는 개념은 새로운 것이 아니나 현시점에서 많은 도시가 이를 절박하게 필요로 하기 시작했다. 이 점은 앞서 지속발전 목표 11에서 나타난 바로도 입증이 된다. 물론 도시는 전 세계 생산량의 80%를 차지할 정도로 발전을 이끄는 동력이다. 그러나 도시인구의 비중이 세계 인구의 70%에 도달하는 2050년에 이르기까지 공간적, 사회적, 경제적 불평등을 그대로 둔다면 현재 도시민의 약 30% 가까이 되는 빈민층의 규모는 더 확대될 것이다. 다양한 불평등이 증폭되어 도시는 큰 위기를 맞게 될 것이라는 전문가들의 의견이 지배적이다. 도시에서 소득만으로 빈민을 규정할 수 없다. 포용도시라는 개념에 접근하려면 흔히 노년층, 어린이들, 빈민촌 거주자, 이주자들, 실업자들, 또는 장애인들처럼 주변화된 특수 집단에 초점을 맞추어야 한다.

세계에서 가장 평등하고 복지사회가 잘 구현되고 있다는 북유럽 국가(노르딕 국가들이라고도 함)에도 불평등의 문제 제기되고 있다는 것은 오늘날 어떤 도시에서도 이 문제가 남의 문제가 아님을 방증하고 있다. '북유럽 수도에서의 삶과 이것을 개선 하는 방법에 대한 보고서 A report on life in the Nordic capitals and how to make it better'인 「포용도시 2017 The Inclusive City 2017」에는 그와 같은 고민이 깊이 담겨있다. 노르딕 국가들의 수도들 - 스톡홀름, 코펜하겐, 오슬로 그리고 헬싱키는 이전과는 다르게 성장하고 있지만, 동시에 계층 간 격차가 커지면서 분화가 일어나 불안감이 퍼지고 있다. 이런 우려 속에서도 시민들의 책임감이 커지고 있다고 한다. 시민들은 도시개발에 참여하기를 원하며, 공공 및 민간 부문의 협력을 기대하고 있다. 보고서 조사 결과에 따르면 세대 간 차이가 있으나 응답자 10명 중 7명은 도시에서 사회적 불평등이 커지고 있다고 생각하고, 소득 격차가 증가함에 따라 도시가 부유한 지역과 빈곤한 지역으로

노르딕 국가인 북유럽의 네 나라 수도가 현재 불평등을 해결하고 시민들의 더 나은 미래를 위한 포용도시 과제를 시작했다. 위 책들은 노르딕의 복지모델과 복지관련 서적들이다.

분할되고 있다는 데 의견을 같이하였다. 사회적 통합에는 두 가지 주요 전제 조건이 필요한데 누구나 가야 할 직장과 집이다. 코펜하겐의 경우 특히 저소득 지역주민의 30%만이 구직 상황에 만족한다고 하였다. 또 저소득층 대다수가 주택이 부족하다고 생각하고 있어 주택시장에서도 같은 불균형이 나타나고 있었다.

 국내에서는 서울시가 포용도시에 관한 정책적 접근을 제일 구체적으로 하고 있다. 서울연구원 자료에서 보면 서울의 경제·사회적 불안의 징후들이 곳곳에서 나타나고 있다. 한국사회의 성장 동력인 서울의 지위는 약화하고, 청년실업·가계부채 등이 당면과제로 떠올랐다. 고령사회로의 빠른 이행은 다양한 이슈를 둘러싼 세대 갈등을 내포하고 있다. 서울시민은 "지금까지 서울이 세계적인 도시로 발돋움하는 과정이 '더 나은 사회'를 만들었다고 확신할 수 있는가?"라고 질문하고 있다고 한다. 사회·경제적 여건 변화는 새로운 대응방식, 즉 포용도시를 요구하고 있다.

서울시는 사람, 공간, 거버넌스의 3개 부문을 큰 틀로 삼아 6개 영역과 34개 지표로 구성하여 다음과 같이 평가하였다. 사람 포용성 부문은 인적자원으로서 경제적 역량은 향상하고 있지만, 사회보험가입률 등 사회적 웰빙 영역은 상대적으로 저조하였다. 공간 포용성 부문은 생활 인프라와 공공서비스 접근성이 개선되고 있어 긍정적이었다. 그러나 공공임대주택 비율이 OECD 평균(10.4%)에 못 미치는 7.1%를 기록하는 등 개선이 필요한 부분이 있었다. 거버넌스 포용성 부문은 이웃 신뢰도(5.1%)와 자원봉사 참여율(26.4%)이 OECD 평균보다 낮아 시민참여 영역의 개선도 필요한 것으로 보았다.

모든 도시는 미래를 위해 유엔의 지속가능발전 목표 11에서 세부 실행목표 중 포용과 관련이 있는 '11.3. 2030년까지 모든 국가에서 참여적이고 통합 가능하며 지속가능한 시민 정착 계획과 관리를 위한 포용적이고 지속가능한 도시화와 역량 강화와 11.7. 2030년까지, 특히 여성과 어린이, 노인 그리고 장애인을 위한 안전하고 포용적이며 접근 가능한 녹색 및 공공장소에 대한 보편적 접근을 제공한다'라는 이행 계획을 도시계획 차원에서 수립할 필요가 있다.

변미리, 2017. 서울형 포용도시 지표체계 개발과 서울시의 포용성. 서울연구원. // 심우섭, 2019. 2. 21. 포용국가 사회정책 추진계획 발표… 혁신적 포용국가 원년 선언. 위클리피플. // 월드워치연구소, 2021. WWI 2016 지구환경보고서, 도시는 지속가능할 수 있을까? 도요새. // Francesco Alessanderia, 2016. Inclusive city, strategies, experiences and guidelines. Procedia-Social and Behavioral Sciences, 223: 6-10.

즐거움을 주는 도시

"왜 우리 도시에 사세요?" 사람들에게 이 질문을 자주 하곤 한다. 이유는 어떤 답이 나올지 궁금하기도 했고, 스스로에게도 던지는 질문이기도 했다. 답은 다양하지만, 다음 몇 가지 답의 비중이 높았다. '회사가 그 도시에 있어서.'나 '일자리를 찾아서', '서울보다는 집값이 싸서.', '가족이 살고 있어서.' 물론 통계적 유의성을 갖추거나 자료를 취합해 분류해 놓은 것은 아니다. 이 밖의 대답은 특별하거나 개인적인 것이 있지만 소수였다. 사람들은 경제적인 문제와 사회적인 이유로 자신의 거주지를 정한다는 것을 알게 되었다. 어떠한 이유에서건 자신이 살았던 어떤 곳에서 다른 지역인 도시로 옮겨온 이유를 한마디로 표현한다면 '행복을 찾아서'일 것이다. 성공을 위해서, 일자리를 찾아서, 또는 여러 가지 이유로 가족과 함께 평안하게 살 수 있는 도시를 선택하는 것은 일생 중에 가장 중요한 일임에 틀림없다. 즉, 가족과 자신의 행복을 추구하기 위한 방안이다.

지난 2019년 전 세계에서 가장 살기 좋은 도시를 선정해 발표했다. 머서 Merser라는 외국 민간회사에서 한 것인데 선정 기준 항목은 정치·사회적 환경, 경제환경, 사회문화적 환경, 자연환경, 소비제품 가용성, 여가선용, 공공서비스와 교통, 교육, 의료와 보건 등이었다. 여기서 특이한 것은 '여가 선용'과 '소비제품 가용성'이 포함된 것이다. 여가 선용에는 레스토랑, 영화관, 공연장, 스포츠와 레저가 포함되었고, '소비제품'에는 식품과 일일 소비제품의 가용성과 자동차 등이었다. 자동차 소유의 폭이 넓어지자 출퇴근 거리가 늘어나서 직장과의 거리가 예전보다 덜 중요해졌다. 젊은 부부들에게 묻는다면 여가 선용하기 편한 곳을 선택할 가능성이 크다. 문화생활 여건이라 해도 좋지만, 놀이와 휴식이 편하고 나름 멋있는 곳이 살고픈 도시가 된다.

다시 머서가 선정한 도시들을 보자. 1위가 오스트리아 빈(영어로는 '비엔나'라 함)이고, 스위스의 취리히, 뉴질랜드의 오클랜드, 독일의 뮌헨, 오스트레일리아의 시드니 순으로 이어졌다. 모두 큰 도시들이지만 공통점은 정치 사회적으로 안정되어 있으면서 시민들이 나들이할 곳이 많다는 점이다. 빈은 음악의 도시이자 구스타프 클림트Gustav Klimt를 비롯한 수많은 화가를 배출한 곳이기도 하다. 따라서 공연장과 미술관이 많다. '비엔나커피'로 짐작되듯이 수많은 카페와 맛있는 요리로 이름난 식당들이 즐비하다. 그러니 관광객들이 가장 많이 찾는 도시이기도 하지만 시민들 처지에서는 가까운 곳에서 쉬고 즐기고 자랑할 놀곳이 많다는 점이 도시의 장점이자 강점이 되는 것이다. 독일의 철학자 발터 벤야민Walter Benjamin은 예술을 사회적 산물로 보았으며, 대도시는 새로운 놀이 공간을 파악하여 하나의 예술적 대상으로 작용한다고 하였다. 즉 도시가 예술적인 여러 상상력을 가진 놀이 공간이 되는 것으로 시민들이 이를 선호하는 것으로 해석하였다.

그래서 도시정책 책임자들은 끊임없이 새로운 공간을 만들고 그 공간들을 시민들의 취향에 맞추도록 노력하게 된다. 뉴욕 센터럴파크는 세계에서 가장 유명한 공공공간이지만 시는 이 공원을 새롭게 바꿀 아이디어를 국제 공모까지 한다. 더 창의적인 공간을 만들어 시민들로부터 더 사랑받는 공간을 만들고자 하는 시도로 보인다. 그리고 프랑스 파리 외곽에서는 유럽에서 가장 큰 목조건물인 '에코톤Ecotone'이 지어질 전망이다. 미래의 지속가능한 도시에 관심을 불러일으키기 위한 것으로 파리가 세계적 생태계 위기 속에서 극복에 앞장선다는 것을 보여주기 위함이다. 죽은 나무라 하더라도 탄소를 흡수하는 기능을 유지하므로 여러 나라에서 고층 목조건물의 건축이 많아지고 있다. 에코톤

스로바키아 브라티슬라바 거리나 광장을 조성할 때 작은 아이디어라도 방문객을 즐겁게 할 수 있다.

은 생태학에서 나온 용어로 두 생태계 사이의 전이지대를 말한다. 파리처럼 구경거리가 많은 곳에서도 시대가 처하고 있는 문제에 대응하면서도 새로운 이야깃거리를 생산하고 있는 것이다.

   그렇다고 건축물을 크게 만들고 새 거리를 조성한다고 구경거리가 생기고 그래서 사람들이 모여드는 것은 아니다. 건축가 유현준의 저서 『도시 무엇으로 사는가?』에서 저자는 "걷고 싶은 거리의 의미를 찾기 위해서 먼저 걷고 싶은 거리와 성공적인 거리(사람들이 많이 이용하는, 즉 자동차와 사람을 합친 유동 인구가 많고 부동산 가치가 높은 거리)는 다르다는 것을 언급할 필요가 있다."라고 지적하였다. 시민들에게 즐거움을 주는 곳으로 홍대 앞[6]을 들고 있다. 이런 거리가 많은 빈과 같은 도시가 시민의 만족도가 높다는 것을 기억할 필요가 있다. 한편 이 책의 추천 글 중에는 "우리는 지금 거대도시를 숭배하고

---

6) 지금은 젠트리피케이션으로 예전만큼 인기를 끌지 못한다는 평이 있다(문화뉴스 2016. 9. 13 참조).

독일 베를린 도시 내에서 시민들이 편히 쉬면서 놀 수 있는 곳이 많으면 좋다.

그 안에 벌어지는 현란한 변화에 열광한다. 그런데 이러한 환경은 온전한 즐거움을 자아내지 못한다."라는 표현을 보았다. 새겨 볼 말이다.

도시를 잘 개발하고 재생하였다고 주장하여도 시민들이 걷고 싶은 거리 그리고 즐거운 거리, 또 더 나아가 의미가 있는 건축이나 감동이 있는 즐거움을 주는 도시의 변화가 없다면 사람들이 좋아하지 않는 것을 알게 되었다. 단순히 직장이 가까운 곳이기보다 좀 멀더라도 가족과 친구들이 편하게 만나며, 자주 찾고 싶은 곳이 많은 도시로 이사하고 싶어 한다는 것도. 인구감소를 겪고 있는 이 시대에 도시가 무엇부터 시작해야 할지 암시를 주고있다.

김미례, 2016. 9. 13. '홍우주', 정문식 이사장이 말하는 '젠트리피케이션'과 홍대 앞의 "연대". 문화뉴스. // 유현준, 2016. 도시는 무엇으로 사는가, 도시를 보는 열다섯가지 인문적 시선. 을유문화사.

살기 좋은 도시

　코로나-19 감염증의 팬데믹 현상을 겪으면서 사람들이 세상을 바라보는 시각이 크게 바뀌고 있다. 대처를 잘 하는 대한민국의 위상도 많이 높아졌다. 여러 나라가 우리나라를 부러워하기도 한다. 앞으로 안전 등 국민의 생명과 연계된 보건이나 의료체계에 관한 관심이 급증할 것이 틀림없다. 한국에서 코로나 문제가 약간 소강상태를 보일 때 유엔 산하 자문기구인 '지속가능발전 해법 네트워크(이하 네트워크)UN Sustainable Development Solution Network'가 지난 3월 19일 '세계 행복의 날'을 앞두고 「2021 세계행복보고서World Happiness Report」를 내어놓고 순위를 발표하였다. 네트워크는 선정 기준으로 국민 1인당 국내총생산, 사회적 지원, 기대 수명, 사회적 자유, 사회의 관용, 부정부패 등 여섯 가지 항목을 정해 국가별 행복 지수로 순위를 정했다.

　문제는 우리나라가 전체 150개국 가운데 63위로 전년인 2020년보다 2단계나 낮아졌다는 점이다. 지난 몇 년간 50위권을 유지하였는데 지난해 처음으로 60위권으로 밀려났다. 순위에 대한 의구심이 없는 것은 아니지만 유럽의 북구 네 나라가 가장 순위가 높다는 점에서 의심만 할 수 없다. 2018년에서 2020년까지를 볼때 핀란드가 1위이고, 2위 덴마크, 노르웨이와 스웨덴이 각각 4위와 6위를 차지했다. 2021년에는 순위에 약간 차이가 있었을 뿐이었다. 이렇게 볼 때 소득보다는 사회적 안전망과 국민이 안심하고 살 수 있는 국가 복지체계가 중요하다는 생각이 들었다.

　그러면 "내년에는 어떨까? 우리나라 순위가 크게 상승할까? 그리고 우리나라 도시들의 행복 순위는 어떨까?" 가 궁금해졌다. 행복은 세상 사람들이 가장 먼저 손꼽는 삶의 가치다. 어떤 이는 여유와 자유로운 생활을 꼽는다. 우리나

오스트리아 빈 세계에서 가장 살기 좋은 도시인 빈은 쾌적한 환경과 전통과 문화가 잘 어우러진 도시로 도시를 평가하는 여러 순위에 항상 상위권에 위치한다. 사진은 미술관으로 쓰이는 벨베데르Belvedere 궁전에서 바라보는 도시 전경이다.

라가 행복한 국가 순위에서 54위로 지금보다는 높았던 3년 전에도 사회적 자유와 부정부패가 하위권이었다는 점을 주목해 볼 필요가 있다. 국가별 다른 평가에서도 우리나라는 대체로 낮은 편이다. 경제협력개발기구OECD에서도 행복지수 순위를 매기는데 2019년에 한국은 36개국 중 24위로 하위권이었다. 한편 건강(33위), 일과 삶의 균형(33위), 공동체 생활(35위) 등이 최하위권이었고, 고용(28위)과 환경(29위)도 낮았다. 관련 기사를 작성한 한국경제매거진은 순위가 낮은 원인을 빠른 성장에 따른 양극화와 고용의 불안정으로 보았으며, 특히 소득 격차는 교육의 격차로 이어져 상대적 박탈감을 크게 한다는 점을 지적하였다.

 도시가 중심이 되는 사회로 나아가고 있기 때문에 도시에 위의 행복지수를 적용할 수 있을 것이다. 당연하게도 이번 세계행복보고서는 세계 300개 도시의 행복지수를 분석했다. 전반적으로 국가별 행복지수와 비례하는 경향을 보였다. 현재 가장 행복한 도시는 핀란드의 수도 헬싱키였고, 2위는 덴마크 오르후스Aarhus이며, 8위까지는 뉴질랜드 웰링턴, 스위스 취리히, 덴마크 코펜하겐, 노르웨이 베르겐Bergen, 노르웨이 오슬로, 이스라엘 텔아비브 순이었다. 아시아에서 현재 가장 행복한 도시는 대만의 타이베이(47위)였으며, 싱가포르(49위), 태국 방콕(56위), 일본 도쿄(79위) 순으로 나타났다. 한국의 도시 중에서는 서울이 83위로 가장 높았고, 인천(88위), 대구(102위), 부산(107위)이 그 뒤를 이었다. 특히 지난해 처음으로 자연환경이 행복감에 미치는 영향을 정량적으로 평가되었는데 조사된 자연환경 요소는 대기오염과 평균기온, 녹지율 등이었다. 대기오염의 경우 행복감에 가장 악영향을 끼친 요소는 '미세먼지'였다. 해당 연구를 진행한 런던 대학 크리스티안 크레켈Christian Krekel 경제학 교수는 "가혹한 기후보다 온건한 기후, 녹지에서 멀리 떨어져 있는 사람들보다 녹지 근처에 거주하거나 가까운 곳에 호수나 강이 있는 사람들이 더 행복한 것으로 나타났다"라고 말했다.[7]

그리고 도시에 관해서는 살기 좋은 도시로 순위를 매년 발표하는 곳으로 알려진 곳이 다섯 곳이나 된다. 우리나라에 잘 알려진 곳은 두 곳인데 그중 한 곳은 영국 시사·경제 주간지 이코노미스트의 인텔리젠스 유닛(EIU)인데 '2019년 세계에서 가장 살기 좋은 도시'에서는 2018년에 1위였던 오스트레일리아 멜버른을 제치고 1위에 올랐던 오스트리아의 빈Wien은 지난해에도 1위를 차지했다. 전 세계 140개 도시를 대상으로 안정성, 의료, 문화, 환경, 교육, 사회 기반 시설 등의 항목에서 '살기 좋은' 정도를 수치화해 발표해 왔다. 10위까지에는 호주와 캐나다 각각 세 개 도시 - 멜버른 2위, 시드니 3위, 애들레이드 10위와 캘거리 5위, 밴쿠버 6위, 토론토 7위였고, 일본은 4위 오사카와 7위 도쿄

---

7) 월간 산 5월호(2020. 4. 28)에서 인용하였다.

WORLD'S BEST CITIES

Ranking	Monocle's Quality of Life Survey	Economist Intelligence Unit's Global Vileability Index	Deutsche Bank Liveability Survey	Mercer Quality of Life Ranking	Global Finance's World's Best Cities
1	Zurich	Vienna	Zurich	Vienna	Vienna
2	Tokyo	Melbourne	Wellington	Zurich	Zurich
3	Munich	Sidney	Copenaghen	Vancouver	Copenaghen
4	Copenaghen	Osaka	Edinburgh	Munich	Munich
5	Vienna	Calgary	Vienna	Auckland	Melbourne
6	Helsinki	Vancouver	Helsinki	Düsseldorf	Vancouver
7	Hamburg	Toronto	Melbourne	Frankfurt	Tokyo
8	Madrid	Tokyo	Boston	Copenaghen	Helsinki
9	Berlin	Copenaghen	San Francisco	Geneva	Sidney
10	Lisbon	Adelaide	Sydney	Basel	Wellington

위 2020년에 세계에서 살기 좋은 도시를 선정하는 다섯 기관의 순위를 비교하였다. 대부분 유럽의 도시들이다.

왼쪽 EIU에서 2021년 살기 좋은 도시를 평가하여 발표한 보고서로 코로나-19 팬데믹의 영향까지 언급하였다.

사람들이 살고 싶어 하는 좋은 도시

등 두 도시가 포함됐다.

　다른 회사 한 곳은 세계적인 인적자원 컨설팅 회사인 머서Mercer다. 이 회사는 각 도시가 삶의 질·생활환경 순위를 향상할 수 있도록 지원하기도 한다. 2019년도 순위에서는 오스트리아의 빈이 10년 연속 삶의 질 순위에서 선두를 차지하였다. 상위권에는 유럽의 도시들이 차지하였고, 한국 서울은 그 전해보다 2계단 상승한 77위, 부산은 94위였다. 작년에는 삶의 질·생활환경 종합 순위와 함께 '안전도 순위'도 발표하였는데 231개 대상 도시 가운데 부산 99위, 서울은 106위였다.

　우리나라도 이런저런 단체들이 도시의 순위를 매겨 시상하기도 하고, 어떤 곳은 여론 조사를 통해 살기 좋은 도시의 순위를 정해 발표하기도 한다. 하지만 지속해서 객관성 있는 지표를 만들어 시행하는 곳은 없다. 그러나 분명한 것은 경제적인 성과만으로 삶의 질 전반이 개선되는 것은 아니고 행복해지는 것은 더더구나 아님을 위와 같은 순위를 보면서 확인할 수 있다. 네트워크에서 조사한 도시 자연환경 요소는 대기환경, 평균기온, 녹지율인데 우리나라 도시의 입장에서 대기환경과 평균기온은 개개 도시가 어찌하기 어려운 요인이다. 그러나 녹지율은 도시의 의지와 노력으로 증대가 충분히 가능하다. 그뿐만 아니라 도시 녹지, 즉 도시숲의 경우 잘 조성하면 대기환경과 평균기온에 긍정적인 영향을 미칠 수 있다는 점을 주목해야 한다.

　강본기, 2014. 1. 3. 국민 78% "지금 사는 市道 좋다."… 대전(94.3%)·울산(90.9%)·경기(87.5%) 만족도 높아. 프리미엄 조선. // Choi Jae Hee, 2021. 5. 19. S. Korea among unhappiest countries in OECD. The Korea Herald.

미국 포틀랜드

미국에서 가장 환경친화적이며 자유 분방한 도시를 들라면 도시 전문가들은 아마 미국 서해안 북부에 있는 오리건 주의 최대 도시 포틀랜드Portland를 내세울 것이 틀림없다. 이렇게 설명을 시작하는 이유는 포틀랜드라는 도시 이름이 아직은 생소하게 들릴 수 있기 때문이다. 하지만 최근에 독특한 개성을 가진 이 도시를 소개하는 서적들이 여러 권 출간되었고, 여행서까지 등장하는 등 도시계획과 관광 차원에서 한국인들의 주목을 받고 있다. 해외뉴스를 자주 접하는 독자들에게는 이 도시의 이름이 최근 언론에 여러 차례 등장해서 어디선가 들어 본 듯하다고 할지도 모른다. 2020년 5월에 미네소타 주에서 있었던 백인 경찰 폭력으로 흑인이 사망한 사건에 대해 항의하는 시위가 이 도시에서 지속해서 진행되었는데, 연방경찰 투입으로 오히려 규모가 커지자 시장까지 나서는 상황까지 벌어졌었다. 결국, 7월 말에 연방경찰이 철수했다. 그런데도 시위(지금은 다른 차원으로 발전했지만)는 지금까지 진행되고 있다는 점이다. 자유로운 라이프스타일을 즐기고, 불의에 저항하는 시민들이 없었다면 불가능한 일로 보인다.

우리나라 처지에서 보면 사뭇 생뚱맞아 보이는 이 도시는 해안에서 약 100km쯤 떨어진 컬럼비아강의 지류인 윌라멧강Willamette River 유역의 평지에 자리 잡고 있다. 컬럼비아강 하구에서 보자면 뱃길로 약 160km 상류에 위치한다. 서울시 절반보다 조금 큰 면적에 인구는 2019년 현재 약 65만 명이다. 포틀랜드는 장미정원이 많아 '장미의 도시The City of Roses'라는 별명을 가지고 있다. 이밖에도 '피디엑스PDX'가 있는데 포틀랜드 국제공항의 코드명이다. 다른 별명으로는 다리가 많아 브리지타운Bridgetown, 도시개발 과정에서 나온 나

포틀랜드 배후에는 후드Hood산이 자리 잡고 있어 맑은 물과 숲을 가지고 있는 등 장점이 있었지만, 도시의 적절한 환경정책이 없었다면 오염도시가 될 뻔하였다.

무 그루터기가 많이 생겨서 온 스텀프타운Stumptown, 불리한 농구 게임에서 끝까지 포기하지 않고 승리했다는 의미의 립씨티Rip City 등이 있다. 그밖에도 몇 개가 더 있다는데 50개 이상의 많은 맥주 양조장의 존재는 이 도시를 비어바나Beervana라 불리게 했다. 기후는 온난하고 건조한 여름과 흐리며 변화가 심하고 비가 많은 가을, 겨울, 봄으로 나뉘는데 이런 기후는 장미 재배에 이상적이라고 한다. 지금은 힙스터[8] 도시로 더 잘 알려졌다. 또 인기 있는 슬로우라이프 잡지《킨포크Kinfolk》가 나오는 도시다.

1830년대부터 도시가 형성되기 시작하였고 삼림지역에 위치하고 수로 운

---

8) 모종린의 저서 『인문학, 라이프스타일을 제안하다.』에 따르면 "1990년대 미국에서 시작된 새로운 대항문화 또는 이를 따르는 사람"으로 정의하고 있다.

송이 가능했던 터라 초기에는 목재산업으로 번성하였다. 제2차 세계대전 전후로 철강산업이 발전하여 고용률도 높아지고 인구도 크게 늘었으나 최근 이 분야 산업은 차츰 쇠퇴하고 있다. 20세기에 접어들면서 도시는 세계에서 가장 위험한 항구이자 범죄도시로 명성을 얻었다. 이후 1960년대부터 도시재생과 여러 새로운 도시정책을 입안하여 실행하면서 1990년대에 새로운 첨단기술과 스포츠산업이 차츰 등장하기 시작했다. 특히 1995년에 인텔Intel이 이곳에서 설립되면서 산업 분위기도 변하였다. 이 시기에 도시의 혁신이 일어났다. 그러자 2000년과 2014년 사이에 90,000명 이상의 인구가 증가하였다. 이는 독특한 도시 변신 과정을 바로 본 젊은이들의 관심을 끌면서 가능했다. 그래서 미국에서 대학교육을 받은 사람을 가장 많이 유치한 도시 중의 하나가 되었다. 또한, 2001년과 2012년 사이 포틀랜드의 1인당 국내 총생산은 50%나 증가해 미국 내 다른 어떤 도시보다 앞섰다.

다른 한편에서는 1960년에 포틀랜드는 진보성향의 도시로 알려지기 시작했다. 샌프란시스코의 반 문화적 영향을 받아 아메리카 원주민의 권리를 옹호하고 환경주의적 사고를 하는 여러 분야의 사회 활동가가 모여들었다. 1970년대부터는 명성을 얻기 시작하였고, 시 정부는 도시계획에서 이러한 개성을 잘 발휘하도록 하는 정책들을 수립해 왔다. 그러자 범죄도 줄고 문화 예술인들이 자리를 잡기 시작하여 창의적인 미술, 음악, 영화, 패션, 음식 활동 등이 독창적인 도시 분위기를 만들어갔다. 이런 가운데 도시 일대는 스포츠와 아웃도어 장비 제조업체의 거대한 클러스터가 자리를 잡았다. 나이키Nike, 아디다스Adidas, 콜롬비아Columbia, 닥터마틴Dr. Martens, 리닝Li-Ning 등 많은 하이테크 스포츠업체 본사가 있다. 그뿐만 아니라 영화 애니메이션 스튜디오인 라이카Laika를 비롯한 광고, 금융 회사들이 기반을 두고 있다. 1,200개 이상의 회사들이 있고, 커피 산업은 시애틀과 쌍벽을 이루고 있다. 다 창의적이고 혁신적인 도시 분위기가 만들어 낸 성과다.

포틀랜드는 포틀랜드 오페라, 오리건 심포니, 포틀랜드 청소년 필하모니를 포함한 다양한 고전 공연예술의 본거지다. 필하모니는 1924년에 설립된 미국 최초의 청소년 오케스트라였다. 2013년 가디언 지는 미국에서 '가장 활기찬 음악계' 중 하나로 이 도시를 선정했다. 재즈와 펑크 계열의 최고의 음악가들이 포틀랜드에서 활동한다. 포틀랜드는 푸드트럭 붐을 조성하였는데, '유에스 뉴스 앤드 월드 리포트US News & World Report'와 CNN을 포함한 여러 언론매체는 세계 최고의 길거리음식 도시로 선정하였다. 2014년 워싱턴 포스트는 포틀랜드를 미국에서 네 번째로 좋은 음식도시로 꼽았다. 월넷허브WalletHub 조사에서도 지속적으로 미국에서 최고의 음식도시로 선정하고 있다. 연중 축제가 열리는 곳으로도 유명한 이 도시는 미국은 물론이고 세계에서 가장 '친환경적인 도시'로 자주 언급 되었다. 자전거와 보행자 우선에 대한 최고의 정책이 있고, 2018년부터 도시 중심부 전체를 2035년까지 옥상녹화하는 계획을 시작하였다. 미국에서 살기 좋은 도시 1위인 이 도시의 공식 슬로건은 '포틀랜드를 계속 엉뚱하게! Keep Portland Weird!'다.

브릿지랩(박수현 옮김), 2017. 트루 포틀랜드, 창조적인 사람을 위한 도시 포틀랜드 가이드. 터닝포인트. // 정의길, 2020. 7. 28. 좌파·극우 충돌의 무대 포틀랜드, 미국 내전의 중심지 되나. 한겨레 // Britany Robinson, 2020. 4. 1. The green dream of Portland. CURBED // Courtesy, 2021. 10. 4. WalletHub Study: 2021's Best Foodie Cities in America. Orange County Breeze // KATU News, 2019. 10. 8. New report ranks Portland as the best food city in America. KATU2obc.

핀란드 헬싱키

'작지만 강하다'라는 말이 있다. 당당하고 야무진 무엇에 대해서 쓰는 말이다. 이 말은 나라나 개인에게도 쓴다. 작다는 말은 규모나 크기를 일컫는 말이지만 실제 크기와 무관해 보인다. 이 말에 가장 잘 어울리는 나라는 핀란드다. 세계에서 가장 살기 좋은 나라 중에 하나이자 세계에서 국민이 가장 행복한 나라로 늘 첫손에 꼽는 나라인 까닭이다. 그래서 누구나 궁금해한다. 어떻게 다른 나라의 지배를 수백 년간 받은 나라이면서 인구 600만이 채 안 되는 나라가 세계가 부러워하는 나라가 되었는가를. 그 나라의 수도에서 그 해답을 찾아보면 어떨까 하는 생각에서 헬싱키를 바라보았다. 이곳은 남부 해안 우시마Uusimaa 지역에 자리 잡고 있으며, 헬싱키 지역의 인구는 약 140만이다. 핀란드에서 가장 인구가 많은 도시일 뿐만 아니라 정치, 교육, 금융, 문화, 연구의 중심지다. 이 도시는 백만 명이 넘는 인구가 있는 세계 최북단의 대도시이자, EU 회원국의 최북단 수도이다. 또한 1952년 하계 올림픽 개최지였다.

핀란드도 그렇지만 헬싱키에 붙은 수식어도 많다. 그리고 끊임없이 혁신하고 도전하는 역동성을 가진 도시로 늘 주목받는다. 세계가 따라야 할 모범을 보여준 가장 친환경적인 도시로 자주 선정되는 헬싱키는 전 세계의 자연 수도 Nature Capital로 알려져 있다. 자전거 타기와 쓰레기 재활용과 같은 친환경 관행의 추진이 핵심 정책 중 하나다. 또한, 탄소 없는 생활환경을 가능하게 하는 지속가능한 발전 계획을 개발하기 위해 노력 중이며, 숲과 야생 동물이 많다. 녹색 강화는 현세대에게 도움이 될 뿐만 아니라 다음 세대에도 유익할 것이라고 시는 믿고 정책을 수행하고 있다.

또한, 이곳은 살기 좋은 도시로 늘 선정된다. 몇몇 기관이 지수를 정하여 매년 선정하는데 대체로 생활조건을 기준으로 한다. 깨끗한 물, 맑은 공기, 적절한 식량과 주거지 제공 외에도 살기 좋은 도시로 공동체의식을 생성하고 특히 청소년 모두가 사회적 기술, 자율성, 정체성을 개발할 수 있도록 알맞은 환경을 제공하는 도시로 꼽는다. 영국의 글로벌 이슈와 라이프스타일 잡지인《모노클Monocle》의 '가장 살기 좋은 도시 지수Most Liveable Cities Index'에서 헬싱키는 항상 상위권을 유지하고 있고, 2011년에는 최고 순위로 선정되기도 했다.

평가에는 안전, 주 정부의 교육 지원 그리고 비즈니스 환경이 포함된다. 이것은 녹지공간의 양, 문화에 대한 헌신, 일조 시간, 전기 자동차 충전 지점, 새로운 사업 시작의 용이성 그리고 프랜차이즈보다 독립성을 소중히 여기는 시내 중심가 체인 테스트를 포함한 요소까지 고려한다. 도시의 기본적인 경제 및 사회적 측면을 넘어 일상생활에 행복과 편안함을 가져다 주지만 자주 간과되는 요소를 식별한다. 모노클은 순위 선정에만 몰두하지 않고, 각 도시가 순위를 높이거나 유지하기 위해 해야 할 일을 제안한다는 점에서 특별하다.

또 헬싱키는 2014년 디자인으로 유네스코 창의도시UNESCO Creative City로도 선정되었다. 헬싱키는 협업적이고 실용적인 접근 방식을 사용하여 도시생활을 개선하기 위해 디자인한다. 더 나은 도시를 만들기 위한 노력으로 디자이너의 창의력이 인간의 필요에 초점을 맞추는 혁신적인 접근방식을 채택하였다. 그리고 도시가 사람들의 창의력을 통해 창조되는 것을 자랑스럽게 생각한다. 즉, 디자인은 열린 도시를 건설하는 전략적 도구인 셈이다. 시민들이 도시생활에 더 많이 참여하도록 돕고 디자이너와 개발자가 이 데이터를 활

세계에서 가장 기능적인 도시라는 제목을 가진 헬싱키의 통합도시 브랜드 디자인이다.

아모스렉스Amos Rex 미술관 헬싱키는 도시 곳곳에 실용적이면서도 창의적이고 도전적인 디자인을 배치함으로써 도시의 이미지를 잘 나타내고 있다.

용하여 사용자의 요구를 충족하는 새로운 서비스를 만들어 낸다. 디자인을 서비스와 통합하는 업무를 하도록 세 명의 '도시 디자이너'를 고용했다. 그리고 디자인 관련 교육기회를 개선하기 위해 아이들이 디자인을 사용하고 디자인 작동 방식을 이해하는 데 도움이 되는 교육도구를 지속해서 개선하고 있다.

2017년에 헬싱키는 새로운 정체성 브랜드 디자인개발 프로젝트를 추진하였다. 그동안 통일된 브랜드가 없어서 부서별로 로고들이 있었다. 응집력 있는 하나의 시각적 정체성은 도시를 통합할 기회를 제공한다. 헬싱키는 기존의 오래된 시의 디자인을 존중하면서도 현대적이며 시대를 초월한 새로운 브랜드를 창조해 내었다. 4만 명의 시 직원부터 헬싱키 거주자, 기타 핀란드인, 외국인, 관광객, 이민자와 특수 그룹에 이르기까지 모든 사람이 함께 개발에 참여하였다. 헬싱키시 브랜드 재창조는 핀란드에서 가장 큰 디자인 프로젝트였다.

75만여 개의 일자리가 있는 창의도시 헬싱키는 세계에서 가장 기능적인 도시가 되고자 하는 '헬싱키시 전략 2017-2021'을 수립하였다. 이 비전을 추구하면서 주민들이나 방문객의 도시생활을 위한 최상의 조건을 만드는 것이 목표다. 주민들의 삶을 더욱 쉽고 쾌적하게 만들기 위해 매번 조금 더 나은 일을 하는 것이다. 기능성은 평등, 차별 금지, 강력한 사회적 결속력, 개방적이고 포용적인 운영 방식을 기반으로 한다. 헬싱키를 안전하고 쾌적하며 부드럽고 평이하고 배려심이 있게 느끼도록 하려는 사업이다. 특히 기능적으로 고령자와 도움과 지원이 필요한 사람들에게 편하며, 글로벌 변화에도 더 잘 적응하도록 노력하고 있다. 헬싱키는 현재 세계를 변화시키고 있는 인공지능 및 기타 기술에 대한 직원의 이해를 증가시켜 디지털화를 최대한 활용하는 세계 최고의 도시가 되려고 한다.

디자인도시로서의 헬싱키는 활용 분야에서 국제적으로 인정받는 선구자다. 디자인을 전략적 선택 중 하나로 만든 선도적인 디자인도시인 것이다. 헬싱키에서 디자인이란 인간 중심의 접근 방식과 고객 관점의 활용을 의미한다. 즉 앞에서 언급한 최고의 기능적인 도시가 되고자 한다. 디자인과 디지털화의 결합을 통해 미래 지향적인 도시를 경험할 수 있다. 이런 디자인 전문성은 국제적인 관심을 불러일으켰고 헬싱키는 디자인에 대한 경험과 노하우를 여러 도시로부터 요청받고 있다. 2012년에 헬싱키는 세계 디자인수도가 되었다. 디자인도시의 기반은 교육에 있다는 것을 잘 인식하고 이를 문화 경로에 따라서 실천하고 있다. 현재 헬싱키시의 수석 디자이너인 한나 하리스Hanna Harris는 교육의 중요성을 다음과 같이 설명하고 있다. "미래가 매우 중요하다고 생각한다. 건축 및 디자인 교육은 어린이와 청소년에게 창의적인 문제 해결 능력과 정체성을 개발하는 수단이다. 이웃을 이해하고, 계획과 다양한 자료를 인식하는 법을 배우고, 우리의 공동 미래를 구축하는 데 참여할 수 있는 도구로서 디자인은 중요하다."

Antti Huttunen, 2017. 10. 27. 9 Reasons Why Helsinki Is The Nature Capital of The Entire World. Finland, Naturally Experiences. // Helsinki, 2017. The Most Functional City in the World : Helsinki City Strategy 2017-2021.

오스트리아 빈

"빈, 빈 너만이 언제나 내 꿈의 도시가 되리"라는 가사로 잘 알려진 '루돌프 시에친스키Rudolf Sieczynski'의 곡 '빈, 내 꿈의 도시여Wien, du Stadt meiner Träume'에서처럼 필자에겐 빈은 늘 꿈의 도시처럼 여겨졌다. 왠지 그 이유는 잘 기억이 안 나지만 한때는 음악의 도시로만 알고 있었고, 또 그다음에는 영화 '사운드 오브 뮤직'과 '비엔나커피'로 오스트리아와 수도 빈을 이해했다. 늘 착한 사람들이 많이 사는 동화 속 풍경이 있는 나라와 커피도시로 이미지가 굳어졌었다. 한참 시간이 지난 후 처음 빈을 방문하고 과거 한국에서 고급 커피로 인기가 있었던 비엔나커피가 마부들이 마시던 아인슈패너 커피Einspanner coffee라는 것을 알고 환상은 조금 사라졌다. 그렇지만 엄청난 잠재력을 지닌 도시이면서 문화·예술이 자연과 잘 조화를 이룬 안전한 도시임을 알게 되어 안도하기도 하였다. 조금 자세히 들여다보니 빈은 다른 도시들이 부러워할 만한 장점이 수두룩하여 여전히 좋아하지 않을 수 없는 도시였다.

호프브르크 궁Hofberg Place으로 가는 카페거리. 빈은 자연과 문화 그리고 경제가 균형잡힌 도시, 누구나 살고 싶어 하는 도시가 되었다.

    한 해에 열리는 크고 작은 음악콘서트만 1만 5천 건 이상이 있고, 모차르트 하우스와 빈 소년합창단이 있으니 음악의 도시라 해도 무방하다. 또 다양한 미술관과 박물관이 있으며, 그 수가 100여 개에 달한다. 이 도시에서 활동했던 유명 화가인 구스타프 클림트Gustav Klimt, 피터르 브뤼헐Pieter Bruegel, 에곤 실레Egon Schiele 등의 최고의 작품들을 쉽게 만날 수 있다. 이 세계문화유산도시에는 합스부르크제국 시절의 건물과 분위기가 남아 있어 시간 여행을 하는 듯한 기분이 든다. 27개의 궁전과 163개의 저택은 도시의 오랜 역사를 생생하게 보여준다.

    또한, 빈은 미식가의 천국이다. 유럽 각지로부터 다양한 민족이 유입되면서 뛰어난 맛을 자랑하는 요리와 디저트가 함께 전파되어 고급스럽게 자리를 잡았다. 커피 맛도 세계 으뜸임을 자랑한다. 이런 문화적인 배경 속에서 빈은 항상 '세상에서 제일 살기 좋은 도시'로 인정받고 있다. 도시를 평가하여 순위를 매기는 어떤 기관에서도 빈은 항상 10위권에서 벗어나지 않았고, 머서Mercer

쇤브론 궁 공원schöebrunn Place Park 빈이 세계에서 가장 살기 좋은 도시라는 사실은 다른 도시들과의 비교를 통해 나타내고 있다.

의 순위에서는 지난 10년간 줄곧 1위를 고수하였다. 2020년엔 세계에서 '가장 친환경적인 도시greenest city'로 뽑히기까지 하였다.

코로나 팬데믹 이후 사람들이 환경에 더 신경을 쓰기 시작하면서 전 세계적으로 친환경적인 삶에 관해서도 관심이 높아졌다. 때마침 유명 도시 평가기관인 '레소넌스 컨설턴시Resonance Consultancy'가 2020년 지구의 날 50주년을 기념하여 세계에서 가장 친환경적인 도시를 선정하고 코로나-19 이후 도시가 지향해야 할 모범 사례를 뽑았다. 레소넌스는 이전에 '최고로 살기 좋은 도시Best Cities' 선정 방법을 사용하여 세계에서 가장 많이 방문한 50개 도시(여행 웹사이트인 트립 어드바이저Tripadvisor, 리뷰 총수 기준)를 조사하여 가장 친환경적인 도시를 평가했다. 어떤 도시가 더 녹색 미래a greener future를 선도하고 있는지 알아보기 위해 다음의 아홉 개 분야의 데이터로 평가하였다. ·공공녹지 비율 / ·전체 에너지에서 재생에너지 사용 비율 / ·대중교통으로 출근하는 인구 비율 / ·대기오염 수준 / ·1인당 물 소비 / ·보행환경 / ·도시 전체에서 재활용 정도 / ·도시 전체에서 퇴비화 가용성 / ·농부들의 직매장 수 등이다. 그 결과 빈이 1위였다. 놀랍게도 빈은 도시 안에 800여 개의 농장이 있다. 실제로 생산하는 오이의 양이 나머지 국토의 수확량보다 훨씬 많다. 가지와 파슬리, 토마토, 고추 또한 마찬가지다. 심지어 700여 명의 도시 양봉업자들이 6천여 개 이상의 벌통들을 관리하고 있다. 그래서 언제든지 빈산 벌꿀을 맛볼 수도 있다.

  빈은 오래된 도시이면서도 새로운 개념의 도시계획을 받아들여 도시를 체계적으로 발전시켰다. 도시 인구의 거의 절반이 연간 교통패스를 소지하고 대중교통의 유럽 기준이 되도록 좋은 정책을 만들고 실행했다. 1,400㎞에 달하는 자전거길과 전용 도로, 한산한 거리를 달리는 자전거 루트는 이 도시의 자랑거리다. 이 '시티바이크Citybike'는 도시 전역에 퍼져있는 121개의 자전거 정거장을 통해 이용할 수 있어 여행객들이 여유롭게 도시를 구경하는 데에도 도움을 주고 있다. 그리고 아름다운 화단과 장미 정원, 잔디밭, 가로수길은 빈 시민들이 좋아하는 공원의 핵심 요소다. 빈은 990여 개나 되는 공립공원을 가지고 있으며, 시의 조경사업부는 거의 50만 그루의 나무를 관리한다.

  위에서 언급된 여러 가지 특성만으로도 세계에서 가장 살기 좋은 도시로 선정되는 이유가 되기에 충분해 보인다. 그래도 전문가들은 다음의 다섯 가지를 그 대표적인 이유로 들었다. 1) 가까운 녹지공간, 도시 중심에서부터 15분이면 도나우 섬과 같은 빈의 휴양지에 닿을 수 있다. 빈 숲과 도나우 습지 덕분에 잔디밭과 공원, 포도밭, 숲, 들판, 정원과 같은 녹지공간이 빈 총면적의 50% 이상을 차지한다. 2) 멈추지 않고 움직이는 대중교통, 주말이면 지하철이 밤새도록 운영한다. 시민들은 전차와 버스, 지하철을 좋아한다. 빈은 연간 연인원 9억 6천6백만 명이 162개의 대중교통 노선을 이용한다. 출근할 때 대중교통,

도보, 자전거를 이용하고 오직 33%만이 자동차를 이용한다. 3) 수도꼭지에서 흘러나오는 깨끗한 생수는 바로 마실 수 있다. 식수는 알프스에서 송수로를 통해서 온다. 4) 거리와 공원, 광장은 아주 깨끗하다. 쓰레기 수거와 청소 작업이 순조롭고 효율적으로 이루어진다. 5) 마음을 느긋하게, 휴식할 수 있는 공간이 많다.

    빈에서는 무엇이든 서두르는 법이 없이 항상 느긋하고 '평안gemütlichkeit'하다. 이 도시를 보면서 도시의 미래에 어떻게 대처해야 하는지 명확해진다.

Chris Fair, 2020. 4. 22. The world's greenest cities are ourfuture. Best Cities. // Johannes Pleschberger and Natalie Huet. 2020. 12. 5. Vienna crowned world's greenest city for its parks and public transit. Euronews. // The Economist, 2019. 9. 4. Vienna remains the world's most liveable city.

덴마크 코펜하겐

    2001년에 코펜하겐(덴마크어로는 괴벤하운København, 이 글에 나오는 지명은 덴마크어로 적되 우리에게 익숙한 지명인 코펜하겐만 영어 이름으로 적는다.)을 방문한 적이 있다. 덴마크의 해안 습지복원 사례지역을 찾으러 코펜하겐에 있는 덴마크조류협회로부터 안내를 받기 위해서였다. 도시의 첫인상은 화려하지 않으며 차분한 분위기가 마음에 들었다. 건물이나 색상이 단순하지만 개성있는 디자인을 느낄 수 있었고, 깨끗하게 잘 정리된 거리경관을 보며 왜 이 도시를 '동화에 나오는 도시' 같다고 하는지 알 수 있었다. 거리엔 자전

코펜하겐의 니나운Nyhavn 부두의 일몰 풍경이다. 가장 덴마크다운 풍경과 평안한 전경으로 관광객들이 많이 찾는 관광지다.

거가 아주 많았다. 차도와 인도 사이에 자전거 도로가 있고 자전거들이 계속 이어 달리니 조심하지 않으면 바로 사고가 날 것 같았다. 물론 이것도 필자에겐 좋은 인상을 주었다.

'상인의 항구'라는 뜻을 가진 덴마크의 수도인 코펜하겐은 오랫동안 북유럽 국가(노르딕 국가)의 정치와 스칸디나비아 문화의 중심지 역할을 해왔다. 지도만 보아도 짐작할 수 있다. 공룡이 입을 벌리고 있는 모양 같은 노르웨이와 스웨덴, 그 입 앞에 놓인 먹잇감처럼 보이는 곳이 덴마크다. 발트해 입구에 손가락 모양으로 돌출한 형태인데 가장 동쪽에 있는 섬 셸런Sjælland 영어로는 Zealand에서도 가장 동쪽에 있는 곳이 코펜하겐이다. 그러니까 북유럽에서 가장 왕래가 잦은 중심지일 수밖에 없었을 것이고, 역사적으로 상업도시였던 이 항구도시는 15세기 초에 덴마크의 수도가 되었다. 르네상스 기간 현재의 북유럽 지역 전체를 덴마크 군주가 통치하였으니 코펜하겐은 15세기부터 16세기 초까지 120년이 넘는 세월 동안 스칸디나비아의 문화와 정치, 경제 중심지로 번영했다. 이 도시의 동쪽은 덴마크와 스웨덴을 사이에 두고 좁은 해협인 외레순해협Øresund Sound이 있는데 맞은편에는 스웨덴 제3의 도시 말뫼Malmö가 있다. 2000년에는 외레순대교를 건설하여 철도와 도로로 개통하였다. 대교가 생기고 나서 코펜하겐은 스웨덴의 말뫼와 점점 더 통합되어 외레순 지역을 형성한다. 2021년 1월 1일 현재 코펜하겐의 인구는 약 80만 명이며, 광역 코펜하겐 지역은 약 134만 명이고, 전체 주변지역의 인구는 200만 명이 넘는다.

코펜하겐에는 국제적인 입지를 가진 다수 박물관과 미술관들이 있다. 덴마크 국립미술관은 12세기부터 현재까지 아우르는 수많은 컬렉션이 있는 미술관이다. 덴마크 화가 외에도 루벤스, 렘브란트, 피카소, 마티스 등 많은 미술가들의 작품을 소장하고 있다. 이 도시는 요리의 도시로도 유명한데 미슐랭스타를 받은 15개 이상의 레스토랑이 있으며, 스칸디나비아 도시 중 가장 많은 레스토랑이 있다. 특히 레스토랑 노마Noma는 노르딕 요리로 2010년, 2011년, 2012년, 그리고 2014년에는 223점으로 세계 최고의 레스토랑으로 선정되었다. 2018년 재개장하여 여전히 세계 최고의 레스토랑으로 주목을 받고 있다. 고급 레스토랑과는 별도로 전통 덴마크식 인기음식인 스뫼레브 브뢰드smørrebrød라는 오픈 샌드위치를 제공하는 소박한 식당도 쉽게 찾을 수 있다. 코펜하겐은 맥주도시이기도 하다. 칼스버그맥주는 1847년부터 양조되었으며 덴마크 맥주와 동의어처럼 사용된다. 그러나 최근에는 양조장의 수가 폭발적으로 늘어나 코펜하겐에서만 100여 곳이 넘고 있다.

코펜하겐은 운하, 자전거 문화, 강한 경제, 행복한 지역주민이 특징인 독특한 도시로 세계 여러 나라로부터 부러움을 사고 있는 살기 좋은 도시 중 하나

코펜하겐은 자전거 우선의 도시다. 어떤 이는 코펜하겐의 자전거 도로를 보고 자전거 고속도로라고도 한다. 400여 킬로미터에 달하는 자전거 길은 도시의 자랑거리이며 환경도시의 시민으로서의 자부심이다.

다. 시민의 기대수명을 높이고, 더 나은 건강기준을 통해 삶의 질을 향상하고, 더 생산적인 삶과 평등한 기회를 지속적으로 장려하는 것을 시 목표로 한다. 이른바 '롱라이브 코펜하겐 Længe Leve København'이다. 시는 사람들이 정기적으로 운동하도록 장려하고 술과 담배를 줄이는 또 다른 목표를 가지고 있다. 여행잡지 《모노클 Monocle》이 코펜하겐을 올해 연례 삶의 질 조사에서 1위로 선정하면서 네 번씩이나 1위를 차지한 도시가 되었으며, 2014년에는 유럽의 녹색수도로 선정되었다. 2019년에는 외국인에게 가장 살기 좋은 도시로, 2020년에는 건강도시로 각광을 받고 있다. 이 외에도 관련된 수많은 수식어가 있다. 안전한 도시, 평화로운 도시, 최고의 여행도시, 일과 삶이 균형잡힌 도시 등이다.

또 코펜하겐은 세계에서 가장 환경친화적인 도시 중 하나다. 높은 환경 기준에 맞추기 위해 헌신한 결과로, 코펜하겐은 녹색경제에 대한 높은 평가를 받고 있다. '글로벌 녹색경제지수GGEI: Global Green Economy Index'에서 두 번이나 최고의 녹색 도시로 선정된 바 있다. 2001년에는 코펜하겐 연안에 대형 해상풍력 발전단지가 건설되었다. 그것으로 도시 에너지의 약 4%를 생산하고 있다. 이미 2005년부터 2011년까지 배출량을 21% 줄임으로써 큰 진전을 이루었다. 이 도시는 현재 연간 약 200만 톤의 이산화탄소를 배출하고 있으며, 2025년까지 배출량을 116만 톤으로 줄이는 것을 목표로 하고 있다. 작년에 승인된 새로운 계획은 2025년까지 CO_2 배출량을 약 40만 톤으로 더욱 줄일 것이다. 이를 시작으로 코펜하겐은 2025년까지 탄소중립을 목표로 하고 있다. 상업용과 주거용 건물은 전기 소비를 각각 20%와 10% 줄이고, 2025년까지 총 열 소비량을 20% 저감할 계획이다. 최신 건물에서 태양전지 패널과 같은 재생 가능 에너지 기능이 점점 더 일반화되고 있으며, 지역난방은 폐기물 소각과 바이오매스 생산으로 2025년까지 탄소중립으로 만들려고 한다.

독특한 것은 2025년까지 여행의 75%는 도보, 자전거 또는 대중교통을 이용하려는 것이다. 더 나아가 2025년까지 자동차의 20~30%를 전기 또는 바이오 연료로 운행할 계획을 세우고 있다. 이를 위해 4억 7,200만 달러(약 5,625억 원)의 공공 기금과 47억 8천만 달러(약 5조 6,973억 원)의 민간 기금이 투자될 예정이다. 이러한 야심 찬 목표는 시민들의 환경에 대한 충분한 이해와 참여가 있어 가능한 일이다. 도시에서 사용되지 않는 전기는 코펜하겐의 나머지 수십만 톤의 운송부문 배출량을 상쇄하기 위해 덴마크의 다른 지역으로 보낼 것이라고 한다.

덴마크 수도에서는 어디서나 직장과 학교에 갈 때 36%가 자전거를 타며, 20,000명 이상의 자전거 이용자들이 피크 시간대에 도심에 들어와 자동차나 보행자와 공유하지 않는 약 400km의 자전거 도로를 가득 메운다. 2011년부터 2년 단위로 평가하는 '코펜하겐지수Copenhagenize Index'에서 코펜하겐은 2015년부터 세계에서 가장 자전거 친화적인 도시로 평가받고 있다. 2위는 암스테르담이다. 현재 자전거 수는 인구 수를 능가한다. 자전거 이용자의 75%가 일 년 내내 자전거를 타는 것으로 나타났다. 코펜하겐 시장은 한 인터뷰에서 "시민으로서 우리 도시는 더 나은 삶에 초점을 맞추고 있습니다."라고 말하였다.

Anton Stoyanov, 2021. 1. 4. Copenhagen named world's top cycling destination. The mayor. eu. // davidwiik, 2021. 8. 26. Copenhagen overtakes Tokyo to rank among the safest cities in the world. WORLDAKKAM.

세상을 곱게 빛내는 문화도시

"서점이야말로 바쁜 세상에서
누구나 잠시 멈춰 생각할 수 있는 안식처를 제공하고,
동심에 경이감과 모험심을 스미게 하는
마법같은 공간이라는 것을 알게 됐다."

– 젠 캠벨 –

색상

　언젠가 어떤 기고문에서 여행지의 색상에 대한 글을 쓴 적이 있다. 집필 과정에서 도시나 마을이 나름대로 고유한 색상을 가지고 있고, 이 색상이 도시의 이미지는 물론이고 브랜드가 된다는 사실을 알게 되었다. 한국에서도 도시계획을 할 때 색상을 고려하고 있지만, 이 색상들은 대체로 여러 가지 색상을 선택하고 도시의 공공시설이나 건물 그리고 도로 등에 색상을 적용한다. 그러나 색상이 도시 이미지에 적합한지에 대한 평가도 적고, 또 실행과정에서 색상이 철저하게 지켜지지 않는 경향도 있다. 따라서 자연적으로나 의도적으로 단일 또는 동일 계통의 색상으로 통일성을 가지고 간 예는 아주 적은 것 같다. 예외적이긴 하지만 필자가 기억하는 도시의 색이 있다. 약 30여 년 전 한여름에 통영을 처음 방문하였을 때 언덕 위의 많은 집이 흰색 벽을 가지고 있었는데 쪽빛 바다와 태양 그리고 흰색이 눈부실 정도로 잘 어울려 세상에서 가장 아름다운 해안도시로 보였다. 이후 통영에 새로운 집과 건물들이 들어서면서 그런 이미지는 점차 사라져 가고 있는 것 같아 안타까웠다.

　도시계획은 지역사회의 계획으로 도시의 발전과 성장을 목표로 구역을 지정하고 교통체계와 건축환경을 조성하면서 도시와 자연, 사회, 경제가 조화를 이루도록 하는 계획으로서 종종 하드웨어나 교통망 또는 배열구성에 치중하기도 한다. 최근에는 계획을 수립하는 과정에서 색상 또는 색채의 중요성이 점차 더 강조되고 있다. 그만큼 인식이 확대되고 있어서다. 이해주 등은 도시색채디자인 관련 연구에서 '도시색채는 환경친화적 특징을 지니며 투자와 비교하면 가치가 높은 매체로서 도시의 이미지 개선을 통해 시민에게 안전뿐 아니라 문화적, 감성적 매력을 지닌 소프트시티soft city 설립과 도시브랜드 활성화에 이바지할 수 있다.'라고 하였다. 아울러 도시 색채디자인 전략을 도시 고유의 색채문화를 살리는 아이덴티티 전략과 새로운 감각적 색채를 통해 도시의 활력을 창출하는 아이덴티티 확장 전략으로 구분하였다. 즉 전자는 도시가 가지고 있는 기존의 색채를 찾아내어 강화하는 작업이라고 한다면, 후자는 새로운 색상을 도입하여 도시 활성화와 새로운 가치를 부여하는 것이라 할 수 있다. 도시의 분위기가 거리에서 볼 수 있는 대표 색상에 따라 크게 달라질 수 있다고 믿는 까닭이다.

이러한 색상의 힘을 믿는 전문회사들이 있다. 그런 회사 중 하나인 '컬러 유어 시티Color Your City'는 전 세계 인구가 도시와 도시 주변지역에 점점 더 집중됨에 따라 이러한 도시환경이 가능한 한 시민들의 삶과 복지 향상에 도움이 되어야 한다고 전제하면서 색상이 이런 일에 영향을 미친다고 하였다. 그러므로 색상은 언어, 표현, 의사소통으로 연결되는 매우 효과적인 도구다. 따라서 다양한 방식으로 색을 활용하여 도시와 지역에 대한 새로운 창의적 가능성을 촉발하고 창출하여 자부심을 키우며, 커뮤니케이션과 사회적 응집력을 향상하는 데 도움이 된다. 국내에서 유사한 일을 하는 회사인 '타이포그래피 서울Typographyseoul'은 도시와 색상과의 관계를 다음과 같이 구체적으로 설명하였다.

"이탈리아 나폴리에서는 유난히 밝은 크림색의 건물과 차들을 많이 볼 수 있는데, 이 색이 나폴리 노랑Naples Yellow이라는 고유 색명을 지니게 된 배경이다. 나폴리 노랑은 본래 고대 도시 폼페이를 덮은 화산토에서 채집된 안료로부터 만들어진 색이었다. 즉 지역 토양의 색이 곧 나폴리 색이 된 경우이다. 그리고 그리스 산토리니섬은 깊은 마린블루의 지중해와 하얀 건물들이 어우러진 풍경으로 잘 알려져 있다. 지중해 연안에는 석회가 풍부하여 건축과 미술에 광범위하게 사용돼 왔으며, 지중해의 바닷물과 하늘의 빛깔인 파랑 또한 널리 사용

인도 자이푸르 인도의 핑크도시 자이푸르의 대표적인 분홍색 건물인 하와 마할궁Hawa Mahal Palace의 전경이다. 이 도시의 대표적인 건물 유적은 모두 분홍색 계열의 색으로 되어 있다.

됐다. 산토리니의 자연환경을 이루고 있는 이들 파란색과 흰색의 조합은 지중해라는 장소의 현상이자 상징이 되었다."

위와 같은 예는 많다. 일부 색 분석가들은 런던의 색을 세 가지로 보았다. 템스강과 흐린 날의 색인 회색 그리고 세인트폴대성당Cathedral Church of Paul the Apostle의 흰색 그리고 황금빛 노란색을 들었다. 런던의 대형 건물을 이루는 전형적인 런던 형 벽돌, 즉 '옐로브릭Yellow Brick'이다. 어쩌면 도시민이 먹는 빵과 버터도 노란색 벽돌 같다. 이 금빛 색채는 안개와 비로 덮여있는 축축한 환경에 태양의 노란빛으로 대비되어 행복감을 가져다주는 이상적인 색으로 인식하는 것으로 분석되었다. 물론 의도적으로 이루어진 것은 아니다. 옐로브릭

튀니지 시디 부 사이드 튀니지의 예술도시이자 지중해 연안 도시인 시디 부 사이드Sidi Bou Said는 청색과 흰색 도시white and blue city로 유명하다. 이곳의 푸른색은 그리스의 산토리니 섬과 유사하나 튀니지안 블루로 구분한다.

    은 런던산 찰흙으로 만들어졌는데 강에는 광물이 풍부하여 다양한 노란색 스펙트럼의 벽돌이 생산되었다. 결국, 런던의 노랑은 지역 재료에 의존한 것으로 도시의 상징색이 되었다. 이러한 예는 많다. 스코틀랜드 에버딘은 회색 도시인데 이 지역에서 나는 화강암 석재로 도시의 건물들을 지었기 때문이다. 그래서인지 도시의 이미지는 차분하고, 사람들도 무뚝뚝하게 보인다.

    라자스탄 핑크도시pink city로 유명한 인도의 자이푸르Jaipur는 가장 화려한 도시이면서 최고로 촬영하기 좋은 도시로도 잘 알려져 있다. 이러한 색채는 인도 문화와 현대 감각의 조합에서 나온 것이다. 인도 최초의 계획도시로서 분홍색을 바탕으로 도시디자인을 하였다. 이 색은 환대를 의미한다. 도시의 건물들은 대부분 테라코타 분홍색 벽을 가지고 있다. 19세기 후반에 자이푸르의 모든 집을 분홍색으로 하는 법을 만들었고, 다른 색상의 사용은 불법이 되었다. 이 법은 오늘날까지 유효하다.

지중해의 여러 도시도 집을 건축하거나 개조할 특정한 색을 준수해야 한다. 그렇게 하여야 도시의 색을 지켜나갈 수 있다. 우리나라의 도시들도 도시 고유의 색이나 도시의 색 정체성을 찾는 다양한 노력을 하고 있다. 한국색채학회의 주관으로 2003년부터 매년 '한국색채대상'을 선정하고 있으나 한 도시에서 너무 많은 색을 찾아내는 것이 아닌가 하는 생각이 든다. 어떤 도시가 한가지 색 또는 특별한 색채로 기억되는 곳이 떠오르지 않아서다. 다만 전라남도 담양군이 '진녹색'을 도시 색으로 정하고 '문화생태도시'로의 정체성을 확립해 가고 있다. 담양은 대나무의 고장이다.

이렇게 보면 한 도시의 색은 지역의 자연과 문화 그리고 역사성을 지닌 정체성의 표현으로서 도시경쟁력을 강화하는데 필수적인 요소로 인식되는 것 같다. 특정한 색채를 가진 도시에서 산다면 도시의 이미지에 동화되어 삶에 여유와 행복감을 가지게 되고 더 나아가 자부심을 느낄 수 있을 것이라는 생각마저 든다. 여러분의 도시는 어떤 색을 가졌는가?

주관철, 2020. 12. 11. 인천 미추홀구, 2020년 한국색채대상 산업통상부장관상 수상. 중도일보. // Dev Ankur Wadhawan, 2020. Jaipur certified as World Heritage site by UNESCO. India Today(2020. 2. 6). // Jessika Furseth, 2017. 11. 8. The color of your city. CURBED. // Joni Sweet, 2019. 12. 4. Pantone Color Of The Year 2020: Classic Blue Travel Destinations Around The World. Forbes.

건축

　얼마 전에 읽은 한 신문기사에 이런 글이 실려 있었다. "영국의 건축 거장 리차드 로저스Richard Rodgers는 '건축은 사람들이 일상에서 끊임없이 접하는 예술 형태'라 했건만, 서울에 새로이 들어서는 건물이 모두 예술은 아니다. 도시의 일원임을 망각한 채 주위와의 조화는 안중에도 없는 빌딩, 돈벌이를 위해 주먹구구로 지은 건물이 즐비하다." 건축물을 설계하고 시공하는 사람들에게 예술적인 감각이 필수적이라는 것을 잘 알고 있었지만 무미건조한 빌딩들과 집들을 보면서 문제점을 잊고 지냈었다. 막 지어진 건물들도 이전의 건물들과 차이가 없는 사각형 모양과 특성없는 색의 건물들이 늘어선 도시를 보면 안타까움이 앞선다. 그러긴 해도 이 집들이 안전하고 에너지 효율에서 문제가 없다면 그나마 다행이지만 대부분 이런 기대마저 저버린다. 어떤 건축가는 이를 '도시 병리 현상'이라고까지 말한다. 이렇게 지어진 건물들은 쉬 낡고 균열이 발생하는데 지은 지 30여 년밖에 되지 않는다. 그리곤 재건축이나 재개발의 대상이 된다. 얼마나 엄청난 낭비인가?

　굳이 랜드마크라고 하지 않아도 건물 하나나 몇이 도시를 대표하고, 어떤 경우 도시를 먹여 살린다. 파리의 에펠탑 그리고 빌바오의 구겐하임미술관과 바르셀로나의 가우디가 설계한 건물들이 그렇다. 바르셀로나의 사그라다 파밀리아 성당Temple Expiatori de la Sagrada Família은 139년째 건축 중이며, 2026년에 완공될 예정이다. 역시 가우디Antoni Gaudi I Cornet가 설계하였다. 경기도 파주시의 헤이리 마을도 특이한 건축물들로 유명해졌다. 독특한 건물들의 전시장 같은 이 마을에서는 환경친화적인 건축자재만 사용하고 마을위원회에서 설계안이 통과해야 비로소 건축할 수 있다. 경기도 가평에 있는 '생명의 빛 예배당'

서울 강남구(왼쪽), **미국 시카고**(오른쪽) 현대도시의 전형적인 경관이다. 이러한 빌딩 숲이 수백 년 지난 다음에도 시민들로부터 자부심을 가지게 할 것인지는 미지수다.

도 한 사례가 될 수 있다. 재불건축가 신형철 교수가 설계한 것으로 보고 온 사람이라면 누구나 매우 독특하고 예술적인 건축물이라 하였다. 세계 10대 아름다운 교회로도 선정되었다. 건물이 있었기에 마을이나 도시가 살아있는 것 같은 경우가 앞의 사례 외에도 무수히 많다.

다음과 같이 질문해보면 우리가 사는 도시의 건물들이 어떤 상태로 내 마음 속에 있는지를 단번에 알 수 있다. "우리가 사는 도시에 100년 이상 갈 건물이 있는가?", 아니면 "100년이 넘은 건물이 남아 있는가?", 그것도 아니면 "누구에게 자랑할만한 건축물이 있는가?" 세계 유명 도시에 가보면 몇백 년 된 건물들이 수두룩한 큰 거리가 있고, 여전히 그 거리가 시내 중심부로서 역할을 하고 있다. 이집트의 피라미드, 그리스의 신전이나 로마 원형 경기장들을 굳이 들지

오스트레일리아 시드니 시드니를 방문했던 방문객이라면 이 도시의 상징을 오페라하우스로 떠올리게 된다.

않더라도 100년 이상을 꿋꿋이 넘길 정도로 건물을 튼튼하게 만들고 예술성까지 있게 한다면 랜드마크가 아니더라도 시민들의 사랑을 듬뿍 받았을 것이다. 또 도시의 얼굴이 되었을 수도 있다. 오래된 전통가옥이 아니어도 좋다. 정성 다해 짓고 세워진 곳의 자연과 잘 어울리기만 해도 좋아하게 된다. 양구군민들은 크지는 않지만 '박수근 미술관'으로 강한 자긍심을 가지고 있다.

   건축가 이규인의 저서 『미국의 그린빌딩』에 "건축은 자연생태계와 인간을 연결해주는 매개고리의 역할을 한다. 건축을 통해 인간은 자연의 혜택을 더욱 누리게 되며 좋은 에너지를 획득할 수 있는 것이다."라고 하였다. 그렇다. 건물은 자연에서 나왔다. 원시시대 사람들은 모여 살면서 늘 동굴이나 움막보다 안전하고 오래갈 집을 원했을 것이다. 자연에서 나온 재료로 식구를 따뜻하게 만들고, 적이나 위험 동물들로부터 습격을 막으려고 집짓기 구상이 처음 시작되었을 것이다. 그러기 위해서는 주변 환경이나 자연의 변화에 잘 적응하도록 지었을 것임에 틀림없다.

또 건축물은 사회적 현상의 집합체이고, 문화현상으로 보는 시각이 있다. 시대 상황에 맞게 건물이 지어지고 건물을 짓는 사람의 사상과 시각이 고스란히 건물에 반영된다는 의미이다. 그래서 누군가는 '집은 사람을 닮는다.'라고 했다. 이러한 관점에서 볼 때 현시대에 지은 건물들은 미래에는 과거를 바라보는 잣대가 되어 현시대를 평가할 것으로 보인다. 우리가 그랬듯이. 아무런 특색 없이 마구 지어진 집단 건물들은 이내 버려져서 미래세대에게 재앙이 될 수도 있다. 또 사회적 약자를 배려하는 건축도 필요하다. 유니버설 디자인, 그러니까 건축에서 건축물의 모든 요소를 장애 여부와 관련 없이 모든 사람이 공동으로 사용할 수 있는 사회적 평등 개념을 적용해야 한다는 의미이다.

왜 도시에 사는가? 단순히 거주할 뿐 아니라 이곳에서 생활하면서 가족을 만들고 행복하게 살고자 하는 꿈을 가지고 도시에 모인 것이다. 도시는 시민들이 무엇을 원하는지를 알아야 하고 그것이 도시를 구성하는 건축물에 반영되어야 한다. 당연하다. 건물들은 시민들의 희망사항을 반영하고, 미래지향적이어야 하며, 안전하고 미적으로 완성도가 높으면 좋다. 욕심을 더 내자면 지역의 자연과 잘 어울리고 지역이 가지고 있는 역사까지 반영한다면 최고다. 그런 건물들이 많을수록 사람들은 자신의 도시에 만족하고, 아이들은 평안하고 즐거운 활동을 하게 된다. 서울 광화문 전면 왼쪽에 '대한민국 역사박물관'이 있다. 공공건물로서 깔끔하고 위치가 적절하다는 생각이 든다. 단순히 건물은 조형물이 아니고 건물이 품고 있는 내용, 즉 기능이 함께 해야 제대로 된 건물이 된다. 도시의 얼굴이 되는 것이다. 미래를 생각하는 건물이 우리 도시에도 여럿 들어서길 기대해본다.

고경석, 2019. 12. 10. 기후변화에 맞서는 유럽 도시들, (상) 프랑프프르트·프라이부르크의 친환경 건물; 태양의 도시 키우는 독일 "돈도 벌고 지구도 살려요". 한국일보. // 이규인, 2008. 미국의 Green Building. 발언. // 이훈길, 2013. 도시를 걷다: 사회적 약자를 위한 도시건축, 소통과 행복을 꿈꾸다. 안그라픽스.

박물관

　2000년경에 필자는 몇 년 동안 '안산시 국립자연사박물관 유치위원회' 위원장을 맡은 적이 있었다. 우리나라는 국립자연사박물관이 없는 나라이다. 지금도 그 책을 끼고 있지만, 그즈음에 에드워드 윌슨의 『자연주의자Naturalist』라는 책을 처음 읽고 있었는데, 그 책에서 아이들이 성장하는데 자연이 필요하다고 했다. 자연은 아이들을 훌륭한 인재, 특히 과학자로 키운다고 하면서 아이들을 자연에 자주 데리고 갈 권했다. 자연이 가까운 곳에 없는 도시에서는 자연사박물관이 자연을 대체할 수 있다 하였다. 자연과 자연사박물관은 아이들에게 학교 교실에서 배울 수 없는 자연의 이치를 깨닫게 해주기 때문이다.

　그래서 자료를 수집하여 비교해 보았다. 즉, 선진 각국의 자연사박물관의 수와 노벨과학자의 수를 조사했더니 거의 정비례하는 놀라운 결과가 나왔다. 조사를 주도한 필자도 놀랐었다. 당시에는 대학교에 자연사박물관이라는 이름을 가진 두 개의 작은 박물관이 있었다. 1,000개나 넘는 미국 그리고 200개 넘는 일본과 비교가 되지 않았다. 노벨과학상을 받은 수도 비교가 되지 않는다. 올해도 일본은 배출하지 않았는가. 조사한 나라 가운데 국립이 없는 나라는 우리나라가 유일하였다. 자연과학자들이 자연사박물관을 유치하려고 30년 이상 노력했지만, 아직 계획안만 있을 뿐 언제 될지 기약을 하기 어렵다.

영국 런던 좋은 박물관에는 늘 많은 방문객이 찾는다. 영국 런던 자연사박물관Natural History Museum, London에서는 시민들이 자연이 인류와 어떠한 관계를 갖는지(위 그림)를 보게 되고, 놀이공간으로도 활용한다(아래 그림).

우리가 사는 도시는 매우 복잡한 체계이다. 따라서 도시민들은 바쁜 생활에서 자신의 생활과는 다른 체계(예를 들면 생태계)나 그 문제를 살펴볼 겨를이 없다. 그런데도 우리 사회가 안전하기 위해서는 다른 사람이나 생명에 대한 배려가 필요하다. 그래서 사회적인 장치가 필요한데 일반 학교나 기타 사회기관에서는 실현할 수가 없다. 이런 불가능한 기능을 박물관들이 한다. 그러니까 좋은 박물관은 부족한 자연, 예술, 역사에 대해 잘 이해하도록 돕는다. 자연사박물관에서 학생들은 지구와 생명의 역사 그리고 생태계 원리를 자연스럽게 받아들이게 된다. 역사박물관이나 미술관과 같은 다른 박물관도 학생들과 주민들이 건전한 사고와 정서를 함양하도록 돕는다.

필자가 2019년 봄에 독일 베를린의 유대인박물관을 방문했을때, 독일인들이 자신의 조국이 과거 잘못된 폭력과 학살에 대해 있는 그대로 보여주고 반성하는 태도를 보았다. 그래서 이곳은 가해자와 피해자가 서로 소통할 수 있는 계기를 만들어 주었다고 생각했다. 사람들은 이곳에서 역사적으로 불편했던 진실에 대해 성찰하는 곳이다. 베를린에는 홀로코스트추모공원도 있는데 국회와 아주 가까운 곳이었다. 상징적인 위치였다.

좋은 박물관이 되려면 교육, 연구, 전시, 보전, 건축, 디자인 등에 대한 종합적인 접근이 요구된다. 박물이라는 의미대로 박물관은 관련된 온갖 것들을 모아 관람자들의 이해를 돕도록 잘 전시해 놓은 곳이다. 물론 이것은 일반인들의 시각이고, 전시실 뒤편 보이지 않는 곳에서 실질적인 일들이 진행된다. 우선 수장한 모든 것을 다 전시하지 못하니 소장품을 보관하는 창고가 필요하다. 또한, 새로운 것들을 수집해오고 정리하는 일도 전문적인 손길이 필요하다. 전시를 잘하려면 디자인만 필요한 것이 아니다. 전시물의 속성에 대해 잘 알고 소개를 해야 하므로 항시 전시대상에 관한 꾸준한 연구가 필요하다. 그러니 박물관은 연구시설이기도 하다. 미국의 스미소니언 자연사박물관Smithsonian National Museum of Natural History이 이를 잘 입증하고 있다. 이곳의 과학자들은 남극의 해양생물에 관한 연구사업에도 참여하고 있다. 이 워싱턴 DC의 자연사박물관 주변에는 소미소니언 박물관 소속의 18개 박물관과 미술관이 더 있어 거대한 박물관 집단을 이루고 있다.

수족관도 박물관의 일종이라 할 수 있다. 살아있는 수생생물들을 다루니 생물들의 관리에 철저해야 한다. 더 나아가 생명을 존중하는 기관임도 보여주어야 한다. 그렇지 않으면 사업성만 추구하는 기업일 뿐이다. 그래서 많은 수족관에서 상처를 입은 생물들을 치료하고 보호하며, 서식지를 잃은 생물들을 위한 현지 밖 보전시설이 되기도 한다. 캐나다 밴쿠버의 밴쿠버수족관Vancouver Aquarium은 이 역할을 잘 수행하고 있고, 해양포유류에 대해서는 권위 있는 연구기관으로 대접을 받는다. 대량으로 물을 다루니 최고의 실험시설이 될 수 있는 기본 환경을 갖춘 셈이라 다른 연구기관들로부터 공동연구 제안도 많이 받는다.

그러나 무엇보다 강조하고 싶은 기능은 교육이다. 박물관은 그 자체로 웅대한 교육 시설이다. 어느 박물관이나 여러 해설자가 학생들이나 방문객들을 안내하며 이해를 돕는다. 사람들은 이곳에서 다른 세상과 다양한 생물들을 만나게 되고, 일생 내내 그 영향을 받을 수도 있다. 특히 어린 시절에 보았다면. 그래서 이런 일을 하기 위해 수백 명의 자원봉사자를 활용하기도 하는데 훌륭한 자원봉사프로그램을 가진 박물관도 많다. 이렇게 다양한 역할을 가진 박물관의 중요성을 인식한다면 도시들은 박물관을 유치할 수밖에 없다. 세계의 어떤 도시가 살고 좋은 곳이고, 방문하고픈 도시인가를 찾을 때 도시의 미래 인재를 생각하는 도시여야 한다.

문화체육관광부, 2017. 국립자연사박물관 건립 시행계획 수립연구. 최종보고서. // 배용진, 2015. 9. 7. 우리는 왜 국립자연사박물관이 없나. 주간조선. // 이창건·조준오, 2010. 한국 국립자연사박물관 설립 방안 연구. 한국지구과학회지 31(6):656-670. // Smithonian National Museum of Natural History: Homepage.

축제

새해가 시작되면 도시에는 더 바빠지는 사람들이 있다. 축제를 준비하는 사람들이다. 봄 축제가 아니라도 마찬가지다. 모든 축제가 일 년 내내 준비해야 하긴 하지만 해당 연도가 되면 마음이 조급해지는 까닭이다. 도시의 축제들은 작은 이벤트로 시작하였거나 전통놀이로 아니면 지역공동체를 위로/치유하기 위한 잔치로 시작하였다가 국제적인 큰 행사로 발전한 경우가 많다. 단순히 행사를 즐기는 것 같지만 참가자 전원이 함께 공동체의식을 가지고 격렬하게 움직일 때 사람들은 마음속 응어리를 풀어 녹인다. 축제가 갖는 장점이다. 늘 공허함을 품고 살아가는 도시민들에게 제일 필요한 것이 어쩌면 이런 축제일지 모른다.

독일의 옥토버페스트Oktoberfest나 브라질의 삼바 축제처럼 크고 유명한 축제도 있지만, 대부분의 축제는 도시나 지역 단위로 소규모로 치러진다. 전 세계 어떤 도시든 한두 개의 축제가 열린다. 도시 주민들만의 일로 시작한 축제들이 어느새 국제적으로 유명해져서 도시의 상징이 된 예도 많다. 시에나가 그런 도시이다. 이탈리아에서는 잘 알려진 도시이지만, 이탈리아식 전통 말 경주 스포츠 축제인 시에나 팔리오Il Palio di Siena가 아니었다면 시에나는 외국에 알려지

경기도 안산 축제가 있는 날에 전 시민들이 나온 것 처럼 수 많은 사람이 함께 소통하고 어울리며 즐긴다.

지 않았을 것이다. 일 년 동안 각 구역을 대표하는 17팀이 참석하는 경주는 사람들을 열광하게 한다. 출신 지역 사람들의 열렬한 응원을 받으며 하는 경주에서 지는 팀들은 눈물을 흘리고, 다시 일 년 후를 다짐한다. 마을에 대한 애정과 자부심이 만든 일종의 페이소스가 외지에서 온 방문객들에게도 감동을 주어 흥분케 할만한 요소들을 갖추었다.

   영국 스코틀랜드의 에든버러는 세계 최고의 축제도시festival city로 불린다. 여름에만 국제 페스티벌이 8개나 열린다. 8월 내내 열리는 에든버러프린지페스티벌Edinburgh Festival Fringe은 지구상 최대의 공연 축제로 2019년에는 약 5,000개의 작품이 57,000회나 공연되어 매년 기네스 기록을 경신하고 있을 정도이

영국 웨일스 헤이온와이|Hay On Wye 세계적인 유명한 축제라도 책의 축제처럼 요란하지 않고 차분하게 진행되는 경우도 있다.

다. 그러니 얼마나 많은 사람이 더위에도 불구하고 그곳을 찾았겠는가? 한편 8월의 마지막 일요일과 다음 월요일에 개최되는 런던의 노팅힐카니발Notting Hill Carnival은 완전히 다른 분위기의 축제다. 일종의 다문화 축제로 서민풍의 축제라고 할 수 있다. 카리브해에서 이민 온 공동체의 음악축제로 시작한 것이 이젠 전 세계에서 가장 큰 축제 중 하나로 발전했다. 행사 당일은 엄청난 소음의 음악과 길거리 음식 냄새가 진동하는 여러 개의 거리와 골목에 사람들이 메어 터진다. 그래서 노팅힐 지하철역을 폐쇄할 정도다.

일본도 축제라면 빠지지 않는 나라다. 축제를 마쓰리祭라고 한다. '제를 지낸다'의 명사형이라고 보면 이해가 쉬워진다. 여러 가지 사정에 따라 만들어진 전통 제례나 종교행사가 축제로 발전한 것이다. 그러니 도시마다 다양한 축제가 있고, 일본을 축제의 나라라 한다. 보통 봄부터 여름에 많이 열리고, 교토의 기온마쓰리祇園祭, 도쿄의 간다마쓰리神田祭, 오사카의 텐진마쓰리天神祭가 3대 축제다. 또 일본에는 국제적으로 살 알려신 비엔날레로 '세토우치 트리엔닐레 Setouchi Triennale'가 있다. 세토나이카이瀨戶內海라고 하는 시코쿠와 혼슈우 사이에 있는 바다의 여러 섬에서 동시에 열리는 현대미술 축제로 매 3년마다 열린다. 2016년에 열린 3회 때는 100만여 명의 관광객들이 섬을 찾았다. 2019년의 주제는 '바다의 복원'으로 아름다운 자연환경 속에서 번성했던 섬마을공동체를 되살리고, 희망을 주는 바다로 전환하려는 목표를 가졌다. 이 축제는 본디 조선산업과 기타산업으로 황폐해진 섬마을을 살리기 위해 기획된 것이었다.

잡지 비욘드(beyond)는 2018년 창간 12주년 기념으로 축제 특집호를 냈다. 서문에서 "이번에는 다양한 장르의 공연 및 미술, 디자인, 건축 같은 예술 분야에서 펼쳐지는 각종 페스티벌에 주목했다. 이런 페스티벌은 마법처럼 도시에 활기를 불어넣는다."라고 적었다. 복합문화축제로 미국 텍사스 오스틴에서 열리는 '사우스 바이 사우스웨스트South by Southwest' 등 3개를 비롯하여 '글래스턴베리 페스티벌Glastonbury Festival' 등록 축제 3개, '울트라 뮤직 페스티벌 마이애미Ultra Music Festival Miami' 등 EDM 축제 3개, '브레겐츠 페스티벌Bregenz Festival' 등 클래식 및 재즈 축제 3개, '아비뇽 페스티벌Festival d 'Avignon' 등 퍼포먼스 축제 4개, '아르스 일렉트로니카 페스티벌Ars Electronica Festival' 등 미술 축제 3개, '헬싱키 디자인 위크Helsinki Design Week' 등 디자인 축제 3개, 세계건축페스티벌 등 건축 축제 3개, '피클 데이 앤 친칠라 멜론 축제Pickle Day & Chinchilla Melon Festival' 등 음식 축제 3개, '헤이 페스티벌Hey Festival' 등 도서 축제 3개, '재스퍼 다크 스카이 페스티벌Jasper Dark Sky Festival' 등 자연 축제 2개 등 모두 33개의 다양한 축제를 소개하였다.

도시는 축제가 만들어 주는 마법을 구사해야 한다. 그래서 축제는 도시를 재생하기도 하고 경제 활성화에도 이바지할 수 있다. 도시에 사는 시민들은 놀이로 즐기고 고단함을 치유할 수 있는 좋은 축제를 가질 권리가 있다.

김나래 등, 2018. Join the Festivals! 대한항공 기내잡지, 비욘드(beyond): 20-41. // Edinburgh Festival City. The world's leading Festival City. // Setouchi Triennale 2022.

스포츠

　　지난 2019년 6월 2일 새벽에 잠 못 자고 TV를 시청한 국민이 많았을 것이다. 우리나라 손흥민 선수가 골을 못 넣고, 소속 팀이 이기지도 못해서 많이 아쉬워했다. 그리고 결승전이 치러진 스페인 축구 클럽 아틀레티코 마드리드Atlético Madrid의 홈구장인 완다 메트로폴리타노Wanda Metropolitano를 너무나 부러워했을지도 모른다. 시민들이 얼마나 축구를 좋아하면 7만이 넘는 축구전용 구장을 가지고 있을까 하며 우리도 저런 구장이 있으면 좋겠다는 마음을 가졌을 것이다. 유럽이나 남미의 웬만한 도시에는 전용 축구장이 있고, 시민들은 자신이 사는 도시 팀의 경기에 열광한다. 그렇다고 해서 그 팀들을 도시가 직접 지원하거나 지배하지도 않는다. 이번에 챔피언스리그 결승전에서 우승한 리버풀팀의 소유자는 미국인이다. 잉글랜드 프리미어리그 소속 소유주의 상당수가 영국인이 아니다.

　　경기를 보면서 사람들이 왜 열광하는가? 물론 게임이 재미있어서이다. 재미있는 이유에 대해서도 몇 가지 측면에서 이야기 할 수 있다. 먼저 우리 도시의 팀이거나 내가 좋아하는 팀이 경기에 나서면 그렇지 않은 경기보다 훨씬 더 재미있어진다. 굳이 우리 팀이 아니더라도 내가 좋아하는 선수가 있거나 좋아하는 스타일의 경기운영을 한다는 이유만으로도 좋아할 수 있다. 동네에서 하는 족구 경기에서도 게임을 하다 보면 흥분하게 되고 내 팀이 있으면 게임이 확실

전라북도 전주 지역 간 경쟁하는 스포츠 경기에서 관중들은 열광하게 되고 응원단은 신분과 관계없이 일체감을 형성한다.

히 재미있어진다. 그런데 자신과 같은 시민들을 위해서 싸우는 선수들이 있고 이들이 경기를 흥미진진하게 이끈다면 좋아하지 않을 수가 없을 것이다. 해당 스포츠를 전혀 좋아하지 않았던 사람들도 때로는 열성 팬이 되는 일도 흔하다. 우리나라에서 개최되었던 월드컵 이후 여성 축구팬이 많이 늘어난 것이나 야구장에서 여성 관중들의 비중이 이전보다 훨씬 커진 것도 다름 아니다.

또 다른 이유는 스포츠가 스트레스를 해소해 주기 때문이다. 경기장에서 힘껏 응원하면서 소리 지르고 나면 그날에 쌓인 피로나 심리적 스트레스가 날아가게 된다. 이기면 더 좋지만 져도 흥겨운 분위기를 연출할 수 있다. 그리고 사람들의 동물적 공격본능도 해소하게 된다. 그래서 청소년들에게 스포츠가 더 필요한지도 모른다. 체력이 강해지고 활동욕구가 상승하면 자신들도 모르게 공격본능이 커지는 시기가 청소년기다. 이때 선수들이 달리고 던지며 부딪치는 모습에서 대리만족을 할 수 있다. 럭비와 같이 상대편과 몸을 부딪치며 하는 스포츠는 마을 또는 도시 간의 전투를 예방하기 위해 만든 것은 아닐까? 럭

비나 축구는 아니더라도 이탈리아 시에나의 경마축제에서 마을간 경쟁은 도시의 화합을 위한 경기가 축제로 발전하였다. 실제로 진 마을은 다음 해 축제를 기다리고 준비를 하면서 마을의 일체감을 유지하고, 다른 마을과 발생할 수도 있는 전투행위를 경마로 대신하며 갈등을 푸는 것이다.

현대사회에서도 스포츠는 시민들이 자신들이 거주하는 도시를 사랑하게 하는 가장 효과적인 수단이라 할 수가 있다. 그래서 도시 정체성이 약한 도시에서는 스포츠팀을 창설하여 기대 이상의 큰 효과를 얻는다. 과거 원주시의 프로농구단이 좋은 예였다. 이런 기대효과를 얻으려면 단순히 경기만으로 안되고 경기장 시설관리와 홍보를 잘하는 것도 필요하다. 한국프로축구 K리그 1부의 대구의 사례를 들 수 있다. 좋은 선수들도 있고 투자도 적지않게 했지만 2부로 탈락할 정도로 성적을 올리지 못하다가 전용구장을 만들고 새로운 응

영국 런던 영국 프로축구팀인 토트넘 훗스퍼는 국가대표 경기장인 웸블리 스타디움을 사용한다. 경기장 전면에는 영국의 축구 영웅 '바비 무어'의 동상이 있다.

원문화를 만들어나가자 시민들의 관심이 급격히 높아졌다. 그런 다음에 성적까지 좋아져 구장의 분위기가 완전히 달라졌고, 전국적인 높은 지명도까지 얻게 되었다. 시민들이나 구단이 스포츠의 효과를 실감하게 된 것이었다. 필자도 궁금하여 직접 가보았더니 다 사실이었고, 경기장에서 만난 시민들의 자부심과 팀 사랑을 느낄 수 있었다. 스포츠가 가진 힘을 보면서 우리나라의 도시에서도 잘만 하면 시민들을 경기장으로 오게 해서 열광하게 만들 수 있다는 확신까지 하게 되었다. 더 나아가 스포츠는 청소년들에게 멋진 꿈의 무대가 되고, 환희가 넘치는 경기장은 일생에서 아름다운 추억을 만드는 멋진 장소가 될 수 있다.

샌프란시스코 자이언츠 홈구장에서 극적인 승부가 있는 날 경기장 내부의 술집뿐 아니라 주변 거리의 호프집까지 팀의 티셔츠나 머플러를 입고 멘 사람들로 가득 차는 것을 보고 스포츠 경기가 지역에 미치는 경제적인 영향이 클 것이라는 확신도 하게 되었다. 한 일간지에 따르면 유럽챔피언스리그의 직간접적인 경제적 효과는 무려 약 4조 7,700억 원이고, 결승전이 열리는 마드리드는 한 경기로만 5,000억 원의 경제적인 효과를 얻었다고 한다. 모든 스포츠를 이와 비교할 수는 없지만, 스포츠의 경제적인 효과가 생각보다 크기 때문에 여러 분야에서 프로구단들이 활성화되는 것이 아닌가?

가까운 일본만 하더라도 프로축구팀들 중에 흑자를 내는 팀이 반프레 고후 ヴァンフォーレ甲府 Ventforet Kofu를 비롯하여 몇 팀이 있다. 스포츠의 보이지 않는 내재적 가치, 즉 정서적인 안정감을 주거나 도시민들의 단결과 도시의 회복력을 향상하는 그리고 희망을 주는 가치 등을 재화 가치로 바꿀 수만 있다면 그 가치는 상상을 초월할 것이다. 안산시는 스포츠 마이스S-MICE 산업을 미래 전략 산업으로 보고 정책을 적극적으로 추진하려 하였다. 미팅meeting이나

인센티브 투어incentive tour, 큰 모임convention, 전시exhibition에 스포츠를 접목하려는 시도였다.

그러면 스포츠의 가치를 어떻게 성공적으로 구현할 수 있을까? 다른 일간지 스포츠 면의 '한 손엔 레드삭스, 다른 손엔 리버풀…둘 다 끝장 본 사나이'라는 제목에서 그 답을 찾을 수 있다. 두 유명 구단 운영자의 답은 의외로 간단하였다. '인재' 즉, 사람이었다.

김효경, 2019. 6. 4. 한 손엔 레드삭스, 다른 손엔 리버풀…둘 다 끝장 본 사나이. 중앙일보. // 유정우·이선우, 2016. 7. 15. 스포츠·전시 함께 품은 'S마이스' 뜬다. 한경스포츠. // Morgan Rush, 2018. 12. 11. What is the Importance of Sports in Our Lives? SportRec.

생태관광

최근, 아니다 엄밀히 따지면 1990년대에 들어서면서 대중관광은 자연과 지역 문화에 악영향을 미치는 산업으로 지구환경에 큰 부담이 되고 있다는 사실들이 구체적으로 알려지기 시작했다. 즉 지속가능한 산업이 아닐 수도 있다는 것이었다. 그래서 유엔은 2002년을 '유엔이 정한 생태관광의 해'로 정하여 대안을 제안하였다. 국제적인 캠페인에도 불구하고 인기가 있는 또는 환경적으로 민감한 관광지에 지나치게 많은 관광객이 몰리는 오버투어리즘overtourism까지 나타나 커다란 문제로 대두되기 시작하였다. 다시 유엔은 제70차 총회에서 2017년을 '유엔이 정하는 지속가능한 관광의 해International Year of Sustainable Tourism for Development'로 결정하고 관광산업의 변화를 촉구하였다. 유엔까지 관광 문제에 대해 나서는 것은 관광이 너무나 중요한 산업이고, 유엔이 2030년까지 목표로 하는 지속가능발전 목표SDGs와도 연관이 크고 깊기 때문이다.

세계관광기구WTO의 자료에 따르면, 2009년 이후 국제 관광객이 매년 4% 이상 증가하고 있고, 세계 전체 수출의 7% 그리고 세계 서비스 수출의 30%를 차지하고 있다. 2015년 국제 관광 수출액은 1.5조 달러(약 1,830조 원)에 달하며, 이는 세계 GDP의 10%에 해당한다. 그뿐만 아니라 관광업은 전 세계에서 11번째로 직업을 많이 창출하는 거대 산업이고, 많은 개발 도상국에서 가장 큰 수입원이 되는 산업이기도 하다. 2030년에는 국제 관광객의 57%가 신흥 경제 국가를 방문할 것으로 보이며, 다른 부문보다 거의 2배나 많은 여성 고용주가 있는 분야라는 점에 주목할 필요가 있다. 만약 환경친화적으로 관광을 운영한다면 문화유산, 야생과 환경의 보전을 위한 자금을 조달하는 좋은 방안이 되기도 하고, 생태계를 보호하고 생물다양성을 회복하는 수단이 될 수 있다.

세계 경제가 어려워도 국제 관광객 수는 지속해서 증가해왔다[1]. 2030년에 예상되는 국제 관광객은 18억 명으로 추정되고 있어 지구환경 보전과 지역의 경제 활성화를 위해 효과적인 관리가 시급한 상황이었다. 대중관광과 오버투어리즘의 대안관광으로 생태관광과 지속가능한 관광이 최근 다시 주목받고 있다. 그만큼 전자의 두 관광 형태가 문제가 많다고 할 수 있다. 후자의 두 관광은 유사한 면이 많지만, 생태관광은 자연보전의 원칙과 지역을 보다 중시한다는 점에서 좀 더 엄격한 관광이라 할 수 있다. 지금까지 생태관광은 자연이 수려한 보호지역 같은 곳에서 하는 관광으로 여겨왔다. 세계생태관광협회TIES:

---

1) 코로나-19 팬데믹으로 인한 2020년과 2021년은 예외이다. 단순히 예외일 뿐만 아니라 2020년 1월과 비교하여 2021년 현재는 국제관광을 기준으로 80% 이상이 감소한 상태이고 1억개 이상의 관련 일자리를 잃을 위기에 놓였다(UNWTO, 2021).

전라남도 순천 순천만은 열린 풍경과 드넓은 하구 습지로 세계적인 자연관광지로 발돋움한 특이한 경우다.

The International Ecotourism Society는 생태관광을 "환경을 보전하고 지역주민의 복지를 향상하는 자연 지역에서 하는 책임 여행"으로 정의하였다. 따라서 자연보전, 지역, 수익이 필수적인 요소이다. 즉 생태관광도 환경을 지키고 지역주민의 삶의 질을 향상하는 수익을 올려야 하는 산업이기 때문이다. 그러나 우리나라에서 생태관광 정책은 여행지를 자연이 우수한 곳으로 한정하는 등 그 의미를 축소하고 '수익'을 경시하는 정책을 실행하고 있다.

 전통적인 생태관광은 도시보다는 자연과 깊은 관련이 있었지만, 최근에는 그러한 관점이 변하고 있다. 이전의 생태관광은 관광객들에게 자연을 가까이에서 관찰하고 그 이점을 누릴 기회를 제공하였다. 도시 생태관광은 같은 목표를 공유하지만, 관광지가 도시 중심부라는 점이 확연히 다르다. 그러므로 도시 생태관광을 '도시에서 점점 더 넓어지는 녹색공간에서 이루어지는 관광'으로 정의할 수 있다. 일반 대중의 생각과는 달리 도시 생태관광은 다른 관광에 비교해 여러 가지 장점이 있다. 자연에서의 생태관광은 종종 방문객을 수용하

러시아 모스크바 도시에서 녹지를 늘리는 것은 공기를 맑게 하고 휴식공간을 늘리는 것 외에도 기후온난화와 미세먼지를 대비하는 수단이 된다. 물론 이러한 공간을 방문하고 경관을 체험하면 그것이 관광이 된다.

는 인프라를 별도로 구축해야 하므로 환경에 미치는 영향을 아무리 최소화한다고 해도 설계나 진행 과정에서 자연상태를 조금이라도 손상하게 마련이다. 도시에는 이미 시설들이 존재하며, 관광객을 쉽게 모집하고 진행할 수 있는 인적자원도 충분한 이점이 있다.

또한, 기존의 생태관광은 환경과 지속가능한 관광에 대해 이해하고 있는 사람들과 함께해야 하지만, 도시 생태관광에서는 이러한 부담도 덜하다. 시민들의 의식수준을 높이고 지속가능성의 의미를 전달하는 교육효과도 누릴 수 있다. 그러므로 도시 생태관광을 콘크리트와 자연이 조화를 이루는 관광으로 정의할 수도 있다. 시민들이 도시의 구석구석을 다니며 나무, 꽃, 곤충, 그리고 도시 환경에서 오랫동안 사라졌던 새집을 볼 때 자연에서보다 더 많은 즐거움을 얻을 수 있다. 생태관광의 장이 확대되면 대기오염을 완화하고 소리와 시각적인 오염도 예방할 수 있다. 지구온난화를 막기 위한 도시산업이라 말하면 어떨까? 다시 말하지만, 도시공원은 좋은 생태관광 장소다. 뉴욕의 센트럴파크는 뉴욕의 녹색허파로 유명하지만 많은 나무 수종들이 있고 조류들이 많이 찾아 도시 생태관광의 적지로 인기를 끌고 있다. 같은 도시에 생긴 첼시마켓 근처의 하이라인도 녹지가 잘 조성되어 있어 도시에서 자연을 느끼며 산책하고 싶은 사람들이 많이 찾는 곳이 되어 도시 생태관광지라 해도 된다.

최근 모스크바시는 '스마트와 지속가능한 도시'라는 비전과 '깨끗하고 푸른 모스크바'라는 큰 경관 목표를 가지고 2013년부터 시작하여 95,000그루가 넘는 나무와 2백만 그루가 넘는 관목을 심어 도시의 나대지 50% 이상을 녹지화하였다. 그 결과 도심에 공원이 늘어나고 아름다워지면서 도시에 새로운 활기를 불어넣자 외국에서 관광객들이 몰려들기 시작하였다. 2017년에는 내셔널지오그래픽에서 선정하는 전 세계에서 가장 흥미로운 관광지 일곱 곳 중의 하나가 되는 등 많은 관광 관련 상을 받았다.

프랑스의 니스Nice는 이미 잘 알려진 관광지이지만, 도심 일대를 6,000그루의 관목과 5만 그루의 다년생 식물을 가진 12ha의 녹색 산책로로 대체했다. 안산시도 '숲의 도시'를 표방하면서 500개의 소공원 조성을 목표로 나무를 심고, 가로수를 늘렸다. 지난 2016년부터 여러 도시에서 숲의 효과를 배우고자 찾는 방문객들이 많아졌다. 이렇게 도시의 얼굴을 변화시키려는 녹색혁명이 전 세계로 퍼지고 있다.

도시농업이나 정원 가꾸기도 도시 녹색혁명의 일부가 되고 있다. 도시의 자투리땅이나 공터에 이웃들과 함께 농사를 짓거나 정원을 만들어 가꾸면 자연스럽게 녹지가 되고, 도심의 온도를 낮추고 생물다양성을 높인다. 도로변에 아주 조그마한 공간이나 화단에도 채소나 야생화를 심으면 관리 비용을 크게 들이지 않고도 녹지를 계속 유지하고 도시경관도 자연스럽게 만들 수 있다. 야생화 화단은 벌과 나비 그리고 잠자리 등을 불러들여 도시를 환경교육의 현장으로 만든다. 무엇보다 중요한 것은 유사시에는 식량을 생산하는 농지로 쉽게 전환할 수도 있어 다목적 녹지가 된다. 그래서 많은 나라에서 도시농업이 급성장하고 있다. 도시의 농장에서 생태관광이 본격적으로 시작될 날도 머지 않았다.

박주형, 2018. 오버투어리즘 현상과 대응방향, 정책연구 2018-01. 한국문화관광연구원. // UNWTO, 2021. UNWTO Tourism Data Dashboard. // Yi-Yen Eu, Haiso0LinWang, Yu-Feng Ho, 2010. Urban ecotourism: Defining and assessing dimensions using fuzzy number construction. Tourism Management, 31:739-743.

도시관광

세상의 모든 도시가 관광도시가 되길 원한다. 관광이 매력적인 산업인 까닭이다. 잘 운영만 한다면 관광은 굴뚝 없는 산업으로서 장점이 있고 도시가 번창하는 데 큰 도움을 준다. 그러나 내실이 있는 관광도시가 되는 일은 쉬운 일이 아니다. 관광은 단순히 여행하는 것과는 구분이 된다. 여행은 어딘가를 다녀오는 것 자체를 말하지만, 관광은 다녀오는 것만으로 부족하다. 관광이라고 하려면 경제행위가 동반되어야 한다. 즉 관광 목적지인 입장에서는 관광객이 얼마나 체류하고, 얼마나 지출하느냐가 중요하다. 그러므로 좋은 관광도시는 관광객이 기분 좋게 지출을 많이 하게 만드는 도시이다. 물론 지출을 많이 하게 하더라도 관광지인 도시의 자연과 문화 자원이 훼손되지 않게 하는 일도 중요하다. 수익과 자원이 모두 지속할 수 있는 도시가 되어야 하기 때문이다.

관광에서 도시의 중요성이 대두되는 이유는 관광객들이 도시 자체를 목적지

태국 방콕 방콕은 독특한 문화와 수상생활 그리고 길거리 음식 등이 잘 어우러져 관광객들을 즐겁게 한다.

로 삼거나 도시를 중심으로 관광을 하기 때문이다. 이제 도시관광의 시대가 된 것이다. 유엔의 세계관광기구UNWTO에서는 도시관광urban tourism을 '농업과 같은 일차 산업이 아닌 행정, 제조, 무역 그리고 서비스업을 기반으로 하는 경제와 교통의 교차점이라는 고유한 특성을 가진 도시공간에서 이루어지는 관광 유형'이라고 정의하였다. 한편 관광 목적지로서 도시는 '문화적, 건축학적, 기술적, 사회적 그리고 자연적 경험과 레저 그리고 사업을 위한 광범위하고 이질적인 상품을 제공한다.'라고 하였다. 도시는 온갖 복합적인 요소를 가지고 있어서 어떠한 관광 목적으로 오더라도 수용할 수 있는 충분한 능력이 있다. 당연히 산악, 바다, 사파리 관광 등 독특한 목적을 가진 관광과 직접 비교할 수 없지만, 이들 관광과 도시관광은 규모 면에서 비교가 되지 않는다.

터키 이스탄불 이스탄불은 다양한 양식의 건축물과 문화를 가지고 세계적인 관광도시가 되었다.

좋은 관광도시를 가지고 있는 나라가 관광하기 좋은 나라다. 그래서인지 도시관광에 대한 국제회의도 많이 열리고 있고, 여러 기관에서 도시별 순위도 다양하게 제공하고 있다. 세계관광기구UNWTO는 '도시관광에 관한 세계정상회의Global Summits on Urban Tourism'를 2012년부터 매년 개최하는데 2018년에는 서울에서 개최하였다. 2019년 8회 대회는 카자흐스탄의 수도 누르술탄Nur-Sultan에서 열렸고, 그 이후에는 코로나 팬데믹으로 인해 열리지 않았다. 이 기구는 2018년에 9월에 도시관광에 관한 다른 국제회의도 주도하였는데, 스페인의 바야돌리드Valladolid에서 열린 '도시에서 하는 휴식에 대한 세계관광기구 회의: 혁신적인 관광 경험 만들기UNWTO Conference on City Breaks: Creating Innovative Experiences'였다. 2019년 4월 초에는 포르투갈 리스본에서 세계관광기구, 포르투갈 경제부, 리스본시가 공동으로 첫 번째 '지속가능한 도시관광을 위한

러시아 모스크바 이야기가 있는 오래된 유적이다. 건축물은 관광객을 유인하는 힘이 있다.

세계관광기구 시장포럼UNWTO Mayors Forum for Sustainable Urban Tourism'을 개최하였으며, 포럼의 주제는 '모두를 위한 도시: 시민들과 방문객들을 위한 도시 만들기Cities for all: building cities for citizens and visitors'였다.

　세계적인 여행잡지《콘데 나스트 트래블러Condé Nast Traveller》는 2019년에 '세계에서 가장 인기 있는 도시The 10 Most Popular Cities of 2019' 10곳을 '세계관광도시 지수Global Destination Cities Index'를 이용하여 선정한 바 있다. 특별한 지표인데 방문객 수뿐 아니라 재방문 의사 등 방문객이 왜 해당 도시를 선택했는지를 파악하여 전 세계에서 인기 있는 200개 도시 중에서 순위를 정하였다. 1위는 태국의 방콕이었다. 하룻밤 숙박을 기준으로 연 약 2,300만 명이 머물렀다. 2위와 3위는 각각 프랑스 파리와 영국의 런던이었다. 아시아 도시로는 싱가포르, UAE의 두바이, 말레이시아의 쿠알라룸푸르, 일본의 도쿄가 포함되어 아시아 도시들의 강세도 눈에 띄었다. 한편, 이 잡지 독자들이 선정한 '2021년 최고의 도시The best cities in the world 2021' 20위에는 일본의 도쿄, 오사카, 교토가 1위, 2위, 3위를 차지했으며 싱가포르가 4위이고, 방콕이 11위 그리고 서울이 12위에 올랐다.

　이렇게 도시관광은 관광의 대세로 자리 잡아 가고 있지만, 관광이 안고 있는 문제도 노출하고 있다. 가장 큰 문제는 오버투어리즘이다. 인기가 있는 장소에 지나치게 많은 사람이 몰리면서 정작 혜택을 보아야 하는 지역주민들에게 피해를 끼치는 경우가 많아서다. 서울의 북촌에서도 사생활 침해가 커져 주민들이 관광객은 오지 말라고 할 정도가 되었다. 인기가 있는 도시들이 공통으로 겪는 문제이다. 세계관광기구의 보고서 「오버투어리즘 - 인식을 초월한 도시관광 성장의 관리와 이해Overtourism - Understanding and Managing Urban Tourism Growth beyond Perceptions」는 암스테르담, 바르셀로나, 베를린, 코펜하겐, 리스본, 뮌헨, 잘츠부르크, 탈린 등 여덟 개 유럽 도시에서 관광에 대한 주민들의 인식을 분석하고, 도시 목적지에서 방문객 성장의 관리와 이를 이해하는 것을 돕기 위한 11가지 전략과 68가지 방법을 제안하였다.

　유엔에 따르면 2015년 세계 인구의 54%가 도시지역에 거주했으며, 2030년까지 이 비율은 60%에 달할 것으로 예상한다. 다른 주요 핵심 주제들과 함께 관광은 세계의 많은 도시에서 경제, 사회생활 및 지리의 중심 구성 요소여서 도시개발 정책의 핵심이 된다. 도시관광은 또 '유엔 주거 및 지속가능한 도시개발 회의Habitat III'의 '새로운 도시 의제New Urban Agenda'와 유엔 지속가능발전목표Sustainable Development Goal의 목표 11Goal 11인 '도시와 인간 정착지를 포괄적이고 안전하며 회복력 있고 지속할 수 있게 만드는' 과정에 이바지함으로써 많은 도시와 국가의 발전에 큰 원동력이 될 수 있다. '관광은 도시가 어떻게 발전하고 주민과 방문객에게 더 좋은 삶의 조건을 제공하는가'라는 본질과 연관되어 있다.

세계 경제가 어려워도 국제 여행을 하는 관광객 수는 지속해서 늘었었다. 세계관광기구는 국제 관광객 수가 2010년에 9억 4천만 명 그리고 2020년에 14억 명으로 내다보았는데 코로라-19 팬데믹 이전에 이미 초과하였다. 그러므로 2030년에는 18억 명으로 예측하였지만, 조심스럽게 20억 명이 될 수도 있을 것으로 본다[2]. 1950년에 1억 명에도 훨씬 못 미친 것을 참작한다면 참으로 비약적인 증가다. 앞서 잠시 언급하였지만, 태평양과 아시아 지역에서의 관광 활동이 빠르게 증가하고 있어 우리나라의 여러 도시도 도시의 경쟁력 강화와 외국 관광객 유치를 염두에 둔 세밀한 전략 수립이 필요할 때이다. 또 블레저 여행자가 늘어나고 있으니 도시들도 사진찍기 좋은 장소와 도시의 관광지와 숙소를 새로 점검해보자.

Condé Nast Traveller(Inspiration), 2021. 10. 7. The best cities in the world 2021. // Dave Seminara et als. 2021. 12.–2022. 2. Bleisure City Ⅰ~Ⅲ and Interview. Morning Calm // UNWTO, 2018. 'Overtourism'? Understanding and Managing Urban Tourism Growth beyond Perceptions : Executive Summary. // UNWTO eLIbrary, 2020. 6. UNWTO Recommendations on Urban Tourism.

책의 도시

여의도에 있는 큰 쇼핑몰에는 대형 서점이 있다. 동료와 함께 서점을 구경하

---

[2] 코로나 팬데믹으로 관광의 성장세가 완전히 꺾였지만, 코로나가 물러나면 예상대로 도달할 것으로 내다본다.

면서 이렇게 임대료가 비싼 곳에 책을 파는 일로 과연 수익을 올릴 수 있을까 하는 우려를 한 적이 있었다. 가까운 곳에 책방이 있다는 것을 그냥 감사하면 될 일인데 말이다. 책을 읽는 사람들이 줄고, 서점들도 빠르게 사라지고 있어 무작정 책을 좋아하는 필자로서는 새 책방이 생기는 일을 그 도시를 살리는 일처럼 여긴다. 마치 자신이 책방 투자자인 양 사서 걱정을 한 것이었다. 그러면서 이러한 생각까지 하는 이는 없을 거라는 엉뚱한 생각을 하곤 하였다. 그야말로 착각이다. 서점에서 책을 사랑하는 사람들이나 책방 그리고 도서관에 관한 책들을 찾아보니 의외로 많았다. 그 책들 속에는 책에 대한 애정이 가득하고 책이 필요한 이유를 잘 찾아내어 써놓았다. 어떤 영국 책방 점원이 쓴 책방에 관한 책은 베스트셀러까지 되었다. 그리고 '책의 도시'에 관한 책들도 있었다. 수년 전에 군포시를 방문했을 때 복도와 시장 집무실 곳곳에 책을 진열해 놓고 매년 '군포시의 책'을 선정한 것도 본 적이 있다. 지난해 여름에 방문했던 서울 성동구청의 1층에는 마치 삼성역 스타필드 몰의 '별마당도서관'처럼 꾸며놓은 '책마루도서관'이 있었다. 엉뚱하게도 "사람들이 다시 책을 좋아하게 된 걸까?" 라는 희망섞인 독백을 해보았다.

  필자는 '책의 도시'라고 하면 먼저 국내 두 도시가 먼저 떠오른다. 한 곳은 2015년 유네스코가 선정한 '세계 책의 수도World Book Capital City' 인천광역시이고, 다른 한 도시는 출판도시 파주시다. 유네스코는 2001년부터 스페인의 마드리드를 시작으로 매년 총회에서 수도를 지명한다. 아시아에서는 2003년 뉴델리 그리고 2013년 방콕에 이어 세 번째로 인천이 지정되었다. 유네스코는 1995년 4월 23일을 '세계 책과 저작권의 날'로 정하고 이를 기념하고, 출판 장려와 독서 증진을 위해 수도를 선정하기 시작했다. 이날은 1616년 '세르반테스'와 '셰익스피어'가 사망한 날이어서 이를 기념해 정했다고 한다. 해당 시는

서울 강남구 코엑스 별마당도서관은 열린도서관으로 국내 최대 규모다. 책을 판매하지는 않으니 서점이라고 할 수는 없다. 이런 책 도서관이 쇼핑몰의 중심에 있으니 몰은 격조있는 곳으로 보이게 한다.

일본 삿뽀로 지역도서가 가지런히 꽂혀있는 책진열대를 보면 그 지역의 저술역량이 보인다.

1년 동안 유네스코와 공동으로 저작권, 출판문화산업, 창작 등과 관련된 해당 국가 외 교류 그리고 독서문화행사 중심도시로서 도서와 독서와 관련된 일체의 행사를 주관하게 된다. 유네스코 책 수도 지명위원회는 다음과 같은 기준을 적용하여 신청 도시 중에 한 도시를 선정한다. 목적에 부합되는 국제 수준의 참여 정도, 프로그램의 잠재적 영향, 후보 도시가 제안한 활동의 범위와 질 그리고 작가, 출판사, 서점 및 도서관과의 연계성, 책과 독서를 홍보하는 여러 사업 등이다. 그러니까 한 나라의 책 문화를 이끄는 리더 역할을 하라고 시범도시를 선정한 것이라고도 할 수 있다.

파주를 출판도시라고 하는 이유는 문발동 일원에 많은 출판사가 모여 단지를 이루고 있기 때문이다. 이 단지의 공식 명칭은 파주출판문화정보 국가산업단지다. 1997년에 조성을 시작하여 2002년도 이후에 입주하기 시작하였는데 여러 큰 출판사와 서점의 본사와 물류창고가 이곳에 몰려있다. 아마 서울에 있던 출판사들이 땅값이 크게 저렴한 이곳을 택해 모이려 했던 것 같다. 같은 업종끼리 함께 일하면 얻는 여러 가지 이점을 생각하고 조성하였을 것이다. 물론 정책적 배려도 있었으니 이런저런 판단을 하여 인위적으로 조성되었다. 그래서 그런지 아직은 도시 전체를 책과 연계시키기에는 부족함이 있다. 하지만 그곳에 가면 한 번에 여러 서점을 볼 수 있고, 조경도 잘 꾸며져 있어 책 중심 마을로 보이기에는 충분하다.

2018년은 문화체육관광부가 지정한 '책의 해'여서 그런지 유난히 책의 도시가 되려고 하는 도시들이 많았다. 먼저 2018년 4월에는 김해시가 '책의 도시'를 선포하였고, 2019년엔 창원시가 '책읽는 창원'을 선포하였고, 성남시가 시민들의 삶의 질 향상을 위해 '책 읽는 도시 성남'을 그리고 수원시는 '책 읽기 좋은 인문학 도시'를 표방하였다. 또 이해 11월에는 전주시에서 전국 26개 '책 읽는 도시'의 기초자치단체장과 관계자들이 모여 독서문화 생태계의 지속

영국 웨일스 헤이온와이 헤이온와이|Hay on Wye는 세계적으로 잘 알려진 책마을이다. 이곳에서는 매년 책축제를 연다.

적인 확산과 책 읽는 대한민국을 만들기 위한 '전국 책읽는도시협의회' 임시총회와 워크숍이 열렸다. 앞으로 재단을 설립하고, 공동사업을 통해 전국 어디에 사는지와 관계없이 독서교육 기회를 공평하게 받을 수 있는 책 읽는 도시를 전국에 확산시켜 나가기로 하였다.

프랑스에는 출판도시 리옹이 있다. 미야시토 시로의 책에서 리옹시의 시민들이 도시에 대한 강한 자부심을 품고 있음을 읽을 수 있다. 르네상스 시대에 찬란한 출판의 문화를 꽃피운 도시였는데, 파리가 대학가를 중심으로 문화가 형성되었다고 한다. 리옹은 상업지구 한가운데서 당시 문제시되었던 주제를 책으로 펴내며 문화를 발전시켜 나갔다. 도시가 유럽의 주요 금융도시로 발돋움하던 16세기 중엽에는 새로운 인쇄기술을 도입, 파리 다음으로 활자본을 내놓으면서 출판문화의 중심이 되었다. 저자에 따르면 리옹의 활자본이 상인의 거리에서 나왔고, 따라서 리옹의 '책의 거리'가 상인 구역에 자리 잡게 되었다고 한다. 리옹에서 출판된 책들은 자유롭고 새로운 사고를 이끌었고, 프랑스 문화의 한 축을 형성하였다. 출판산업의 중심이 다른 시로 옮겨갔어도 책 문화에 끼친 영향이 지대했음을 미루어 짐작할 수 있었다.

한편 정은우 작가의 블로그에는 책의 도시 샌프란시스코를 소개하고 있다. 이를 요약하면 다음과 같다. 미국 내에서 뉴욕과 시카고에 이어 도서 구입순위가 3위라고 하였다. 뉴욕(785km^2)과 시카고 (588km^2)에 비하여 샌프란시스코 면적이 121km^2인 것을 고려하면 놀라운 수치다. 어디 그뿐인가. 인구로 치자면 샌프란시스코는 미국에서 10위권 밖이다. 이 도시가 책을 사랑하는 이유는 다음 두 가지로 해석할 수 있겠다. 다양한 인종들이 모여 사는 샌프란시스코에는 기질이 재미있고 풍부한 아이디어를 가진 사람들이 모여 살고, 글쓰기를 좋아하는 이들이 많다. 그다음 이유는 높은 교육수준을 들 수 있겠다. 이렇게 책을 많이 읽는 도시의 저력이 지금의 실리콘밸리를 만들었다 해도 과언이 아니라는 결론을 내리고 있었다.

앞서 언급한 베스트셀러 작가인 젠 캠벨Jen Cambell은 그의 다른 책 『북숍 스토리Bookshop Story』 서문에 이렇게 썼다. "싼렌타오펀 서점三联韬奋书店의 싼리툰三里屯 지점은 2014년 4월에 베이징에서 처음으로 24시간 서점을 개점해 크게 매출을 올렸다. 세계 곳곳에서는 '책의 도시'가 싹트며 지역 경제에 도움을 주고 주민들을 단결시키고 있다. (중략) 서점들은 어느 때보다 힘들게 싸우고 있으며, 따라서 그 어느 때보다 창의적으로 변하고 있다. (중략) 서점이야말로 바쁜 세상에서 누구나 잠시 멈춰 생각할 수 있는 안식처를 제공하고, 동심에 경이감과 모험심을 스미게 하는 마법 같은 공간이라는 것을 알게 됐다." 그렇다. 시민들의 상상력을 풍부하게 만드는 서점을 살리는 일부터 도시가 앞장서야 한다. 그래야 도시의 미래가 보인다.

미야시토 시로(宮下志郞) (오정환 옮김), 2004. 책의 도시 리옹(本の都市リヨン), 잃어버린 책의 거리를 찾아서. 한길사. // 젠 캠벨(노양자 옮김). 2019. 그런 책은 없는데요. 현암사. // Kaushik Patoway, 2014. 11. 24. Hay-on-Wye: The Town of Books. AMUZINGPLANET.

어메니티

유행은 돌고 돈다는 말이 있다. 어메니티는 1990년대 말 경기도 여러 도시가 도시를 쾌적하고 매력 있는 곳으로 만들고자 마련한 계획에 '어메니티'를 붙여 사용하였다. '어메니티'는 어떤 지역의 장소, 환경, 기후 따위가 주는 쾌

슬로바키아 브라티슬라바 도시 경관의 아름다움과 문화적 정체성은 단순한 도시개발이나 계획으로 조성하기는 쉽지 않다. 어메니티의 여러 가지 실현 과제를 균형있게 만들어 나갈 때 비로소 달성된다.

적성을 뜻한다. '어메니티amenity: 프랑스어 amenite, 이탈리아어 amenita'는 '사랑하다'라는 뜻의 아마레amare가 변형되어 '쾌적한', '기쁜' 감정을 표현하는 라틴어 '아모네니타스amoenotas'를 어원으로 한다. 그러므로 도시에서의 어메니티는 사람이 살기 좋은 쾌적한 환경'을 의미하나 도시의 발전과 시대의 변천에 따라 의미도 새롭게 발전을 거듭하였다. 20세기에 들어서는 물리적인 쾌적성뿐만 아니라 정신적인 면을 포함하는 포괄적인 쾌적성을 나타낸다. 결국, 삶의 질과 관련이 깊으며 지속가능한 사회와도 상통하는 면이 많다.

『시사상식사전』에 따르면 어메니티 개념은 "산업혁명으로 19세기 영국의 도시에 몰려든 노동자의 열악한 주거환경에서 발생하는 질병과 사망률 등을 낮추기 위해 도시들은 공중위생 개선을 시작하였다. 그리고나서 주거시설의 개선으로까지 확산하여 근대도시계획의 상징이 되었다. 이후 공해와 환경파괴 문제가 대두되면서 환경성 회복이 어메니티의 핵심이 되었고, 거기에 더해

경기도 안산 시민들의 삶의 질은 정책 결정자들보다는 시민들이 더 잘 알게 마련이다. 따라서 어메니티 정책을 수립할 때 시민들의 참여가 필수적이다.

편의성, 환경성, 심미성, 문화성의 추구로 이어지고 있다. 1990년대 중반 서유럽에서 농촌 어메니티 운동이 유행하면서 농어촌 발전계획에 쓰이고 널리 확대되었다."라고 하였다. 아마 1990년 후반에 유럽의 영향을 받아 우리나라 어메니티 운동이 일어난 것으로 보인다. 책『문화도시』에서는 농촌에서의 어메니티를 "농촌 특유의 자연환경과 전원풍경, 지역공동체 문화, 지역 특유의 수공예품, 문화유적 등 다양한 차원에서 사람들에게 만족감과 쾌적성을 주는 요소를 통틀어 일컫는 말"이라고 하였다.

이렇게 어메니티의 개념을 길게 설명하는 이유는 최근 도시재생이나 도시성을 강조하는데 문화적인 요소와 창의성을 강조하면서 다시 어메니티를 쓰고 있어서다. 이 용어를 쓰지 않더라도 유사한 개념들을 적용하고 있다. 즉 시민들이 편하게 느끼는 쾌적한 생활환경에서 문화와 여가 생활을 즐길 수 있는 시설과 문화적 자산을 포함하는 것이다. 또한, 한 전문가는 어메니티를 "문화경영의 원천소스이며 문화경영은 어메니티의 인프라 구축과 자원 개발에 있어 주요한 방법론이라" 했다. 달리 이야기하면 도시재생에서 물리적인 구조 배경과 그 내용에 담을 요소를 문화에서 가져와야 하고 이렇게 하여 이해 당사자인 시민들이 쾌적하고 경제적인 성과까지 나타낸다면 도시의 어메니티는 지속가능한 발전과 시민들의 삶의 질 향상에도 이바지하게 된다. 따라서 유무형의 문화자산들은 자원이 되어 도시의 개성으로 나타나게 된다.

앞서 언급한 경기도의 도시는 여섯 개의 도시로 수원시, 성남시, 부천시, 안산시, 안양시, 의정부시이다. 도시의 깨끗함과 아름다움, 여유, 역사와 문화적인 측면에서 어메니티 계획을 세웠다. 『문화도시』에서는 이러한 계획은 '획일화되는 현대도시의 특성에 대한 반성과 도시의 정체성을 위한 문화성 추구가 핵심이 되었다.'라고 했다. 접근도 좋았고 일정한 성과가 있었으나 20여 년이 지난 지금에서 보면 문화를 바탕으로 하는 정체성 확보에는 아직 미진한 부분이 있다. 어메니티의 효과에서 심미성 추구와 문화성 확립에서 부족한 점이 있다는 의미다. 도시경관을 관리하여 심미적인 면을 추구하고, 새로운 도시 구조를 위해 문화예술을 도시개발에 접목해야 하는 면에서는 대체로 소극적이었던 것으로 보인다.

도시를 구성하고 있는 건축들을 경관으로 인식하면서 미관뿐 아니라 도시의 이미지로까지 그 기능이 확대되고 있으며 문화적 영향력까지 가지게 되었다. 스페인 빌바오의 '구겐하임미술관Museo Guggenheim'이나 스웨덴 말뫼시의 에너지 절약 아파트인 '터닝 토르소Turning Torso'는 도시의 상징일 뿐 아니라 문화적 자산으로서의 역할이 돋보인다는 평가를 받는다. 아울러 이와 같은 건축물이 조성되면 그 주변지역의 쾌적성을 함께 향상시키는 것이 최근의 도시건설이나 재생사업에서 볼 수 있는 일반적인 현상이다. 더불어 세계의 여러 도시는 최근 첨단산업보다는 창의적인 산업의 부가가치에 더 집중하는 경향을 보인다. 대부분의 창조산업은 문화와 연계성이 매우 높다. 문화는 산업 발전에 필요한 독창적이고 세련된 아이디어를 제공하기 때문이다.

부산은 부산국제영화제를 개최해오면서 도시의 문화브랜드를 확립하였고, 이에 부합하는 다양한 정책을 마련하여 영화제를 지원해 왔다. 그동안 부산국제영화제는 아시아 최대의 영화축제로 성장하였으며 한국영화산업의 위상을 높이는 역할도 했다. 그러면서 시민들의 삶의 질 개선과 문화의식 고취에도 여러 정책을 시행하였다. 문화자원을 활용한 도시 어메니티의 구축과 공공적 가치 확산이 필요한 이유가 여기에 있는 것이다. 지난해 진주시는 '창의적 도시경관과 문화 어메니티'라는 주제로 국제 학술토론회를 개최하였다. 행사의 목적은 '도시의 획일화된 공공디자인에서 벗어나 진주시만의 쾌적한 도시경관 창출과 창의적 도시경관에 대한 정체성 제고, 문화자산을 활용한 쾌적한 환경을 창의적으로 가꿀 의견 도출'이었다.

우리나라에서 어메니티를 도시정책에 접목하기 시작한 것은 20년이 넘었지만, 아직 미완성 상태임을 알게 된다. 사람들의 소득과 생활 수준이 향상되면서 가치관은 변화하고 삶의 질 향상에 관한 관심도 늘어났다. 오늘날 세계의 많은 도시가 도시민에게 쾌적한 환경을 제공하고 다양한 욕구를 충족시키기 위한 문화환경 조성을 위해 노력하고 있다. 문화는 이미 산업으로서 무한한 경제적 가치와 가능성을 인식시켜주었으며, 세계 각국의 도시들은 저마다의 문화산업을 개발 발전시키기 위해 여념이 없다. 즉, 쾌적하고 시민들이 즐겁게 생활할 만한 문화적인 요소를 갖추고 이를 기반으로 한 창조산업까지 발전시키려는 의도이다. 오늘날은 문화 수준이 곧 도시와 국가의 수준을 대변하는 시대가 되었다. 세계 선진도시들의 변화와 성장에는 문화예술의 의미와 가치 인식을 담은 오랜 문화정책과 지역민의 적극적이고 자발적인 참여가 있었음을 잊어서는 안 된다. 그러므로 도시들은 어메니티에 대한 이야기들을 되돌아 봐야 할 때이다.

삼성경제연구소, 2013. 1. 22. 어메니티가 도시경쟁력이다. CEO Information. 384. // 유승호, 2020. 지역발전의 창조적 패러다임, 문화도시. gasse 아카데미. // 최유진, 2014. 도시 어메니티(urban amenity)의 지역경제활성화 효과 분석. 한국연구재단 연구보고서.

예술도시

지난해 2018년 한여름에 일본의 혼슈와 시코쿠 사이의 바다 세토나이까이 瀨戶內海에 있는 나오시마直島를 다녀왔다. 오카야마시를 통해 배로 섬에 닿는 행로였다. 여행 목적은 휴식과 도시재생 학습이었는데 재생이 문화를 어떻게 결합하였는지를 보기 위해서였다. 한때 섬 공동체가 쇠락하고 바다까지 오염되었던 상태에서 일군의 예술가와 재력가들에 의한 예술을 적용한 재생이었다. 새로운 방식의 투자와 기획으로 섬들의 면모를 일신하여 주민들의 삶의 질까지 높였다. 현재 축제가 없는 해에도 연간 50만 명 이상의 관광객이 찾는 세계 최고의 예술 섬으로 주목을 받고 있다. 물론 나오시마를 포함하여 주변 12개 섬에서 이런 변화를 겪었지만, 그 중심에 나오시마가 있다. 이를 계기로 매

러시아 모스크바 1856년에 건립된 트레치아코프미술관(Tretyakov Gallery)에서는 러시아 미술의 진수를 볼 수 있다.

3년에 한 번씩, 이 해역에서 예술제를 여는데 그것이 세토우치 트라이엔날레 Setouchi Triennale 瀬戸内国際芸術祭다. 짐작했겠지만 '세토'는 바다의 이름에서 따온 것이다. 2019년은 예술제가 열리는 해이고, 주제는 '바다의 복원'이다. 아름다운 자연환경에서 번성했던 섬 공동체를 활성화하며, 지역을 희망의 바다로 바꾸는 것이 예술제의 목표이다.

 세계 곳곳에서 도시재생을 통해 문화예술 도시로 재탄생하려는 시도가 국내외적으로 많다. 하지만 세계적인 명성을 얻기란 그리 쉽지 않다. 나오시마 주변 제도를 방문해보면 그것을 분명히 알 수 있다. 한두 시설만으로 되지 않을 뿐더러 각각의 시도가 예술성이 뛰어나거나 독특한 예술적 가치를 가져야 한다. 예술이벤트나 시설들도 지속성이 있어야 하고, 주민들의 만족도도 높아야 한다. 이런 점에서 예술도시로 이름난 도시를 찾아보기 위해 구글을 이용해 보았더니 재미있는 결과를 얻을 수 있었다. 우선 개인이나 잡지사 그리고 관광단체에서 선정한 예술도시를 보았다. '예술과 낭만이 깃든 도시 베스트 10', '예

경기도 안산 문화예술 도시를 꿈꾸는 도시에서 가장 중요한 것은 어쩌면 창의적인 활동을 할 수 있는 분위기인지도 모른다.

술적 영감이 넘치는 도시 탑top 6', '예술을 위한 세계에서 가장 좋은 15개 도시'가 그것이다. 물론 누구나 인정할만한 객관적인 기준을 가지고 선정한 것은 아니지만, 도시의 면면과 선정 이유를 보면 그래도 세계적인 예술도시를 선정하는 나름대로의 기준을 가지고 있었던 것으로 판단하였다. 세 순위에 모두 등장한 도시는 프랑스의 파리와 미국의 시카고였다. 두 곳 이상인 도시는 일본의 도쿄, 싱가포르, 오스트레일리아의 멜버른, 미국의 샌프란시스코, 독일의 베를린, 이탈리아의 피렌체, 브라질의 상파울르, 나이지리아의 라고스였다.

이렇게 리스트를 보면 한 곳에 여섯 개 도시인 점을 참작하면 두 리스트에

오른 곳이 네 대륙의 열 개 도시라는 것은 세 리스트의 선정 기준을 인정할만한 원칙이 있다고 평가를 해도 될 것 같다. 파리와 시카고 다음으로 아프리카의 도시인 라고스Lagos가 두 리스트에 올랐다. 먼서 파리를 보자. 1,000개 이상의 아트 갤러리와 150개 이상의 박물관이 퍼져있어 도시 전역에 전체가 박물관 같은 곳이다. 이곳은 미술뿐 아니라 문학의 도시이기도 하기에 예술가들에게 영감을 제공한다는 점이 강조되었다. 놀랍게도 루브르박물관은 전 시대에 걸친 35,000점의 작품을 소장하고 있다.

그리고 미국에서 뉴욕이나 샌프란시스코를 제치고 시카고가 선정된 점도 특이하였다. 시카고는 활기찬 예술 현장과 세계적인 박물관을 가지고 있다. 미국의 3대 미술관 중의 하나인 시카고미술관Art Institute of Chicago과 세계에서 가장 큰 현대 미술관인 현대미술박물관Museum of Contemporary Art이 있다. 아마 더 높은 점수를 받은 것은 예전의 상점과 창고거리를 재생하여 100여 개의 갤러리를 집중시킨 '리버 노스 갤러리거리River North Gallery District'를 예술 명소로 만든 것이라는 생각이 들었다.

한편 아프리카 나이지리아에서 가장 큰 도시인 라고스는 최근에 가장 주목받는 예술도시로 문화적 경관까지 유지하고 있고, 아프리카 예술계를 대표하는 기관이 있다. 2007에 설립된 현대미술센터The Center for Contemporary Arts와 아프리카 예술가재단Africa Artists' Foundation 등이다. 전자는 '예술가의 고향'이라고 지칭할 정도이고, 후자는 매년 개최되는 '라고스 사진 페스티벌Lagos Photo Festival'과 '내셔널 아트 컴피티션National Art Competition NAC'을 주관하고 있다. 또 라고스의 오멘카갤러리Omenka Gallery는 나이지리아의 현대 예술가들과 국제 인재들에게 초점을 맞추고 있다. 이들 기관들은 라고스의 급성장하는 예술 현장을 돋보이게 하였다. 아프리카 예술가재단에서 주관한 '내셔널 아트 컴피티션'은 그림과 조각은 물론이고 사진, 혼합 매체, 설치미술과 비디오아트와 같은 다양한 매체에서 떠오르는 재능을 가진 예술가들을 선정한다. 최종 작품이 아닌 예술적 창작 과정에 중점을 두고 있어 작품 제안서를 함께 제출해야 한다. 결승 진출자는 예술가, 전문가와 함께하는 워크숍을 거치고, 이곳에서 수상자를 선정하는 점이 독특하다.

이들 세 도시를 보면 예술적인 도시 분위기와 개성이 중요하다는 것을 알 수 있고, 주목할 만한 박물관이나 단체, 권위 있거나 독특한 경쟁 전 같은 것이 있으면 좋다. 스페인의 빌바오가 도시재생을 하면서 구겐하임미술관 Guggenheim Museum을 1997년 개관하였고, 이 대형 문화사업을 통해 산업도시에서 문화예술도시이자 관광도시로 변모하였다. 여기서 주목해야 할 점은 미술관 개장에 그친 것이 아니라는 점이다. 주변의 다른 문화시설과 독특한 건축물을 건설하고 환경을 크게 개선하였다는데 주목할 필요가 있다. 강변에 미술관을 건립하기 전에 오염된 강부터 정화하였고, 몇천억 원에 달하는 막대한 금액을 들이는 과단성 있는 결단을 정치권이 하였다.

국내에서는 문화예술 도시가 되기 위한 지속적이고 일관된 노력을 해온 도시 중 하나로 창원시가 있다. 2015년부터 시작된 일련의 과정은 그동안 환경도시라는 이미지도 가지고 있었음에도 여전히 기계 중심 산업도시라는 선입관을 외부인들이 가지고 있다는 점을 감안하였다. 이를 탈피하고 지역의 문화예술 자산을 잘 살려 도시의 새로운 브랜드로 삼자는 것이었다. 올해에는 정부가 지정하는 법정 '문화도시'가 되려고 역량을 집중하고 있다.

마르시아 딕손, 2021. 1. 예술을 위한 세계에서 가장 좋은 15개 도시. // 스카이스캐너, 2020. 예술적 영감이 넘치는 도시 TOP 6. brunch.yourtripagent. // 여행노트, 2017. 2. 26. 예술적 영감을 찾아 떠나는 여행, 예술과 낭만이 깃든 도시 BEST 10. 여행노트 블로그.

창조도시

언제부턴가 창조도시Creative city 또는 창의도시의 바람이 불었었다. 여러 가지 자료들을 살펴보면 국내에서는 2005년 찰스 랜드리Charles Landry의 책『창조도시』가 번역되어 나오면서 시작하여 2008년 전후로 본격적으로 관심이 집중되었다는 것을 여러 연구자료를 통해서 알 수 있다. 2010년 이천과 서울이 유네스코 창조도시로 지정되면서 그 개념과 필요성이 널리 전파되었다. 그리고 지금까지 그 분위기가 유지되고 있지만 다양한 도시의 개념들이 등장하면서 창조도시라는 이름이 이전보다 언급 자체가 줄어들었다.

2009년 당시에 배순훈 국립현대미술관장은 "21세기에 들어서면서 우리나라에도 '창조도시'라는 화두가 등장하기 시작했다. 창조도시란 '예술과 문화가 지닌 창조적인 힘에 착안하여 창조적인 문화 활동을 영위할 수 있도록 문화적 인프라가 갖추어진 도시'라고 찰스 랜드리의 정의를 따랐다. 또한, 이러한 창조적 문화공간의 구축은 자연스럽게 창조적 인재와 자본을 유인하여 도시의 경제 성장을 가속하는 힘을 창출한다."라고 그 필요성까지 설명하였다. 사례로 영국의 게이츠헤드Gateshead를 들면서 1980년대까지 제조업 중심의 도시가 쇠락하자 2001년부터 차례로 '밀레니엄브리지Gateshead Millennium Bridge', '발틱 현대미술관Baltic Centre for Contemporary Art', '세이지 음악당Sage Music Center'을 개관하면서 문화인프라를 구축하고, 공공미술프로젝트 등 다양한 문화예술 프로그램을 추진하였다. 그 결과 각종 문화·관광 산업효과를 파생시키면

전라북도 전주 전주시는 '미식'으로 창의도시가 되었는데, 전통문화를 도시재생에 연계하여 성공한 좋은 사례다.

  서 2002년부터 2006년 사이에만 3만 7천 명의 일자리를 창출했고, 관련 산업에서 26억 파운드(현재 환율로 약 4조원)의 연 매출 규모를 달성했다고 한다. 이렇게 보면 미술관 등 관련 인프라가 부족한 우리 현실이 안타깝다.

  '창조도시'는 1988년 오스트레일리아 데이비드 옌켄David Yencken에 의해 제시된 개념으로 이후 도시계획에 대한 새로운 패러다임을 반영하는 세계적인 운동이 되었다. 이 용어는 저널 《민진Meanjin》에 발표한 그의 글에 처음 사용했다. 도시는 효율적이고 공정해야 하지만 시민들의 창의력을 키우고 정서적으로 만족스러운 장소와 경험을 제공해야 한다. 이를 위해 인프라가 필요한데 하드와 소프트의 조합이다. 창조도시는 인재를 식별, 육성, 유치 그리고 유지하여 아이디어와 재능 그리고 창조적 조직을 구성할 수 있어야 한다. 그러려면 무엇보다 환경조성이 중요한데 환경은 건물, 거리, 지역 또는 이웃, 도시 또는 지역일 수 있다. 창조도시의 주요한 목표 중의 하나가 창조성 또는 창의성이다. 창의성은 문화자원의 근간이 된다. 그래야 재능이 발휘되며 경쟁력 있는 기술을 개발할 수 있다. 도시 문화자원은 건축, 도시경관 또는 랜드마크를 포함한 자산의 역사적, 산업적 및 예술적 유산을 말한다. 여기에는 취미와 열정뿐만 아니라 공공생활, 축제, 의식 또는 현지 또는 원주민 전통 이야기까지 포함된다. 즉, 언어, 음식 및 요리, 여가 활동, 패션도 도시의 문화자원의 일부이며, 위치의 특수성을 표현하는 데 사용할 수 있는 하위 문화와 지적 전통도 마찬가지다. 또한 공연예술과 시각예술 그리고 창작산업의 기술 범위와 품질도 포함된다.

1970년대 후반부터 유네스코와 유럽평의회The Council of Europe는 문화산업을 조사하기 시작했다. 1980년대에는 예술과 도시계획에서 "유효한 문화계획에 모든 예술과 예술을 습득하는 기술도 포함" 하였다. 어떤 전문가들은 '도시와 지역사회 개발에 문화자원을 전략적으로 사용하는 계획'도 덧붙였다. 랜드리와 전문가들은 문화자원은 '도시의 원자재이자 가치 기반이며, 석탄, 강철 또는 금을 대체하는 자산'이며, 창의성은 이러한 자원을 활용하고 발전시키는 데 도움이 되는 근본이라고 하였다.

이에 유네스코는 각 도시의 문화적 자산과 창의력에 기초한 문화산업을 육성하고, 도시 간의 협력을 통해 경제적·사회적·문화적 발전을 장려하기 위해 2004년 '유네스코 창의도시 네트워크UNESCO Creative Cities Network: UCCN'를 설립하였다. 이 네트워크에는 현재 전 세계 80개 이상의 국가에 246개 도시가 함께하고 있다. 목표로는 '창의성과 혁신의 허브를 개발하고 문화 부문의 제작자와 전문가를 위한 기회를 넓힌다. 특히 소외 계층 또는 취약 계층과 개인의 문화생활에 대한 접근과 참여를 향상한다. 그리고 문화와 창의성을 지속가능한 개발계획에 완전하게 통합한다.' 등이다. 이 네트워크는 공예와 민속예술, 미디어 예술, 영화, 디자인, 미식(음식), 문학 그리고 음악 등의 일곱 가지 창의

경기도 양평 지역 미술갤러리가 많고, 왕성하게 창작활동을 하는 지역은 유네스코 창의도시 범주에 들지는 않았더라도 창조도시라고 자부심을 가질 수 있다.

적인 분야를 다룬다. 우리나라에서는 경기도 이천시가 공예와 민속예술Crafts & Folk Art로 2010년에 유네스코 창의도시로 지정되었다. 같은 해에 서울특별시는 디자인Design 분야로 지정되었다. 2014년 영화Film로 지정된 도시는 부산광역시다. 미식(음식)Gastronomy으로 2012년에 지정된 도시는 전라북도 전주시이고, 문학Literature으로 지정된 도시는 2017년에 경기도 부천시다. 그리고 광주광역시가 2014년에 미디어 예술Media Arts로, 그리고 통영시와 대구광역시가 음악Music으로 각각 2015년과 2017년에 지정되었다. 2019년에는 원주시가 문학으로 지정되었다.

창조도시는 창조산업을 발전시키고 산업 클러스터를 형성하여 도시의 지속 가능한 발전에 이바지할 수 있다. 광고, 건축, 예술, 공예, 디자인, 패션, 영화, 음악, 공연 예술, 출판, 연구와 개발, 소프트웨어, 장난감과 게임, TV 또는 라디오, 비디오 게임 등이 문화산업이 될 수 있다. 물론 기존의 제조업이나 인공지능 등 4차 산업혁명 기술 발전에도 응용할 수 있다. 그래서 전문가들은 '인간의 창의력은 궁극적인 경제자원'이며, '21세기 산업은 창의성과 혁신을 통한 지식의 생성'에 달려있다고까지 하고 있다.

원도연, 2011. 창조도시의 발전과 도시문화의 연관성에 대한 연구, 인문콘텐츠, 22:9-32. // Maria Moldoveanu and Valeriu Ioan-Franc, 2016. Creative Cities-A Model of Sustainable City Planning In Book: Economic Dynamics and Sustainable Development by Luminta Chiv etc(eds.). // UNESCO, 2020. UNESCO Creative Cities Network for sustainable development.

문화도시

세상의 모든 도시는 문화도시를 꿈꾼다. 문화의 중요성을 인식하기도 하고 도시 가치를 따질 때 문화 수준을 우선하기 때문이다. 문화시설은 도시의 기본적인 요소가 아닌 것으로 보이지만 시민을 즐겁게 하고 도시의 창의성을 높이는 데 이바지한다. 문화의 효과는 눈에 잘 나타나지 않는다고 생각해 도시정책 책임자들에겐 투자에 망설임이 있다. 때로는 몇 종류의 행사에 예산 배분하는 것으로 문화정책을 다 갈음하고자 하는 경향도 있다. 문화 인프라가 도시를 어떻게 바꿀지를 논의할 때면 늘 전문가들은 투자를 과감히 늘려야 한다는 결론을 내리곤 한다. 그러나 현실적으로 우리나라 도시에선 문화예산을 과감하게 늘리면 낭비로 보는 시각이 여전하다. 물론 정답은 없다. 도시의 미래를 위해서 자신이 사는 도시의 문화역량을 살피고, 다른 나라의 창조도시에서 배울 점을 찾으면 좋지 않을까?

일본 사카이미나토 유명 만화가의 고향은 만화가의 주인공을 활용해 문화도시로 지명도를 얻고 있다.

　　스페인의 빌바오Bilbao를 추천하고 싶다. 빌바오는 한때 제철과 조선 산업도시로 잘 나가던 때가 있었다. 도시를 가로지르는 네르비온 강River Nervión의 상류에서 볼 때 주로 왼쪽 강변에 조선과 제철 공장들이 열지어 있었다. 선박이 정박할 수 있는 부두와 짐을 선적하는 키 큰 크레인들은 도시를 상징하였다. 1980년대에 들어서자 철강산업은 경쟁력을 잃고 쇠퇴하기 시작하였다. 엎친 데 덮치는 격으로 1983년에는 심각한 자연재해 – 대홍수로 도시 중심부까지 물에 잠겼다. 시민들은 일자리를 잃고 도시는 점점 더 쇠락해갔다. 그때가 되어서야 강이 심각하게 오염되었다는 것을 인식하게 되었고, 다른 도시환경도 이미 최악의 상황이었다. 범죄가 늘었으며 마약까지 유입되었다. 경제적·사회적으로 큰 위기에 봉착하였다. 적절한 도시재생이 필요했지만, 결단을 내리기가 쉽지 않았다.

　　시는 도심의 재생과 교통체계를 재편하고 항만들도 멀리 해안으로 옮기면서 도시의 형태를 근본적으로 바꾸는 모험을 하였다. 오랜 시간이 필요한 강

경상남도 통영 문화도시 조성은 '시'의 전유물이 아니다. 문화 역량은 시민사회가 중심이 되기도 한다.

의 수질 개선사업도 시작하였는데 강을 살리는 것이 재생사업에서 가장 중요하다고 보았기 때문이었다. 이 사업에는 약 8,000억 원에 달하는 막대한 예산이 들었고, 20년이라는 긴 시간 필요했다. 결정이 쉽지 않은 일이었다. 강이 살아나자 양쪽 강변이 가치 높은 땅으로 바뀌었다. 강을 등지고 있던 건물들이 강을 바라보기 시작하였다. 새로운 사업들이 추진되고, 차츰 관광객들이 늘기 시작하면서 실업률도 낮아졌다. 이 시점에 또 한 번의 모험을 시도하였다. 공장들과 부두가 있었던 자리에 문화시설들을 배치하여 도시의 변신을 재차 노렸다.

조선소와 철강단지가 있던 곳에 에우스깔두냐Euskalduna라는 문화센터와 해양박물관 등 새로운 건물들을 배치하는 계획을 세웠다. 지역의 세 개 대학교와

스페인 빌바오 아반도이바라 지역에 구겐하임미술관이 들어서면서 빌바오는 문화도시로 탈바꿈 할 수 있었다.

협력하여 첨단기술 산업단지를 조성하여 창조산업으로 경제 활성화를 도모하였다. 이 과정에 도심을 지나던 도심 철로를 없앴거나 지하로 돌렸다. 예전에는 여러 철로가 도시 중심부를 지나며 도시를 파편화하였다. 교통이 꼭 필요한 곳에서 강을 따라 트램을 건설하고 외곽에서 도심으로 진입할 때 있던 고가도로 대신에 지하도로로 바꾸었다. 이렇게 하여 생겨난 여유 부지에 공원을 조성하고 문화시설과 편의시설 그리고 사무실 빌딩을 함께 만들며 면모를 일신하였다.

이러한 변화에 시는 정점을 찍은 결정을 또 한 번 하게 되었다. 1990년대 초 구겐하임Guggenheim 재단은 유럽 여러 도시에 미술관을 지어준다면 미술품을 제공한다는 제안을 하였다. 모든 도시가 이 제안을 거절하였으나 후보지가 아니었던 빌바오가 적극적으로 나섰다. 빌바오시는 랜드마크가 필요하다고 생각했을 때였다. 그러나 시민들이나 정치권의 반대가 아주 컸다. 미술관보다는 실업률 해소가 우선이라 주장하였다. 더군다나 1,000억 원 이상이 드는 큰 프로젝트였으니 말이다. 게다가 시와 재단 사이에 갈등도 적지 않았다. 하지만, 시장을 비롯한 정치권의 결단으로 현대미술관을 짓기로 결단하였고, 1997년에 빛나는 외관으로 개관하였다. 이와 같은 극적인 재생사업의 핵심지역은 구겐하임미술관과 에우스깔뚜나 문화센터 사이인 아반도이바라Abandoibarra 지역이었다. 그야말로 오염된 항만지역에서 아름다운 문화시설과 공원으로 바뀌는 천지개벽을 하였다.

이제는 구겐하임미술관을 반대하는 시민은 거의 없다. 2013년 기준으로 건축비의 37배에 달하는 이익을 창출하였다. 이익금은 다른 문화시설에 투자하여 빌바오가 문화도시가 거듭나는데 기폭제로 작용하였다. 공항과 지하철 구조물들도 유명 건축가의 작품으로 하고, 거리에도 세계적인 예술가의 작품을 전시하였다. 이런 작품들은 구겐하임과 함께 시너지 효과를 나타내어 이제 빌바오 하면 문화도시와 도시재생에 성공한 창조도시가 되어 세계적인 명성을 얻고 있다. 더불어 시민들, 특히 서민들의 삶이 나아지는 여러 가지 정책을 병행하였다. 이런 도시의 변화를 이젠 빌바오 효과Bilbao Effect 또는 구겐하임미술관 효과라 한다. 안산은 빌바오와 같은 오염에 대한 나쁜 경험이 있고, 나름대로 문화에 대한 자부심이 있으며 문화와 관련해서 잘 알려진 대학들까지 있어 정치적 결단이 기대된다.

제종길(김정원 감수), 2018. 지역주민과 정책 결정자를 위한 도시재생학습. 자연과 상태. // Rowan Moore, 2017. 7. 30. The Bibao effect: how Frank Gehry's Guggenheim started a global craze. The Guardian.

전라남도 담양

2012년에는 담양에 들린 적이 있었다. 그해엔 두 차례나 담양을 방문했었다. 한 번은 일본의 습지전문가와 함께 생태관광을 하고 창평 전통마을에서 하룻밤을 머물렀다. 다른 한 번은 4대강 사업으로 훼손 위기에 놓인 담양천 대나무 숲 보호를 위해 애쓰는 지역주민들을 만나기 위해서였다. 그때 받은 인상은 전통문화와 대나무였다. 그래도 메타세콰이어길이지 하는 선입견이 있었으나 두 곳을 방문하고는 담양의 인상이 바뀌었다. 그 선입견도 가족여행에서 스쳐 지나면서 사진 한 장 찍은 유일한 추억과 대중홍보에 의한 것이었다. 당시에 놀란 것은 담양에 전국 최초의 하천 습지보호구역이 있었다는 점이다. 새로운 자연보호 체계를 정책으로 반영하여 실행하려면 지역주민의 협조가 급선무였던 때다. 대체로 어느 지역에서나 주민들의 반대가 컸는데 담양은 보수적 고장으로 보아서 의외라는 생각이 들었다. 그래서 대나무 숲 보호에 적극적으로 동참하고 성원하려 했던 것이었다. 물론 4대강사업 반대라는 큰 틀에서였지만.

이후 7년 만에 한 방문에서 깜짝 놀란 것은 도시 전체가 깔끔하게 잘 정돈되고, 도시의 이미지가 군청에서 정확하게 드러나고 있었기 때문이었다. 군청 마당에 작은 대나무 숲이 생겨나 이 고장이 대나무의 고장임을 분명하게 했다. 또한, 대나무색인 진초록색을 군의 색으로 하였음이 현수막이나 각종 디자인 등에서 바로 알 수 있었다. 이 색을 통해서 전통과 자연에 대한 강한 자부심을 품고 있다는 인상을 받았다. 거리가 단정하게 정리되었다는 점은 7년 전과 가장 뚜렷한 차이였다. 무엇이 이 작은 도시를 더욱 강한 개성으로 두 주제를 잘 엮은 것일까 하는 생각을 하였다. 자연도 자연이지만 문화에 방점이 찍혔다는 점에 관심이 더 끌렸다. 문화는 자연에서 나온 것이지만 지역사회가 지역문화에 대한 동질감과 애정이 있었기에 군이 정책을 통합해 나갈 수 있었을 것이다. "결코, 쉽지 않았을 텐데"라는 생각으로까지 이어졌다.

우선 담양에는 세 개의 국가 보물이 있고, 여섯 개의 유무형문화재 그리고 한 개의 천연기념물이 있다. 유무형문화재 다섯 개는 예술 장인들의 것이었다. 이번 방문에서 다시 보게 된 것은 천연기념물이 조선 시대 축조된 제방이라는 점과 이 제방을 문화적으로 활용하여 더 가치 있게 재탄생시켰다는 점이다. 천연기념물 제366호인 '관방제림官防堤林'은 이곳에 빈번하였던 수해를 예방하기 위해 축조한 인공제방이었고, 이를 튼튼히 하기 위해 나무를 심었던 것인데 지금까지 잘 유지되어 1991년에 국가 보물이 됐다. 제방의 길이는 약 2㎞에 이르고 있다. 지금은 200~400년 된 거대한 노거수들이 자라 또 하나의 담양 상징물이 되었다. 수종은 푸조나무(111그루), 팽나무(18그루), 벚나무(9그루), 음나무, 개서어나무, 갈참나무 등으로 약 420여 그루가 자리를 지키고 있으며, 보호구역 안에는 185그루가 있다. 최근까지 보호만 해오다 그동안 추가로 매입한 주변 토지 등을 포함하여 2004년에 102,921㎡(31,133평)로 확대 지정되었다.

관방제림 보호구역 내에 오래된 양곡 창고가 있어 재지정 이후 문화체육관광부에서는 지속해서 철거를 요청하였다. 제방의 문화와 자연가치를 훼손하고 있다고 판단한 것이었다. 담양군은 오랫동안 문화체육관광부를 설득하여 견고한 양곡창고를 예술창작 공간으로 활용하고자 하는 계획을 인증받았다.

정갈해 보이는 군청사와 대나무 숲은 청사 전면에 있던 주차장을 건물 뒷편으로 옮기면서 가능했다.

드디어 2014년에 '폐산업시설 문화재생사업'에 선정되어 제방 근처의 오래된 양곡 보관 창고였던 남송창고 두 동과 죽제품 가공공장을 새로운 문화공간으로 탈바꿈할 수 있었다. 이곳에 가보니 담양군의 문화적 역량을 한눈에 볼 수 있었다. 낡은 창고건물이 오히려 튼실하고 유서깊은 문화공간으로써 최적격으로 보였다. 아마 새롭게 건축하였더라면 이러한 열린공간과 높은 천장으로 설계하지 못했을 것이리라.

이렇게 만들어진 '담빛예술창고'는 2016년에 출범하였으니 2021년 현재로 보면 6년째에 접어들었다. '남도의 젊은 현대미술 작가전' 등 지역의 예술역량 강화를 위한 기획전시가 이미 여러 차례 열렸고, 지난해에는 이곳에서 '담양국제예술축제'가 개최되었다. 우리 일행이 갔을 때는 최광호 사진전을 하고 있었는데 모두가 노무현 대통령에 관한 사진과 관련 작품들이었다. 한 동은 이렇게 층고가 높은 전시관으로 쓰고 연결 통로로 건너간 다른 동은 한 눈에 보면 큰 북카페였다. 큰 책장을 세워 공간을 분할하였고, 정면과 제방 쪽 벽은

담빛예술창고의 전시관은 층고가 높아 미술작품을 전시하기에 안성맞춤이었다.

유리로 하여 자연채광이 되면서 제방의 나무들이나 전면 광장을 함께 바라볼 수 있게 하였다. 또한, 한쪽에 초대형 대나무파이프오르간을 설치하여 고풍스럽게 분위기를 잡았다. 정기적으로 연주회를 개최하고 있었다. 건물 내에 담양문화재단 사무국이 있어 창고의 운영을 재단에서 직접하고 있음을 알 수 있었다. 특이한 점은 건물 바로 옆에 재생사업을 한 기존의 창고와 똑같이 생긴 건물을 짓고 있었는데, 이는 창고의 효용 가치가 컸음을 보여주는 것이었다. 예술창고로의 변신으로 말미암아 전국의 양곡창고의 가격이 뛰었다는 후문도 들었다.

안내자는 한 곳을 더 보아야 한다고 시간을 재촉하였다. 날씨는 차고 곧 해가 질 것 같은 오후였다. 이어서 간 곳은 읍내 도심부에 있는 '해동예술센터'였다. 이곳은 과거 해동주조장이었던 곳인데 시각예술을 기반으로 한 문화복합공간을 만들었다고 설명해 주었다. 기존의 건물 형태를 그대로 두고, 여러 가지 예술적 장치를 첨가해 숨을 불어넣어 살려낸 것이라 하였다. 해설자는 해동

海東은 발해의 동쪽, 즉 우리나라를 지칭했던 명칭을 대표 이름으로 두고, 갤러리는 라틴어에서 파생된 단어로 마당, 뜰, 중정 등의 의미가 있는 아레아로 했다고 하였다. 그리고 이곳이 옛 담양지역에서 가장 컸던 술도가였던 터라 술도가의 역할과 남도예술의 역사적·문화적 맥락을 계승하고자 하는 박물관 역할도 자임하였다. 그래서인지 두 곳에 맑은 물을 퍼내었던 우물을 잘 복원 유지하였으며, 술(특히 막걸리) 아카이브도 지향하고 있었다. 전체적으로 독특하고 창의적인 예술 공간으로 나아가고 있어 여태까지 봤던 여느 문화예술 재생사업보다 독창적이었다. 지난해 6월에 개관하였으나 아직 미완성 상태였으며, 이후 같은 계획 공간 안에 있는 옛 교회와 의원 터까지 포함하여 확대해나가는 계획을 세우고 있었다. 이곳도 2017년에 선정된 문화재생사업이었다.

이밖에도 예전 번화가였던 '담빛길'을 복원하는 등 전통문화와 자연이 잘 어울리게 지역을 단장하는 형식이 인상적이었다. 오랫동안 차곡차곡 쌓였던 지역의 잠재력이 좋은 리더를 만나 '문화생태도시'로서 그 저력을 발휘하고 있어 깊은 감명까지 받았다.

김동연, 2020. 5. 18. 담양군 '문화생태도시' 조성 사업 추진, (재)담양군문화재단, 원도심 및 담빛길 활성화 위한 다양한 프로그램 운영. 프레시안. // 신유정, 2021. 12. 9. 천연기념물 담양 관방제림, 제방 단면 시굴조사추진. 환경과 조경. // 전남 담양군, 2019. 7. 4. 양곡창고의 화려한 변신, 담양예술창고, 대한민국 구석구석.

오스트레일리아 멜버른

　오스트레일리아는 연방 국가다. 개성과 독립성이 강한 주 정부가 있다는 이야기다. 아주 큰 면적을 가지고 있는 각 주의 주도는 국가 수도의 기능을 갖추고 있다. 주의 면적도 넓어서 정치, 사회, 문화의 중심은 주도가 될 수밖에 없고, 그러다 보니 좋아하는 스포츠도 서로 다르고 선호하는 맥주 브랜드도 다를 정도다. 인구수와 경제적 비중을 고려할 때 시드니Sydney가 있는 주, 뉴사우스웨일스New South Wales와 멜버른Melbourne을 주도로 하는 빅토리아Victoria, 두 주가 중추적인 역할을 한다. 그래서인지 두 주 사이에 수도 캔버라가 있다. 두 주는 이웃하고 있지만, 무엇이든지 경쟁적이고 자주 비난할 정도로 앙숙 관계이다. 시드니를 멜버른 사람들은 '천박한 상업 도시', 즉 돈만 안다는 의미로 말하고, 반대로 시드니 사람들은 멜버른을 '융통성 없는 보수적인 도시'라 한다. 이렇게 설명을 시작하는 이유는 한 도시가 독자적으로 어떻게 발전하였는가 이해를 돕기 위해서다.

　멜버른은 오세아니아 전체에서 시드니 다음으로 인구가 많은 도시이고, 보통 멜버른 하면 도심과 31개 자치 구역을 포함한 약 9,900㎢ 면적의 대도시권 the Greater Melbourne metropolitan area 전체를 지칭하지만, 행정적으로는 옛 멜버른 지역이기도 하면서 도심의 부분만을 일컫는 명칭인 멜버른시City of Melbourne이기도 하다. 이 글에서 시(이하 도심)와 전체 대도시권(이하 멜버른)을 구분해가면서 설명하고자 한다. 멜버른은 대양으로부터 입구가 좁고 안이 넓은 풍선 모양으로 크게 만입된 '포트 필립 만Port Philip Bay'을 둘러싸고 있어 긴 해안선을 가지고 있다. 만으로 유입되는 '야라 강Yarra River'은 도심을 관통하며 흐른다. 지금으로부터 186년 전인 1835년에 도심이 형성되었으며, 현재 멜버른 전체 인구는 515만 명이 넘었다. 도심에 사는 시민들을 멜버니안Melburnians이라 한다.

오스트레일리아 원주민은 만 주변 지역에서 최소 4만 년 동안 살았다. 멜버른 지역은 여러 부족의 중요한 만남의 장소이자 생명의 원천인 식량자원과 물이 풍부한 곳이었다. 유럽 이주민들이 19세기 초에 들어오기 시작하여 시가 형성되고, 빅토리아 시대인 1850년대에 골드러시를 거치면서 1880년대 후반까지 긴 호황기를 가졌다. 이때가 세계에서 가장 크고 부유한 대도시 중 하나로 탈바꿈하게 되는 계기였다. 1901년 호주 연맹 결성 이후, 1927년 캔버라가 영구 수도가 될 때까지 새로운 국가의 수도 역할을 했다. 지금도 도심은 전성기를 유지하며 아시아 태평양 지역의 주요 금융 중심지 가운데 하나이며, '세계 금융센터지수the Global Financial Centres Index'는 15위였다. 또한, 오스트레일리아에서 가장 광범위한 고속도로 네트워크와 세계에서 가장 큰 도시 노면전차 네트워크를 보유하고 있다.

멜버른은 세계에서 가장 살기 좋은 도시 목록에 항상 들어가고 몇몇 평가에서는 늘 상위권을 유지하고 있다. 영국의 '이코노미스트 인텔리전스 유닛Economist Intelligence Unit: EIU'은 매년 전 세계 140개 도시를 대상으로 삶의 질과 안정성의 순위를 매기기 위해 의료, 문화, 환경, 교육과 인프라를 평가한다. 즉 '세계에서 살기 좋은 도시 순위The EIU's Global Liveability Ranking'를 만드는데 멜버른은 2011년부터 2017년까지 7년 연속 세계에서 가장 살기 좋은 도시로 선정되기도 했다. 이후 2년간은 오스트리아의 빈이었는데 근소한 차이로 2위였으니 1위를 유지했다고 보아도 될 것 같다. 이 순위에서 상위 도시가 되는데 중요한 분야로 작용한 것이 문화였는데 멜버른에는 그 분야에 강점이 있었다.

도시의 역사가 200년이 채 되지 않았음에도 불구하고 수백 년 또는 이상의

멜버른 도심과 외곽 곳곳에 수많은 공원이 산재해 있다. 녹지로 조성한 것뿐 아니라 고유생물들이 서식하고 현대식 건물들과 조화를 이루려는 노력을 기울이고 있다.

역사적 배경을 가진 도시와 경쟁에서 앞섰다는 점을 주목해야 한다. 코로나 팬데믹 상황이 최고조였던 지난해를 평가한 2021년 순위에는 큰 변화가 있었는데 뉴질랜드와 오스트레일리아 도시들이 상위 10개 중 6개나 되었다. 물론 멜버른(8위)도 포함되었다. 또한, 글로벌 파이낸스Global Finance에서 선정한 '세계 최고의 살기 좋은 도시'에서는 2020년에 5위였고, 2019년 도이치뱅크Deutsche Bank가 한 '생활수준조사global price and living standard survey'에서는 시민들의 '삶의 질Quality-of-Life'이 가장 높은 도시 중에서 7위를 차지했다.

그러나 멜버른도 1980년대 말과 1990년대 초 사이에 경제 침체를 경험했고, 이후 새로 선출된 정부는 주요 행사와 스포츠 관광에 초점을 맞춘 관광도

라이브 음악을 즐기는 문화도시는 시민들의 음악에 대한 다양한 취향과 열정이 있을 때 가능하다.

시를 통해 경제를 되살리기 위한 노력을 시작했다. 주요 프로젝트에는 멜버른 박물관 등 새로운 문화시설 건설이 포함되었다. 도심의 업무중심구역Melbourne central business district을 씨비디CBD 또는 '시티The City'라고 하는데 다른 호주 도시와 달리 높이 제한이 없다. 그 결과, 고층 빌딩의 밀집 구역이 되었으며 이 나라에서 가장 인구 밀도가 높은 곳이 되었다. 2020년에 완공된 '오스트레일리아 108Australia 108'은 남반구에서 100층이 넘는 유일한 거주 공간으로 최근에 건설 허가를 받은 다른 건물이 완공되는 2025년까지는 가장 높은 건물로 유지될 것이다. 이 구역 주변에는 왕립 전시관, 시청, 의사당과 같은 중요한 역사적 건물이 많이 있어 신구 건물들이 절묘한 조화를 이루고 있다. 넓고 평탄한 주거지역과 잘 대비되어 멋진 경관을 연출한다.

20세기 초 이후 호주의 꿈이라고도 불리는 가족을 위한 '4에이커(약 16,000

m²)의 집과 정원'이라는 기본 개념으로 확장된 곳도 이 도시에서다. 많은 공원과 정원, 편안한 보행로와 도시숲이 잘 조성되어 있다. 공원은 최고의 공공공원으로 인정을 받고 있으며 다양한 희귀식물 종들이 서식하고 있다. 그래서 빅토리아는 '정원 주Garden State'로 멜버른은 '정원 도시'라는 별명을 가지게 되었다. 멜버른은 지금 세계적으로 주목받는 커피의 도시 중 한 곳이다. 도시에는 5,000여 개의 카페가 있으며 놀랍게도 대부분 독립적으로 운영된다. 스타벅스 찾기가 꽃집 찾기보다 더 어렵다.

멜버른에는 멜버른 크리켓 구장, 빅토리아 국립미술관, 세계유산에 등재된 왕립 전시관 등 호주에서 가장 유명한 랜드마크가 많이 있다. 세계문화유산을 소유한 이 도심은 '오스트레일리아식 축구Australian rules football', 오스트레일리아 인상주의와 영화를 탄생시켰으며, 2011년에 유네스코 문학도시City of Literature로 지정되어 '창의도시 네트워크Creative Cities Network'의 일원이 되었다. 뿐만 아니라 거리 예술, 라이브 음악과 극장의 글로벌센터로 인정받고 있다. 오스트레일리아 발레, 오페라 오스트레일리아와 멜버른 심포니오케스트라는 시내 극장들에서 공연을 이어가고 있다. 그리고 이곳의 라이브 팬들은 멜버른은 '세계 라이브 음악의 수도'로 선언하고 이를 자부하고 있다. 한 연구에 따르면 2016년에 1,750만 명의 후원자가 553개 장소를 방문하여, 비교한 다른 나라의 도시보다 1인당 음악 공연장이 더 많다는 사실이 밝혀졌다.

이 도시는 또한 오스트레일리아 현대미술의 중심지이기도 하다. 1861년에 설립된 빅토리아 국립미술관은 오스트레일리아에서 가장 오래되고 가장 큰 미술관이다. 유명 자동차경주인 오스트레일리아 그랑프리와 오스트레일리아 오픈과 같은 테니스경기 등 연례 국제 행사들이 많다. 그리고 1956년 하계 올림픽과 2006년 영연방대회도 개최했다. 멜버른은 세계 대도시권 지역 중 10번째로 많은 이민 인구를 가지고 있는 이민자들의 도시이기도 하다.

Anthony Morris, 2020. 5. 11. The City of Melbourne Wants to Support Your Festival in 2021 – And You Can Apply Now. Broadsheet. // Deutsche Bank, 2019. 5. 16. Mapping the World's Prices 2019. Deutsche Bank Research. // Dor(시티 큐레이션 잡지), 2017. DOR to Melbourne. // The Economist Intelligence Unit (The EIU), 2021. The Global Liveability Index 2021, How the Covid-19 pandemic affected liveability worldwide.

미국 디트로이트

어떤 개인이나 가정, 지역 또는 대도시와 국가라도 모두 실패와 고난을 겪는다. 이를 극복하기도 하고 나락으로 떨어져 회생을 못 하기도 한다. 어떠한 도시도 성공만을 거둔 도시는 없다. 오랫동안 영광을 누렸던 도시들의 실패는 그 자체로 충격이지만, 다시 극복하는 과정과 그 이후의 모습을 통해 다른 도시들은 커다란 교훈을 얻는다. 지난 30~40년 동안 가장 극적인 변화를 겪었던 도시가 있다. 바로 자동차도시로 유명한 디트로이트Detroit다. 이 도시는 미국의 북동쪽에 있는 가장 큰 도시로 오대호를 끼고 있는 항구도시로서도 세계적인 명성을 얻었다. 그래서인지 도시 이름도 '해협'이라는 뜻을 가진 프랑스어 '디토와Détroit'에서 왔다. 오대호 중의 하나인 이리호Lake Erie와 부속 호수라고 할 수 있는 세인트클레어호Lake St. Clair 사이의 좁은 통로인 디트로이트강에 자리를 잡아 도시 이름으로 적절해 보인다. 디트로이트는 별명도 많다. 모터타운, 르네상스 시티, 해협의 도시, 하키 타운, 세계의 자동차 수도, 복 시티, 민주주

디트로이트는 도시가 파산한 후 일 년 만에 자립하고 2015년에 유네스코가 지정하는 창의도시 네트워크 가운데 디자인 도시로 선정되어 도시 재생의 계기로 삼았다. (크레인스 디트로이트 경제신문, Crain's Detroit Business 자료 인용)

의의 무기고, 타이거 타운 등인데, 모두 이 도시가 산업과 음악 그리고 스포츠에 이르기까지 모든 분야에서 역동적인 도시라는 것을 나타내고 있다.

미시간주 웨인 카운티Wayne County 주도인 디트로이트는 2019년 현재 약 67만 명으로 캐나다 국경지역에서 제일 큰 도시이자 미국에서 24번째 도시다. 도시권역 전체는 430만 명으로 중서부에서는 시카고 다음이며, 전국에서는 14번째로 크다. 인구 총조사에 따르면 한때 이 도시는 10년 만에 인구가 113%가 증가한 적이 있었으며, 1950년에는 185만 명에 달했다. 1960년부터 감소하기 시작하여 2000년에 인구 100만 명이 무너졌고, 지금까지 계속 감소하고 있다.

디트로이트는 한때 미국은 물론이고 세계 자동차산업의 상징이자 중심이었는데, '빅 쓰리' 제조업체인 제너럴 모터스General Motors, 포드Ford, 크라이슬러Chrysler의 본사는 지금도 이곳 도시권 내에 있다. 그러나 단순한 자동차공업도시만이 아니고, 중요한 미국문화의 중심지로 자리를 잡았으며 역사적으로 음악과 예술, 건축 그리고 스포츠 강점을 가진 도시로 발전해왔다. 아직도 경제적으로 비중이 큰 도시로 중서부에서 시카고 다음이며, 미국 전체에서는 13위나 된다. 2007년에는 디트로이트 도시권은 수출로 볼 때 310개 도시권 가운데 1위를 하였다.

  1701년 당시에 미래의 도시로 만들어진 디트로이트는 19세기 후반과 20세기 초에 오대호 지역의 중요한 산업 중심지가 되었다. 1920년에는 뉴욕, 시카고, 필라델피아에 이어 네 번째로 인구가 많은 도시로 커졌다. 한때는 이곳에서 매년 전 세계 곳곳으로 6,500만 톤 이상의 화물을 해운으로 운송했으며, 뉴욕의 세 배 이상, 런던의 약 네 배였다. 1940년대까지는 인구에 있어서 네 번째를 유지했다. 그러나 자동차산업 쇠퇴로 구조 조정, 일자리 상실, 급격한 교외화로 인해 20세기 후반부터 도시붕괴 상태에 접어들었다. 자동차산업만으로는 도시가 지속할 수 없었고, 결국 2000년대 초반 심각한 위기에 직면하게 되었다. 2013년 디트로이트는 영광의 시절을 뒤로하고 파산 신청을 했는데 파산한 미국 최대 도시가 되고 말았다. 일 년 후인 2014년 12월에 시는 재정 통제권을 되찾고 재활을 시작하였다.

  디트로이트의 다양한 문화 중에서 음악이 대표적이라 할 수 있는데 지역적으로나 국제적으로 큰 영향을 미치고 있다. 유명한 모타운(Motown, 세계적으로 저명한 음반회사인데 자동차 동네, 즉 모터타운에서 이름을 따왔음)이라는 아프리카계 미국인이 소유한 최초의 음악 레이블이었다. 테크노 장르를 새롭게 불러일으켰으며, 재즈, 힙합, 록과 펑크 음악 전반에 선구지역으로 지대한 공헌을 해왔다. 디트로이트가 빠르게 성장하던 호황기에는 전 세계적으로 주목을 받았던 독특한 건축물과 역사적 기념물들이 세워졌다. 2000년대 이후에도 건축 유산을 보존하는 노력을 기울였고 여러 번의 대규모 재활사업을 통해 조금씩 성과를 거두고 있다. 여러 극장과 엔터테인먼트 장소의 복원, 고층건물

두 차례의 공사를 통해 완성된 약 8km의 강변길은 도시재생의 상징이자 핵심 관광자원으로 자리를 잡았다.

개조, 새로운 스포츠 경기장 조성 그리고 공원 조성과 강변 재생사업 등이다. 최근에는 도심 내 여러 동네에서 인구가 증가하고 있다. 그러자 디트로이트는 점차 매력 있는 관광지가 되었으며, 이젠 연간 1,900만 명이 방문하는 관광도시로 변모하였다.

2015년, 디트로이트는 미국 최초로 '유네스코 디자인 도시'로 지정되었다. 이 도시는 문화르네상스센터 건립으로 찬사를 받았으며, 수많은 새로운 호텔, 레스토랑 및 갤러리가 한때 미국 산업주의의 진원시였던 도시에 초점을 맞추었다. 장소에 대한 자부심과 이러한 명성을 유지하기 위한 시와 시민들의 헌신은 디트로이트의 장래를 밝게 만들었다. 의심할 여지 없이 유네스코의 기준에 부합할 뿐 아니라 앞으로 그 이상이 될 것을 관계자들은 확신하고 있다. 엄청난 문화적 자산을 가진 이 도시가 그야말로 예술적 열정으로 재생을 하고 있는 것이다. 특이한 점은 파산이라는 큰 충격 이후에 그 열정이 더 확장되고, 창의적으로 발전했다는 점이다. 물론, 지난 수십 년 동안 도시는 인구감소와 산업붕괴의 현장이기도 했다. 그러나 이 위기로 인해 흥미로운 현상이 나타났다. 요리사, 예술가, 디자이너, 큐레이터, 개발자와 같은 새로운 세대의 기업가가 도시의 모든 것이 사라졌던 곳을 역동적인 실험무대로 바꾸었다. 새로운 디트로이트에 새로운 세대의 탄생이 시작된 것이었다.

파산 후 도시서비스를 개선하기 위한 또 다른 노력 중 하나는 도시의 고장난 가로등 시스템을 개선하는 것이었다. 한때 40%가 작동하지 않아 공공안전 문제뿐만 아니라 주택 포기로까지 이어질 정도였다. 당시의 이 암울한 시기에는 미국의 최악의 범죄도시였기도 했다. 구식나트륨 조명 65,000개를 엘이디 LED로 교체하는 공사는 2014년 말에 시작되어 2016년 말에 완료하였다. 지금은 모든 가로등을 엘이디로 갖춘 미국 최대 도시이다. 또한, 시민과 새로운 주민들이 지역을 개조하고 활성화하기 위해 도시경관 개선을 위해 몇 가지 계획을 추진하였다. 이러한 프로젝트에는 혁신 자원봉사 그룹과 다양한 도시원예 운동단체들이 참여하였다. 도시에 버려진 집 수천 채를 철거하여 녹지대로 만들기도 했다. 수 킬로미터에 걸쳐 있는 시내 공원들과 도시조경은 새롭게 꾸미면서 쾌적한 도시로 만들어나갔다. 그러자 고학력의 전문인력들이 모이기 시작했고, 범죄도 줄었으며 공실 공간도 감소하기 시작했다.

2011년에는 여객선 터미널이 새로 문을 열었는데 이곳에서부터 하트 플라자 상가와 르네상스 센터까지 강변길로 연결하였다. 즉 강변을 여유공간으로 변모시킨 것으로 소위 '리버 워터프론트river waterfront'를 완성한 것이다. 이곳의 '디트로이트 국제 강변길Detroit International Riverwalk'은 2021년 'USA 투데이 / 10 베스트 리더스 초이스 어워드10 Best Reader's Choice Award' 대회에서 미국 최고의 강변길로 선정되었다. 이러한 환경개선 노력과 더불어 독특한 문화, 특이한 건축물, 그리고 도시재생 노력으로 디트로이트는 최근 몇 년 동안에 관광지로 명성을 높여가고 있다. '뉴욕 타임스'는 2017년에 꼭 가보아야 할 곳 52곳 가운데 아홉 번째로 그 이름을 올렸고, 유명 여행안내서인 '론리 플라닛 Lonely Planet'은 2018년에 방문하기 좋은 세계 두 번째 장소로 디트로이트를 꼽았다.

Cassandra Sprating, 2021. 4. 7. On the waterfront / The Detroit Riverfront. Visitdetroit. // Ian Waldie, 2021. 5. 17. A Cultural Deep Dive in Detroit. Visitdetoit.

스페인 바르셀로나

얼마 전 2021년 6월에 들려온 여러 뉴스 중에 주목했던 것은 스페인 상원 도서관에서 소장 중인 독도가 나온 「조선왕국전도」에 관한 것이다. 뉴스를 보면서 고풍스러운 도서관 시설과 오래된 자료를 소중하게 관리하는 것에 시선이 갔다. TV 방송에서는 이 소식을 항구 도시 바르셀로나에서 전했다. 이 지중해 연안도시를 한 번이라도 가본 사람이라면 단번에 문화가 충만한 도시라는 것을 알게 된다. 유서 깊은 도시의 경관과 예술성이 뛰어난 건축물뿐만 아니라 수많은 지역 예술가들의 작품이나 업적을 볼 수 있는 박물관, 미술관, 공연장이 곳곳에 있어서다. 필자도 어느 골목에 있는 피카소미술관을 방문하고, 여러 미술 대가들의 흔적이 남아 있는 거리를 걸으면서 전형적인 문화도시인 이곳

디자인 허브 내에는 디자인 연구소와 주제별 도서관도 있어 디자이너, 건축가, 패션 디자이너가 소통하고 경험을 교환할 수 있는 공간이다. 2013년부터 공식적으로 '바르셀로나 디자인 박물관Museu del Disseny de Barcelona'으로 명명되었다.

을 부러워한 적이 있었다.

한 문화잡지 기자는 2018년에 바르셀로나의 일곱 가지 문화적 가치에 대해서 언급하였다. '놀라운 건축물', '에픽 재즈음악 축제', '도시 어디서나 볼 수 있는 대가들의 공공예술작품', '수백 개의 아트 갤러리', '카탈루냐 문화 축제', '아방가르드 미술 전시회', '미식가들을 위한 요리' 등이다. 바르셀로나는 스페인의 동남부에 바다와 산악지역 사이에 자리 잡은 카탈루냐 주의 주도로 스페인에서 두 번째로 큰 도시이다. 인구는 162만 여명이다. 도시의 역사는 최소 2,000년 전으로 거슬러 올라가는 오랜 역사를 가지고 있다. 누구나 다 아는 예술기인, 파블로 피카소, 조안 미로Joan Miró, 엘 페즈El Pez, 안토니 타피Antoni

거리의 낙서 예술가인 '호세 사바타 엘 페즈Jose Sabata 'El Pez'는 1999부터 고향 바르셀로나를 보다 긍정적인 장소로 만들기 시작하였다. 현재 전 세계의 다양한 도시에서 작품을 통해 행복한 메시지를 전달하고 있다.

Tàpies 등은 이 도시와 깊은 인연을 맺고 있다. 유명한 현대 건축예술가 중 한 명인 안토니 가우디Antoni Gaudi의 멋진 건축물들은 도시를 특별하게 장식하고 있는데, 그중 일곱 개는 유네스코 세계문화유산으로 지정되었을 정도다. 사그라다 파밀리아Sagrada Familia 대성당은 현재까지 건설 중인 성당으로서 문화유산이 된 유일한 사례다. 그리고 세계적인 첼로 연주가인 파블로 카잘스Pablo Casals도 이곳 출신이다.

바르셀로나에서는 카탈루냐Catalonia 어와 스페인어를 두 가지 공식 언어로 쓰지만, 시민 20.2%가 다문화시민권을 가지고 있고, 200개 이상의 언어가 사용되는 문화적으로 매우 다양하고 복합적인 도시다. 최근 수십 년 동안 과거의 산업에서 벗어나 미디어, 생명 공학, 에너지와 디자인을 포함한 새로운 분야를 수용하여 산업적 혁신을 도모하고 있다. 스페인의 모든 창조산업 일자리의 절반 가까이를 가지고 있으니 창의도시(또는 창조도시)라고 해도 될 것 같다. 2018년에는 시민 135,000명(전체 인력의 12.2%)이 이 부문에 고용되었다. 이러한 기반은 도시 전역에 무료 문화활동을 제공하는 바르셀로나 문화지구 Barcelona Cultural District와 같은 주요 프로그램 등에서 나온다고 볼 수 있다. 문화를 기본권리이자 사회발전의 핵심부분으로 간주하고 있는 것이다. 또한 2019년 중반부터 문화, 과학, 교육분야는 모두 문화 부시장이 관장하고, 다학제 간 프로그램을 우선 지원한다. 이 문화도시의 주 수입원은 관광이지만, 주민들을 위한 지속가능한 프로그램이 많고, 지역 예술가들이 여전히 도시에서 살고, 일하고, 번창할 수 있도록 보장한다.

바르셀로나는 또한 국제시장을 위한 출판사업과도 오랜 연관성을 반영하는 유네스코 문학 창의도시이다. 매년 640만 명의 방문객이 찾는 도시의 문학 허브인 41개의 도서관이 이를 잘 보여준다. 19세기 이후 스페인, 라틴아메리카와 카탈로니아 문학의 출판 중심으로 널리 알려져 왔다. 독립출판 현장을 보유한 이 부문은 지역 경제에 12억 유로(약 1조 6천억 원)의 가치를 제공한다. 그리고 국제 수준에서는 도서 수출의 44.8%가 라틴아메리카 지역으로 간다. 창의성을 더욱 강화하기 위해 시는 문학행사를 지원하고 해당 분야에서 도시의 국제적 영향력을 높이기 위해 연간 약 2억 원을 지원한다. 또한, 바르셀로나는 문화를 위한 의제 21을 시작한 도시 중 하나이며, 경제적 타당성에 입각한 포용적 접근 방식을 추구한다.

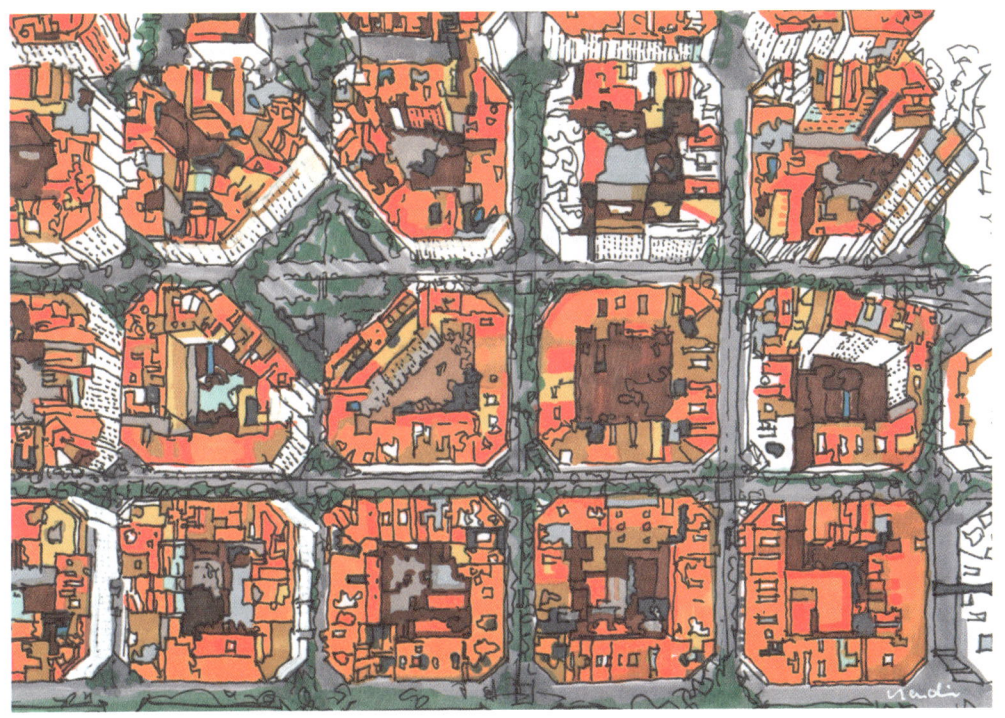

바르셀로나의 창의성이 여실히 들어나는 슈퍼 블록은 지속가능한 사회를 위한 도전이다.

　도시 전역에 59개의 극장과 57개의 박물관이 있다. 2012년에 지어진 이 도시의 '디자인 허브(DHUB)'는 창조산업의 중심이며, 디자인 부문을 유럽의 리더로 키우는 것을 목표로 한다. 약 500에이커(약 2㎢)에 달하는 버려진 산업부지를 새로운 혁신지구로 바꾸는 사업인 '22@ 디스트릭트22@ district'의 일부이다. 이러한 프로그램들은 시민들을 통합하고 불평등을 줄이는 것을 목표로 하고, 누구에게나 모든 문화에 대한 접근을 제공하려는 것이다. 더 나아가 세계적인 예술의 수도로 높이 평가되길 원하여 정기적으로 최첨단 예술 전시회를 개최한다. CCCBCentre de Cultura Contemporània de Barcelona 바르셀로나 현대 문화센터는 현대사회에서 필요한 기술, 예술, 디자인의 역할을 탐구하는 센터로 핵심 주제는 도시와 도시문화다. CCCB는 전시회, 토론, 축제 및 콘서트, 영화, 사이클 코스, 강의 및 기타 활동을 조직하며, 새로운 기술과 언어를 사용하여 창작을 장려하고, 다양한 장르와의 지속적인 융합을 탐구하고 촉진한다. 그리고 다른 국내외 예술센터, 박물관이나 기관과도 교류한다.

문화도시 바르셀로나는 또 다른 도시계획을 추진하고 있다. 2016년 처음으로 '슈퍼 블록superblock'이라는 차없는 공간의 섬을 시도하여 전 세계의 여러 도시에 영향을 미치고 있다. 향후 10년 동안 중앙 그리드 전체를 차량이 거의 없는 친환경적이고 보행자 친화적인 지역으로 전환하려는 야심찬 계획을 세우고 있다. 보행자 공간이 추가로 포함될 구역에 나무를 심어 그늘지게 할 새로운 녹지공간을 만들 계획도 가지고 있다. 2022년에 약 515억 원의 예산으로 사업을 시작하려는 새 도시계획은 21세기에 유럽의 주요 도시를 가장 철저히 개조하는 계획 중 하나이다. 시장은 성명에서 "오염 감소, 새로운 이동성과 새로운 공공공간으로 현재와 미래를 위한 새로운 도시를 추구하는 시도"라고 말했다. 현재 주변 산악지역에서부터 도심까지 녹지축green corridor을 만들어 도시와 자연의 연결을 추진하고 있다.

Barcelona, 2021. What is Barcelona's 22@ District? // ICLEI, 2021. Making Urban Nature Bloom, four Years of Partrering for Nature-Based Solutions across Europe. Horizon 2020 and Naturation. // Ronika Postaria, 2021. 5. 31. Superblock (Superilla) Barcelona—a city redefined. Cities Forum.

크로아티아 리예카

유럽에서는 매년 한두 곳씩 문화수도가 생긴다. 2020년의 문화수도는 크로아티아의 리예카Rijeka와 아일랜드의 골웨이Golway였다. 2021년에는 문화수도를 정하지 못해 2년째 문화수도 역할을 하고 있다. 아드리아해 항구 도시인 리예카는 한때 오스트리아-헝가리, 이탈리아, 독일 등의 일부였던 적이 있으며, 아주 오래전에는 로마를 비롯한 많은 나라에 점령당했던 역사를 가진 도시국가였다. 크로아티아 북부의 잘 보호된 커다란 만인 크바르네르만Kvarner Gulf의 안쪽에 자리를 잡고 있는 도시이며, 해안선이 아름답기로 유명하다. 인구는 약 13만 명으로 이 나라에서 세 번째로 큰 도시다.

슬로베니아 국경과 가깝고 이탈리아반도와 마주하며 아드리아해를 공유하고 있다. 이렇게 지정학적으로 매우 중요한 위치에 놓여있어서 여러 문화가 섞여 독특한 정체성을 가지고 있다. 22개의 민족이 거주하고 있는 것부터가 이를 잘 나타내고 있고, 국제적이며 다문화적이고 때로는 약간 무정부적이라고 한다. 이런 역사적 배경을 비롯한 모든 상황이 도시가 풍부한 문화유산을 갖도록 만들었다. 유럽 문화수도로 좋은 조건을 갖추었다고 볼 수 있다. 1885년에 건립된 크로아티아 국립극장과 최첨단 현대미술관과 같은 리예카의 문화기관들은 문화수도가 되자 더욱 활기가 넘치고 있다.

유럽 문화수도ECoC, European Capital of Culture 지정은 유럽의 풍부함과 다양한 문화를 강조하고, 유럽인들이 공유하는 문화적 특징을 나타내며, 유럽도 시민의 공통문화 영역에 대한 소속감을 부여하여서 도시발전에 대한 문화의 공헌 역량을 향상하기 위해 만들어졌다. 이러한 행사를 통해 도시를 재생하고, 국제적 인지도를 높일 뿐 아니라 현지 시민들에게 도시이미지를 향상해 도시문화

리예트 시가지와 항구 맞은편의 크바르네르 섬을 한꺼번에 바라볼 수 있는 전망대가 보인다. 오래된 도시의 역사적 흔적을 미루어 짐작할 수 있으면 좋겠다.

에 새로운 활력을 불어넣을 수 있다. 물론 관광진흥에도 크게 이바지한다. 이 매력적인 이벤트의 시작은 그리스 문화부장관을 역임하였던 멜리나 메르쿠리 Melina Mercouri가 제안하여 1985년부터 시작되었다. 현재까지 유럽연합EU 회원국 60개 이상의 도시가 지정되었다. 희망국가와 도시는 6년 전에 신청서를 제출해야 한다. 신청서는 문화 또는 문화기반 도시 개발 분야의 독립적인 전문가 패널에 의해 검토된다. 후보 도시가 되면 더 자세한 신청서를 제출해야 한다. 패널은 최종 선정을 위해 다시 소집되고 국가당 하나의 도시를 추천한다. 유럽연합 집행위원회는 제정된 규칙이 잘 준수되도록 하는 역할을 한다. 이런 절차를 거쳐 유럽 문화수도는 실행 4년 전에 공식적으로 지정된다. 복잡한 이벤트를 계획하고 준비하려면 긴 시간이 필요하기 때문이다.

이 해안 문화도시의 특징은 시민들이 사랑하는 보행전용도로 코르조Korzo에

매년 2월에 개최되는 페스티벌의 페레이드는 다른 도시에서 볼 수 없는 파격적인 장면들을 경험하게 한다.

서 잘 알 수 있다. 20세기 초에 현대적인 윤곽이 드러나기 시작했지만 다양한 시대의 건축물과 궁전이 조화를 이루고 있고 예쁜 상점과 카페 테라스가 가득하다. 시민들에겐 최적의 산책로이자 만남의 장소다. 역사적 유산은 물론이고 고전적이며, 현대적이고, 여러 시대를 대변하는 다양한 스타일을 보여준다. 특히 2월 카니발 때는 이 일대가 난리가 난다. 창의적인 거리 예술에서부터 이 도시의 반항적인 행진을 보려면 코르즈나Kružna 골목을 찾으면 된다. 인근 청소년 문화센터 팔 라흐Palach 근처에 가면 이 도시가 펑크문화와도 연관이 있음을 알게 된다. 레지나Rječina 강변에 서서 도시 안내 해설을 듣는다면 이탈리아와 세르비아, 크로아티아, 슬로베네스 왕국 사이의 옛 국경과 많은 나라와의 문화적 소통이 가능했던 역사적 배경을 이해하게 되리라.

'다양성의 항구'라는 주제로 된 유럽 문화수도 리예카의 프로그램은 코로나-19 팬데믹으로 인해 2020년으로 예정된 프로그램을 축소하고 2021년 4월 말까지 유럽 문화수도 타이틀을 연장했다. 어려운 가운데서도 400개 이상의 문화예술행사가 열렸다. 프로그램 활동의 일부는 2021년 가을까지 진행되겠지만 대부분 이벤트는 2021년 4월에 마무리 되었다. 프로그램에는 연극, 주제별 도시 워킹 투어, 상설 설치 개회식, 전시회, 콘서트 그리고 이와 유사한 행사가 포함되며, 모두 시민보호본부가 시행하는 코로나 예방 조치에 따라 진행되었다. 12개의 전시회가 있었으며, 그중 일부는 4월 이후에도 공개된다.

전시회 중 하나는 '알 수 없는 클림트: 사랑, 죽음, 엑스터시Klimt Unknown – Love, Death, Ecstasy'였다. 이 전시회는 크로아티아 국립극장인 이반 궁전에서 열리는데, 133년이나 된 18세기 궁전이 이번 행사로 새롭게 복원되었다. 클림트 전은 2021년 10월 중순까지 전시될 예정이었다. 2020년 하반기에 7,000명 이상의 방문객으로 큰 성공을 거둔 대규모 도시역사전시회인 '환상적인 피우메 – 도시 현상Fiume Fantastic – City Phenomena'을 다시 전시하고 있다. 피우메는 리예카의 옛 이름으로 이탈리아, 독일, 헝가리식 이름이기도 하다.

이밖에도 현대미술관에서는 유명한 크로아티아 예술가 이반 코자리치Ivan Kožarić의 탄생 100주년을 기념하여 '우주로 날아가거나 지상에 머물기Flying into Aether or Staying on Earth' 전을 개최하는 등 다양한 전시, 공연과 연주회가 열렸다. 하이라이트 중 하나는 '크로아티아 연안의 해사와 역사박물관Maritime and History Museum of the Croatian Littoral'을 개방하는 행사였다. 그뿐만 아니라 어린이 프로그램도 많았다 어린이 거리미술산책은 아치형 통로의 기리, 기로등 기둥 또는 철도 차량의 중간, 지하도, 동네 거리 벽에 길을 따라 예술작품을 레지나강 상류까지 만들었다. '착한 어린이들의 책들Good Children's Books' 주간에는 작가들과의 만남 그리고 책을 중심으로 한 창의적인 워크숍을 제공하였는데 어린이집에서 처음으로 개최되었다. 또한, 인형극도 공연했는데 모두 어린이들을 위한 프로그램이다. 내년 2022년의 축제계획이 공개되었으며, 주 행사인 페레이드는 2월에 열릴 예정이다.

유럽 문화수도 2020 폐막식에서는 시민들이 자랑스러워 하는 리예카의 지속적인 유산에 관심을 집중시킴으로써 일반 관광형식에서 탈피하였다. 그래서 90분 정도 도시 도보여행을 통해 방문객들이 문화수도의 핵심이었던 수많은 프로그램을 회상하도록 만들었다. 문화수도에 관한 모든 연구에 따르면 유럽 문화수도 프로젝트는 도시재건을 위한 특별한 기회이며, 리예카시는 지정 목적에 맞는 여러 활동을 잘 구현했다는 평을 받고 있다. 더 나아가 주관자들은 도시와 주변 지역의 장기적인 문화 기반 개발 전략의 일부로 작용하는 경우 사회·경제적 이익을 크게 극대화한다고 강하게 믿고 있다.

Ana-Emanuela Babac, 2021. 4. 30. Rijeka City Guide: A walk through the historical centre of Rijeka. Culture Tourist. // Mary Novakorich, 2020. 2. 20. Rijeka in Croatia: the culture capital that knows how to party. The Guardian.

발칙한 정책이 만드는 당당한 도시

"도시는 '설계'가 아닌 '프로세스'의 결과다"

- 리차드 윌리암스 -

도시농업

　미래에 식량 위기가 올 것으로 예측하는 전문가들이 있다. 울산신문의 한 기사에서 월드워치연구소의 래스터 브라운Lester R.Brown 소장의 다음과 같은 말을 실었다. "세계는 식량잉여의 시대가 끝나고 식량부족의 시대에 접어들고 있다. 인류가 21세기에 맞게 될 중심 과제는 식량 부족이다." 연초에 다른 뉴스 미디어에서는 유럽 과학자문위원회가 "21세기 식량 위기가 다가오고 있다."라고 한 말을 기사 제목으로 올렸다. 과연 식량 위기는 올 것인가? "그렇다."라고 답할 수밖에 없다. 이유는 두 가지다. 하나는 기후변화와 농지 훼손으로 인한 곡물 생산 저하이고, 다른 하나는 인구증가에 의한 소비의 증가다. 생산량은 1990년도 이후부터 꾸준히 줄어들고 있는 반면에 전 세계 인구는 지속해서 늘고있다. 특히 인도와 중국의 국민 소득이 늘면서 식단이 점차 고급화와 대형화되면서 전 지구적 소비량은 급격히 증가하고 있어서다. 식단의 고급화는 고기와 식용유 생산을 위한 곡물과 씨앗의 엄청난 소비를 의미한다. 식량 부족으로 그러한 곡물들도 먹지 못하는 가난한 나라의 사람들을 생각하면 식량 배분의 불균형도 위기의 한 원인이 될 수 있다는 생각이 든다.

　위 두 나라보다 상대적으로 비중이 작아서 그렇지 우리나라를 비롯한 다른 선진국들도 과소비 식단은 비슷하다. 결론적으로 공급이 소비를 못 따라갈 것이 확실해진다. 이러한 문제를 더 가중하는 것이 곡물시장을 지배하고 있는 다국적기업들의 횡포와 곡물 생산국의 심각한 편중 현상이다. 그러므로 환경 변화나 기후변화로 지구 전체 생산량이 급감하거나, 전쟁 등으로 생산국에 위기가 발생했을 경우 곡물 공급량과 무역량에 엄청난 차질이 일어나게 된다. 따라서 식량을 무기화할 가능성이 늘 잠복하고 있다. 중국과 미국의 무역분쟁으로

경기도 가평 도시농업은 아직 식량위기의 대안은 아니다. 하지만 머지않은 장래에 도시농업이 주목받는 시기가 올 것이다.

인한 콩의 문제를 보면 생산량에 이상이 생기지 않더라도 현실화할 수 있다는 우려를 하게 된다.

반면에 우리나라 2019년 현재 사료용 수요까지 감안한 국내 곡물 자급률은 21%로 역대 최저치이며, 식량 자급률은 45.8%로 6년 만에 가장 낮았다. 자급률이 90%를 넘는 쌀을 제외한 곡물 자급률과 식량 자급률은 각각 4.7%와 13%로 더욱 심각한 상황이다. 곡물 자급률은 OECD 국가 중에서 최하위권이고, 식량 수입을 제일 많이 하는 국가 중의 하나이다. 곡물에는 동물의 사료도 포함되고 사료는 고기 생산을 위한 것이어서 국가에서 보면 곡물 부족이 식량 부족과 동일시하게 된다. 자급률은 앞으로 더 낮아질 추세다. 물론 주식인 쌀만 놓고 보면 자급자족할 수 있다지만 전 국민이 쌀을 중심으로 소비해야 하는 위급한 때가 되면 상황은 완전히 달라진다. 국민 전체 곡물별 소비 비중을 보면 밀가루와 옥수수 등의 비중이 빠르게 높아지고 있는데 이들의 자급률은 1.2% 정도여서 또한 문제다. 식량 업무는 중앙정부의 과업이지만 실제로 식량 위기

오스트리아 멜크 마을의 짜투리 땅에서 채소나 과일을 재배하는 것도 그 수가 많으면 대안 식량생산지가 될 수 있다.

가 생기면 도시도 무사하지 못할 것이 분명하다. 그렇게 되면 도시 간에도 식량으로 인해 분쟁이 생기고 교역에도 차질이 발생할 수 있다. 따라서 도시도 식량위기에 대비를 해야 한다.

  한 도시가 위기 상황에서 식량 자급자족량을 계산하는 것은 그리 어려운 일은 아니다. 인구수에다 생존에 필요한 절대 소비량을 곱하면 되기 때문이다. 그리고 20% 이상의 여유량을 두고, 생산 여건을 살펴보아야 한다. 수도권 도시 대부분은 부족할 것이고 전원이 있는 도농복합지역이거나 농사가 주 산업인 지자체들은 남아돌 것이다. 도시의 인구가 절대적으로 많아서 어차피 국가 차원에서는 자급자족은 되지 않는다. 그러면 대안은 무엇인가? 세계적으로 대안을 이야기할 때는 '농업 생산량 증대를 위한 첨단 과학기술 개발'과 '곤충'을 거론하지만, 국내에서는 '도시농업'을 드는 전문가들이 있다.

  현시점에서 보자면 도시농업은 한마디로 "유행을 탔다."고 해도 될 정도로 인기를 얻고 있다. 농림축산식품부의 자료에 따르면 2010년에 참여 인구 약

15만 명이 면적 104ha에서 했는데, 2017년에는 약 190만 명에 1,106ha로 늘었으니 엄청난 증가추세다. 전체 면적은 고작 여의도 4배 수준이니 아직 완전한 대안이라고 하기는 어렵다. 만약 도시농업이 여가 활용이나 약간의 채소 생산 차원에서 자투리땅과 옥상 이용 또는 주말농장 수준에서 벗어나고 기업화가 활성화된다면 희망을 내다볼 수 있다. 무엇을 하더라도 미래 대안 농업이 되려면 농지로 전환이 가능한 토지나 큰 농업용 건물들이 있어야 한다. 이 부분에서 미래를 내다보는 도시의 농업정책 수립이 필요하다. 일본이 현시점에서 식량의 자급자족을 못 하더라도 농지로 전환할 수 있는 부지들을 확보·유지하는 정책을 쓰고 있음도 눈여겨보아야 한다.

최근 들어 국내 농업계는 큰 변곡점을 맞이했다. 높은 인구밀도와 급격한 도시화에 따른 농촌 인구감소, 그리고 줄어드는 농경지로 인해 대부분의 식량을 수입에 의존 하고 있다. 게다가 근본적으로 우리나라는 산지가 많아 농경지로 사용할 만한 땅이 부족하다. 따라서 농업계에서는 도시의 좁은 땅이나 건물 등에서도 농업 생산성을 향상할 수 있는 기술들을 지속적으로 연구해 왔다. 그 결과 농업에 인공지능 기술이 접목된 스마트팜을 주목하고 있다. 도시농업에 추가하여 오래된 건물에서 농수산물 복합 생산 체제도 고려할 필요가 있다. 공실이 많은 건물을 활용한다는 차원도 되니 도시재생과도 맞물린다. 일명 빌딩양식이 몇 곳에서 실험적으로 진행되고 있는데 물 사용을 최소화하고 항생제 등을 사용하지 않으며 원격관리도 가능하게 해야 하니 수산업계의 4차산업이라 할만하다. 도시농업 이야길 하다 양식기술을 설명하니 의아할 것이나 이 양식건물에서 사용하는 물을 농업에 이용한다고 생각해보라. 바로 카카오가 주목한다는 아쿠아포닉스aquaponics 개념이 된다. 수경재배와 실내 양식이 합쳐진 것이지만 첨단기술을 활용해야 대량생산이 가능하다.

이런 모든 시도가 가능하더라도 식량공급 체계의 핵심은 지속가능성인데, 『먹거리 반란Food Rebellions』에서의 저자 '에릭 홀트-히메네스Eric Holt-Gimenez 와 라즈 파텔Raj Patel'의 다음 주장을 유념할 필요가 있다. "농업생태계와 땅, 물 등을 고갈시키지 않고 먹거리 생산 자체가 지속가능해야 한다는 게 첫째고, 충분한 생산량과 이익을 보장하여 농민의 삶이 지속가능해야 한다는 것이 두 번째다."

박동석, 2016. 6. 11. 글로벌 식량위기 대책. 울산신문. // 에릭 홀트-히메네스와 라즈 파텔(농업농민정책연구소 녀름 옮김), 2011. 먹거리 반란, 모두를 위한 먹거리와 지속가능한 미래를 위한 혁명. 출판 따비. // 이강봉, 2017. 12. 7. "21세기 식량위기가 다가오고 있다" 유럽 과학자문위, 농작물 육종혁신 등 대안 마련 촉구. 사이언스타임즈. // ReliefWeb, 2021. Global Report on Food Crises 2021: Joint Analysis for Better Decisions, // Youmatter, 2020. 5. 16. What Is The Aquaponics System? Definition, Benefits, Weaknesses.

역세권

역세권驛勢圈을 부동산용어 사전에서는 "역을 중심으로 다양한 상업 및 업무 활동이 일어나는 세력권을 의미하며, 역을 이용하는 주민의 거주지, 상업지, 교육시설의 범위"를 말한다. 역세권의 개발 및 이용에 관한 법률에서의 역세권은 "철도역과 그 주변 지역을 말하며, 보통 철도(지하철)를 중심으로 500m 반경 내외의 지역을 1차 역세권이라 한다."라고 하였다. 보통 역세권의 위치나 거리에 따라 부동산가격에도 영향을 미친다. 역이 있으면 오가는 사람들이

오스트리아 빈 역세권의 재생사업은 초기에는 역 주변 지역의 긍정적인 발전을 이끈다.

많게 마련이고 상업이나 소통의 중심이 될 수밖에 없다. 철도역이 생기면 교통의 요지가 되고 시세가 커지게 되어 역의 존재 여부로 도시의 운명이 바뀌는 경우가 많다. 대전과 광주 등은 역이 생기면서 도시가 비약적으로 발전한 사례이다.

그러나 과거 어느시점에서는 역이 커져 더 많은 사람이 몰려서 시끄럽고 지저분해졌다. 도시의 중심부이긴 해도 주거지역이나 고급 상업시설이 들어설 수 없을 정도로 문제가 많게 되었다. 불량배와 걸인들이 모여들고, 역 근처에서 일거리를 찾는 사람들과 도시로 갓 올라온 가난한 시골 사람들이나 빈민들이 머무는 쪽방촌도 생겼다. 따라서 범죄의 온상처럼 보였다. 아이들이 범접하지 못할 거리까지 생기는 경우도 있었다. 서울역과 영등포역이 그랬고 우리나라에서 제법 큰 도시의 역들이 다 그랬다. 우리나라만이 아니고 전 세계 큰 도시의 역들의 상황은 비슷하였다. 영국의 킹스크로스역도 마찬가지였다. 우범지역에다 마약 거래인들이 꼬이는 지역까지 되자 어떤 거리는 사람들이 지나

발칙한 정책이 만드는 당당한 도시 **211**

가기를 꺼렸다. 이런 곳의 땅 중 일부는 가치가 떨어지고 내버려 지는 사례도 생겼다.

우리나라에서는 역세권 재개발 붐이 일어나면서 일본식을 따랐다. 고급 백화점이나 초대형 상가들과 결합하는 형태였다. 좋은 착상이었고 효과도 나쁘지 않았지만, 발 빠른 개발에는 소외되는 서민들이 분명 있었다. 과거의 일에 대해서 말할만한 자료가 충분하진 않지만, 용산역 사태에서 충분히 짐작할 수 있었다. 작은 가게나 포장마차를 하는 영세사업자들에겐 일터를 잃는 결과였으니까. 이렇게까지 이야길 하다 보면 영국 런던의 킹스크로스역에서는 어찌 하였을까 궁금해진다. 이미 재개발에 실패한 경험이 있고 세계 최고의 땅값을 가진 런던이니 이해당사자들도 많았을 것이다. 영국 정부에서도 이 역을 유럽 대륙으로 출발하는 열차들의 중심 역으로 만들어야 했으므로 재생사업에 적극적이었다.

킹스크로스역 재생사업은 컨소시엄을 이루어 진행되었다. 20년이라는 긴 시간이 걸릴 사업이 달랑 제안서 한 장만 써낸 사업자가 채택되었다. 비전만을 적은 종이 한 장. 긴 세월이 걸리는 사업을 상세히 마련한다는 것 자체가 난센스로 본 사업자였다. 그리고 사업 기간 이해당사자들과 협의를 잘 해나가겠다는 약속을 하였다. 2002년에 시작된 사업인데 필자가 마지막 방문한 2016년까지 약속이 잘 이행되고 있었다. 청소년과 어린이들에게 어떤 영향을 미치는지 그리고 지역 주민들에겐 어떤 이익과 혜택을 주는지가 토론과 협의 과정에서 가장 중요한 주제였다. 문제를 풀어가면서 하는 사업, 그리고 완전히 허물고 하는 사업이 아니라 옛 건물 중에 살릴 것은 최대한 살려가면서 하는 사업이었다. 새로운 아이디어가 생기면 도입해 가면서 하는 순응적 방식의 재생사업이있다. 특히 감동직인 것은 산업혁명 시대의 건물을 보수하여 런던 예술대

경기도 안산 안산시는 초지역세권을 중심으로 문화예술도시와 걷는길 조성에 대한 구상을 하고 있다.(피터 비숍의 발표자료에서 인용)

학교University of the Arts London를 입주시킨 것이었다. 대학교 뒤편 오래된 철도청 건물은 레스토랑과 카페가 있는 상점가가 들어섰다.

    토론이 모든 문제를 해결하지는 않는다. 때론 정치적 결단이 필요하였다. 정치인들도 사업이 실패하거나 부진해지면 부정적인 영향을 받으므로 여러 계층의 정치인들 모두 관심을 갖는 것은 당연지사였다. 정치적 결단으로 정부 부지 땅값을 낮게 받을 수 있었던 점도 사업 성공의 좋은 배경이 되었다. 시민들과 개발업자 그리고 전문가와 정치인들이 협의해 나갔지만 이들을 이끈 리더로 자본을 가진 사업자가 아닌 건축가나 도시계획가가 필요했다. 그래야 협의 내용을 바르게 정리하고 이해할 수 없는 사항은 반복해서 이해시켜가며 절충과 조정을 할 수 있다. 사업자도 단기 이익을 추구하지 않고 장기적인 이익을 기대하므로 사업에 보다 신중하게 접근했다.

안산에서도 몇 개의 지하철과 철도 노선이 엇갈리는 역이 두 개나 생긴다. 초지역과 중앙역이 그렇다. 초지역 주변에는 비어있는 꽤 넓은 시 소유 토지가 있다. 이곳을 잘 설계하여 선진적이며, 지역 주민이 만족해하고 미래 세대에게도 도움이 되는 개념 설계를 킹스크로스역 역세권 재생사업을 이끈 런던대학교 피터 비숍 교수에게 부탁했다. 그리고 '아트 시티Art City'라 명명했다. 영국에서 가장 큰 역세권 재생사업의 철학과 진행 방식도 참고하려고 했었다. 안산의 서울예술대학교 일부가 이곳에 위치한다면 학생들의 통학과 문화 활동에도 크게 도움이 될 것으로 보았다. 앞서 언급한 두 역세권이 잘 재생되고 개발되어 안산의 도시발전에 도움이 되면 좋겠다.

조진만, 2019. 9. 5. 조진만의 도발하는 건축, 모두의 역세권 프리미엄. 경향신문. // Gwyn Topham, 2012. 3. 14. Five-year £500m redevelopment of King's Cross station almost complete. The Guardian. // Stanton Williams, 2011. New University of the Arts London Campus. Archello.

대중교통

런던에서는 2003년부터 중심부로 진입하는 개인 자동차들은 혼잡통행료 congestion charge를 낸다. 그리고 미세먼지와 유해가스를 배출할 것으로 보이는 노후 경유차는 더 큰 비용을 지불한다. 특정 기준을 어긴 차들은 약 3만 원 정도의 벌칙금을 내야 한다. 이런 정책들은 2021년 이후에 보다 강화되고 지역도 확대될 예정이다. 노후 자동차나 유해가스를 배출하는 차의 도심 신입을 제

브라질 쿠리치바 지하철 건설을 대신해서 기능성 버스 체계를 도입하여 막대한 예산도 절약하고 효율성도 기했다.

한하거나 요금을 크게 물리는 정책은 프랑스, 독일, 일본 등 전 세계 많은 나라의 여러 도시에서 시행하고 있는 정책이다. 특히 경유 차량은 10년쯤 후에는 유럽의 주요 도시의 도심에선 찾기 어려울지도 모른다. 이들 가운데 일부 정책은 우리나라 수도권에서 이미 시행 중이거나 시행을 준비하고 있지만 부족한 점이 있다는 지적이다.

　브라질의 쿠리치바에서는 지하철 대신 버스를 주된 대중교통으로 삼고, 삼중주행차선제trinary road system를 운영하고 있다. 중앙은 급행버스가 다니는 버스전용차로를 두고, 그 양편에 일반 자동차 도로가 있는데 급행 도로와 같은 방향이다. 일반 도로 옆에는 사무실이 많은 높은 빌딩이 있어 이곳에서 일하는 근로자들을 편하게 하고 있다. 그리고 양쪽으로 늘어선 빌딩들 뒤에는 상대적

스페인 빌바오 도심을 재정비하면서 새로운 대중교통으로 트램을 선택하였는데 승하차가 편리하고 도시 이미지와도 부합되는 장점이 있다.

으로 느린 속도의 대중버스와 자동차가 다니는 일방통행 도로가 있는데 그 주변은 주로 저밀도의 거주지역이다. 따라서 도시의 구조와 버스 속도 등은 도시계획을 수립할 때부터 고려한 것이다. 또한, 이 도시에서는 버스들의 색깔로 기능을 부여하고 있다. 예를 들면 시내의 핵심지역을 오가는 버스는 회색, 각 구역을 이어주는 버스는 주황색, 병원들만 다니는 버스는 흰색 등 여러 종류의 색들이 있다. 더 나아가 도시 어느 곳에서 타더라도 같은 요금으로 책정하여 도시 외곽에 거주하는 서민들까지 배려하는 교통 정책을 쓰고 있다. 준공영이기 때문에 가능한 것이었다. 버스 전용차선제는 서울에서, 색깔 있는 버스는 로스앤젤레스 등에서 벤치마킹하였다.

왜 이런 정책을 쓰는 것일까? 우선 시내의 교통 혼잡을 줄이고 도시의 서민들이 대중교통을 편이하게 이용하도록 하는 목적을 가지고 있다. 최근에는 자

네덜란드 암스테르담 전 세계에서 자전거가 제일 많은 나라 중 하나가 네덜란드인데 역에는 큰 자전거 주차장이 있으며 그 규모와 자전거 종류는 상상을 초월한다.

동차가 배출하는 미세먼지나 유해가스로부터 시민들의 건강을 보호하려는 정책들이 추가되고 있다. 대중교통은 산업혁명 이후 빠른 도시화로 만들어진 교통수단의 하나로 개인 교통, 즉 개인이 자신의 임의대로 운영하는 교통과 대비되는 많은 사람이 이용하는 교통으로 일정 구간과 요금 체계를 가지고 운행한다. 개인 교통수단이 없는 시민들의 이동 편의를 제공하는 교통서비스다. 하지만 도시가 확대되고 큰 도시가 되면 교통이 더 중요해지고 더 복잡해지기 시작한다. 개인 승용차 운행도 크게 늘면서 교통은 도시가 가장 해결하기 힘든 과제 중의 하나가 된다.

  사람들이 일정 시간에 많이 모이는 시내 상점가나 체육관이나 문화 전시관 등에 시민들이 개인 승용차로만 간다면 교통체증과 주차장 시설 부족 등 여러 가지 문제가 발생할 수 있다. 아파트나 연립주택 그리고 다가구주택이나 다세대주택에 사는 시민들은 가까운 거리에 정류장이 있기를 희망하고 배차시간도 줄어들어야 한다고 주장한다. 대중교통 정책수립에는 이러한 모든 점을 수용하고, 운송업 사업자들의 이해관계까지 고려해야 하는 다차방정식을 풀어야 하는 지혜가 요구된다. 벨기에의 브뤼셀Bruxelles을 보자. 교통부문(26%)은 건축부문(60%)에 이어 두 번째로 많은 이산화탄소를 배출하고 있다. 2030년까지 배출량을 2005년 대비 40% 이상을 감축한다는 목표를 달성하기 위해서는 교통부문에서도 줄이는 것이 급선무였다. 대중교통과 자전거로 이동하는 게 더 빠르고 편하다고 느끼도록 교통 체계를 2030년까지 개선할 계획을 세우고 있다.

다음과 같은 예를 들면 쉽게 이해가 될 것이다. 한국에서 인구가 50만 이상이 되는 도시를 대도시라 하는데 어떤 대도시에 15만 가구 정도 있다고 가정한다면 두 가구 중 한 가구에 승용차 한 대가 있다고 하더라도 75,000대가 있는 것인데 화물용 등 상업용 차량이나 쓰레기 청소 등 공공기관에서 운영하는 차량까지 합친다면 8만 대 정도 될 것이다. 보통 차들은 출퇴근 시간에 도로에 집중되는 점이나 도로와 주차 문제 그리고 차량에서 배출되는 이산화탄소 등 온실가스와 미세먼지 배출까지 신경을 써야 한다. 더 나아가 외부 차량의 진출·입 문제까지.

현재 도시의 대중교통을 바라보는 시선 중의 하나는 시민들이 얼마나 많이 자전거를 이용하는가를 통해 평가하기도 한다. 자전거나 택시는 대중교통 범주에 속하지는 않지만, 대중교통 정책을 이행하는데 이 두 이동 수단도 효과를 높일 수 있어 반드시 참고해야 한다. 자전거가 스포츠나 취미만이 아닌 교통의 한 방편으로 인식하게 하여 대중화하려는 노력을 수많은 도시가 경주하고 있다.

서울정책아카이브. 대중교통정책. www.susa.or.kr/ko/content/transportation. // Environment. Brussels. 2015. 5. 30. Emissions of greenhouse gases. // Renate van der Zee, 2015. 5. 5. How Amsterdam became the bicycle capital of the world. The Guardiam.

선명한 도시

    도시를 운영하는 정책책임자들이 의도한 것은 아니지만 시민들의 불편을 세심하게 보살피지 못하는 경우가 있다. 공직자나 시민들 모두가 그 불편함이 무엇인지 정확하게 모르고 살아가는 경우가 태반인 까닭이다. 예를 들면 이정표나 안내 지도 등 공공정보시스템이 허술하고 일관적이지 않아 혼동을 일으켜서 생기는 일이라는 것을 알아채는 것도 쉬운 일은 아니다. 방문객이 한 도시에서 길을 찾는다고 가정하자. 시민들조차 도시의 구조도 모르고 바른 지도나 제대로 된 알림 간판이 없다면 어떨까? '어떻게 하면 도시가 좀 더 이해하기 쉽고 도시생활이 즐거워질 수 있을까?' 라고 고민하면서 도시재생을 실천해서 세계적으로 알려진 도시가 있다. 영국의 서남부의 중심인 해안도시 브리스톨 Bristol이다.

    브리스톨은 하구에 있는 수로가 많은 도시로 도시 중심에 항만이 있었다. 항만 주변에는 큰 화물선들이 들어와서 하적하던 곳으로 1960년대까지는 공장과 창고들이 많았다. 게다가 2차 세계대전 시 폭격과 이후 도시계획 없이 건설된 도로 시스템으로 내부 구역들이 서로 단절된 느낌을 주었고, 도시 이미지도 모호해졌다. 차츰 낮아지는 수심 때문에 항구를 도시 외곽으로 이전하게 되자 그 자리는 버려진 공간으로 방치되었다. 1990년부터 과거 항만을 포함한 도심

지역의 재생사업이 시작되었다. 사업을 진행하면서 공간적·물리적 변화도 중요하지만 새로운 도시 브랜딩과 이미지를 외부와 시민에게 알리는 것이 굉장히 중요하다는 것을 깨닫게 되었다. 그것이 쉽게 인지하는 도시, 즉 선명한 도시 프로젝트BLC: Bristol Legible City Project의 시작이었다.

  도시에서 찾아다니기 힘든 장소를 정확하게 찾아갈 수 있도록 지역마다 정체성을 부여하면서 사업을 착수하였다. 먼저 도시를 도심과 인접한 지역으로 나눈 후 구역 특징을 부여하는 작업이었다. 그리고 시민들이 가장 많이 이용하는 도심을 세 구역 - 항구였던 구역, 기차역 주변, 쇼핑센터가 있는 상업지역으로 나누었다. 처음 착안한 것은 사람들이 도시에 들어왔을 때 어디를 갈 것인지를 먼저 생각하면서 이미지 영역과 동선을 파악하였다. 그 동선에 맞는 지도와 정보를 어떻게 전달할 것인지 고민하였고, 산업 그리고 전통과 문화, 주생산품 등을 고려하여 그와 관련된 브리스톨 고유의 색을 찾아내었다. 이 사업에는 디자이너, 예술가, 도시계획가, 지질학자 등 여러 영역의 전문가들이 참여했다.

  안내판도 정보를 구조적으로 만들어서 정보제공 위치와 확대된 그림, 거리의 이름, 거리에 속한 주요 지역을 나타냈다. 글자체도 새로이 개발했으며, 안내판에 사용된 색들도 여러 가지 테스트를 통해 선택하였다. 버스와 기차가 서로 다른 대중 교통수단으로 환승하는 곳에서도 정보의 흐름이 이어지도록 안내판을 디자인했다. 멀리서도 가고자 하는 목적지로 가는 가장 편한 동선을 시민 또는 방문객 스스로가 결정하여 표지판이나 안내지도를 보고 찾아갈 수 있도록 한 것이었다. 한편 사람들이 랜드마크를 통해 위치를 찾는 것에 주목하여 시내의 150개 건물을 랜드마크로 선택하고, 시내의 주요 목적지들을 중심으로 지도와 사인 시스템을 선택하였다. 지도에서는 랜드마크를 입체적으로 표

영국 브리스톨 도시를 선명하게 안내하는 것은 현지 시민들의 이동에도 도움을 주지만, 과정에서 도시가 안고 있는 문제들을 알게되는 점도 좋은 점이다.

현하고, 주요 기관이나 건물 등은 전 세계적으로 보편적으로 이용되는 아이콘 심벌을 사용하여 표시했다. 더 나아가 브리스톨과 관련된 열 가지의 이야기를 들으면서 시내를 다닐 수는 모바일 앱을 개발하였는데, 이 열 개의 루트에 공공예술품을 설치하였다.

  가장 중요한 점은 사람 중심 도시디자인 전략을 수립했다는 점이다. 안내판을 보는 사람 기준으로 화살표 방향을 설정하고, 읽기가 쉽도록 색상을 대비하는 등 사용자 친화적인 도시로 만드는 데 초점을 맞추었다. 시민과 방문객이 활동하는 시나리오를 예상하여 도시를 새롭게 디자인하려는 정책 기준을 세웠다. 그리고 보행자 중심도시 만들기를 위해 가로환경도 개선하였다. 과거 자

영국 브리스톨 자동차가 다니던 곳을 녹지광장으로 만들고 길도 보행자가 편하게 조성하자 시민들의 만족도가 높아졌고, 광장 주변의 지가도 상승하였다.

동차 중심의 거리를 보행자 중심의 광장과 공원 등 공공공간으로 개편하였다. 도시 공간 사이 연결, 블록 간 연결, 도시 상권 간 연결, 사람 계층 간 연결을 사람이 중심이라는 원칙을 가지고 도시계획을 조정했다. 시민들이 자유롭게 만날 수 있는 녹지 공원을 확보하자 사람들이 원활하게 일정한 흐름을 따라갔고, 도시의 활력까지 높아졌다. 자연스럽게 생태도시를 구현할 수 있는 기반까지 잡혔으며, 관광객들도 늘어났다.

브리스톨시는 지금까지 진행된 사업들을 점검하고 문제점이 무엇인지를 찾아내서 해결하여 확대해 나갈 예정이었다. 필자가 방문했던 2016년 당시는 도심을 중심으로 위에서 언급한 도심의 사업은 이미 완결하였고, 향후 브리스톨 전체로 이 사업을 확대할 계획을 세웠다. 모바일 앱을 통해 시민의 이동 수단(기차, 버스 등)을 결정하는데 필요한 정보를 제공하고, 기존 지도의 업그레이드를 통해 빌딩 내부까지 확인하고 안내하는 방안까지 검토하고 있었다. 또한,

어두운 곳에서 잘 볼 수 있는 지도 안내판 제작을 준비하고 있는 등 사업을 끊임없이 확대해 나가는 것이 인상적이었다. 브리스톨을 비롯한 유럽 도시들의 성공 사례가 잘 알려지자 우리나라에서도 공공디자인의 중요성이 제기되었다. 서울과 안양, 수원 등 경기도의 여러 도시가 적극적으로 공공디자인 정책을 추진하였다.

제종길(김정원 감수), 2018. 도시재생 학습. 자연과생태. // Robert Buckland, 2021. 4. 16. Sign of the times: Bristol's world leading Legible City wayfinding scheme to be updated. Bristol Business News.

인재양성

자원 중에는 인적자원human resources이 최고라는 말이 있다. 그리고 인재가 있어야 조직이 돌아간다는 말도 있다. 첨단산업에는 CEO만 보인다는 말도 한다. 다 사람 이야기다. 사람을 자원이라고 표현할 때는 노동력을 이야기하는 것이나, 관리 등의 단어가 붙으면 사람들의 역량이나 재능까지 고려한다. 즉 사람의 수와 사람 각각의 소질과 역량을 다 함축하는 의미로 쓴다. 한 부서의 장이나 기관의 장이 바뀌면 부서의 활력이나 기관의 분위기가 바뀌고, 그 결과 조직의 생산력이 높아진다면 장은 능력이 뛰어난 사람, 즉 인재라는 표현을 쓰게 된다. 도시는 수많은 조직의 결합체이기도 하다. 시와 함께 움직이는 조직들은 다른 조직들과 직간접으로 연결되어 있다. 꼭 책임자는 아니더라도 조직을 움직이는 사람들이 인재라면 도시는 성장하게 된다. 그렇다면 인재를 많이

제주도 서귀포 국제회의에는 어떠한 주제의 회의라도 수많은 소모임들이 있게 마련인데, 대부분 참가자 역량 강화를 목적으로 한다.

양성하는 일이 결국 인적자원의 크기를 키우는 일이라는 생각이 든다.

일본 홋카이도의 한 도시, 유바리夕張 시의 38세 스즈키 나오미치鈴木直道 시장이 지난번 광역자치단체장 선거에 나와 최연소 도지사가 되어 화제가 되었다. 30세에 시장이 된 그는 과감한 구조 조정을 단행하고, 재정 건전화를 통하여 지자체 최초의 파산도시를 극적으로 살려내어 이미 명성을 얻었다. 이렇듯 한 사람의 의지와 노력은 때로는 한 도시를 살려내고, 자신의 인생 목표를 초과 달성하기도 한다. 한 사람이 세계적인 기업을 만들고 국가를 재건한 이야기는 의외로 많다. 물론 이런 노력이 한 사람의 힘만으로는 되지 않는다. 그렇지만 어떤 한 사람이 앞장서거나 혁신 안을 내어놓지 않았다면 불가능했을 일들이다. 도시의 경우도 같다. 도시가 확연하게 달라실 때는 그 도시를 이끄는 사

영국 런던 도시를 운영하려면 많은 인재가 필요하다. 인재를 잘 발굴해 내고 교육하는 것도 리더의 몫이다.

람 중에 빛나는 한 사람 또는 한 그룹이 있는 것이다.

스페인의 빌바오라는 도시의 경우를 보자. 도시 전체를 물바다로 만든 수해와 함께 핵심산업의 쇠퇴라는 큰 위기를 맞았을 때 도시를 재생하기 위한 최우선 과제로 '인적자원에 대한 투자'를 꼽았다. 인재를 양성하는 일이었다. 양성과정에 대해서는 정보가 없지만, 도시가 다시 살아나고 경제가 활성화되었으며, 현재 세계적인 문화와 관광도시로도 성장하였으니 많은 인재가 활약했을 것이라는 추정은 합리적이다. 사람들이 한 것이다. 사업의 우선순위를 정하고 할 것인가 말 것인가를 결단하는 행위를 사람이 하기 때문이다. 또 도시국가라 할 수 있는 싱가포르를 보자. 글로벌 인재를 환영하고 시민들을 잘 교육하여 국민소득 6만 달러를 달성하였고, 아시아에서 가장 살기 좋은 도시로 꼽힌다.

다른 물적자원이 없는 도시라는 점을 고려하면 인재를 중시하여 성장한 도시라고 할 수 있다.

어떻게 하면 좋은 인재를 양성할 수 있는가? 우선 교육이 중요하다. 학교교육은 중앙정부의 업무라 주도하기가 어렵지만, 사회교육이나 환경교육은 도시에서도 얼마든지 가능하다. 특히 시민의식의 고양은 이러한 학교 밖 교육이 더 효과적일 경우도 있다. 인터넷 사전 '나무위키'에 따르면 시민의식은 "사회구성원 개개의 정신적 태도와 양상을 이른다. 합리적인 사상, 불의 부정, 여타 시비에의 비판, 준법성, 그 외 범사 도덕성 등에서 시민으로서의 향상하려는 태도라고 말할 수 있다. 시민의식이 향상하느냐 안 하느냐에 따라 나쁜 구습 같은 사회적 폐해를 탈피하기도 하고, 지각적인 공론이 되어 삶의 권리가 자라나는 원동력이 되기도 한다. (중략) 대략 말하자면 그 나라 사람들이 반드시 지켜야 할 개념을 이르는 용어라고 볼 수 있다." 고 정의하고 있다. 그러므로 도시생활을 하면서 다른 사람에 대해 배려, 환경과 자신이 사는 도시에 대해 고려하면서 생각하여 올바르게 행동하는 것이라 할 수 있다. 각 도시의 시민의식의 수준은 개량할 수 없지만, 좋은 도시라면 도시의 역량이 커지고, 인재가 만들어지는 배경이 있게 마련이다.

프랑스 국립인구통계연구소Institut national détudes démongraphigues(ined) 연구실장 로랑 툴몽은 "한국의 현재 출산율이라면 30년 후면 인구가 반으로 준다." 라고 하였다. 수도권의 일부 도시들은 인구가 줄고 있다. 물론 일시적인 곳도 있다. 도시의 노동력이 지속해서 줄면 도시의 역량, 즉 인재도 줄어들게 되고 결국 도시의 활력도 떨어진다. 좋은 인재가 좋은 도시가 되도록 일하며 창의적인 아이디어를 만들어 내고, 그래서 좋은 도시가 되면 사람들이 모이게 되어 인구도 줄지 않는 선순환 구조를 형성하면 좋다. 외국인이라 하더라도 도시의 생산력 향상에 도움이 되면 받아들이는 정책과 인구를 늘이는 획기적인 노력이 필요하다. 아울러 어릴 때부터 인재로 성장하도록 사회·자연 환경을 조성하길 권한다. 다양한 프로그램으로 도시를 움직일 수 있는 건전한 인재를 발굴해야 한다. 아메리카 인디언 오마스족 사회에는 '한 아이를 키우려면 온 마을이 필요하다.'라는 격언이 있다. 이제 도시가 그런 마을이 되면 좋겠다.

박진아, 2020. 7. 8. [따말] 아파하는 아이들을 위해 온 마을이 나서야 할 때. 시선뉴스. // 손진석, 2019. 3. 27. "한국 출산율, 30년후 인구 반토막… 동거 자녀 법적 보호해줄 때 됐다". 조선일보. // 정욱, 2019. 4. 8. "日 파산도시 살려낸 시장…최연소 도지사 됐다". 매일경제.

리더의 도전

지난 2020년 2월 한국인들이 잠시 행복해했고, 큰 자부심을 품었으리라 생각된다. 한국영화가 아카데미 시상식에서 작품상과 감독상 등 무려 4개 부분에서 수상하였기 때문이다. 이날의 주제는 '변화'였다. 그렇게 완고하였던 미국 아카데미도 변화를 선택했고, 그 변화를 추동한 작품이 한국영화였다. 시상식을 보면서 "도시에서 일어나고 있는 변화는 무엇일까?"가 궁금하였다. 이미 지구상의 도시들은 시민들의 삶을 향상하기 위해 다양한 노력을 전개해왔고, 변화도 적지 않게 겪었을 터이다. 그 과정에서 도시의 구조나 기능이 더 복잡다단해지고, 그 결과 '기후변화'와 같은 심각한 환경위기에 직면하고 있다. 경제 측면에서는 도시 간 무한경쟁이라는 눈에 보이시 않은 정글의 한 가운데 놓여있다. 시장, 도시를 이끌었던 정책결정자는 해결하기 어려운 수 많은 문제에 대

충남 논산 도시가 변화를 추구하는 목적은 시민들의 삶의 질 향상에 있다. 좋은 리더가 만드는 변화는 도시가 지속가능한 발전을 하도록 돕는다.

응하며 도전을 거듭하였을 것으로 보인다. 그러면서 어떤 생각을 하고 있을까?

매주 도시에 관한 글을 쓰면서 일주일 내내 고민하는 것은 글 쓸 주제를 찾는 것이다. 생각해 놓았던 주제를 이따금 바꾸기도 하는데 두 가지 이유가 있다. 하나는 수집해 놓은 자료가 부족하거나, 시의적절한 다른 주제를 발견했을 때이다. 이번 주는 후자다. 이럴 때는 대개 시간을 놓치면 관련 글을 쓰기에 흥미와 의미가 반감된다. 앞서 적은 대로 변화를 선택한 미국 영화예술과학 아카데미가 있었다면, 그 일주 전에 미국 민주당원들도 변화를 선택하였다는 점에 주목하였다. 이 변화가 일시적인 거품이 되고 말 것이라는 예상도 있어 지금 쓰지 않으면 쓸 필요가 없을지도 모른다는 우려도 있었다. 그러나 이 변화가 도시와 관련이 전혀 없다면 이 연재에서 집어넣지 않았을 것이다. 미국 대선은 지난해(2020년)에 치러졌다. 대선의 첫 관문인 아이오와 코커스(당원대회)가 큰 이변을 만들어내었다. 그 주인공은 전 인디애나주 사우스벤드South Bend 시장인 38세의 피드 부티지지Pete Buttigeig였다. 한 중앙일간지는 관련 기사에 다

미국 사우스벤드 미국 인디애나주 사우스벤드 시는 경제 활성화는 물론이고 도시 회복력 강화에도 선도적인 역할을 하였다. 폭우를 대비하여 숲과 그린인프라를 증대하였다.

음과 같은 부제를 달았다. "쇠락하던 인구 10만 소도시 살려낸 '재미있는 시장' … 민주당에 새바람"

　사우스벤드 시는 주의 북부에 있는 크지 않은 도시로 세인트 조셉 카운티의 주재지이다. 이곳을 흐르는 세인트 조셉 강의 가장 남쪽의 굽어진 곳에 위치한다. 카운티 전체 인구는 70여만 명이지만, 사우스벤드 시는 2010년 인구 조사에서 101,168명으로 파악되었다. 주변 도시와 함께 조사한 인구수는 2010년 318,586명인데 2021년 325,445명이어서 사우스벤드의 인구도 약간 늘었을 것으로 보인다. 인디애나주에서는 네 번째로 큰 도시로 주 북부의 경제와 문화 중심지이다. 오대호로 이어진 수상교통 중심지인 이곳에 1865년에 도시가 건립되었다. 강 주변은 자동차회사 등이 있는 중공업 단지로 20세기 중반까지 사우스벤드 시와 주변 카운티의 경제를 견인하였다. 시의 인구는 1960년에 최고가 된 이후 인구가 약 13만 명 정도까지 감소했다. 원인은 시민들이 교외 지역으로 이주했고 공장들이 문을 닫아 근로자들이 떠나서다. 한 신문에서는 "몰락한 산업지대 '러스트 벨트' 소도시의 전형적인 경로를 걸었다."라고 하였다.

9년 전 부티지지가 시장으로 취임한 후 오래된 자동차공장과 주변 지역을 현재 '이그니션 파크Ignition Park'라고 하여 첨단 소기업들을 유치하여 새로운 기술 센터로 재개발하는 등 다양한 경제부흥 정책을 추진하였다. 카운티 내의 노트르담대학교The University of Notre Dame와 협력하고, 데이터 센터와 의료회사를 만들어 고용창출을 위한 노력에도 앞장섰다. 이를 위해 투자도 적극적으로 유치하고. 자전거친화도시 계획을 세우며 도시의 면모를 빠르게 바꾸어 활기를 불어넣었다. 그 결과 2015년에는 거의 50년 만에 인구가 처음으로 증가하였다. 오늘날 사우스벤드에는 대기업이 있지만, 주요 산업은 건강 관리, 교육, 첨단 소기업과 관광산업이다. 이 도시가 미국 전역에 처음 이름을 알리게 된 것은 10만 명 이상의 거주 도시에서 선출된 시장 중에 가장 어리다는 점과 인디애나주에서 처음으로 게이 단체장이 된 것이었다. 처음 시장이 되었을 때는 겨우 29세였다. 더 나아가 부티지지 전 시장이 2020년 민주당 대통령 예비선거에 후보자로 나서겠다고 해서 전 세계적으로도 알려지게 되었다. 누구라도 이 소도시에 눈길을 주지 않을 수 없게 되었다.

그런데 어떻게 알았을까? 정확하게 대선으로부터 이년 전인 2018년 2월에 도시에 관한 칼럼을 소개하는 웹사이트인 시티랩Citylab에서는 "어떤 시장이 백악관에 들어갈 수 있습니까?Can a Mayor Take the White House?"라는 독특한 제목을 가진 앤서니 윌리엄스Anthony Williams의 글이 실렸었다. 시장 출신이 대통령이 될 수 있느냐는 것이다. 결론은 시장들이 도전하는 변화가 일어날 것이라 하였다. 그의 글에는 "역사적으로 도시를 운영하는 경험은 대통령 후보자가 되는데 전혀 도움이 되지 못했다. 그러니 그것은 곧 비뀔 수 있다."라고 했다. 또 정치적으로 더 고위직으로 진출하려는 시장 출신들에게 도시 운영 경험은 과거에는 오히려 부담되었다. 하지만 이제는 시정을 현명하게 운영하고, 솔루션 기반의 거버넌스 경험을 했다면 오히려 매력적인 브랜드가 될 수 있다고 하였다.

전 세계에서 거대도시나 대도시의 시장들이 대통령이나 수상이 된 사례는 적지 않다. 현 영국 보리스 존슨Boris Johnson 총리도 런던시장 출신이고, 필리핀 로드리고 두테르테Rodrigo RoaDuterte 대통령도 이 나라에서 세 번째로 큰 도시인 다바오 시장 출신이다. 우리나라 이명박 대통령도 서울시장을 거쳤다. 미국에서는 처음이자 마지막으로 뉴욕시장에서 대통령이 된 4대 제임스 매디슨 대통령이 유일하다. 그러므로 작은 도시의 시장들에게 대통령은 불가능의 영역이었던 것인데 부티지지가 여기에 도전한 것이다. '변화'를 내세우면서.

우리나라에서도 이번 대선에서 기초지방정부인 성남시 이재명 전 시장이 더불어민주당의 대통령 후보로 선출되었다. 이 시장은 지난번에 경기도지사에 도전하여 국내에서 처음으로 기초지방정부 시장 출신이 경기도 도지사가 되었다. 이보다 앞서 김태호 거창군수가 2006년 경남도지사가 된 적도 있었다. 도시들은 이미 작은 국가 체제를 갖추고 있다. 물론 큰 차이가 있지만, 국가 운영 체계를 간접 경험할 수 있었던 것이다. 또한, 도시의 시장들은 시민들과 직접 만날 수밖에 없는 현장 경험이라는 소중한 자산을 얻는다. 따라서 여론의 속성을 잘 이해한다. 게다가 시정까지 잘 운영하여 도시를 돋보이게 발전하게 했다면 홍보도 잘 했을게 분명하다. 앞으로 좋은 도시 시장들의 도전이 더 거세질 전망이다. 전 세계적으로.

Anthony Williams, 2018. 2. 18. Can a Mayor Take the White House? Bloomberg CityLab.

// Caleb Bauer, 2018. 6. 30. South Bend plans to build tech center at Ignition Park. South Bend Tribune.

사회적 자본

코로나바이러스가 여전히 맹위를 떨치고 있다. 지금까지 한국 사회가 코로나 사태로부터 잘 버티는 힘 중의 하나는 지역사회의 효과적인 대응이다. 지역사회 대응의 에너지는 어디에서 나오고 얼마나 큰가가 궁금하다. 정부 등 공공조직이 아닌, 여기서 말하고자 하는 것은 지역공동체가 가지고 있는 민간영역의 역량으로 자발적으로 나설 수 있는 민간사회의 힘을 말하고자 한다. 물론 개인도 나설 수 있지만, 조직화한 단체들이 있다면 그 효과나 영향력은 훨씬 커질 것이다. 우리 사회에는 사회적, 정치적 그리고 문화적인 이유로 수많은 사회조직이 있다. 이들의 긍정적인 조직력의 집결 여부가 한 사회가 위기를 맞이하였을 때 그 사회가 빠르게 극복하고 회복할 수 있는 사회적 에너지가 된다.

에릭 클라이넨버그Eric Klinenberg의 저서 『도시는 어떻게 삶을 바꾸는가: 불평등과 고립을 넘어서는 연결망의 힘Palaces for the People』에는 이런 대목이 나온다. "어느 지역에는 버려진 공터와 망가진 보도블록, 빈집과 셔터 내린 상점들만이 줄지어 서 있는 반면, 어느 지역은 동네 곳곳이 사람들로 북적였고, 거리를 오가는 이들도 많았으며, 상점가와 공원 덕분에 활기가 돌았고, 이를 뒷받침하는 튼튼한 지역사회 조직이 있었다." 저자는 시카고에 심각한 열섬현상으로 수백 명이 사망한 상황에서 일어난 재난을 관찰하고 동네에 따라 사망률의 차이를 확인하면서 적은 글이었다. 불과 27년 전 일이었다.

전라남도 담양 옛 양곡창고를 보수해서 지역의 문화단체 사무실과 전시실 그리고 북카페가 되었다. 이러한 시설은 아주 좋은 사회적 인프라가 된다.

이웃 간의 든든한 유대는 한국 사회를 위기나 재난으로부터 지키는 울타리와 같은 존재였다. 유교적 전통사회에서 공동체 의식이 더 강했다고는 하나 뚜렷한 계급이 존재하는 사회로서 한계도 분명하였을 것이다. 그러므로 사회적 규범과 마을이나 지역 지도자의 지도력과 청렴성 등에 따라 그 결속 정도에 큰 차이가 있었을 것으로 짐작된다. 현대에서도 개인보다는 일정한 목적과 공통의 이상을 가진 조직으로써 작동한다면 그 영향력은 더 커질 수 있다는 점은 쉽사리 예상할 수 있다. 서로 인과관계가 적은 시민들로 구성된 도시에서는 다양한 사회관계망이 존재한다.

우리나라 도시에는 어디나 도시의 환경과 복지를 개선하려는 시민단체가 있고, 여러 봉사단체와 사회교육단체, 향우회나 동창회 그리고 새마을협의회 등 법정 단체 그밖에도 해병전우회 등 수많은 단체가 존재한다. 원주민보다 외지에서 온 이주민이 많은 도시일수록 사회적 조직을 늘어나는 것 같다. 지역사회 단체들의 사회적 역량의 총합을 '사회적 자본social capital[1]'이라 한다. 도시의 사

독일 베를린 도시에서 시민들의 자발적이면서 건전한 사회조직들이 많다면 도시의 발전에 크게 이바지하게 된다.

회적 자본이 많고, 강하면 좋은 도시로 나갈 수 있는 기반을 갖춘 셈이 된다. 물론 단체의 수보다 활동의 내용이나 지속성 등 질적인 면이 우선되어야 한다.

즉, 사회적 자본이란 종전의 인적·물적 자본에 대응되는 개념으로 '한 개인이 가질 수 없으나 여러 사람 간의 관계를 통해서 동원할 수 있는 자원의 역량'으로 정의한다. 사회적 구조나 단위가 가지고 있는 네트워크로부터 끌어낼 수 있는 잠재적인 자원이기도 하다. 같은 지역사회 내에서 상호 관계를 잘 유지하고 있는 개인들의 유대감이 가져오는 사회적 이점이라 표현할 수 있다. 그러니까 한 사회 내의 축적된 관계망 같은 것이다. 지역공동체 내에서는 공공 목적을 위해서 함께 일하는 사람들의 능력이나 조직의 역량인데 구성원들 사이의 가치, 규범 내지는 신뢰 등이 그 역량의 크기를 좌지우지하는 것으로 이해하면

---

1) 네이버 지식백과(한경 경제용어사전)에서는 "사람들 사이의 협력을 가능케하는 구성원들의 공유된 제도, 규범, 네트워크, 신뢰 등 일체의 사회적 자산을 포괄하여 지칭하는 것. 이중 사회적 신뢰가 사회적 자본의 핵심임."이라고 풀이하였다.

좋다. 어떤 이는 같은 의미이지만 문제들에 대한 해결을 촉진하는 시민들 사이의 '협동적 관계망(사회적 연계망)'이라는 비슷한 개념으로 사회적 자본을 바라보기도 한다.

그러므로 구성원들 간의 신뢰와 관계의 지속성 등이 중요하게 작용할 수밖에 없다. 이와 같은 사회적 관계는 때론 호혜주의적 특성을 보이며, 구성원들은 자기에게 필요할 때 언젠가는 보답을 받을 것이라고 기대하고 다른 사람들 그리고 공동체를 위해 봉사한다. 이러한 행태를 '친 사회적 행태prosocial behavior'라 한다. 이러한 바탕 위에 사회적 자본은 정치·경제의 발전을 지지해 주는 '윤리적 기반ethical infrastructure'이 된다고 한다. 결론적으로 1990년대 들어서는 인적·물적 자본보다 사회적 자본이 국가 경쟁력이나 국력의 실체로서 작용하며 심지어 민주주의를 넘어 경제발전에도 큰 영향을 미친다는 논의까지 등장하게 되었다고 학자들은 주장하기도 한다. 다시 말하지만, 사회적 자본의 특징은 다른 자본들과는 달리 개인이나 물리적 생산시설에 존재하는 것이 아니라 사회적 관계 내에 존재한다. 물리적 자본은 직접 볼 수 있지만, 인적 자본에서 사회적 자본으로 갈수록 직접적인 확인이 힘들어진다. 사회적 자본은 활용에 따라 무한대로 늘어날 가능성을 열어 놓고 있다.

앞에서 언급한 책에서는 시카고시의 재난에서 지역 간의 차이를 더 들여다보니 '사회적 인프라스트럭처social infrastructure', 줄여서 사회 인프라, 즉 사람들이 교류하는 방식을 결정짓는 물리적 공간과 조직에 있었다는 것을 저자는 알았다. 그러나 조직의 역량은 사회적 자본이지만 사회적 자본이 발달할 수 있는지 없는지를 결정하는 물리적 환경인 사회적 인프라도 매우 중요하다는 것을 인식하였다. 사회적 인프라는 경제 활동을 지원하는 경제 인프라와는 다른 것으로 소셜 서비스에 접근할 수 있는 물리적 시설과 공간들이다. 예를 들면 도시의 도서관, 공원, 스포츠와 문화 시설, 학교와 공공시설 그리고 주민센터 등이다. 다른 사람들과 교류할 수 있는 곳으로 시민 누구나 공동체의 일원이 될 수 있는 활동을 하는 시설들이다. 도시는 복잡하고, 종종 놀라운 소셜 네트워크로 가득하다. 이 네트워크는 시민들을 함께 어울리게 하여 중요한 사회적 자원이 되는데 도움을 준다. 사회적 인프라는 좋은 도시를 만들고 도시가 위기에 처했을 때 사회적으로 이바지하는데 결정적인 역할을 한다. 그뿐만 아니라 이들 문제의 예방에도 반드시 필요하다.

에릭 클라이넨버그(서종민 옮김), 2019. 도시는 어떻게 삶을 바꾸는가 – 불평등과 고립을 넘어서는 연결망의 힘. 웅진 지식하우스. // 이권희, 2021. 도시재생의 미래. 한티재. // OECD. What is social capital? OECD Insight.

축소도시

지금으로부터 11년 전에 보건복지부 보도자료에 따르면 영국 옥스퍼드대학 데이비드 콜먼(David Coleman) 교수는 2006년 유엔인구포럼에서 한국의 출산율이 낮다는 이유로 인구소멸국가 1호로 꼽았었다. 2001년 당시 우리나라 출산율은 1.3명 정도였는데 이때 통계를 보고 소멸국가가 되리라 예측한 것이었다. 2019년에는 합계 출산율이 0.92명이었다. 안타깝게도 그 예측이 빗나가지 않았을 뿐만 아니라 2020년 출산율은 더 낮아져 0.84명이 됐다. 한 증권회사 대표는 2018년 저서 『수축사회』를 출판한 후 큰 주목을 받았다. 저자는 인터뷰에서 "환경이 성장을 제약하는 현상은 인류 역사상 처음이다. 우리나라의 경우 환경오염 때문에 발생하는 비용만 연간 100조 원이 넘는다. 전쟁 없이 인구가 줄어드는 현상도 처음이다. 기계가 인간의 지능을 대체하기 시작한 것도 처음이다. 그에 따라 역사상 가장 심각한 공급과잉이 빚어지고 있다. 각국이 돈을 풀어 경제를 지탱하다 보니 부채는 사상 최고 수준이다. 자기만 생각하는 이기주의가 팽배하면서 사회적 신뢰가 무너지고 있다. 경제·문화·이념적 양극화가 갈수록 심화하면서 각자도생을 위한 제로섬 전쟁이 벌어지고 있다. 그 결과 세계는 저성장·저소비·저금리 구조에 빠져 점점 쪼그라드는 추세로 가고 있다. 그게 수축사회다."라고 수축사회를 정의하였다.

도시가 쇠퇴하여 수축사회로 가는 도시를 '축소도시(shirking city)'라 할 수 있다. 축소도시에 대한 학자들의 정의가 약간씩은 다르지만 대체로 "경기 침체로 고용감소가 일어나서 인구감소로 이어져 사회·경제적으로 어려움을 겪고 있는 도시"를 말한다. 한편 축소도시 국제연구네트워크SCiRN[2]는 축소도시를 '10만 이상의 인구가 밀집한 도시에서 지난 2년 동안 인구가 감소하고 구조적 위기에 직면하여 경제적 변화를 겪고 있는 도시'로 상대적으로 정량적인 정의를 내렸다.

그러니까 뭐니 뭐니 해도 인구감소가 핵심이고, 단기간에 인구 축소가 있는 도시를 대상으로 한다. 국가 전체가 급격한 인구감소 현상이 나타나고 있다면 해당 국가 내의 도시들은 그 영향을 받을 수밖에 없다. 물론 현재에도 급격하게 팽창하는 도시들이 없는 것은 아니나 도시의 도심만을 볼 때 구도심의 공동화나 교외화에 따른 도시수축 현상은 곳곳에서 발생하고 있다. 국내에서도 영월과 같은 탄광 주변 도시들과 도서지방들이 유사한 문제를 겪고 있다. 지방소멸

---

2) Shrinking Cities International Research Network (SCiRN) https://www.ru.uni-kl.de 〉 ips 〉 forschung 〉 seite에서 인용하였다.

미국 영스타운 영스타운은 현재에도 도시수축을 극복하기 위해 노력하고 있으며, 2010계획을 통하여 새로운 비전을 세워서 진행하고 있다.

위기도 궁극적으로는 도시수축 현상과 그 맥을 같이 한다고 보아야 한다.

하지만 단기간이면서 일정 대도시[3]로 한정한다면 우리나라에서는 산업 쇠퇴로 어려움을 겪는 지방의 여러 도시가 있다. 하지만, 인구 규모를 따지지 않는다면 군 단위 대부분 지역이 소멸이라는 심각한 위기에 직면하고 있다. 현재 전국 228개 기초 지방정부 중 2019년 5월에는 93개가 소멸위험 지역이었는데 2020년 4월에는 105개로 12곳이나 늘어났다. 시군구 중에는 제천시, 강릉시, 나주시 등 시 단위도 위험 상황에 진입하고 있다. 반면에 수도권은 유지 또는 팽창하고 있지만, 나라 전체 인구가 늘지 않은 상태이므로 그만큼 지방의 인구가 수도권으로 흡수되고 있다고 보아야 한다.

이와 같은 독특한 현상은 일자리와 부동산 문제와 연계된 것으로 보인다. 지방에서 큰 땅을 가지고 있는 것보다 서울에 아파트 한 채를 가지는 것이 훨씬 경제적인 까닭이다. 물론 좋은 일자리도 서울을 중심으로 한 수도권에 집결되어 있으니 교육을 비롯한 모든 사회와 문화의 경제적 가치도 한 지역으로 몰릴 수밖에 없다. 하지만 같은 수도권에서도 급격히 팽창하는 도시가 있고, 안산 같은 일부 도시는 재건축이 활발하게 일어나고 있어 일시적 또는 점진적으로 수축현상이 나타나는 곳도 있다. 아직은 극히 일부지만 탈도시를 하는 도시인

---

3) 이 글에서는 10만 명 이상으로 도시의 면모를 갖추고 지역에 맞는 산업을 가지고 있었던 도시를 일컫는다.

미국 영스타운 모든 도시가 확장만을 꿈꾸는 것은 아니다. 현실과 시민들의 희망에 따라 작은도시로 가는 길을 선택할 수도 있다.

들도 있어 어떤 도시에서는 이 점도 수축에 영향을 미칠 수 있을지도 모른다. 우리나라에서는 각 도시 사이에 경쟁이 치열해지고, 삶의 질을 높여 살기 좋은 도시를 만들어 인구를 유입하고자 하는 다양한 시도가 전개되고 있다. 하지만 그 한계를 극복하기가 쉽지 않은 것 또한 현실이다.

도시수축 현상은 산업화가 시작되었던 유럽의 여러 도시에서 먼저 발견되었는데 이를 극복하는 과정에서 보자면 상반된 대표적인 두 곳이 영국의 리버풀과 독일의 라이프치히라고 서준교의 논문(2014년 한국지방자치학회보)에서 소개하고 있다. 리버풀이 성장 지향적 접근을 시도했다면 라이프치히는 스마트 수축석 접근을 하여 성과를 거두고 있다는 것이다. 전사는 인구와 경세를 회복시키려는 목적으로 낙후된 곳을 재생하고 도시를 유지 및 확대하려는 전략이지만 후자는 급속한 성장을 기대하기 힘들다는 것을 인정하고 현재의 인구 규모에 맞춘 전략을 세우는 것으로 잉여 시설물을 철거하고 자연환경 복원을 하여 살기 좋은 도시를 추구하자는 전략이다.

미국도 오하이오주 영스타운Youngstown과 같은 이전의 산업도시들 그리고 잘 알려진 디트로이트, 클리블랜드, 그리고 볼티모어는 지난 수십 년 동안 인구가 감소하였다. 예를 들어, 디트로이트는 지난 70년 동안 백만 명 이상이 도시를 떠났다. 영스타운은 1960년 이래 약 10만 명의 주민이 줄었는데 그 이유는 다음과 같았다. 미국의 대표적인 철강도시 중 하나였던 영스타운은 1970년대에 불과 몇 년 만에 대표 산업을 잃었다. 그러자 인구가 급감하였고, 빈집이 늘어났으며 범죄율이 상승했다. 2005년 도시 지도자들은 지속적인 수축으로부터 탈출하기 위해 필사적으로 '영스타운 2010 계획'을 채택했다. 비어있는 대도시가 아니라 활기차고 작은 도시로 가는 길을 선택했다. 버려진 시설과 용지를 공원 등을 열린 공간으로 바꾸었다.

수축사회로 나아가는 것이 불가피하다면 도시들은 다른 나라 도시에서 일어난 일이 닥치기 전에 대비하는 것이 필요하다. 물론 도시의 산업을 안정시켜 나간다면 큰 문제가 없을지 모르지만, 국내의 가파른 인구감소와 국제적으로 코로나 위기를 극복한 이후 파이가 커지지 않아 제로섬 게임을 해야 하는 상황을 고려해야 한다. 이에 부동산 문제까지 발목을 잡고 있어 경제적 수축도 극복해야 할 난제다. 앞에서 언급한 수축사회의 저자는 신뢰 강화를 통한 '사회적 자본' 증대와 10년을 내다보고 정책을 세우는 국가 지도자가 필요하다고 하였다. 도시에서도 좋은 리더가 필요한 때다.

나무위키, 2021. 대한민국/출산율. // 보건복지부, 2010. 보도자료(2010. 7. 14): 「인구변동 전망 및 향후 대응방안」국제학술대회 개최 David Coleman 옥스퍼드대학 교수 등 해외 전문가 초청. // 서준교, 2014. 도시쇠퇴urban decline와 수축shrinkage의 원인과 대응전략 연구: 리버풀Liverpool 과 라이프치히Leipzig의 사례를 중심으로. 한국지방자치학회보, 26(1): 97-115. // 이희연·한수경, 2014. 길 잃은 축소도시 어디로 가야 하나. 창조적 도시재생 시리즈 97, 국토연구원. // 홍성국, 2018, 수축사회. 메디치미디어. // Ivonne Audirac, Sylvie Fol, and Cristina Martinez-Fernandez, 2010. Shrinking Cities is a Time of Crisis. Berkeley Planning Journal, 23: 51-57.

자치분권

2019년 5월 19일 오후에는 대부분의 기초 지방정부 단체장의 이목이 국회로 쏠려 있었다. 지방정부가 학수고대하던 '지방자치법 전부개정 안'의 통과가 20대 국회 마지막으로 열린 행정안전위원회에 실낱같은 희망을 걸고 있었다. 결과적으로 통과는 무산되었다. 상임위원회의 법안 심사소위원회에서 그 개정안을 처리하지 않는 것으로 결정하였기 때문이었다. 이 결정은 20대 국회에 대한 또 하나의 비난거리가 될 것으로 보인다. 그리고 문재인 정부의 국정 비전인 자치분권국가 달성의 작은 첫걸음조차 내딛지 못하는 결과를 낳은 셈이 되었다. 이 과정을 지켜보던 '전국시장군수구청장협의회(이하 협의회)'의 대표회장은 다음과 같은 소회를 남겼다. "전국 228개 기초지방단체의 염원을 담아 이 개정안 통과를 위해 전개하였던 수많은 노력이 무산된 것이 너무 안타깝다." 자치분권은 국가와 지방자치단체의 권한과 책임을 합리적으로 배분해 국가와 지방정부의 기능이 서로 조화를 이루고, 특히 기초자지단체의 정책 결정과 집행과정에 주민의 직접적 참여를 확대하는 것을 의미한다.

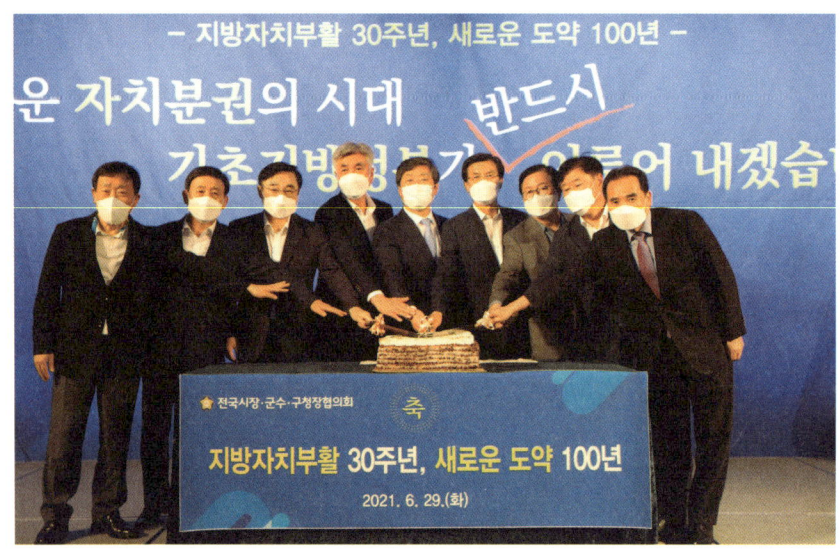

서울 영등포구 올해(2021년)는 지방자치가 부활한지 30주년이다. 그러나 완전한 분권을 이루기 까지는 아직 갈 길이 멀다.

지난 2017년 10월 행정안전부는 자치분권 로드맵(안)을 발표했다. '내 삶을 바꾸는 자치분권'이라는 비전 아래, '연방제에 버금가는 강력한 지방분권'을 목표로, 5대 분야 30대 추진과제로 구성하였다. 다섯 분야는 다음과 같았다. 먼저, 중앙권한의 획기적인 지방 이양이다. 시도교육청과 단위 학교에 유아·초·중등 교육 권한을 이양하고, 시·도-교육청 간 협력 강화 등 교육자치 구현과 일반자치와의 연계를 강화하는 것도 포함되었다. 둘째, 강력한 재정분권 추진이다. 지방재정의 실질적 확충을 위해, 현재 8:2인 국세와 지방세 비중을 7:3을 거쳐 6:4로 개편하려는 것이다. 셋째, 자치단체의 자치역량 제고다. 지방의회 역량 강화를 통해 집행부 견제기능을 강화하고, 지방의회의 대표성 제고를 위해 비례대표 의석 확대 등 선거제도를 개선한다. 넷째, 풀뿌리 주민자치 강화다. 주민자치회 역할 확대, 읍면동 행정혁신, 지역별 특성을 고려한 다양한 마을 모델 발굴 등 '혁신 읍면동 사업'을 추진하여 달성한다. 다섯째, 네트워크형 지방행정체계의 구축이다. '(가칭) 자치단체 간 연계·협약제도' 도입으로 자지단체의 경쟁력을 높이고, 행정구역을 초월한 효율적 행정서비스를 제공한다.

자치분권과 지방자치를 지원하는 단체들은 20대 국회를 중심으로 논의 중인 헌법 개정을 적극적으로 지원하여, 지방분권 국가 선언, 자치입법권 확대, 사무처리의 범위 확대, 과세 자주권 보장 등 주요 쟁점들을 검토해 나갈 계획이었다. 그런데도 이 정신이 들어있는 지방자치법 전부개정안의 통과가 무산되었던 것이다. 결국 21대 국회가 들어서고 2020년 12월 9일이 되어서야 본회의를 통과하였다. 1988년 이후 약 32년 만에 전면 개정되었다. 그러나 개헌이 무산되어 큰 아쉬움으로 남는다.

자치분권 업무 주관부서인 행정안전부의 지방분권 팩트체크 카드뉴스를 보면 지방분권에 대한 설명이 명료하게 잘 정리되어 있어 이해가 쉽다. 그 가운데 핵심적인 세 가지 질문과 답을 보자. 첫째, '지방분권이 왜 필요한가요?'라는 질문에는 "지역의 여건과 특성에 맞는 발전전략을 세워 지역의 경쟁력을 강화합니다. 저출산·고령화·지역 양극화 등 사회적 문제를 극복하기 위한 새로운 국가운영 패러다임입니다."라고 답하고 있다. 둘째, '왜 지금 지방분권을 추구하나요?'에는 "현재의 중앙집중형 국가운영시스템은 우리나라가 당면한 위기를 극복하기 어렵습니다. 지방분권과 균형발전으로 지방정부의 변화와 성장이 필요한 시기입니다."라 하고, 셋째, '지방분권을 강화하면 무엇이 달라지나요?'에는 "지방을 균형 있게 발전시켜야 국민이 권리를 누릴 수 있습니다. 지역의 다양성과 효율성을 높여 국민의 삶의 질을 더 높일 수 있습니다."라고 정리하였다. 아울러 주민참여를 통한 지방정부 견제와 감시, 중앙정부 재원의

영국 런던 시민들의 삶의 질이 높은 국가들은 모두 자치분권을 실행하고 있으며, 그렇지 않은 국가가 삶의 질이 높은 경우는 거의 없다. 이 재생지역도 자치정부가 아니었으면 시도가 불가능하였을 것이다.

지방 이양, 자치경찰제 도입의 방안과 필요성에 관한 것도 있었다.

다들 잘 알다시피 우리나라는 초저출산과 초고령화 사회로 나아가면서 인구가 지역에 따라 줄고 있다. 군 단위 자치단체 중 여러 곳은 이미 인구절벽을 지나 지방소멸까지 걱정하는 실정이다. 반면에 수도권은 인구가 지속해서 늘어나 심각한 불균형을 일으키고 있다. 국토면적의 11.8%에 불과한 수도권에 전 국민의 49.5%가 사는 까닭이다. 또한, 복지에 대해서도 걱정해야 할 일이 많다. 지방정부 간에 격차가 너무 커지는 것을 막기 위한 대안들을 협의회가 찾는 중이다. 최근 긴급재난기금 지급 상황을 보면서 그 문제점들을 다시 한번 더 확인할 수 있었다. 점차 차이가 심화되고 있지만, 중앙정부 중심의 공공서비스는 전국에 획일적인 기준과 지침에 따라 적용하고, 부담을 기초자치단체에 진가힘으로써 지방재정을 더 어렵게 하고 있다. 자치분권과는 역행하고 있는 처사인 것이다. 그래서 기초연금 등 보편적으로 지급되는 복지예산의 경우 중앙정부가 부담하고, 공공서비스 부분은 지방정부가 지역 상황에 맞게 담당하자는 제안을 협의회가 나서 하였었다. 분권이 된다면 지역의 재정적·사회적 여건에 맞는 맞춤형으로 설계하여, 주민의 다양하고 차별화된 요구에 맞도록 해야 하는데 현재는 그렇지 못하다.

이번 코로나 팬네믹 사태에서 지방과 현장에서 답을 찾아야 한다는 교훈을 우리 모두가 깨달았다. 그리고 도시 간의 무한 경쟁의 시대를 맞이하여 중앙정부는 더 분화되고 다양해진 지방정부(공식적으로는 지방자치단체)를 체계적으로 관리하기가 어렵다는 점도 확인할 수 있었다. 자치분권으로 도시들이 자율적으로 도시의 역량과 주민들의 삶의 질을 향상할 수 있도록 하는 것이 국가의 미래를 위한 지름길이기도 하다.

이기우, 2017. 왜 지방분권이고 지방분권개헌인가? 지방분권개헌 서울회의 출범식 & 토크콘서트 자료집: 8-24. // 최상한, 2020. 자치분권과 3% 주민 직접민주주의: 자치분권 입법과제 및 실현을 위한 추동전략. 포스트 코로나-19 뉴 노멀시대 – 국정패러다임의 대전환, 자치분권과제와 비전 세미나 자료집: 45-77.

도시재생

『도시재생 학습』이라는 책을 펴낸 이후 독자들로부터 "도시재생은 어떻게 해야 하느냐?"는 질문을 가끔 받는다. "그럼 도시계획은 어떻게 해야 하죠?"라고 되묻곤 한다. 도시에서 진행되는 어떤 계획이든 시민들을 위한 것이어야 하

전라북도 군산 일제강점기에 형성되었던 도심지역을 재생한 드문 사례이다.

고 시민들이 원하는 방향으로 가야 하는 것은 당연하기 때문이다. 하지만 그런 질문이 가능한 것은 우리나라에선 지금까지 도시의 어떤 계획이든 주로 정부(지방자치단체 포함)나 기업의 관점에서 계획이 추진되어서다. 물론 주관적인 주장이다. 시민들이 자신들이 생활하는 도시에 대한 지식이나 도시학에 대한 이해가 부족해서 구체적인 의견을 내지 못하는 경우도 많다. 그러다 보니 정치적 의지(또는 사업적 이점)와 시민들의 의견이 다른 경우가 빈번하다. 그리고 이해관계에 얽혀서 무엇이 좋은 방향인지 판단을 못 하는 경우도 허다하다. 도시계획이 이해하기가 어렵다. 그래도 답은 한 가지다. 시민들이 좋아하고(시민의 관점에서 바라보고) 현재보다는 미래를 위해 지속가능한 발전이 담보되는 방법을 찾아야 한다.

영국 런던 도시재생은 헌 것을 새 것으로 교체하는 일이 아니다. 헌 것이라도 잘 다듬어 가치있게 쓸 수 있다면 쓰는 것이 재생이다.

도시재생은 도시를 되살려내는 방법이다. 활기를 불어넣고 기능을 되살리는 것이다. 대규모 재생사업을 전개할 때는 새로운 기능과 구조를 갖더라도 가치를 높이며 시민들이 편안하게 생각하는 친환경적인 기법을 찾아야 한다. '도시재생 활성화 및 지원에 관한 특별법' 제2조에서는 도시재생을 '인구의 감소, 산업구조의 변화, 도시의 무분별한 확장, 주거환경의 노후화 등으로 쇠퇴하는 도시를 지역 역량의 강화, 새로운 기능의 도입·창출 그리고 지역자원의 활용을 통하여 경제적·사회적·물리적·환경적으로 활성화하는 일'로 정의하고 있다.

구도심이 더 팽창할 수 없을 때 신도시를 만드는 것은 도시를 위해서 필요한 일이지만 이것을 도시재생이라 하지는 않는다. 구도심이라 하더라도 재건축처럼 기존의 건물이나 시설을 전면적으로 헐어내어 바꿀 때는 재개발이라고

영국 브리스톨 애슐리 베일 마을 전체를 생태 마을로 재생하는 일도 있다. 집마다 의견이 달라 이를 조율하는 일이 어렵지만 보람 있는 일이다.

한다. 통상적으로 재개발과 재생사업을 함께 하는 경우가 적지 않다. 재개발인 경우는 주로 개발업자가 나서 개발이익이 충족될 때 추진되므로 시민들의 입장을 소홀하게 다루는 예가 많다. 어쩌면 도시재생은 개발에 대한 기대가 없는 곳에서 사업 요구가 생길 수 있다. 오랫동안 공실이 있었던 건물이나 주민들이 떠나고 버려진 것 같은 지역이 대상이 된다. 이런 곳을 도시가 쇠퇴하는 곳이라 한다.

위의 법 17조에서는 도시쇠퇴를 '도시가 인구사회, 산업경제, 물리 환경 등 세 가지 영역에 걸쳐 상당한 정도로 활력이 없거나 활력을 잃고 있는 상태'로 정의하였다. 세 가지에 기준이 있어 그중 두 가지 이상이 적용되어야 도시재생 사업으로 인정된다. 즉 법직으로는 쇠퇴지역이 되어야 도시재생 사업이 가능

영국 런던 런던올림픽을 했던 한 곳은 버려진 공장지대였다. 지역을 고치고 공원을 만들어 이젠 깔끔한 거주지역과 체육시설이 있다.

한 것이다. 그러나 도시재생 사업은 도시 자체에서 추진해 나갈 수 있어야 한다. 작은 건물이나 골목 상권을 살리기 위한 사업은 도시가 직접 나서야 잘할 수 있고, 사각지대도 생기지 않는다. 중앙정부의 지원만 기다리다 보면 도시재생의 적기를 놓칠 수도 있다. 그리고 어떤 곳은 주민들이나 지역 단체들이 재생 방안을 더 잘 알 수 있으니 책임을 주어서 맡기는 것도 필요하다.

영국에는 오래된 도시들이 많아 수많은 도시재생 성공 사례들이 있다. 런던은 가장 오래된 현대도시 가운데 하나로 성공 사례가 가장 많은 곳이다. 산업혁명 이후 큰 도시로 발전하면서 심각한 오염이나 대화재 등이 일어날 수 있는 거의 모든 일을 다 겪은 터라 이런 재난들을 극복하는 과정들이 다른 도시에는 좋은 교훈이 되고 있다. 도시재생도 마찬가지다. 이 거대한 도시의 재생사업을 알기 위해 세 번을 방문하고 우리에게 딱 알맞은 정답이 없다는 것을 알게 되었지만, 좋은 리더와 열정이 있으면 두려워할 필요기 없다는 깃도 깨덜있다. 작은 민간단체가 마을의 건물이나 공간 하나하나를 재생해 나가는 경우와 아주 오래된 옛 역 주변을 재생하는 초대형 사업 등 두 경우에서 가장 깊은 인상을 받았다.

해크니Hackney 협동조합의 예가 전자이고, 킹스크로스역 주변 지역 도시재생이 후자이다. 사회적 기업이기도 한 해크니는 낡고 못 쓰는 건물이나 열악한 공간을 쓸모 있게 만드는 일을 하는데 재생이 되면 새 가게를 찾는 서민들에게 제공한다. 일종의 부동산 사업이다. 새롭게 디자인하여 건물에 생기를 불어넣어 가치를 높이는 일을 하는 것이다. 이들이 한 일은 이 글에서 소개하는 것으론 턱없이 부족하다. 다만 작은 단체이고 사회적 기업이라도 영역을 가리지 않는다는 점과 기본적으로 도시에서 빈민으로 살아가는 서민들을 위하는 철학을 중시한다는 점에 깊이 감동을 받았다. 헤크니가 사업의 성공으로 영역과 범위를 점차 넓혀가는 모습도 보기 좋았다.

도시재생 사업은 사람들이 살고 있거나 살았던 곳이나 거리를 대상으로 한다. 따라서 해당 지역 주민들의 삶에 도움이 되는 방향으로 당연히 가야 한다. 비록 런던에서는 다양한 접근을 하고 있어도 그 정신을 잘 지키고 있었다. 위의 협동조합의 창문에 이런 글귀가 적혀 있었다. "해크니의 지역 공동체를 위해서 봉사한다Serving Hackney's Communities". 물론 후자인 킹스크로스역 사업도 마찬가지였다. 이 역의 재생사업은 소주제인 '역세권'에서 이야기하였다.

제종길(김정원 감수), 2018. 도시재생 학습. 자연과 생태. // Hackney Co-operative. Developments (HCD). Homepage: www.hced.co.kr.

전라남도 순천

순천시는 국민 누구나 안다. 순천만 습지와 국가 정원을 만들어 생태수도로 이름을 날려서다. 그러나 순천시의 유명세는 습지와 공원만으로 이루어진 것은 아니다. 비슷한 시기에 도서관 도시가 되려고 하였는데 도시를 공부하는 사람들에겐 잘 알려진 이야기다. 필자도 이 도시를 배우려고 '한옥 글방'을 찾은 것이 첫 인연인데 만 10년이 넘는다. 이러한 행보는 남해안의 한 도시 순천시를 품격이 있으면서 삶의 질을 향상하려고 지속해서 노력하는 도시로 비춰지게 했다. 그러자 이 도시를 주목하는 사람들이 많아졌다. 필자는 순천만 습지가 잘 보전되는데 조금 이바지 하였기 때문에 보통 사람들보다 더 많은 관심을 가졌지만, 순천시가 도시재생에서도 가장 주목받는 도시인 줄은 잘 몰랐다. 단순히 도시재생 사업을 오래 전부터 해왔다는 것만 알았었다.

순천시는 2019년 10월에 3일간 '2019 도시재생 한마당'을 개최하였다. 부제로 '내 삶을 바꾸는 도시재생: 생태, 문화, 역사 그리고 사람'을 달았다. 행사 한 달 전에 처음 방문하고 재생구역의 거리와 골목을 둘러보다가 담당 공무원들과 대화 중에 한마당에 초청을 받았다. 행사 때는 사람들이 많아 너무 복잡할 것 같아 행사를 마친 다음 주 주말에 다시 방문하였다. 이번엔 담당 과장 대신에 과 사무장의 안내를 받았는데 둘 다 자부심이 대단하였고 업무에 밝아 안내받는 내내 "좋은 사람들이 있었구나." 하였다. 행사는 과거 순천부읍성順天府邑城의 성터가 있었다고 하는 중앙동과 향동 문화거리 일대 그리고 옥리단길 주변에서 열렸다. 두 번의 경험으로 도시재생 여행을 할 세 곳을 추천한다면, 향동 문화거리와 옥리단길과 옥천 주변 그리고 새뜰마을이다. 물론 이 세 곳은 서로 멀리 떨어져 있는 것은 아니다.

전라남도 순천 향동 문화거리 어쩌면 오래전부터 이 모습을 잘 간직하고 있는 것 처럼 느껴졌다. 도시재생의 완성이 아니라 그런 사업을 시작할 필요가 없을 것 같은 거리다.

　도시재생거리 체험은 항상 '문화생활센터 영동 1번지'에서 시작하는 것 같았다. 센터는 옛 성주군청인데 이를 고쳐 사용하는 다목적 문화 공간이다. 이 일대 주민들은 철거와 유지라는 상반된 주장을 하면서 갈등을 겪다가 3년간의 대화로 갈등을 해소하였다. 그 후 1년간의 수리와 건물 분리를 거친 다음 2018년 개장을 하였다. 그래서 재생사업의 상징 같은 곳이기도 하다. 분리라는 말은 건물이 뒷부분을 잘랐다는 의미다. 방문 당시에는 잘린 자리를 넓은 광장으로 조성하는 공사가 진행 중이었다. 건물에서 나와 왼쪽으로 가다가 센터 옆 골목으로 가면 옥리단길을 가게 되고, 조금 더 가 중앙사거리에서 왼쪽으로 틀면 문화의 거리가 된다. 문화의 거리는 여러 재생사업이 함께 추진된 곳이라고 한다면 옥리단길은 재생사업의 효과로 상당 부분 저절로 변화한 거리라는 점에서 차이가 있다. 옥리단길의 중심부라고 하는 호남사거리와 지척에 있는 옥천 천변까지 재생의 효과는 확산되고 있었다. 그러니까 센터 건물에서 보자면 옥리단길은 남쪽이고 문화의 거리는 북쪽이라고 보면 된다.

순천만 하구 갈대밭도 주변 쓰레기처리장과 식당건물 등을 없애고 생태계를 복원하였다. 생태계 재생이 필요하다.

    도시재생 사업은 2013년 일 년간의 준비 과정을 거쳤다. 순천만 국제정원박람회가 열린 해라 들뜬 상태였지만 원도심의 공동화 등으로 재생이 시급히 필요한 시기였다. 행사 직후 도시재생 시민토론회를 열고, 참여자 모집 등으로 시민들이 먼저 나섰다. 이어 활동가와 전문가 워크숍 그리고 공무원 워크숍으로 준비를 구체화하였다. 연말에는 도시재생자문단회의의 검토를 거쳐 도시재생전략계획을 최종적으로 확정하였다. 그 에너지로 국토교통부의 도시재생 사업 공모에 응모하여 선정되었다. 사업의 출발에서부터 시민, 전문가, 공무원이 공감대를 형성한 것이 강점으로 꼽혔다. 원도심인 중앙사거리 일대는 도심이 확장되면서 인구는 47%가 그리고 상가 수는 40%나 감소하는 등 이미 쇠퇴가 진행되고 있는 지역이었고, 노후주택도 55%나 되었다. 시민들이 서둘렀던 이유가 있었다.

    지역주민들이 도시재생 사업을 진행하는 과정에 여러 번의 회의를 거쳐 '자연의 씨줄과 문화의 날줄로 엮어내는 천가지로天街地路의 정원도시情園都市'라는 비전을 설정하였다. 정원의 정은 마음이 정해진다는 '뜻 정情'이다. 도시라는 공간을 재생하려는 것이 목표이지만 지역을 소생시켜서 공생하는 거리를 만들고, 사람을 살려내는 창생을 함께 목표로 하였다. 전략을 조금 자세히 보면 속도보다는 방향을 중시하는 지속가능한 도시재생, 개인의 의견보다는 시스템에 의한 도시재생, 외부 전문가보다 지역주민이 주도하는 도시재생이라고 사무장은 설명하였다. 이러한 접근 방식으로 시는 문화·환경·사회·경제를 통괄하는 복합 도시재생을 추구하여 지난해까지 59개 사업에 약 200억 원을 투자하였다. 여러 가지 사업들을 천天 생태, 가街 문화, 지地 역사, 로路 사람으로 구분하여 실행하였다. 실로 주도면밀하고 교과서적인 접근 방식이었다.

시 공직자 조직도 도시재생 사업에 맞추어 재편하였다. 관련 과들을 경제관광국에 소속시키고 행정과 시설직 공무원들이 조화를 이루도록 하여 창의적인 업무가 가능하게 하였다. 주무부서인 도시재생과 외에도 경제진흥과, 투자유치과, 시민소통과와 관광진흥과까지 포함시켜 시정의 핵심 조직이 되게 하였으니 업무 속도나 정확도가 높았을 것이라 짐작된다. 이러다 보니 어떤 공사에도 협업할 수 있어서 밀려있던 여러 개의 공사를 동시에 추진하여 성과로 나타내었다. 예를 들면 한 번의 도로 굴착사업에 하수관로 분리공사와 전선 지중화 등 여덟 개 사업을 동시에 추진하여 완료하였다. 도시재생 사업은 도시재생 현장지원센터를 중심으로 전담부서인 도시재생과, 사업추진협의체, 각 동의 주민협의체가 협의해가며 추진하였다. 도시재생과는 19명의 위원으로 구성된 도시재생위원회와 여러 학교, LH 도시재생지원기구 등으로부터 지원과 조언을 받았다.

이렇게 추진된 도시재생 사업은 얼마 되지 않아 도시를 밝고 활력이 넘치게 했다. 새로운 가게들이 늘어나고 공원들과 공실 건물들이 새로운 기능을 가지고 단장을 하기 시작하였다. 청년들과 새로운 창업자들이 속속 나타났다. 사회적 기업이나 마을기업이 생기면서 일자리도 늘어났다. 3명으로 시작한 한 기획회사는 직원이 18명으로 늘어났다. 골목으로 사람들이 다니게 되고 외부에서 찾는 사람들이 많아지자 안내자도, 관광객을 위한 식당도 생겼다. 어느 도시나 그렇듯이 순천시에도 산비탈에는 넉넉하지 못한 주민들이 사는 동네가 있는데 주민들이 제일 많이 떠난 곳이었다. 경로당이 없었으나 길 건너 다른 마을 경로당으로 가기도 어려웠다. 이곳에 경로당을 만들고 그 옆에 청수정이라는 식당을 하면서 마을재생을 시작하였다. 순천시 재생사업 상징 중 하나인 바로 '청수골 새뜰마을'이었다. 어머니들이 만드는 백반 정식과 한과 등은 관광객들에게 큰 인기였다. 이젠 마을에 주민들이 늘고 새집도 많아졌다.

당시 불과 4년 지난 시점에 빈집 187동이 7동으로 크게 줄었고, 기업도 협동조합 11곳과 사회적 기업 17곳을 포함하여 법인이 40개나 생겼다. 156명이 새로운 일자리를 찾았으며, 주민 만족도는 2015년 72%이던 것이 2017년에는 91%까지 올랐다. 더 큰 성과는 죽은 거리가 살아나고 재생 구역이 다방향으로 퍼지고 있다는 점이다. 상가 주인들은 임대료를 올리지 않아 젠트리피케이션이 심각하지 않은 점도 괄목할만하다. 처음 재생사업이 시작된 곳과는 좀 떨어져 있지만 도심 하천인 옥천까지 살려내어 맑은 물을 흐르게 한 것도 보이지 않게 도시재생 사업의 성과라는 것을 현장에서 확인할 수 있었다. 성공 원인을 하나 더 꼽으라면 지역의 잠재역량이라고 생각한다. 자신이 사는 오래된 고장에 대한 사랑과 자부심이 그 바탕이 되지 않았을까?

김태규, 2019. 9. 20. 순천 도시재생 '만족 91%' 비결은…오래 쌓은 주민자치 역량, 한겨레. //
순천시, 2019. 2030 순천도시기본계획(제3부 계획의 실현, 제3장 도심 및 주거환경 계획, 1. 도시재생계획). // 최종필, 2019. 5. 16. 역사 살리고 젊음 되찾고… 전남 순천 '도시재생 전국1번지'로. 서울PN.

스웨덴 말뫼

말뫼Malmö는 항구도시로 2018년 현재 32만여 명의 인구로 스웨덴 세 번째로 큰 도시이다. 서남단에 있는 스코네주의 주도이며, 좁은 외레순 해협Öresund Strait에 면하고 있는데 건너편은 덴마크다. 아주 오래전부터 스칸디나비아반도에서 항구로 활용되던 곳이었고, 13세기에 도시가 형성되기 시작하였는데 당시에는 덴마크 영토였다. 교통이 편한 곳이어서 한자Hansa 동맹4 시대에는 어업기지로 번영을 누렸다. 스웨덴과 덴마크의 전쟁으로 1685년 스웨덴에 편입되었고, 이후 한동안 폐허로 남아있었다. 19세기 중반 이후 철도가 개통되면서 스웨덴 남부와 유럽 각지를 연결하는 교통 중심지로 다시 주목을 받아 빠르게 성장하였다. 큰 조선소가 들어서자 도시는 틀이 잡히고 인구도 늘어났으며 스웨덴의 문호가 되었다. 20세기 후반, 한국과 일본의 조선산업의 비약적인 발전으로 말뫼의 상징이었던 코쿰스 조선소가 폐쇄되어 다시 경제 불황을 겪었다. 하지만 도시의 꾸준한 재생과 친환경적인 정책 추진과 더불어 2000년 코펜하겐과 연결되는 외레순 대교가 개통되면서 활기를 되찾았다.

이 도시가 우리나라에 알려진 것은 2002년 말뫼의 조선업을 상징하던 '골리아 크레인'이라고도 불린 '코쿰스 크레인Kockumskranen'이 단돈 1달러에 팔려

---

4) 13세기 초에서 17세기까지 북유럽의 여러 도시가 연합하여 이루어진 무역 공동체.

한국으로 오게 되고, 이에 말뫼 시민들이 눈물을 흘렸다는 뉴스를 접하면서부터다. 유명한 '말뫼의 눈물'이다. 게다가 독특한 도시의 이름으로 더 기억에 남았을 것으로 보인다. 사람들 대부분은 크레인이 팔려온 시점에 산업이 최고로 어려움을 겪었던 것으로 이해했을 수 있다. 그런데 2002년으로부터 불과 5년 후인 2007년에 '유엔환경계획UNEP'에서 '세상에서 가장 살기 좋은 도시'로 꼽았으니 의아했다. '눈물의 도시'에서 '웃음의 생태도시'로의 대전환이었다. 단 몇 년 만에 도시를 그렇게 변화시킬 수가 있나 하고 그 실현성에 대해 의구심을 가졌던 적도 있었다. 조금 자세히 들여다보니 크레인만 2002년에 온 것이지 실제로는 1980년대부터 말뫼의 조선산업은 내리막길을 걸었고, 1987년에 120년간 지속했던 조선소가 문을 닫았다. 이때 실업률은 22%까지 치솟았다. 이 도시의 지도자들은 이 시절부터 도시의 미래를 위해 준비를 해왔었다.

즉, 1990년대 중반부터 도시경쟁력 강화를 위해 조금씩 도시재생 계획을 준비하였다. 일부 주민들의 반대에도 불구하고 많은 기업과 노동조합 그리고 지방정부 대표들이 모여 도시의 친환경적 도시계획 그리고 지식과 생명산업을 중심으로 한 미래 비전에 대해 합의해 나갔다. 또 인재양성과 청년층 유입을 유도하기 위해 말뫼대학교를 설립했다. 대학교의 건립은 청년들이 말뫼로 이동하는 계기를 만들었다. 그러니까 도시재생 사업의 성공이 인구까지 늘렸다. 아울러 신재생에너지를 비롯한 여러 종류의 첨단기술이 들어오면서 수많은 새로운 일자리까지 생겼다. 그뿐만 아니라 덴마크 코펜하겐과 스웨덴 말뫼를 이어주는 8km의 외레순대교까지 건설되면서 덴마크로부터 쾌적한 환경에 생활비가 상대적으로 적게 들고 일자리도 있는 이곳으로 사람들이 옮겨오기 시작했다.

이전에 조선소 자리였던 187ha나 되는 넓은 공간인 '서부 항구Western Har-

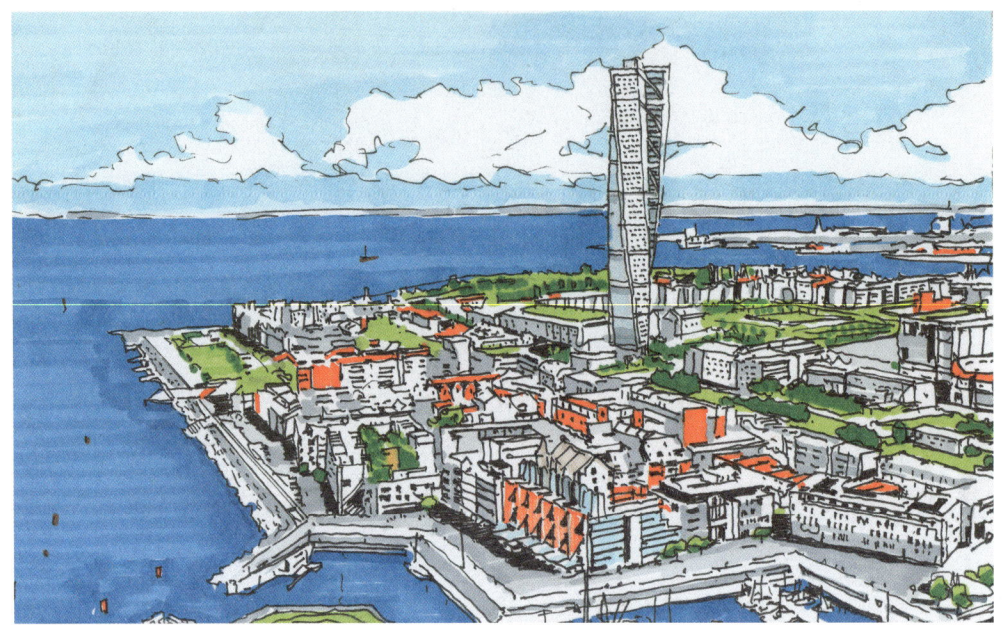

말뫼의 도시재생 지역은 도시를 지탱하게 해주었던 과거 산업을 지우고 새로운 산업으로 교체하는 혁신의 과정이었다. 그 상징이 터닝 트로소 빌딩이다.

bour' 지역이 재생의 중심이 되었다. 오늘날 대학이 들어섰고, 약 10,000여 명의 주민, 그리고 16,000여 명 이상의 근로자들이 일하는 살아있는 '도시 내의 도시'가 되었다. 이 지역에는 에너지 공급과 폐기물 처리를 관리하기 위한 자체 시스템이 있고, 자동차 이동은 최소화하는 정책을 수립하여 실행하였다. 또한, 계절에 따라 다양한 색상의 식물과 광범위한 빗물 유출 시스템이 있는 옥상녹화도 시도하였다. 이전의 쇠퇴한 산업지역이 흥미롭고 지속가능한 도시로 변화하는 현장을 목격할 수 있게 되자 방문객의 수도 늘어갔다. 도시재생의 성공이 말뫼를 관광도시로 발전할 가능성까지 보여주었다. 말뫼가 공업도시에서 지속가능한 도시로 변화하기 위해 100% 신재생에너지를 공급하는 '내일의 도시City of Tomorrow' 도시재생 프로젝트를 계획하여 스웨덴 최초의 환경친화지구로 선정되었다. 이제 조선소 일대는 국제도시로 변모했다.

친환경적인 사업들로 도시재생 사업을 추진한 이후 이산화탄소 배출량이 4분의 1로 줄었고, 도시를 떠났던 사람들도 되돌아오자 말뫼는 '세계에서 가장 살기 좋은 도시'라는 별명을 인증받게 되었다. 조선소였던 코쿰스 건물의 변신은 더 놀랍다. 공장은 '창업 인큐베이터Media Evolution City'로 바꾸어 새로운 스타트업start-up을 위한 공간으로 활용하였다. 도시재생 사업의 성공은 경제적인 성과로 이어져 말뫼의 경제가 점점 활성화되었다. 이제 말뫼는 세계 상용차 생산량 3위인데 우리나라 수입 상용차 점유율 1위를 자랑하는 자동차회사가 있는 곳이다. 이 스카니아Scania사의 명칭은 말뫼가 속한 지방인 스코네Skane 주의 영어식 명칭에서 유래하였다.

　말뫼의 또 다른 상징은 도심에 우뚝 솟아있는 54층 높이의 뒤틀린 빌딩 '터닝 토르소Turning Torso, Twisting Torso 또는 Rotating Torso'다. 이 명소는 친환경 프로젝트의 일환으로 만들어진 빌딩인데 에너지 절약아파트다. 스페인 건축가 산티아고 칼라트라바Santiago Calatrava가 혁신적으로 디자인을 한 것으로 유명하다. 2001년 착공하여 2005년 완공되었는데 스칸디나비아에서 가장 높은 빌딩이다. 강철 육면체를 약 11도씩 방향을 틀어가며 총 9개를 포갠 형식으로 건축되었다. 2015년에는 일정 기간 도시와 지역사회에 가치가 있는 것으로 입증된 고층 건물에 수여되는 '10년 건축상'을 받았다. 이 멋진 건축물은 현재 말뫼 최고의 관광 매력물이 되었다.

　오랜 역사를 가진 이 항구도시는 여러 차례 부침을 겪고 이젠 인구 절반이 35세 미만인 스웨덴 '최연소 도시'로 거듭났다. 말뫼 시 관계자는 "조선업을 포기하면서 2만8000여 개의 일자리를 잃었지만 신재생에너지·IT 등 새 산업에 투자하면서 200여 신생기업과 6만3000여 개의 새로운 일자리가 생겼다"라고 밝혔다.

fromA, 2016. 8. 19. 지구자원 고갈과 환경오염을 최소화한 친환경 도시재생 프로젝트, 스웨덴 말뫼(Malmo)의 'CITY OF TOMORROW'.

네덜란드 로테르담

로테르담은 네덜란드에서 두 번째로 큰 도시이자 '돈은 로테르담에서 벌고, 암스테르담에서 쓴다'는 말이 있을 정도로 물류와 경제 중심지인 유럽에서 가장 큰 항만도시다. 2차 대전 당시 독일군 침공 시 로테르담 블리츠Rotterdam Blitz로 불리는 공중폭격으로 폐허화 되었었다. 도시계획과 재생사업을 통하여 재창조 수준으로 완전히 탈바꿈한 도시로 잘 알려져 있다. 2020년 필자가 로테르담을 방문했을 때도 여전히 도시 건설은 진행형이었고, 항구 주변에는 빌딩군이 특이한 경관을 구성하고 있었다. 전문가들이 말하는 실험적인 건축물 전시장임을 확인하였다. 현재 인구는 약 65만 명이며, 180개 이상의 국적을 가진 시민들이 함께 사는 다문화 국제도시다.

로테르담으로부터 강과 수로, 도로 그리고 철도로 유럽 대륙 내로 연결되는 부챗살 교통망으로 이 도시는 '유럽으로 가는 관문'과 '세계로 가는 관문'이라는 별명을 가지고 있다.

도시는 1950년대부터 1970년대까지 점진적으로 재건되었다. 1980년대에는 시민들에게 편이한 거주 시설과 여가 시설을 만들어 살기 좋은 도심으로 만들었으며, 1990년대에 재개발된 강의 남쪽 부둣가 지역인 콥반자이드Kop van Zuid에 사진 박물관, 뉴 룩소르 극장 등의 문화시설과 더불어 대형 건축물인 로테르담 타워, KPN 타워 등을 세워 스카이라인을 형성해 도시의 면모를 일신

네덜란드 로테르담 돔형의 건물인 마크탈 로테르담(Markthal Rotterdam)은 건물의 안쪽 벽면에 거대한 예술작품을 만들어 놓아 명성을 얻고 있다. 예술작품 아래 공간은 시장으로 이용되고 있다.

해 나갔다. 이곳의 카페와 상점거리는 쾌적하고 걷기가 좋아 방문객들이 즐길 수 있는 여건을 갖추었다. 이런 노력으로 2015년에는 어바니즘 아카데미the Academy of Urbanism가 오래가거나 가장 개선된 도시환경을 가진 도시에 수여하는 올해의 유럽도시가 되었다. 네덜란드에서 가장 높은 건물 상위 다섯 개는 모두 로테르담 연안에 있으며, 현재 가장 높은 건물은 '마스토렌Maastoren'으로 지상 44층(높이 165m)이다. 2022년에는 215m 높이 59층 주거복합빌딩인 '데 잠하븐De Zalmhaven'이 완공되면 순위가 바뀔 예정이다. 미래 도시의 틀이 차츰 자리를 잡아가고 있었다.

로테르담은 현대 건축의 최첨단을 유지하기 위해 끊임없이 혁신해 나가는 도시다. 새로운 건축 기술을 연구하고 개발하여 도시를 재건해 온 것이다. 이

2022년에 완공하여 개장하는 데 잠하븐De Zalmhaven은 도시의 랜드마크가 될 것이다. 그림 오른쪽의 가장 큰 빌딩이 해당 건물이고 우측의 다리 건너 전체가 콥반자이드Kop van Zuid 지역이다.

도시는 45도 기울어진 입방체 건물인 '쿠부스 보닌엔Kubuswoningen, 영어로 cube houses' 혁신 주택단지로 세계적으로 주목을 받았다. 마크탈 로테르담Markthal Rotterdam은 사무 주거 건물이면서 시장이 있는 빌딩이다. 세계에서 가장 큰 천장 예술작품을 보유하고 있는 것으로 유명한 건물은 국제쇼핑센터협의회International Council of Shopping Centers로부터 세계 최고의 쇼핑센터로 선정되기도 했다. 또한, 중앙역인 로테르담 센트랄은 2014년 브루넬 상Brunel Awards과 햇빛이 뛰어난 건물로 뽑혀 네덜란드 비엔날레 상인 '생활 일광 상Living Daylight Award'을 받았다.

그러나 건축물만으로 로테르담이 미래 도시가 될 수는 없다. 지속가능성 중시 정책이 필요했다. 로테르담은 줄곧 지속가능성 정책의 추진을 가장 우선시했다. 로테르담 항은 열 네트워크로 효율을 높이고, 탄소발자국을 조절함으로써 세계에서 가장 지속가능한 항구가 되는 것을 목표로 하고 있다. 도심의 지상 지하철역인 린하븐Rijnhaven 인근에는 플라스틱 등을 재활용한 수상공원과 같은 프로젝트에 투자하고 있다. 또 도시가스 회사인 스타트하스Stadgas는 잔존 음식쓰레기로 바이오가스를 만든다. 이곳의 에라스뮈스 대학교Erasmus University는 자체적으로 지속가능성에 대한 열정을 가지며 '에라스뮈스 지속가능성 날'을 통해 시의 인식을 증진하고 있다. 이 행사는 5일 동안 계속되며 매일 사회, 환경, 정치 문제에 이르는 다양한 주제를 가지고 진행되는데 지난해에는 60개 이상의 기업과 400명 이상이 참석하였다.

이 역동적인 도시는 포르투갈의 포루투와 함께 2001년 유럽의 문화수도가 되었고, 2015년에는 론리 플라닛Lonely Planet에서 2016년 최고 도시 여행지 10곳 중 하나로 선정하였다. 또한, '로테르담 기후 이니셔티브RCI'는 로테르담 지역의 경제를 촉진하는 동시에 2025년까지 CO_2 배출량을 50% 줄이는 것을 목표로 2006년부터 시작하였다. 이것은 2020년까지 30% 감축이라는 네덜란드의 국가 목표보다 더 야심찬 목표다.

네덜란드는 국토의 60% 이상이 해수면 아래에 있어 물관리 분야에서 세계 최고의 권위를 가지고 있다. 지형적 특성이 기후변화에 취약한데 로테르담은 오히려 지구온난화 분야에서 최고의 지식을 축적하였다. 미래를 대비하기 위한 물을 저장하는 '워터 플라자Water Plaza', 즉 물 광장을 건설하여 대응하고 있다. 도시의 특정 공간에 의도적으로 물을 모으고 더 느린 속도로 배출하는 혁신적인 계획이다. 건조한 날씨에는 다른 공공광장처럼 운영되다가 비가 오면 주변 거리의 물이 광장으로 흘러 들어간다. 광장으로 들어가는 입수구에는 필터가 설치되어있어 더러운 물이 들어가지 않는다. 이 계획은 물을 흡수하는 옥상정원 그리고 녹색지붕과 함께 작동한다. 강 하구에 있는 도시인 로테르담은 끊임없이 변화하는 환경을 관리하는 선도적인 사례로 꼽힌다. 로테르담은 2015년 'C40의 적응 계획 및 평가상'을 받은 세계 10대 도시 중 하나였다.

자전거는 네덜란드에서 일반적인 교통수단이다. 로테르담과 주변 지역은 자전거 타기에 최고의 인프라를 갖추고 있다. 도시의 건축물과 강과 수로 그리고 항구와 자연경관을 보면서 공원과 야외 녹지로 이어 달릴 수 있는 600여 km의 사이클 도로가 있다. 로테르담은 '행사와 인센티브 여행Conference & Incentive Travel: C & IT'이라는 마이스MICE 관련 기관에서 주는 2015년 '최우수 단거리 목적지'의 한 곳으로 선정되기도 했다. 로테르담에서는 늘 도시전문가를 위한 여러 이벤트와 워크숍이 열린다. 건축가나 도시계획자들이 꿈의 도시로 여길 정도로 창의적인 많은 시도와 도전들이 이루어지고 있다. 전 세계 도시 전문가들에게 영감을 주고 있는 도시인 것이다.

Bryan van Putten, 2017. 5. 23. Markthal wins big at the 2017 VIVA Awards. Rotterdam Style. // Ger van Tongeren, 2010. 11. 23. Rotterdam Climate Initiative / 50% CO_2 reduction / 100% Climate Proof. Retterdam Climate Initiative.

청색경제

모든 해안도시들은 해안 또는 하구의 이점을 잘 알고 있다. 그 이점을 알고 해안에 도시를 건설했기 때문이다. 전 세계 인구 60% 이상이 해안지역에 거주하고 있으며, 인구가 250만 명이 넘는 도시의 65%가 연안에 위치한다. 신선한 수산물 공급, 운송과 자원수급의 편이, 방어에 용이 등 해안에서 얻을 수 있는 여러 가지 장점들이 사람들을 해안에 머물게 했을 것으로 본다. OECD에 따르

뉴질랜드 타우랑가 해안에서는 자연보전에서부터 관광, 수산업, 무역 등 다양한 산업을 통합적으로 운영하여 경제적 수익을 늘릴 수 있다.

면 해양은 연간 약 1,200조 원 정도의 생산과 가치를 제공하고 있으며, 약 6,000만 명에게 일자리를 제공해왔다. 도시가 성장하면서 해안을 개발하고 연안생태계를 파괴함에 따라 이전 바다로부터 받아왔던 혜택의 근거지를 크게 훼손함으로써 도시의 생존까지 위험할지 모른다는 우려가 늘었다. 일부 문헌에서는 오늘날 해안의 50% 정도가 개발에 따른 물리적, 화학적, 생태학적 변화로 크게 위협을 받는 것으로 추산한다. 해안의 파괴와 각종 해양오염이 가장 심각한 문제가 되고 있다.

최근까지만 하더라도 해안관리와 도시계획은 관련성이 없는 별도의 정책 사항으로 여겨왔다. 해안도시들이 도시계획을 하면서 종종 해안생태계에 기반을 둔 여러 가지 환경문제를 무시하고 개발하여 환경 악화는 물론이고 해양 자원의 소실, 해안이 침식되는 등 많은 문제를 야기하였다. 그리고 나서야 두 주제를 통합적으로 바라보아야 한다는 점을 깨닫고 있다. 즉 해안의 통합관리계

미국 뉴욕 거대한 해안 도시는 해안의 자원을 소실하고 해양환경의 악화를 초래하는 결과를 낳았으며, 이를 극복하려고 많은 예산을 투여하고 있다.

획의 부재가 문제로 대두된 것이었다. 지금은 많은 해안도시들이 도시계획에 연안의 문제를 포함한 연안통합관리의 틀을 활용하고 있다. 그렇게 하여 해안도시의 특성을 보호하고, 자연환경에 미치는 영향을 최소화하는 효율적인 정책을 수립하여 연안 생태계를 보전하면서 해안과 도시를 재생하고 있다. 이때 해안에서 지금까지 누려왔던 많은 혜택이 기본적으로 해양생태계와 그 주변 육상생태계로부터 온 것이라는 점을 잘 인식할 필요가 있다. 즉 육지와 바다의 끊임없는 상호작용을 인정하는 데에서 출발해야 한다. 그렇게 함으로써 도시계획의 전통적인 방식을 초월하여 육지와 바다를 구분하는 이분법을 넘어설 수 있다.

해안과 해양은 지구상에서 가장 생산적인 생태계로 인류의 경제적 활동과 성장을 직·간접적으로 지원하는 일련의 서비스를 제공해왔다. 기후조절, 해안선 보호, 탄소 흡수, 수산물 채취와 어업, 에너지 획득, 무역과 여행 기반 제공 등으로 많은 국가에 연간 수천조 원에 달하는 이점을 제공했다. 동아시아 해양환경관리 파트너십PEMSEA은 일부 동아시아 국가에서 해양경제가 각국 GDP의 15~20%를 차지한다고 하였다.

그러나 사람들의 눈에 보이는 생활 향상과 지역사회의 경제적인 발전도 도모해야 하므로 해양자원의 보호와 경제발전이라는 두 가지 목표를 동시에 달성하는 길을 찾았다. '청색 경제blue economy'가 그 방향을 제시하고 있다. 세계은행World Bank은 청색 경제를 "해양생태계의 건강을 보전하면서 경제 성장, 삶의 질 향상 및 일자리 창출을 위한 해양자원의 지속가능한 이용"이라고 밝혔다. 한편 '청색경제센터Centre for the Blue Economy'는 "해양에 대한 환경적 그리고 생태적 지속가능성의 필요성을 강조한 것으로 해양 선진국과 개발도상국 모두에게 새롭게 성장할 기회"라고 하였다. 청색경제는 이제 해안과 해양의 지속가능발전을 끌어내는 중요한 접근법으로 인식되고 있다. 여러 동아시아 국가들은 유엔과 아시아·태평양 경제협력체APEC와 같은 많은 국제기구들과 함께 이 청색경제를 지역의 청사진으로 제시하였다. 동아시아 10개국의 장관들은 2012년 '창원 선언'에 서명하여 청색경제 개발에 대한 의지를 확인했다.

그리고 EU(유럽 연합)가 유럽 2020 전략의 목표를 달성하기 위한 해양통합관리정책으로 '청색성장Blue Growth'을 채택하였다. 청색성장은 "지속가능한 방식으로 해양 부문의 성장에 대한 지원"을 의미한다. 기본적으로 청색경제를 기반으로 하는데 수산, 관광, 해상 운송과 같은 전통적인 해양활동 외에 신재생에너지, 양식, 해저 채취활동 및 해양생명공학 및 생물자원 탐사와 같은 신흥 산업을 추가하였다. 청색경제는 또한 시장에서 포착되지는 않지만, 경제와 인간 활동에 중요하게 이바지하는 해양 생태계서비스를 수용하려고 시도한

베트남 다낭 '동아시아 해양환경관리 파트너십(PEMSEA)'이 정기적으로 주관하는 해양대회는 기본적으로 '연안통합관리'와 '청색경제'가 주요 주제이다.

다. 여기에는 탄소 흡수, 연안 보호, 폐기물 처리 그리고 생물다양성 등이 포함된다. 2015년 세계야생기금WWF 브리핑에서는 주요 해양의 자산가치를 24조 달러(약 28,000조 원) 이상으로 책정했다.

어업은 남획과 오염 등 여러 가지 어려움에 직면해 있지만, 양식과 풍력발전은 충분히 발전할 여지가 있다. 특히 양식업은 세계 시장에서 어류의 58%를 공급하는 가장 빠르게 성장하는 식량산업이다. 그래서 빈곤국의 식량 안보에도 중요하다. EU에서만 2014년에는 청색경제가 300만 명 이상을 고용했다. 이러한 내용에도 불구하고 세계은행은 청색경제의 발전을 저해하는 세 가지를 지목하였다. 첫째, 현재 해양자원을 급속히 악화시키는 경제 추세, 둘째 혁신적인 고용과 개발을 위한 인적자원에 대한 투자 부족 그리고 마지막으로 해양자원과 해양생태계서비스에 대한 부적절한 관리를 들었다.

　우리나라를 비롯한 동아시아 국가는 청색경제에 더 주목해야 한다. 그 이유는 다음과 같다. 세계에서 상위 15개 어류 생산 국가 중 여덟 개가 동이시아에 있다. 연간 수출액은 1,360억 달러(약 161조 3,000억 원)에 달한다. 아시아어업은 전 세계 수산·양식 분야의 모든 종사자의 84%를 차지하고 있으며, 세계 어선의 68%를 가지고 있다. 2030년까지 아시아는 전 세계적으로 어류의 70%를 소비할 것으로 보고 있다. 또한, 세계의 모든 상품 중 90%는 선박으로 운송되는데 세계 6위권의 선적국가 중 다섯 곳이 동아시아에 있으며, 컨테이너 물동량 상위 10위권 중 부피 기준으로 볼 때 아홉 곳도 그렇다. 해양에서의 여행과 관광은 연간 7.6조 달러(약 9,000조 원)로 세계 총 GDP의 9.8%에 달하며, 매 11개 직업 중의 하나를 지원한다. 모든 관광의 80%가 해변과 산호초가 있는 해안지역에서 있는 인기 있는 관광지에서 진행된다. 아시아 태평양 지역의 국제관광은 다른 지역보다 빠르게 성장하고 있다. 삼면이 바다인 우리나라에도 이러한 경향이 반영되고 있다.

　Abdullahel Bari, 2017. Our Oceans and the Blue Economy: Opportunities and Challenges. Procedia Engineering 194: 5-11. // Andrew Hudson, 2018. 11. 26. Blue Economy: a sustainable ocean economic paradigm. UNDP // The World Bank, 2021. Blue Economy.

히든 챔피언

　세계에서 가장 잘 사는 나라를 꼽으라고 하면 독일을 드는 사람들이 많을 것이다. 도시나 국가의 경제력과 국민의 안정감 그리고 양극화 문제 등에 대한 여러 가지 주제에 대해서 이해도가 높을수록 독일을 선택할 것이라고 믿는다. 북유럽 국가들은 인구나 국가 경쟁력에서 독일과 비교되지 않고, 일본은 국가는 잘 살지만 국민은 못 산다는 평가를 받는다. 싱가포르는 최고의 살기 좋은 곳이지만, 도시국가이고 시민들의 자유를 일부 제한받는다. 물론 독일도 통일 이후 동·서독 지역 간의 격차 때문에 갈등이 여전히 존재하지만, 동독 출신 대통령을 배출할 정도가 되었다. 그러고도 독일이라고 답한 이유가 더 설명되어야 한다. 국민이 평안하려면 경제가 지속적으로 성장하면서 좋은 일자리를 창출하는 기업들이 많아야 하고, 그런 기업들이 전국에 고루 분포되어 있어야 한다. 그런 나라가 독일이다. 바로 '히든 챔피언Hidden Champion'이 독일을 살기 좋은 나라로 만들었다고 하면 지나친 평가인가?

위키백과에 따르면 '히든 챔피언'이라는 용어는 독일의 경영학자 헤르만 지몬Hermann Simon이 자신의 경영저널 출판물의 제목으로 '히든 챔피언'이라는 이름을 처음 사용하면서 알려졌다. 그의 정의에 따르면, 어떤 기업이 '히든 챔피언'이 되기 위해서는 아래의 세 가지 기준을 충족시켜야 한다고 하였다. 첫째, 시장 점유율에서 세계 시장 1위, 2위, 3위 또는 해당 기업의 대륙에서 1위인 기업이어야 하고, 둘째, 매출액이 40억 달러 이하인 기업(최근 50억 달러 – 약 6조 원으로 상향되었다.)이면서 셋째, 대중적 인식이 낮은 기업을 말한다. 우리나라에서 말하는 강소기업도 '히든 챔피언'에서 따온 용어이지만 내용은 약간 다르다. 강소기업은 세계적인 경쟁력을 가진 기술중심의 기업을 말하는 점에서 같지만, 위의 세 조건을 엄격히 적용하는 것은 아니기 때문이다. 예를 들어 세계 시장점유율이 3위권인 경쟁력을 가진 기업이라 하더라도 브랜드 지명도가 높다면 '히든 챔피언'이라 할 수 없다.

독일 프랑크푸르트 히든챔피언 기업을 만드는 일은 지역을 살리고 일자리를 만드는 일이므로 정부의 적절한 지원을 필요로 한다.

'히든 챔피언'은 완성된 상품의 생산보다는 부품이나 원천기술에 강점이 있는 기술집약적인 기업으로 기술과 부품을 생산하는 수출중심 기업이다. 당연히 전 세계 시장을 대상으로 한다. 혁신적이고 기업의 수익률도 높으며 수명도 길다. 그러다 보니 노동자들은 근로조건이 좋아 상대적으로 이직률이 낮은 안정된 직장 생활을 할 수 있다. 따라서 해당 기업들이 있는 도시들은 좋은 일자리가 많은 도시가 된다. 독일이 자치분권이 잘 되어있고, 지방도 잘 사는 이유가 여기에 있다 해도 과언이 아니다. 지방이 골고루 잘 사는 나라가 좋은 나라 아니겠는가? 독일은 전 세계 '히든 챔피언'의 절반 정도를 가지고 있다.

2017년에 있었던 한 행사에서 지몬이 발표한 내용 중에 일부 통계를 보자. 전 세계에는 총 2,734개의 '히든 챔피언'이 있으며, 이 중 거의 절반인 1,307

독일 아헨 '히든 챔피언'들은 첨단 기술과 혁신을 받아들이는 속도가 빠르다. 독일의 경우 전 세계에서 가장 먼저 4차 산업혁명을 추진하였다.

개 기업이 독일기업이고, 미국이 336개, 일본 220개, 스위스 131개 순이며 한국은 23개로 집계되었고, 중국도 68개나 되었다. 통계상 '히든 챔피언'의 평균 연 매출은 3억 2,600만 유로(약 4,338억 원)이며, 평균 고용인원수는 2,037명이었다. 평균 기업존속연수는 61년이며, 기업의 80% 이상이 가족경영기업으로 나타났다. 100대 '히든 챔피언' 기업의 총 매출은 1995년 608억 유로(약 80조 9,100억 원)로 기업당 평균 6억 800만 유로(약 8,090억 원)에서 회계연도 2016~15년을 기준으로 할 때는 2,821억 유로(약 375조 2,900억 원)에 기업당 평균 28억 1,000만 유로(약 3조 7,400억 원)로 크게 성장하였다.

그러면 우리는 '히든 챔피언'들로부터 무엇을 배울 수 있을까? 세계적으로 작고 강하지만 유명하지 않은 기업들 그래서 낭비가 적은 이들 기업들은 여러 가지 교훈을 제시하고 있다. '히든 챔피언'들은 혁신을 통하여 목표를 확실히 정하고 성장을 거듭하고 있다는 점을 강조할 필요가 있다. 혁신과 연구·개발 활동의 효율성은 대기업의 다섯 배에 달한다. 혁신한다고 해서 모방으로 세계시장의 리더가 되지 못한다. 혁신은 연구개발을 위한 투자로 시작되는데 '히든 챔피언'의 R&D 투자액은 일반 회사보다 두 배나 높았다. 더 중요한 것은 결과다. 히든 챔피언은 특허 집약적인 대기업보다 직원당 다섯 배의 특허를 보유하고 있다. 그러나 특허 당 비용은 대기업 비용의 1/5에 불과하다.

혁신을 위한 원동력인 시장과 기술에 모두 적용된다. 그리고 앞서가는 기술과 생산 과정을 통해서 최종 제품의 우수성과 독창성을 끌어낸다. 그리고 비핵심 역량에 대해서는 아웃 소싱을 한다. 세금이나 법률 부서가 없다. 이는 이들 분야를 핵심 역량으로 하는 전문기업과 손잡는다는 것을 의미한다. 핵심기술이 아닌 기술 분야도 마찬가지다. 따라서 '히든 챔피언'이 한 지역에 있으면 같은 지역의 중소기업들 발전에도 크게 영향을 미친다.

또 '히든 챔피언'의 주요 전략은 가격 중심이 아니라 가치 중심이다. 가격은 회사가 차별화된 가치를 제공하지 않는 경우에만 핵심요소가 된다. 가장 중요한 경쟁 우위인 제품 품질에 가치까지 부여하는 것이다. 그리고 좋은 인재를 고용하고 뛰어난 리더십을 가진 최고 경영자를 선택한다. 이것이 성공의 또 하나의 핵심 비결인 까닭이다. '히든 챔피언'들이 있는 도시는 그 자체로 경제적인 효과가 크지만, 이 특별한 기업들로부터 도시도 많은 교훈을 얻게 된다.

Simon Hermann, 2010. 11. 16. Hidden Champions of the 21st Century, The Success Strategies of Unknown World Markek Leaders. Presentatim PPT.

빅데이터

현대사회에서 살아가는 우리는 모두 데이터의 홍수 속에서 살아간다. 온라인으로 오가는 엄청난 양의 데이터를 보통의 사람들은 대부분 상상조차 하지 못한다. 그런데 이런 데이터를 잘 수집하고 정리 분석해서 사용한다면 아주 효과적이고 정확한 정보를 가질 수 있고 따라서 좋은 정책을 생산할 수 있다. 시민들이 저녁 6시 이후에 어디로 많이 가는지, 저녁으로 선택하는 메뉴가 무엇인지, 식사비로 얼마나 지출하는지를 알 수 있다면 식당을 개업하는 데 큰 도움이 될 것이 분명하다. 만약 신용카드를 사용하는 경향을 볼 수 있다면 시민들이 무엇을 원하는지 추정할 수 있고 그렇게만 되면 도시계획을 수립하는데도 좋은 정보가 된다. 지금 예를 든 것은 일부 데이터일 뿐이다. 도시가 가지고 있는 많은 데이터를 잘 정리하여 분석할 수만 있다면 투자와 부지 선정 등에 적절한 결정을 내릴 수 있다. 물론 수집, 분류, 통합, 분석하는 전문가가 필요하고 슈퍼컴퓨터 등이 있어야 한다. 이러한 데이터들은 매우 복잡하지만 새로운 분야로 발전할 수 있는 무한한 가능성이 잠재된 '자원'으로 주목을 받고 있다.

지금까지 해왔던 데이터의 처리나 소프트웨어로 처리하기가 너무 크고 복잡한 데이터나 이를 다루는 분야를 '빅데이터Big data'라고 한다. 용어는 1990년대부터 사용됐으며, 대용량 데이터에는 일반적으로 허용되는 경과 시간 내에 데이터 취득, 관리, 처리하는 데 일반적으로 사용되는 소프트웨어 도구의 기능을 넘어서는 크기의 데이터 세트를 포함한다. 최근에는 '특정 기술과 분석 방법이 있어야 하는 높은 볼륨, 속도 및 다양성으로 특징지어지는 정보 자산을 가치로 변환하는 것을 빅데이터라 한다.'라고 정의하고 있다. 빅데이터는 비구조적[5], 반구조적[6] 그리고 구조화된 데이터[7]를 포함하지만, 주로 비구조적 데이

도시에 있는 생산 자료를 다 모아 분석하여 의사결정을 하고 이 과정에서 자료를 공공이나 개인이 활용하도록 하는 것이 빅데이터이다.(외국 자료를 인용하여 수정)

터에 중점을 두는 것이 특징 중에 하나다. 그래서 다양하고 복잡하며 방대한 규모의 데이터 세트로부터 통찰력을 드러내기 위해 새로운 형태의 통합 기술과 기술을 필요로 하는 것이다. 즉, 데이터 세트를 통합 분석하여 사항이나 사람들의 행동의 경향성을 파악하여 예측하고, 원 데이터가 가지고 있지 않은 새로운 결과를 도출하여 가치를 만들어내는 일이기도 하다.

빅데이터 분야는 기본적으로 정보학의 한 분야로 볼 수도 있으나 오늘날의 활용도를 보면 그 영역을 훨씬 넘어서고 있다. 오염이나 범죄를 예방하고, 상대방의 의중을 파악하는 등에도 활용되므로 사업 추진이나 정책수립에 반드

---

5) 정의된 구조가 없이 정형화되지 않은 데이터로 대표적인 비정형 데이터에는 동영상 파일, 오디오 파일, 사진, 보고서(문서), 메일 본문 등이 있다. 비정형 데이터(unstructured data)라고도 한다. (지식백과에서 인용)
6) 데이터의 형식과 구조가 변경될 수 있는 데이터로 데이터의 구조 정보를 데이터와 함께 제공하는 파일 형식의 데이터를 말하며 '반정형 데이터(semi-structured data)'라고도 한다. (지식백과에서 인용)
7) 다양한 정보를 담고 있는 콘텐츠를 논리적으로 조직화하여 가공된 데이터를 의미하며, 대표적으로 관계형 데이터베이스를 들 수 있다. (네이버 '웹마스터 가이드'에서 인용)

시 필요한 분야로 대두되고 있다. 당연히 물리학적 시뮬레이션이나 생태계 모델 등 과학이나 기술에 적용은 필수적이고 문화나 예술 분야에도 활용 영역이 넓어지고 있다. 따라서 정치, 경제, 사회, 문화, 관광 등 전반에 영향을 미치고 있어 빅데이터가 하나의 전문 분야일 뿐만 아니라 산업으로서도 활용가치가 무궁무진한 것으로 평가받고 있다. 데이터를 다루는 분야 중 비즈니스 인텔리전스Business Intelligence라고 하는 분야가 있는데 기업에서 데이터를 수집, 정리, 분석해서 효율적인 의사결정을 하는 데 활용한다. 이 분야는 빅데이터의 한 분야라고 할 수 있으며 상대적으로 통계적으로 잘 정형화된 데이터들을 다룬다는 측면에서 약간의 차이가 있다. 시민들이 사용하고 있는 스마트폰이나 각종 SNS로부터 정리되는 정보의 양도 어마어마하고 그 양은 기하급수적으로 증가할 것이 분명하다. '빅데이터'가 미래도시에서 어떻게 활용될지 궁금하다.

Bhushan Aher, 2018. How Big Data Impacts Smart Cities. DZone, Big Data Zone(2018. 4. 20). // Shreya Chandola, 2019. Role of 4IR and Geospatial in making cities smarter. Geospatial World(2019. 7. 18).

4차 산업혁명

최근 여행을 다니면서 요금소에서 하이패스를 이용하는 차량이 더 많아 현금을 내는 곳과 비교해 체증까지 생기는 것을 보게 된다. 현금을 내는 곳도 이젠 사람이 아니라 기계로 대체되고 있었다. 저임금의 일자리도 줄어들고 있다. 때마침 청년들을 위한 일자리가 절대 부족하고, 좋은 일자리마저 가파르게 줄고 있다는 뉴스가 연일 나오고 있다. 세상이 너무나 빠르게 변하고 있는데 잘 대비하지 않으면 큰일이 나겠다는 생각이 들었다. 특히 기술의 변화가 이전과는 다른 속도로 다가오고 있어 우리가 변화를 너무 모르고 있는 것은 아닐까 하는 걱정까지 들었다. 도시도 시민들의 인식 제고를 위해 나서야 할 시대가 아닌가.

큰 변화라고 하면 대개 4차 산업혁명을 떠올리게 된다. 일자리만큼은 아니더라도 자주 보고 듣게 되는 단어이기 때문이다. 2016년 세계경제포럼World Economy Forum: WEF에 따르면, 앞으로 4차 산업혁명으로 약 510만 개의 기존 일자리가 줄어들 것으로 전망하였다. 그러니까 사라지는 일자리는 710만 개인데 반하여 새로 생기는 일자리는 200만 개에 불과해서다. 그러니까 이러한 혁명적 변화에서 일반 시민들은 생활의 변화도 클 수밖에 없는데 어떻게 대처해야 하는가에 고민이 되는 것은 당연하다. 이 대목에서 도시가 할 일이 많을 것이다.

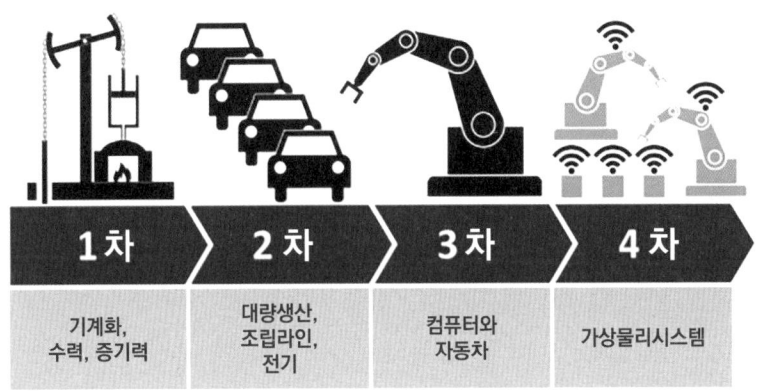

산업의 변천과 단계별 핵심기술을 비교하였다. 미국을 경제적으로 이끄는 힘은 제조업이 아니라 융복합기술을 활용한 새로운 산업이다.(Lucidworks 자료 인용 수정)

독일 아덴 독일은 제조업에 인더스트리4.0이라는 이름으로 혁신기술과 시스템을 도입하여 제조업 강국의 위치를 유지해 가고 있다.(안산시 자료 인용)

인류가 직면했던 최초의 변화는 '농업혁명'이었다. 가축을 키우고 정착 생활을 하며 농업 생산을 적극적으로 하게 됨에 따라 잉여생산물이 생겼다. 차츰 사람들이 모여 도시화가 진행되었고, 국가까지 출현하게 되었다. 그로부터 몇천 년이 지난 다음 18세기 중반부터 발생한 산업혁명은 이른바 '동력'의 변화로 인간의 노동력이 증기기관과 기계설비 등 기계의 힘으로 옮겨간 엄청난 변화였다. 그리고 백 년이 좀 지나 2차 산업혁명은 19세기와 20세기에 일어난 것으로 조립라인으로 공장에서 노동의 분업이 생기고 전기를 에너지원으로 사용하며 대량생산의 시대를 열었다. 한편 3차 산업혁명은 20세기 후반에 일어났는데 '디지털'의 지식 정보화 시대가 시작되어 기존의 일하는 형태나 모습이 자동으로 바뀌는 전자기기와 반도체, 인터넷 시대를 펼쳤다. 그래서 '컴퓨터혁명'이라고도 한다.

2016년에 출판된 '제4차 산업혁명'의 저자이자 세계경제포럼(일명 다보스포럼) 설립자인 클라우스 슈밥Klaus Schwab은 4차 산업혁명은 디지털 혁명을 기반으로 21세기 시작과 동시에 출현하였다고 했다. 유비쿼터스 모바일 인터넷, 더 저렴하면서 작고 강력해진 센서, 인공지능과 기계 학습machine learning을 특징이라 하였다. 그렇지만 단순히 기기와 시스템을 연결하고 스마트화하는데 그치지 않는다는 점에서 중요한 의미가 있다. 모든 기술이 융합하여 물리학, 디지털, 생물학 분야가 상호교류하는 것을 말하는데 종전 혁명과는 근본적으로 다른 모습이라 하였다.

4차 산업혁명 시기의 핵심 기술은 ICBM(사물인터넷 IoT, 클라우드 Cloud, 빅데이터 Big Data, 모바일 Mobile)이 결합한 통합 플랫폼으로 4차 산업혁명을 이끌 것으로 전망하고 있다. 이러한 혁명적 기술변화는 사회의 변화도 추동하게 된다. 옥스퍼드 마틴 스쿨의 칼 베네딕트 프레이Carl Benedikt Frey 교수와 한 동료가 2013년 발표한 보고서 「고용의 미래」에서 20년 이내에 현재 직업의 절반가량이 자동화에 대체되어 사라지리라 예측하였다.

또한, 세계적인 베스트셀러 『사피엔스』의 저자 유발 하라리 이스라엘 히브리 대학교 교수는 지금 학교에서 배우는 것의 80~90%는 학생들이 40대가 됐을 때 별로 필요 없는 것이 될 가능성이 크다고 하였다. 보스턴컨설팅 그룹은 2025년이 되면 한국에서는 제조업 노동력 40%를 로봇이 대체할 것으로 내다봤다. 연도에서 알 수 있듯이 먼 훗날에 발생할 이야기가 아니라 지금 진행형이라는데 문제의 심각성이 있다. 그래서 국가나 기업뿐 아니라 도시에서도 이 변화를 예의 주시하고 변화에 반응하고 적응할 필요가 있음을 지적하는 것이다.

지금 초등학교에 입학하는 아이들은 기존에 존재하지 않았던 새로운 직종에 일하게 될 가능성이 매우 크다. 기술혁신에 따른 일자리의 변회로 많은 일자리를 잃게 되지만, 신기술과 서비스에 대한 수요가 증가하여 새로운 산업과 직종의 일자리가 창출되는 두 가지가 상충하는 현상이 발생하게 된다. 그래서 새로운 산업에서 직무역량 교육은 과거 전통적인 공인자격과 기능을 위한 교육보다는 복합적인 문제해결 능력 등 다양한 직무기술에 집중할 필요가 있다. 4차 산업혁명 시대에는 기업들의 높아진 눈높이로 인해 이를 충족하는 미래형 인재는 오히려 부족한 현상을 초래할 것으로 보인다.

안산과 같은 산업도시에서는 4차 산업혁명 기술을 기존의 제조기술과 융합하고 연계하는 진화과정을 지원해야 한다. 그렇게 해서 새로운 비즈니스 모델을 생성하여 지역경제와, 고용에 성과를 내야 한다. 이에 따라 시민들에게도 큰 영향을 미칠 것이다. 이런 상황에서 가장 적극적인 대처 방안은 스마트팩토리를 유치하는 것인데, 그러면 중소기업이 생산체계를 새롭게 구축하도록 도울 수 있다. 또 새로운 일자리도 만들어 낼 수 있다(인천에서 평택까지 중소기업 제조업 벨트에는 약 7만여 개의 공장이 있고, 한 공장에 적어도 2명 이상의 일자리가 생길 것으로 예상한다). 결국 4차 산업혁명도 사람을 위한 것이다. 슈밥도 이 점을 다음과 같이 분명하게 언급했다. "지도자와 시민들은 사람들을 최우선으로 생각하고, 힘을 실어주며, 이러한 모든 새로운 기술이 사람들을 위해 만든 최우선 도구라는 것을 끊임없이 상기시켜 주며, 모두를 위해 일하는 미래를 형성해야 한다."

곽수근, 2017. 3. 16. 유발 하라리 "학교 교육 90%, 30년 뒤엔 쓸모없어", [1] 석학들이 내다본 4차혁명 시대. 조선일보. // 클라우스 슈밥(송경진 옮김), 2016. 제4차 혁명. 새로운현재. //

Bernard Marr, 2016. Why Everyone Must Get Ready For The 4th Industrial Revolution. Forbes(2016. 4. 5). // Carl Benedikt Frey and Michael A. Osborne, 2013. The Future of Employment: How Susceptible Are Jobs to Computerrisation? The Oxford Martin Programme on Technology and Employment. // The Economic Forum, 2016. The Fourth Industrial Revolution, by Klaus Schwab.

초연결사회

　코로나-19 바이러스 감염증이 불러온 여러 가지 현상 중 하나가 사회에서 벗어나 잠복하는 사람들이 늘어나는 현상이다. 비대면 활동을 권장하다 보니 사람들 사이에 직접적인 소통도 줄어들어 그러한 현상을 촉진하고 있다. 2020년 6월 23일 뉴스에서는 1인 가구의 수가 계속 늘어나 600만 가구를 넘어섰다고 하였다. 전체 가구 수의 30%에 육박하는 수이고, 2015년에 비해 4.3%나 증가한 것이었다. 이 속도라면 머지않은 장래에 50%에 도달할지도 모른다는 불안함이 뉴스에는 담겨있었다. 일차적으로 핵가족화에 따른 것이지만 결혼하지 않거나 노년에 혼자되었을 때 가족과 살지 않은 사람들이 많은 까닭이다. 문제는 가족 간의 결합 정도가 낮아진다는 점이다. 1인 가구의 가장 큰 문제점은 외로움이고, 이것은 우울증으로 그리고 나중에 자살 충동으로 이어질 수도 있다.

　잘 알려진 사실이지만 우리나라 자살률은 2003년부터 OECD 국가들 가운데 부동의 1위이다. 이와 같은 상황에서 우리사회는 2010년대 중반 이후에 빠르게 초연결사회hyper-connected society에 접어들고 있다. 어떻게 생각하면 광대

현대사회는 사람과 사물이 총체적으로 연결된 사회로 이전의 사회와는 확연히 구분되는 행동양식을 가져야 적응할 수 있다.(블록체인AI뉴스 www.indaily.co.kr에서 인용)

한 연결망을 통해서 외로움을 달랠 수 있지만, 다른 한편으로는 더 외로움에서 헤어나지 못할 수도 있다는 이중성을 시스템으로 연결된 사회가 가지고 있다.

『과학백과사전』에서는 초연결사회를 '인간과 인간, 인간과 사물, 사물과 사물이 네트워크로 연결된 사회를 말하며, 이미 우리는 이런 초연결사회로 진입해 있다. 이 용어는 4차 산업혁명의 시대를 설명하는 특징 중 하나로 모든 사물이 마치 거미줄처럼 촘촘하게 사람과 연결되는 사회를 말한다. 초연결사회는 사물인터넷IoT: internet of things을 기반으로 구현되며, SNSsocial networking service, 증강 현실AR 같은 서비스로 이어진다.'라고 정리하고 있다. 그러므로 온종일 집에 있어도 심심할 여력이 없다. 세상의 정보를 다 앉아서 확인하고 찾아낼 수 있으니 말이다.

코로라 감염증의 확산 속도나 전 세계 전파 경로 등을 거의 실시간으로 체크가 가능하다. 문제는 그 많은 정보 중에 좋은 정보와 정확한 정보를 구분하기가 어렵다는 데 있다. 인터넷 안에는 가짜뉴스와 음모론이 넘쳐나고 일반인들은 자신이 선호하는 이념이나 흥미와 관련된 정보만을 신뢰하게 되어 이를 재전파하게 된다. 이렇게 전파되는 정보들은 상상을 초월할 정도로 빠르게 퍼지고 그 가운데에는 의도적으로 만들어진 가짜뉴스도 적지 않아 사람들을 불안과 공포에 빠지게 만든다.

또 다른 걱정거리는 3년 전 서울 'KT 아현지사'에서 발생한 화재처럼 경찰·병원·금융 등 기본적인 사회 인프라의 작동을 일시에 멈추게 한 사건과 같은 일의 발생이다. 사건을 보도한 한 일간신문 기사에 따르면, 전국 50여 개 KT 통신 지사 중 고작 한 곳에서 발생한 화재가 수많은 이들의 삶을 멈춰 세운 것이다. 서이종 서울대 교수(사회학)는 "이번 사고는 정보통신기술ICT 기반의 초연결사회가 얼마나 쉽게 무너질 수 있는지 경고한 사례"라고 진단했다. 특히 경찰이나 병원 등 사회 기간기관의 업무 정지는 우리 사회 유지에 핵심 부분인 안전과 보건이 한순간 얼마나 심각해질 수 있는지를 보여주어 충격적인 사건으로 기억된다.

4차 산업혁명 기술의 발달로 사람은 자신도 모르게 프로세스, 데이터, 사물과 서로 연결돼 지능화된 네트워크로 구축된 초연결사회에 예속되어 가고 있다. 그런데 우리는 기술의 진보가 가져온 편이성에 열광한 나머지 그 기술들이 가져올 수도 있는 부작용에 대해서는 무심한 면이 있다. 이러한 첨단기술은 사물이 사람과 대등한 위치에서 소통하는 상황까지 이어질 수 있다는 것까지도 인식해야 한다. 아주 좋은 예는 아니나 내비게이션에서 나오는 사람 목소리가 운전자와 몇몇 부분에서 대화를 진행할 수 있다. 이런 시스템이 발전하면 영화 '허her'나 미래공상과학 영화에 나오는 상황이 실제로 일어날 수 있을 것으로 보인다.

앞서 언급한 것처럼 '초연결사회'는 모든 사람이 정보를 공유할 기회를 얻는

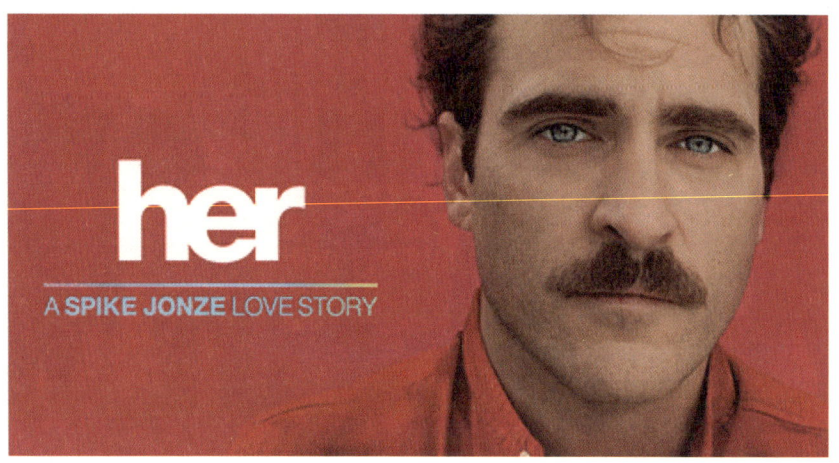

영화 '허(her)'에서 인터넷망 속의 가상의 이성과 언어로 사랑을 하지만 결국 허상이고 자신만을 상대하는 것이 아님을 알고 공허해지고 마는 한 남성의 모습을 그렸다.

다는 측면에서 공정한 면이 있으나, 관련 기술의 습득 정도나 기기의 소유 능력 차이에서 바라보면 극단적인 양극화가 이루어질 수밖에 없다는 이중성을 갖는다. 미래사회에서 인프라들이 거대화되면 정부나 단위기관이 통제할 수 없는 상황으로 전개할 개연성이 높다. 사람들은 거대한 시스템을 구성하는 부속처럼 그 일부분이 될지도 모른다. 그래서 연결사회에서는 사람들 간 '소통'이 그 어떤 것보다 중요하다. 특히 모든 정보를 손쉽게 구할 수 있는 세상에서는 어쩌면 다른 사람의 사람다운 내면세계가 더 소중하게 와닿을 수 있다. 아직 초연결사회의 완전한 모습이 갖추어져 있지 않았음에도 과거로 회귀하고 싶어 하는 문화가 인기를 얻는 이유도 위와 같은 관점에서 한번 바라보자. 바로 레트로나 뉴트로new-tro 문화가 그것이다. 뉴트로는 새로움new과 복고retro를 합친 신조어로, 복고를 새롭게 즐기는 경향을 말한다.

어쩌면 가장 기술적인 사회가 더 혼돈 상황을 만들고, 시스템에 예속된 사람들은 감수성이 떨어지며 격리된 생활에 적응하다 보면 실질적인 소통감은 현저히 줄어들게 마련이다. 따라서 초연결사회에서는 역설적으로 사람들 간의 관계망은 더 위태로워진다. 1인 가구 중심사회로 진입하면서 노령화와 저출산 현상이 가속화되는 것도 그 근원을 찾아가면 연결사회로 가면서 생기는 한 현상일 수도 있다. 초연결사회에서 도시는 앞으로 두 가지 준비를 할 필요가 있다. 하나는 시민들이 아날로그적 관계망을 넓혀나가도록 도와주고, 정보를 인터넷이 아니라 시민들 간 만남을 통한 직접적이고 합리적인 소통으로 정보를 나누도록 지원해야 한다. 다른 하나는 이 책의 앞부분에 필요성을 제기했던 비상계획 즉 '컨틴전시 플랜'을 마련해서 아현동과 같은 문제 발생에 대비해야 한다. 앞으로 연결사회가 더 발전할수록 위험, 즉 리스크가 더 커질 수밖에 없기 때문이다.

스마트도시

수년 전부터 언론에 자주 등장하는 용어 중의 하나가 '스마트도시'다. 우리나라의 많은 도시가 스마트도시가 되려고 정부의 지원을 받기 위해 치열하게 경쟁한다. 스마트도시로 선정되면 엄청난 예산을 지원받는데, 분명 시민들에게 좋은 도시가 되는 것 같긴 하다. 그러면 선정되지 않은 도시들은 스마트도시가 될 수 없는 것일까? 과연 스마트도시가 무엇인가 궁금하지 않을 수가 없다. 우선 스마트도시와 함께 떠오르는 단어가 유비쿼터스 도시(일명 U-city)다. 기본적으로 같은 의미이지만 기술 발전이 지금보다는 못했던 2008년에 나왔던 개념이므로 최근의 기술 진보를 반영하지 못했다고 보면 된다.

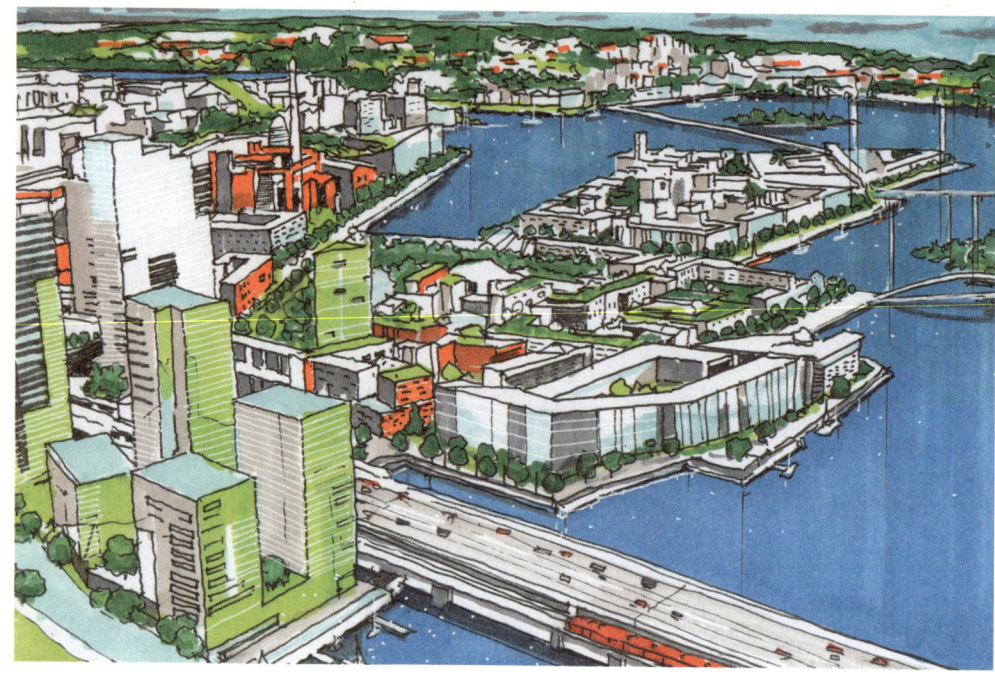

핀란드 헬싱키 헬싱키는 새로운 스마트도시 칼라사타마 디스트릭트를 건설 중이며 2025년에 입주할 예정이다.

그래서 2017년에는 '유비쿼터스 도시의 건설 등에 관한 법률'을 '스마트도시 조성 및 산업 진흥 등에 관한 법률(일명 스마트도시법)'로 개명하여 개정하였다. 이 법에서는 스마트도시를 '도시의 경쟁력과 삶의 질의 향상을 위하여 건설·정보통신기술 등을 융·복합하여 건설된 도시기반시설을 바탕으로 다양한 도시서비스를 제공하는 지속가능한 도시'로 정의하고 있다. 어쩌면 모든 도시가 다 추구하는 도시이다. 다만 첨단 기술을 이용하여 도시 인프라를 건설해야만 가능한 도시로 막대한 예산을 투여해야 하는 점이 문제라면 문제다.

세계에서 가장 잘 알려진 스마트도시 가운데 하나인 미국 캘리포니아 실리콘밸리 내의 작은 도시 팔로 알토Palo Alto시의 정보통신책임자CIO는 "도시는 위기에 봉착해 있으며 이 문제를 해결하는 것에 인류의 미래가 달려있고, 스마트도시가 첨단 기술들을 가지고 도시가 안고 있는 문제들을 해결할 것이다"라고 보다 명쾌하게 정리했다. 그러면 그 기술이 무엇인가만 알면 도시의 의미에 대한 이해가 좀 쉬워진다. 정보통신기술, 즉 클라우드, 빅데이터, 사물인터넷 Internet of Thing: IoT, 모바일 등의 기술 등으로 수집하고 저장·분류한 정보를 쓸모있게 수정하여 효과적으로 서비스할 수 있게 하는 인공지능 기술까지 필요하다. 열거한 기술들은 4차 산업혁명 기술들이다. 그래서 어떤 이는 스마트 도시를 '4차 산업혁명이 추구하는 도시'로 표현하기도 한다.

과거 자동차가 많지 않던 시절 큰 도시에서도 2차선이면 충분하였던 곳이 4차선이 되어 차를 효과적으로 제어하기가 어려운 경우가 많다. 차들이 일정한 시간에 몰린다고 마냥 도로를 늘릴 수도 없다. 대중교통도 같은 차원에서 모든 골목에 버스 노선을 다 투입하는 일은 현실적으로 불가능하다. 주차장도 마찬가지다. 이럴 때 버스의 운행 속도나 타고 내리는 승객, 수익 구조 등에 대한 정보를 CCTV와 여러 모니터링 기법으로 수집·분석하여 가장 시민들에게 편한 노선과 적정한 버스 대수와 정류장 설치 그리고 기타 서비스를 결정하고 실시간으로 교통 문제를 파악하여 처리한다면 좋을 것이다. 10년 전만 하더라도 불가능한 것이 이젠 기술적으로 가능한 일이 되었다.

에너지도 마찬가지다. 한 빌딩에서 사용되는 에너지가 일차적으로 지붕에 설치된 태양광에서 만들어진 전기로 쓰다가 남으면 충전을 하거나 이웃한 제조업체에 보내고 모자라면 한전 같은 전기회사로부터 자동으로 받는다고 가정하자. 또 건물 내부에서 근로자들이 퇴근하면 알아서 소전이 되고 필요할 때만 켜진다면 에너지는 절약된다. 한 물건만 아니라 한 블록 또는 전 도시가 이렇게 하는 스마트그리드 시스템을 이용한다면 에너지를 효율적으로 사용하고 크게 절약하는 것이 가능해진다. 그러면 대도시에서 원전을 줄이는데도 얼마든지 기여할 수 있다. 최근에 일부 외국 도시들은 쓰레기도 하수관과 같은 관로를 통해서 수거하고 분류하는 시스템에 이러한 기술을 적용하고 있다. 그뿐만 아니라 행정, 보건과 건강, 복지, 환경, 안전과 보안 등 시민들의 전 생활영역에서 적용하면 쾌적하고 편리한 도시가 되며, 궁극적으로는 시 예산을 크게 절감할 수 있다.

스마트도시는 이미 새로운 모델이 아니다. 유럽과 미국 등에서 일반화되어 가고 있고 전 세계 1,000여 개 도시들이 도시재생이나 새로운 건설사업의 목적으로 추진하고 있다. 중국의 일부 도시에서는 주민들의 일반 생활에 적용할 정도로 현실화되고 있으며, 우리나라도 곧 그렇게 될 전망이다. 그렇게 해서 시민들의 삶의 질이 전반적으로 개선된다면 모든 도시가 바라는 '거주 적합성 livability'이 뛰어난 도시가 된다. 도시가 반드시 가야 하는 과정이기도 하다. 그러나 스마트도시는 아직 보편적인 정의가 없으며, 도시마다 처한 상황에서 정한 목표에 따라 바뀔 수도 있다고 보는 한 전문가는 스마트도시를 만들 때 공공서비스의 효율성, 지속가능성, 이동성, 안전과 보안, 경제 성장, 도시 평판을 고려해야 할 필요가 있다고 했다.

그런데도 스마트도시 조성이 너무 기술에 치중하여 인간과 환경의 상호보완성을 무너트린다든가 살아있는 유기체처럼 작동하는 도시 시스템에 저해되어서도 안 된다. 아무리 편한 도시라도 사람 중심이라는 대전제 아래서 진행되어야 한다는 뜻이다. 2021년 11월 현재에는 '포용적이고 지속가능한 경제 회복 추진' 등을 목표로 스페인 바르셀로나에서 300개 이상의 도시가 참여하는 '가능한 도시 정상 회담 2021 @ 스마트 도시 엑스포 세계 대회City Possible Summit 2021 @ Smart City Expo World Congress'가 열리고 있다. 물론 온라인으로도 참여가 가능했다.

Lisa Smith, 2018. 10. 1. SMART CITY PALO ALTO. bee smart city. // Sarah Wray, 2018. 6. 19. Palo Alto's CIO calls for greater urgency on smart cities. SmartCitiesWorld.

스페인 산탄데르

2017년 산탄데르를 처음 방문하였을 때 이 도시의 첫인상은 차분하고 문화적인 강점이 돋보이는 조용한 도시로 다가왔다. 휴양지로 최적화된 도시처럼 보였다. 해안으로부터 깊게 만입된 산탄데르만 주변에 자리 잡은 도시의 아름다움 경관과 도심에 멋진 모래사장까지 펼쳐져 있어 그렇게 보일 수밖에 없었다. 필자가 국제회의에 초청을 받아 방문하였을 때만 하더라도 이 도시가 유럽에서 가장 유명한 스마트도시인줄 전혀 몰랐다. 회의 기간 중 산탄데르에 대한 소개를 보면서 유럽에서 주목받는 스마트도시임을 비로소 알게 되었다. 이러한 정보를 확인하지도 않고 여행을 하였다는 것이 부끄러웠다. 인구 18만 명의 스페인 북부 해안의 칸타브리아Cantabria주의 주도인 산탄데르는 최근 해안지역의 재생사업으로 도시의 면모가 일신되었다. 시내를 관통하던 고속도로를 지하화하고, 그 지상의 녹화로 만들어진 베레다 공원Jardines de Pereda[8]은 도시와 바다 사이에 녹색의 휴식 공간을 만들었다. 이 공원에는 이탈리아 건축가 렌조 피아노Renzo Piano가 디자인한 문화센터인 미래 지향적인 건축물 '보틴 센터Centro Botín'가 있었는데 필자가 방문한 해에 개장하였다. 최상층 2개 층에는 현대미술전시회가 열리고, 다양한 문화프로그램을 진행하고 있었다. 이제 산

---

8) 베레다는 칸타브리아 지역의 저명한 소설가이다.

산탄데르 도심은 해안과 인접해 있고, 사진으로 보이는 공간은 오래전에 바닷가를 메운 곳으로 최근 재생하였다. 이곳에는 다양한 조각작품과 녹지 그리고 보틴 센터가 있다.

탄데르의 새로운 문화 랜드마크로 자리를 잡았다.

2010년 산탄데르는 유럽연합EU으로부터 스마트도시 기술을 도입하여 실험하기 위해 1,100만 달러(현재 환율로 약 120억 원)의 보조금을 받았다. 즉, '덥베드 스마트 산타데르Dubbed SmartSantander'는 지역 칸타브리아 대학의 공학 교수인 루이스 뮤노즈Luis Muñoz를 책임자로 하고 20여 명의 기술자, 연구원 그리고 프로그래머로 구성된 개발팀이 수백 개의 센서를 도로 밑에 묻으면서 프로젝트를 시작하였다. 개발팀은 2013년에 프로젝트를 마무리하고 공무원에게 넘겼다. 이 시스템은 에너지 비용을 최대 25%까지 줄이는 데 도움이 되었으며, 쓰레기통의 센서는 시가 쓰레기 수거 비용을 20% 절감하는데 도움이 되었다고 했다.

산탄데르에서는 가로등 기둥, 버스, 쓰레기통 등 일상적인 물건에 혁신적인

보틴 센터는 베레다 공원 어디에서나 바라볼 수 있다. 센터의 독특한 건축 형태로 해서 시민들과 관광객들의 사랑을 받고 있다.

사물인터넷IoT 기술이 내장되어 있다. 과거 주민들이 상상할 수 없었던 방식으로 삶의 질을 향상하고 있다. 이는 공공서비스의 모든 측면을 측정하기 위해 수백 개의 센서를 배치했기에 가능한 일이다. 큰 도시가 아님에도 건물, 공원, 차량 및 기타 물체에 20,000개 이상의 IoT 장치를 설치했다. 인터넷을 물리적 세계에 통합하는 이러한 IoT 장치는 도시의 디지털 인프라와 함께 작동하여 교통, 물, 에너지 등과 같은 도시 시스템을 사람의 개입 없이 또는 최소한으로 효율적으로 관리한다.

다음은 비용을 절감하고 지속가능성을 높이며 선구적인 역할을 하기위해 네 분야로 나누어 추진하였다. 먼저 대중교통의 혁신인데 포장도로 아래에 숨겨져 있는 IoT 센서시스템은 무료 주차공간을 식별하고 디지털 도로표지판을 통해 주변 운전자를 사용 가능한 공간으로 안내한다. 이 시스템은 다른 대중교통

프로젝트와 함께 도시의 혼잡과 이산화탄소CO_2 배출량을 크게 감축하고 있다. 그뿐만 아니라 IoT 센서는 버스, 택시와 가로등에 내장되어 교통 패턴, 유지보수 요구, 소음 수준과 기타 환경 조건에 대한 자료를 수집한다. 대중교통 경로를 최적화하고, 실시간 교통 데이터를 대중과 공유하고, 혼잡을 줄이고, 기계적 문제에 대응하는데 자료를 사용한다. 두 번째는 '지속가능한 스마트 워터 이니셔티브the sustainable Smart Water initiative'로 주민들이 스마트폰 앱을 통해 물 사용을 관리할 수 있도록 지원함으로써 비용을 줄이고 있다. 수질과 소비량에 대한 실시간 데이터를 확인하고, 시간 경과에 따른 추세를 추적하며, 알림서비스를 받을 수 있다. 또 도시는 필요한 곳과 시간에 더 효율적으로 물을 공급하는 동시에 수질, 수압 및 기타 환경 요인에 대한 귀중한 자료를 수집할 수 있다.

셋째로는 지능형 공공공간 관리용인데 공원과 정원의 습도 센서는 토양이 건조할 때만 녹지공간에 물을 공급하도록 작동한다. 쓰레기통조차도 지능적이며 비워야 할 때를 IoT를 통해 보고받는다. 누군가가 근처에 있는지에 따라 어둡거나 밝아지는 지능형 LED 조명을 출시하여 연간 150만 달러(약 17억원)를 절약하고 있다. 넷째로 대중들이 서비스의 지속적인 혁신에 참여하도록 초대된다. 시민들이 도시에서 편하게 생활할 수 있도록 사진기반 앱을 통해 유지관리 문제, 진행 중인 교통 혼잡 및 기타 문제를 보고하고 받는다. 그래서 도시가 직면한 도전에 대한 창의적인 솔루션을 찾아낼 수 있다. 이 도시는 현재 다양한 IoT 기반 서비스로부터 시너지 효과를 높이기 위해 노력하고 있다. 예를 들어 통합 IoT 시스템이 거리에서 쓰러진 나뭇가지를 감지하고 자동으로 유지보수팀을 배당하며, 운전자를 대체 경로로 유도하고, 해당 영역의 조명을 강화하여 안전을 보장한다고 상상해보면 쉽게 이해할 것이다.

외국 관광객이 드물었던 산탄데르에서 오늘날 외국인 관광객을 만나는 것은 흔한 광경이다. 전 세계 도시와 기업에서 산탄데르의 센서 시스템을 보려고 몰려들고 있기 때문이다. 스마트도시가 관광도시로의 매력물이 된 것이다. 관광객들이 도시 이벤트에 대한 최신 정보를 받을 수 있는 '패이스 오브 너 시티 Pace of the City'라는 앱도 출시했다. 이렇게 전 세계 많은 도시가 희망하고 있는 스마트도시가 스페인 산탄데르에서 이미 현실화되고 있다. 지나친 정보수집 체계를 우려하기도 하지만, 이 도시의 시장은 "우리 시는 시민들과 새로운 협력관계를 만들며 살고 싶은 도시로 나아가고 싶다."라고 하였다.

Carlie Klapper, 2021. 9. 29. The Smart City Transition: What is Santander doing? // Tod Newcombe, 2014. 4. 21. Santander: The Smartest Smart City. Governing.

이스라엘 텔아비브

최근 텔아비브(공식 이름은 텔아비브-야포 Tel Aviv-Yafo임)는 첨단기술로 주목받는 도시로 자주 언급되면서 우리와 익숙해진 도시이다. 그동안 이 도시는 정치·군사적으로나 종교 뉴스가 많았던 이스라엘의 수도로 인식해 왔다. 텔아비브가 새로운 기술로 세계에서 가장 주목받는 것은 놀랄만한 일이긴 하지만 조금만 생각해 보면 적국으로 둘러싸인 상황에서 기술의 발전을 추구하는 것은 가장 현명한 방어 전략이라는 생각이 든다. 우리나라처럼. 이스라엘 서부 지중해 연안에 있는 도시로 종교를 제외한 모든 분야에서 실질적인 중심지다. 시내 인구는 40여만 명으로 예루살렘 다음으로 많으며, 대도시권의 인구는 385만 명에 달한다. 고대 항구인 자파 Jaffa 바로 북쪽에 있는 텔아비브는 예전에 사구였던 땅에 자리 잡고 있어 상대적으로 비옥한 토양을 가지고 있다. 예루살렘에서 북서쪽으로 60km정도 떨어진 지역에 자리잡고 있다. 도시는 1909년에 세워졌는데 1950년에 자파시와 완전히 통합하였으며, 이때부터 '텔아비브-야포'로 이름이 변경되었다.

텔아비브는 문화와 엔터테인먼트의 주요 중심지이기도 하다. 이스라엘의 35개 주요 공연예술센터 중 18개가 이곳에 있으며, 이 중에는 9개 대형극장 중 5개가 포함되어 있다. 나라 전체 공연의 55%와 전체 관객의 75%가 이 도시에서 진행되고 관람한다. 매년 약 250만 명의 국제 방문객들이 오며, 중동과 아프리카에서 다섯 번째로 방문객이 많은 도시이다. '론리 플라닛Lonely Planet'은 '2011년 가장 인기 있는 도시' 중 세 번째로 텔아비브를 선정하였고, 잡지 '트레블+레저Travel + Leisure'는 중동과 아프리카에서 세 번째로 좋은 도시로 꼽았다. 또 내셔널 지오그래픽이 선정한 세계에서 9번째로 좋은 해변을 가진 도시다. 텔아비브는 번성하는 밤 문화, 젊은 분위기, 유명한 24시간 문화

스마트도시 텔아비브는 논스톱도시라는 별명을 가지고 있다. 텔아비브가 시민들의 창의성을 고취하여 스마트도시가 지속적으로 발전하도록 하는 전략은 국제적으로 높은 평가를 받고 있다.

로 인해 "잠들지 않는 도시"와 "파티의 수도"로 알려져 있기도 하다. 이스라엘은 일인당 박물관 수가 가장 많은 국가인데 텔아비브에 세 개나 있다. 그중에는 이스라엘 고고학과 역사 전시품으로 유명한 '에레즈 이스라엘 박물관Eretz Israel Museum'과 '텔아비브 미술관Tel Aviv Museum of Art'이 있다. 2010년에 개조된 텔아비브 항구의 디자인은 바르셀로나에서 열린 유럽 조경비엔날레에서 '뛰어난 조경 건축상'을 수상했다.

도시혁신에 대한 장려와 개방성, 도시 경험을 개선하는 것으로 잘 알려진 텔아비브시는 스마트도시로 전환하기 위해 세계적으로 유명한 첨단기술 생태계를 활용하였다. 선도적인 기술의 허브이기도 한 텔아비브는 도시행정을 위한 고도로 발전된 솔루션을 개발했으며, 개발 자체보다 더 중요한 것은 시민과 전문가 참여를 고취하고 있다는 점이다. 이러한 방식으로 텔아비브의 스마트도시 전략은 모든 주민을 위한 도시를 만들고, 주민 중심의 정부를 구현하고, 매력적인 도시환경을 유지하며, 금융과 문화중심지로서의 도시의 위상을 발전시키기 위한 네 가지 목표를 가지고 있다.

주요 프로젝트인 '디지텔 주민 클럽DigiTel Residents Club'은 거주자들에게 개별 맞춤화된 위치별 정보 및 서비스를 제공하는 개인화된 웹과 모바일 소통 플랫폼이다. 이 플랫폼은 도시와 거주자 간의 직접적이고 총체적인 연결을 쉽게 하여 다른 도시에서는 생각조차 하지 못하는 영역에서 다른 도시는 할 수 없는 서비스를 제공한다. 2014년 바르셀로나에서 열린 '스마트도시 엑스포 세계대회'에서 '세계 최고의 스마트도시Best Smart City in the World' 상을 받았다. 이후 5년 만에, 20만 명 이상의 사용자들이 플랫폼에 참여하였다. 플랫폼은 지속적으로 확장되어 반려견 소유자와 젊은 부모를 위한 '디지독Digi-Dog'과 '디지타프(Digi-Taf, 'taf'는 히브리어로 어린이라는 의미)' 등을 포함하고 있다.

스마트도시는 사람 중심의 사려 깊은 도시이고, 데이터 수집, 측정, 분석 그리고 때때로 교환을 통해 운영되며, 가상 경험을 중시한다. 결과적으로 사람들과 그들이 활동하는 장소 사이에 더 많은 잠재적인 상호 작용을 만든다.

'텔아비브 논스톱 시티Tel Aviv NonStop City'는 슬로건 그 이상이며 국제적으로 도시의 위상을 높이기 위한 일종의 브랜드다. 도시마케팅에 참여하는 모든 사람이 사용할 텔아비브 브랜드에 대한 통합 지침 세트를 만들고, 향후 이용을 위해 도시 브랜딩 프로세스를 문서로 만든다. 그리고 텔아비브의 이야기를 전한다. 기술로 사람에게 서비스하는 스마트도시 전략은 한마디로 '스마트도시 만들기'다. 우리 도시에 살고, 일하고, 도시를 이용하는 사람들이 우리의 가장 큰 자산이라는 점을 염두에 두고 텔아비브는 디지텔과 같이 개발한 기술 모두에서 거주자와 그들의 요구를 중심에 두는 스마트도시 전략을 10여 년 전에 공식화했다. 주민 카드와 개방형 데이터 이니셔티브, 투명성, 접근성 및 적극적인 시민참여를 기반으로 하는 전략은 좋은 도시 만들기 관행에 따랐다. 도시의 국제 마케팅이 강화됨에 따라 2013년에는 텔아비브 브랜드를 국제사회에 접근할 수 있도록 해야 할 필요성이 생겼다. 2015년에는 텔아비브의 글로벌 브랜딩 전략이 현지 전략으로 되면서 국내와 국제 브랜드가 통합되었다. 오늘날 텔아비브는 국제적 그리고 이스라엘적 맥락에서 브랜드를 업그레이드하고 개선하면서 계속해서 앞서가고 있다. '논스톱 도시'는 변화를 멈추지 않고 있는 것이다.

여기서 한 번 더 강조하고 싶은 것은 스마트도시라 하더라도 주민들의 의견을 반영하는 것이 매우 중요하다. 무엇보다도 시민들이 도시에서의 일상생활과 권리행사를 훨씬 쉽게 하려면 서비스에 대한 더 나은 접근이 필요하기 때문이다. 일단 요구가 처리되면 시에서는 주민들과 상호작용을 한다. 실시간으로 시민들이 필요할 때 사전 서비스를 제공하는데 주된 목적이 있다. 거주자에게 신생아가 있으면 선물을 보내주고 새롭게 부모가 된 이들을 위한 워크숍을 제공하기도 한다.

또 그들이 특정 문화행사를 좋아한다는 사실을 안다면 가장 관심이 있는 행사를 추천해 준다. 다음 단계는 지역사회를 구축하여 주민들 간의 참여와 연대를 장려하고, 도시 공동체를 강화하는 것이다. 가장 높은 수준은 중앙정부와의 파트너십 구축을 통해 일어난다. 지방자치단체 사업과 관련해서는 완전한 투명성과 함께 의사결정과정에 대중이 참여한다. 그래서 텔아비브에는 가장 똑똑한 시민들이 있으며, 이들은 도시를 앞으로 나아가게 하는 동력이 된다. 단순히 스마트도시가 되려는 것이 아니라 세계에서 가장 스마트한 도시를 만들려고 하는 것이다.

산업적으로도 앞서가고 있는 것이 있다. 텔아비브는 스타트업(start-up)을 적극적으로 지원하고 있다는 점이다. 연중 여러 차례 해커톤(hackathon)[9]을

---

9) 소프트웨어 개발 분야의 프로그래머나 관련된 그래픽 디자이너, 사용자 인터페이스 설계자, 프로젝트 매니저 등이 정해진 시간 내에 집중적으로 작업하여 결과물을 만들어내는 소프트웨어 관련 이벤트.

개최하여 직면한 문제에 대한 응용 프로그램과 해결 방안을 찾아내는 기회를 촉진하다. 기술 분야뿐 아니라 관광, 교육, 고령화 등 사회 전반을 포괄한다. 얼마 전 인하대 송준호 교수가 한 지역 신문에 쓴 다음과 같은 글이 있어 소개한다. "이스라엘 텔아비브는 수천 개의 4차 산업 스타트업 기업이 집중되어 스타트업 생태 가치가 서울의 3~5배로 평가되고 있다. 조선시대 이후 모든 자산과 욕구가 서울에 올인 되어 있는 기형적 중앙집권 국가 한국에서 텔아비브와 같은 세계적 유니콘 도시가 나타날 수 있을까?".

송준호, 2021. 6. 23. [시론] 동쪽을 보지 말고 서쪽을 보라. 인천일보. // 홍윤정, 2016. 1. 8. '테크 아비브'로 변신하는 '창업 요람' 텔아비브. 한국경제. // Eran Toch and Eyal Feder, 2016. International Case Studies of Smart Cities Tel Aviv, Israel. Institutions for Development Sect or Fiscal and Municipal Management Division. // Julien Carbonnell, 2019. SMART-CITY: Key Success Factors. // Maya Mahler, 2010. 5. 10. TA Port wins best design award in Europe. Ynetnews. // Shoshanna Solomon, 2020. 9. 17. Tel Aviv slides four places in 2020 Smart City ranking. The Times of Israel. // The Tel Aviv-Yafo Municipality. Tel Aviv Nonstop City - The Brand Story.

사람과 생명을 지키는 환경 도시

"살아있는 것만으로는 충분하지 않습니다.
햇빛, 자유, 작은 꽃이 있어야 합니다."

– 한스 크리스티안 안데르센 –

물

2019년에는 초가을 비가 장마같이 내렸다. 많은 사람이 큰 어려움을 겪었지만 그래도 다행이다 싶었다. 물 걱정을 안 해도 되니 말이다. 현대 사회가 되었어도 물에 대해서는 여전히 마땅한 대책이 없다. 본디 우리나라 장마는 유월 말부터 팔월 초까지인데 이런 기후 패턴이 깨져가고 있다. 지구온난화로 여름은 길어지면서 더 더워지고, 겨울은 짧아지면서 더 따뜻해지고 있어서다. 오랫동안 논농사에 의지해왔던 한민족은 하늘이 내려주는 물을 받아 비교적 잘 이용해왔다. 그러다 보니 물을 귀하게 여긴다. 하지만 오랫동안 가뭄이 지속되면 온 나라가 혼란을 겪는다. 문제는 지금부터다. 도시화가 90% 이상 이루어졌고, 도시민들은 전원생활을 하던 예전과 비교해 물을 훨씬 많이 사용하고, 인구도 크게 늘었다. 그런데 물을 잘 저장하고, 관리하는 대책이나 기술은 마땅찮다. 게다가 비는 더욱 불규칙하고 국지적으로 집중해서 내리고 있다.

이런 상황에서 도시는 어떻게 대처

충청북도 제천 맑고 깨끗한 물은 모든 생명을 유지케 하고, 사람들을 청량하게 만든다.

경기도 안산 언제 어디서나 물이 있는 곳에 도시가 형성되고 발전한다.

를 해야 하는가? 스위스 취리히를 여행할 때 깜짝 놀란 것이 시내의 한 고급 호텔에서 종업원이 건물 밖에 있는 수도에서 물을 받아 손님들에게 내어놓는 것이었다. 기억을 더듬어 보니 독일이나 오스트리아에서도 여행객들이 역전이나 길거리의 수도에서 물병을 채우는 것을 여러 번 본 적이 있다. 수돗물에 대한 확고한 신뢰가 없으면 불가능한 일이다, 이들 나라는 수자원이 우수하다. 그러나 그것만으로 설명이 부족하다. 결론적으로 수질과 원 수자원의 관리가 잘 되고 있음을 의미한다. 수자원에는 당연히 지하수까지 포함된다.

안산 단원구 화정동의 꽃우물은 아무리 가물어도 바닥을 보인 적이 없었는데 몇년 전에 바닥을 드러내고 말았다. 원인은 과도하게 지하수를 내어 쓴 까닭이다. 한번 지하수위가 크게 낮아지면 다시 채우는 것은 불가능하기에 빠른 조치가 필요하였다. 지층에서 지하수가 빠지면 다른 수계에서 역류하여 지하수가 오염되기도 한다. 예를 들면 인근 시화호의 물이 지하수로 스며들어 올 수도 있다는 이야기다. 이러한 예는 다른 나라에서 어렵지 않게 볼 수 있고 제주도에서는 이런 상황이 전개될까 봐 크게 우려하고 있다. 사람들이 자연을 크게 훼손하고 물을 대책 없이 많이 사용하다 보니 어떤 지역에서는 거대한 호수가 사라져 사막화가 되기도 하였다. 그 대표적인 예가 중앙아시아의 아랄해 Aral Sea이다. 한반도 면적의 약 30%에 달하는 지구에서 네 번째로 큰 호수였다. 과거 면적이 68,000㎢에 이르렀으나 이제는 네 개로 나눠진 호수의 면적을 모두 합쳐도 17,000㎢에 불과하다. 이런 호수가 전 세계적으로 10개가 넘는다.

생물들은 물이 없으면 살 수가 없다. 사람도 마찬가지다. 10억 명에 달하는 인구가 15분 이상 걸어야 물을 만날 수 있다고 한다. 우리나라는 이와 같이 심각한 상황은 아니나 하천은 예전의 모습을 잃고 물이 오염된 경우는 수없이 많고, 제대로 된 복원사업이 이루어지지도 않는다. 안산천에서도 40년 전만 하더라도 중류에서 수영도 하고 수리산 계곡에서는 가재도 쉽게 잡았다. 깊이 생각해보지 않더

오스트리아 빈 거리에 있는 수도에서 시민이나 여행객들이 물을 받아 마시거나, 병에 담아간다.

라도 아랄해와 한 도시가 물관리가 기본적으로는 다르지 않다.

  수자원(지하수 자원 포함)을 대책 없이 무한정 사용하고, 물의 순환과 형성된 시스템을 파괴한다면 다른 자연자원과 마찬가지로 사라지게 된다. 한 도시는 한 나라의 일부이고 한 나라는 지구의 일부이다. 지구의 71%가 물로 덮여 있지만 마실 수 있는 물은 1%에도 크게 못 미친다. 도시에서 발원지를 살려내고 수계의 자연성을 강화해야 한다. 그리고 정기적으로 수자원의 상황을 잘 확인해야 한다. 이는 도시생태계 문제이기도 하지만 우리의 생존이 달려있다.

뉴시스, 2019. 국민 10명 중 9명, 도시 거주…도시화 추세 지속. 뉴시스(2019. 6. 24). // 정성남, 2018. 20세기 최악의 환경 파괴 아랄해…인간이 만들어낸 무책임한 결과. 파이낸스 투데이(2018. 9.30).

에너지

  '춥고 배고프면 서럽다'라는 이야기가 있다. 배고픈 것은 두말할 나위가 없지만, 춥기까지 하면 세상이 원망스러울 정도로 너무나 힘들다는 뜻이다. 에너지 문제가 해결되기 전에는 겨울이 다가오면 가정에서는 연탄 들이기와 김장하는 일이 일 년 중 가장 큰 일, 대사로 여기던 때도 그리 오래되지 않았다. 지구온난화로 기온이 상승해서 우리나라는 아열대 기후가 되고 겨울이 없어질 것이라는 주장이 제기되지만 아직은 훗날의 일이다. 당장은 겨울을 대비하는 일이 필요하다. 현시점에서 보면 사서 걱정이라고 생각할 정도로 에너지가 "뭔 문제냐?"라고 할 수도 있다. 싼 전기가 있기 때문이다. 어떻게 보면 마음대로

경상북도 울진(위) 원자력 발전은 우리나라 산업 발전에 큰 기여를 해왔다. 하지만 안전 문제를 해결하지 못한다면 미래를 예측하기 어렵다.
경기도 안산(아래) 안산의 '에너지 비전 2030'을 제시할 수 있었던 것은 시민들의 참여와 시민단체들의 노력이 있었기에 가능한 일이었다.(안산시 자료 인용)

사용하고 있고 전기료도 비싸지 않아서다.

그러면 우리가 넉넉하게 사용하는 에너지, 즉 전기를 어떤 방식으로 발전하는지를 알아보면 문제가 많다는 것을 금방 알 수 있다. 코로나 사태가 발생하기 이전인 2018년 7월 현재 우리나라의 발전 에너지원 비중은 석탄(43.4%), 원자력(25.4%), LNG(24.6%) 순이었다. 신재생에너지 발전은 4.5%에 불과하고, 앞의 세 에너지원 발전이 93%가 넘었다. 또 정부의 탈원전 정책과 기후변화 그리고 미세먼지 등으로 볼 때 원자력발전이 경제적이고 친환경적이라는 주장이 팽팽히 맞서며 논쟁이 진행되고 있다. 쟁점은 의외로 간단하다. 당장 원자력 발전을 멈출 수 없다. 차차 줄여나가는 것이 현실적인데 당장은 대안이 없기 때문이다.

그러나 원자력발전이 갖는 근본적인 문제점은 알고 있어야 한다. 안전을 위한 대비가 충분한지, 특히 원전 폐기물처리기술이 있는지를 따져보면 된다. 있다면 충분한 준비에 몇 년이 걸리고 근본적인 처리가 가능한지를 알아보고 그 비용을 계산해 보면 된다. 그렇지 않다면 위험 부담을 미래세대에 전가할 수밖에 없다는 결론에 도달한다. 그리고 원전을 추가로 증설할 필요에 대해서는 의문을 가질 수밖에 없다. 지금에 와서 미세먼지 문제를 고려하면 화력발전소보다 원전의 비용이 더 싸다는 주장은 궁색하다. "이제까지 안전을 위해 무엇을 했는가?"라는 질문을 받게 된다. 국내 관계자들이 어떤 이야길 하더라도 전 세계적으로 원전은 감소 추세다. 만약 증설하려면 폐기물이나 노후화 발전시설 처리에 대한 확실한 답을 제시해야 한다. 경제적이다는 말로는 부족하다.

안타깝지만 석탄을 이용한 발전은 세계 최고 수준이고, 충남지역의 밀집도도 세계 1위다. 이산화탄소와 미세먼지의 배출원이라는 점에서 석탄발전도 환경친화적이지 않다. 역시 현시점에서는 마땅한 대안이 없다는 것도 문제다. 신

독일 자르란트 독일은 태양광 발전의 선진국이다. 일부 지역에서는 수직으로 발전을 하는데 토지를 이용할 수 있는 장점이 있다.

재생에너지 발전량이 증가 추세에 있으나 아직 대체하려면 아무리 빨라야 10년 이상을 기다려야 한다. 그것도 비중을 20% 정도 높이는 수준에서 말이다. 결론적으로 발전 총량을 늘리지 않고 산업의 발전을 추구할 방법이 있다면 전력 사용의 효율화 뿐이다. 전기 사용량도 산업 부문에서 차지하는 비중이 워낙 커서 불가피한 측면이 있지만, 전력 사용량은 지난 10년간 31.9%나 증가하였다. 이는 획기적인 산업의 발전이 있는 국가나 개발도상국에서나 있을 법한 수치다. '전력 사용 효율화 노력을 하지 않은 결과'라고 지적해도 할 말이 없는 수치다.

　단순하게 생각해보자. 우리나라 이산화탄소 배출량은 세계 9위이고, 일인당 배출량은 세계 6위이며, 발전량은 세계 4위 수준이다. 그렇다면 산업도 세계 5~6위는 되어야 우리가 효율적인 에너지 운영을 했다고 할 수 있을 것이다. 그러니 우리는 이 시점에 에너지 사용에 대한 점검과 효율화가 필요하다는 것을 인식해야 한다. 에너지 저장장치ESS: Energy Storage System와 스마트그리드

smart grid[1]를 통한 전력 유통을 적극적으로 추진해야 할 당위성이 제기되는 것이다.

더 나아가 도시가 발전을 주도할 때 송배전에 대한 권한도 준다면 신재생에너지를 이용한 발전 증가 속도가 빨라질 것이다. 장기적으로 보면 필수 전력량을 제외하고는 각 도시가 전기 발전과 운용 전략을 수립해야 한다. 현재 국내 재생에너지 발전 비중은 OECD 국가 35개국 가운데 왜 34위인지를 알고, 2030년까지 신재생에너지 발전 비중을 맞추려면 현실적으로 도시가 나서는 길밖에 없어 보인다.

그러므로 각 도시가 전기정책을 주관하는 일종의 에너지 분권이 필요하다. 일관되고 광역에 기반을 둔 정책은 실행 속도도 더딜 뿐 아니라 목표를 달성하는데에도 효과적이지 않다. 도시마다 전기사용 패턴과 신재생에너지 정책 수용력 그리고 주민들의 참여도가 다른 까닭이다. 도시가 나선다면 중앙정부가 하는 것보다 효율적이고 훨씬 다양한 방안들이 도출될 수 있어 좋다. 서울시와 경기도는 이미 장기 에너지계획으로 수립했고, 기초지방자치단체에서는 안산이 전국 최초로 2016년에 '에너지 비전 2030 – 원전 1기 줄이기'를 발표했다.

김민제, 2020. "한국 이산화탄소 배출량 세계 9위"…전년보다 한계단 내려와. 한겨레(2020. 12. 13). // 송영훈, 2021. [에너지전환 팩트체크] 전세계는 탈원전 추세다? 팩트체크넷(2021.10.29).

---

1) 전기의 생산, 운반, 소비 과정에 정보통신기술을 접목하여 공급자와 소비자가 상호작용함으로써 효율성을 높인 지능형 전력망 시스템이다.

플라스틱 쓰레기

2020년 설날 연휴에 한 이메일을 받고 깜짝 놀랐다. 사진에 있는 제목이 '한국 플라스틱 쓰레기 하루에만 5,455톤을 줄이는 것만이 답입니다.'였으나 정작 필자를 놀라게 한 것은 함께 온 사진 속의 한 동남아 여성이 쓴 모자에 적혀 있는 글이었다. 한글로 뚜렷하게 "한국으로 반송" 그리고 그 밑에 영어로 약간 작게 "Return to Korea"라고 적혀 있었다. 연관된 것으로 찾다 보니 페이스북에는 태극기와 함께 "Stop exporting garbage to the Philippines, 한국 쓰레기 필리핀 수출 그만!"이라는 주장을 적은 팻말을 든 사진도 보였다. 당연히 유사한 글들이 SNS에 더 있었고, 실제로는 이보다 훨씬 많았을 것이다. 플라스틱 쓰레기 더미를 쌓아놓고 분노한 필리핀 사람들의 모습까지 있었다.

그 글과 사진들을 읽다 보니 부끄럽고 얼굴까지 뜨거워졌으며 다 읽은 후에도 한참 동안 멍했다. 우리가 이래놓고 다른 나라의 잘못을 탓할 수 있는가 하고 자문할 수밖에 없었다. 내용인즉 우리나라는 2019년에 두 차례 필리핀에 폐플라스틱 6,500톤을 재활용 가능한 것으로 수출했다가 최근 그곳 세관에 적발되었다. 필리핀 현지에서 사회 문제가 되자 한국과 필리핀 양국 정부 관계자들이 만나 합의하여 일차로 쓰레기 1,400톤이 든 컨테이너를 한국으로 되가져온 것이었다. 그동안 중국이 전 세계 여러 나라로부터 플라스틱 쓰레기 수입을 하다가 이를 중단하자 일어난 대란 중에 하나라고 핑계를 댈 수도 있다. 하지만 플라스틱 쓰레기 문제의 심각성과 우리나라의 생산량 등을 잘 안다면 결코 그렇게 변명할 수는 없다.

플라스틱은 한때 인류가 발명한 최고의 소재라고 하여 생활의 거의 모든 분야에서 광범위하게 활용해왔고, 특히 포장재와 용기로 많이 사용된다. 제조의

제주도 서귀포 플라스틱 봉투는 쓰레기로 가장 많이 버려지는 것 중의 하나다. 전 세계에서 1년에 1조 개 정도 사용된다고 하니 엄청나다. 서귀포 해안에서 20여 명이 50m를 청소하는데 두 시간 이상이 걸렸다.

용이성과 사용의 편의성으로 매년 그 사용량이 늘고 있다. 앞에서 언급한 이메일에 따르면 우리나라는 2015년을 기준으로 1년에 플라스틱 약 672만 톤을 소비한다고 하였다. 국민 1인당 평균 소비량이 132kg인 셈이다. 이 수치는 플라스틱 생산 시설을 갖춘 63개국 중 3위에 해당하고, 미국과 일본보다도 높았다. 이런 통계 순위는 우리나라의 경제 순위보다 아래에 있어야 한다. 더 높은 위치에 있다는 것은 우리 국민이 과소비하고 있으며, 정부의 통제와 해법도 상대적으로 취약하다는 것을 의미한다.

플라스틱 문제는 위와 같은 정책이나 윤리적인 문제만이 아니어서 더 심각하다. 육상에서 발생한 쓰레기는 제대로 처리하지 않으면 모두 바다로 유입된다. 일부 플라스틱은 기후에 따라 이동하고 움직이면서 파편화되어 아주 작은 알갱이나 눈에도 보이지 않는 미세플라스틱으로 변하기도 한다. 치약 등 생활용품에서 포함된 것들이나 플라스틱 섬유 제품의 조각도 미세플라스틱이 된다. 최근 조사연구를 통하여 이들 플라스틱은 해양생태계를 위협할 뿐만 아니

서울 종로구 2019년에 서울에서 있었던 환경사진작가 크리스 조던Chris Jordan 사진전에서 본 실제사진이다. 태평양의 미드웨이 섬에서 본 것인데 너무나 충격적이다.

라 사람들의 건강에도 악영향을 미친다는 것이 밝혀지고 있다. 이런 작은 조각들은 해양생물들이 먹이로 착각하여 먹거나 다른 먹이를 통해 체내에 쌓이게 된다. 해산물을 먹는 인간도 예외일 수 없다. 당연히 화학적·물리적인 영향을 받게 마련이다. 플라스틱이 체내에 축적이 되면 생물에게 고통을 안겨준다. 스티로폼 조각은 부력이 높아 해양동물들이 부력조절에 실패하는 원인이 된다.

죽은 바닷새들의 92%에서 플라스틱이 나왔고, 몸무게의 5%까지 되는 새들도 있었다고 한다. 2008년에 죽은 향유고래 내장에는 200kg 정도의 플라스틱이 나왔다. 전 세계에서 플라스틱 쓰레기로 매년 10만 마리의 포유류와 100만 마리 이상의 새들이 죽어간다. 물고기나 거북이도 유사한 이유로 죽는 경우가 많다. 최근 기사에 따르면 우리나라의 한 해양연구기관의 2013년 조사에서는 자연산 갯지렁이에서는 한 마리에 최대 451개의 미세플라스틱이 발견되었고, 2016년 담치 등 양식산 수산생물 등의 조사에서는 생물의 97%에서 발견되었다. 다른 나라의 조사에서는 사람들이 많이 섭취하는 외국산 소금 17종 가운데 16종에서 미세플라스틱이 나왔다. 물론 우리나라 소금은 조사되지 않았다.

연간 바다에 1,200만 톤 이상의 플라스틱이 바다로 유입되고, 이중 약 100만 톤 정도가 미세플라스틱으로 전환된다. 전 세계 9개 나라의 330개 모니터링 지점에서 이루어진 4,400번의 해양쓰레기 조사에서 가장 많이 나온 10가지 중 플라스틱 제품이나 조각이 무려 7개나 되었다. 미국의 해수욕장 조사에서는 모든 곳에서 미세플라스틱이 발견되었는데 모래 1kg당 21.3~221.3개나 나왔다. 지구인들은 1분에 100만 개의 플라스틱 백을 사용한다. 오스트레일리아 조사에 따르면 지난 10년간 사용한 비닐백은 그 이전 100년간 사용한 것보다 많다. 플라스틱 쓰레기는 분해되는데 400년에서 1,000년이 걸리고, 분해되었다고 해서 결코 안전하지 않다.

플라스틱 제품은 도시에서 어마어마하게 소비된다. 우리에게 소중한 먹거리를 제공하는 생태계와 사람들의 건강을 심각하게 위태롭게 하는 플라스틱 쓰레기 문제 해결에 도시가 적극적으로 나서야 하는 이유다.

그린피스 서울사무소. 2019. 2. 11. 필리핀으로 불법 수출된 플라스틱 쓰레기의 슬픈 귀향. NAVER 포스트. // Laura Parker, 2019. 6. 7. The World's Plastic Pollution crisis explained. National Geographic.

음식물

얼마 전 어떤 모임에서 대전에서 온 한 참석자가 지역 빵집에서 사 온 소보로를 나누어 주었다. 아직 식지 않았고 정성이 엿보이는 작은 포장지도 좋아 보였다. 점심 때가 다가온 터라 작은 빵 하나로 모두가 행복했던 적이 있었다. 이어 칭찬과 자랑이 이어졌고, 몇 개를 더 사 오려고 했는데 줄이 너무 길어서 조금만 사 왔다는 이야기에서부터 이 튀긴 소보로가 대표 빵이란 것 등등. 물론 대전 빵집 성심당 이야기다. 친구 초청으로 포항에 갔다가 경주의 한 빵집에 들렀는데 한참을 기다리다 그냥 온 생각이 떠올랐다. 참석자들은 자신들이 사는 도시에서 유명한 음식점이나 자랑할 만한 음식 이야기를 이어갔다. 젊은 이들 사이에서는 서해안고속도로를 달릴 때는 군산에 들르고, 영동고속도로를 갈 때 원주를 들르는 것이 하나의 여행 트랜드가 된 지도 오래라고 한다. '충무김밥'이나 '안동찜닭' 그리고 속초의 '닭강정', 춘천의 '닭갈비'는 이제 국민

오스트레일리아 시드니 인류는 생명을 유지하기 위해 음식을 섭취하지만 지나친 식습관은 지구환경을 해치기도 한다.

브라질 벨루오리존치 지역에서 생산된 건강한 농산물이 지역의 저소득층을 위한 공공식당에서 소비되는 것은 매우 좋은 정책이긴 하지만 지역의 일반식당들을 배려하는 다른 정책도 필요하다.

음식이 다 되었다. 이렇게까지는 아니더라도 수원의 한 설렁탕 집에 갔었는데 정말이지 손님이 많았다. 수원에서 가장 유명한 집 중에 하나라고 했다. 이런 음식점들은 도시마다 한두 곳 다 있게 마련이다. 제주도에도 맛집들이 많다. 관광지로 너무 유명하다 보니 필자와 같이 자주 방문하는 사람들은 현지인들에게 인기 있는 소문 안 난 맛집을 찾는다.

요즈음은 음식이 대세라고 할 수 있다. 모든 방송에서 먹는 것과 관련된 프로그램이 자고 나면 하나씩 생긴다고 할 정도다. 음식여행이나 조리법에 관한 책들도 늘어나고 있다. 마치 먹기 위해 태어난 것 같다. 그러다 보니 요리를 하나둘 잘하는 것이 기본 스펙이 될 정도까지 되었다. 도시민들에게는 이런 유행이 없을 때도 자신만이 아는 좋은 식당이나 분위기 있는 찻집, 좀 비싸더라도 색다른 음식을 파는 레스토랑을 찾는 것이 작은 휴식이자 즐거움이었는데 이제는 정보의 홍수 속에서 자신만의 카렌시아²를 찾는 여유가 사라졌다고 안타까워하는 사람들도 있다. 그렇지만 이러한 경향은 계속 이어질 것 같다. 종일 바깥에서 식사해야 하는 사람들이 늘어나고 집에서는 잔치나 회식을 하지 않는 것이 일반화되어 가고 있기 때문이다.

그러나 음식은 단순히 즐길거리만이 아니라는 데에도 주목할 필요가 있다. 사람은 생존하고 건강을 유지하기 위해 적당한 양분을 흡수해야 하는데 대부분 음식을 통해서 한다. 밥이 보약이라 하지 않았던가. 골고루 잘 챙겨 먹을 때는 보약이기도 하지만 사람을 병들게 하는 독이 되는 경우도 적지 않다. 전 세계인구도 늘어나고 개인당 식사량도 늘어나니 식품의 대량생산과 장거리 운송이 일반화되고 있다. 이러다 보니 지역에서 나는 건강한 먹거리를 찾는 운동까지 생겨났다. '지역음식local food'을 먹자는 운동인데 이 운동이 시작된 미국에선 100마일(약 160㎞) 이내에서 생산된 재료로 만든 음식을 대상으로 하고 있다. 문제는 도시 주변에 이를 공급할만한 생산시스템이 있느냐다.

위와 같은 여러 가지 사항들을 고려하면 도시에서 음식 문제는 다음 세 가지로 귀결된다. 첫째 경제적인 것인데 점차 외식의 비중이 커지고 있다는 점이다. '한국외식산업연구원'과 '식품음료신문'의 자료에 따르면 가구당 월 15회 정도 외식을 하고 월 34만 원 정도 사용하고 있다고 한다. 이럴 때 어느 곳의 식당을 찾는가는 지역의 경제에도 큰 영향을 미칠 수 있다. 따라서 지역의 식

---

2) '카렌시아(Querencia)'. 최근에는 일상에 지친 사람들이 몸과 마음을 쉴 수 있는 안식처를 찾는 현상을 일컫는 말로 쓰이지만, 본래 의미는 투우 경기장에서 생사의 갈림길에 서기 전 마지막으로 소가 잠시 쉬는 공간을 뜻한다. 아무리 긴박한 순간에라도 잠시나마 자신을 위해 쉴 수 있는 공간이 필요하다는 의미에서 이 말은 시공을 초월해 공감을 얻는 것 같다(서재근 비즈팩트 2020. 5. 27 인용).

스위스 네쓸앤바흐 Nesselnbach 음식물처리에도 첨단기술이 도입되고 보다 세심한 처리를 한다. 유럽에서는 대부분 바이오가스를 생산하는데 활용한다.

당과 식재료 생산에 대한 경쟁력을 검토해 볼 필요가 있다. 둘째는 건강한 식재료의 생산과 지역음식 개발인데 이는 신선한 식품을 소비하고 식품의 이동거리를 줄임으로써 지구환경에도 이바지하는 노력을 해야 한다. 일인 가구가 늘어나면서 가공식품의 소비도 빠르게 늘고 있어 건강한 먹거리의 확보가 무엇보다 소중하게 다가오고 있다.

FTA 체결로 식재료의 수송 거리는 엄청나게 길어지고 있다. 따라서 이산화탄소 배출량도 어마어마하다. 지역에서 자립적이고 신축성 있는 식재료 공급 네트워크를 개발한다면 동일 지역의 생산자와 소비자를 효과적으로 연결할 수 있다. 그러면 지역 경제의 활성화에도 도움이 되고, 지역주민의 건강, 환경, 더 나아가 지역 사회에 긍정적인 영향을 미치게 된다. 지역음식이 인기가 높아지면 유기농 농업이 더 확대될 수도 있을 것이다. 로카보어locavore라는 용어가 있는데 '현지에서 생산된 식재료로 만든 음식을 먹는데 관심이 있는 사람'을 말한다. 미국과 다른 여러 나라에서 조용히 퍼지고 있는 로카보어 운동은 도시에서 도시의 지속가능성과 자연보전 의식과 함께 전파되고 있다. 브라질의 벨루오리존치Belo Horizonte 시에는 농부들이 생산한 농산물 가운데 잉여물을 관리하는 부서가 있는데 저소득 가구에 공급하거나 공공식당에 제공하는 일을 담당한다. 시민들의 건강도 챙기고 농부들의 소득도 보장해주는 일거양득 정책도 기본적으로는 우리 지역에서 생산된 농산물로 만든 '지역음식'이 좋다는 믿음에서 출발한 것이다.

 셋째는 음식물쓰레기 문제다. 나무위키의 정의에 따르면 음식물쓰레기는 '사람이나 동물이 먹고 남긴 음식물 또는 먹을 수 없게 되어 버려야 할 식자재, 음식물'을 뜻한다. 2018년 방영된 MBC 뉴스에 따르면 "우리 국민 1명이 하루 평균 버리는 생활쓰레기가 9백30g인데, 종량제봉투에 넣어 버리는 것이 27%, 재활용품이 33%, 가장 많은 것이 음식물쓰레기로 40%나 된다. 배출량도 해마다 늘어서 하루 1만 5천 톤에 육박하고 있다."라고 하였다. 쓰레기 중에서 가장 처리가 어려운 것이 음식물쓰레기다. 우리나라의 모든 지방자치단체의 가장 큰 숙제가 이 문제인데도 불구하고 완전한 해결에는 실패하고 있다. 게다가 처리 과정에서 발생하는 냄새는 시민들을 괴롭히기까지 한다. 최근 외국에서는 음식물처리에 획기적인 기술이 개발되었다고 하니 기대가 크다.

이민선, 2021. 4. 1. 온실가스 주범 음식물 쓰레기… 연간 885만 톤 배출. 그린포스트 코리아.
// Sara Tanigawa. 2017. 11. 3. FactSheet/Biogas: Converting Waste to Energy. EESI.

폐기물

우리나라 대부분 도시는 폐기물에 관한 불편한 진실의 문제를 안고 있다. 폐기물은 "사람들의 생활이나 사업장에서 발생한 것으로 더 필요하지 아니하게 된 물질"이라고 '폐기물관리법'에서 정의하고 있다. 따라서 생활폐기물과 사업장폐기물로 나눌 수 있으며, 의료폐기물은 사업장폐기물에 속한다. 사람들의 활동에서 어쩔 수 없이 생성되는 결과물 중 하나가 폐기물이다. 지난 100여 년 동안, 자연의 순환 체계와는 별도로 자연 자원을 과다하게 사용하고 배출하면서 제대로 처리를 못 했거나, 미래의 터전이라고 할 수 있는 땅에다 매립하거나, 바다에 버려왔다. 물론 이제 해양투기는 더 할 수 없다. 지구상 자원의 70% 이상을 소비하는 도시는 엄청나게 많은 폐기물을 발생하면서 골치 아파하고 있는 악순환을 계속하고 있다. 선진국일수록 일인당 폐기물 배출량이 많은 것을 보면 경제발전이나 사회적 안정이 환경문제 안정과는 별개임을 잘 보여 준다. 어쩌면 선진사회가 될수록 폐기물이 발생하는 구조가 줄기는커녕 더 다양한 방식으로 늘어나고 있다.

도시 폐기물 관리는 우리나라의 경우 기초자치단체가 시민에게 제공하는 공공서비스이며, 중앙처리시설을 조성하여 각 세대나 사업장에서 배출한 것을 수거하여 일괄처리하는 방식을 취한다. 그러므로 폐기물 관리는 시정의 핵심 업무 중에 하나다. 그리고 관리에는 여러 이해관계자들이 관여한다. 우선 시민은 폐기물의 생산자이지만, 서비스의 최종 수혜자이기도 하다. 그리고 폐기물 처리의 공식 책임자인 공직자와 폐기물의 운반업체와 처리업체가 있다. 그리고 처리 과정을 감시하는 시민단체들과 처리시설이나 공정을 인정해준 기관과 환경부도 이해당사자들이라 할 수 있다. 때에 따라서는 처리 기술을 개발했

독일 루넨(Luenen) 현대생활은 어쩔 수 없이 수많은 폐기물을 양산한다. 문제는 어떻게 환경피해를 최소화하면서 처리하느냐다.

거나 설계한 엔지니어나 관련 회사가 포함될 수 있다. 이들 간의 관계가 의외로 복잡하다. 대단위 주택 개발지역에서는 폐기물 처리시설의 사업비를 사업자가 제공하기도 하니 더 복잡해진다. 이러한 복잡한 거버넌스가 폐기물 관리 문제를 풀기 어려운 문제로 만들어 가고 있다. 그러나 정작 시민들은 이 기술이나 처리 과정이나 관계에 대해서는 거의 정보가 없거나 알 수가 없다. 하지만 쓰레기봉투와 분리수거 등에 관심이 많고, 냄새나 오염에는 아주 민감하다.

폐기물관리시스템과 관련하여 선진국과 개발도상국 간에는 현저한 차이가 있다고 한다. 엄밀히 말하면 관리 선진도시가 있으며, 이들 도시는 시민들에게 서비스를 제대로 제공하기 위해 기술을 개발하고 시스템을 투명하게 관리하려는 도시들이다. 선진도시와 그렇지 않은 도시의 차이점은 우수한 하드웨어, 즉 폐기물처리 인프라의 여부와 관리의 투명성 그리고 관리체계를 제대로 감시할 수 있는 시민들의 인식과 역량 차이에 있다고 한다. 폐기물처리시설은 의외로 화학·생물학적 처리 과정을 수용한 복잡한 기계적 장치를 하고 있어서,

여러 분야 지식을 가져야 설계도 제대로 할 수 있다. 그러니 단순한 처리 방식이란 없는 것이다. 더군다나 냄새도 나지 않고 바이오가스까지 생산하려면 설비는 더 복잡해진다. 그러므로 이를 바라보고 이해하는 것도 어느 정도는 처리 기술과 기계 설비에 대한 이해가 있어야 한다.

예를 들어 음식쓰레기 처리시설을 보자. 음식물은 쉬 상하고 부패하면 지독한 냄새가 나고 잘못 내버려 두면 벌레떼가 꼬인다. 일반적으로 사람들이 극도로 싫어하는 현상들이다. 그러니 좋은 기술과 체계적으로 관리하는 기술이 필요하다. 국내의 관리책임자들은 냄새가 어느 정도 나는 것은 당연한 것으로 보고, 퇴비를 잘 만들어 활용하는 것만을 자랑하는 경향이 있다. 그러나 이 퇴비도 부실한 경우가 대부분이다. 음식물의 성상이 너무 다양해서 바로 사용하기에는 문제가 많을 뿐 아니라 냄새도 과하게 나는 까닭이다. 농업에 바로 사용하기도 어렵다는 이야기다. 그러면 시설을 재설계하든가 대폭 개선해야 하는데 책임소재 때문인지 이 문제의 근본적인 처리에도 미온적이다. 한 글에서는 '폐기물로부터 에너지를 회수할 정도로 잘 처리하려면 시민인식, 거버넌스 그리

경기도 안산 자신이 거주하는 지역을 청결하게 하는 일도 지구를 보호하는 일이 된다.

고 비용의 투명성이 핵심'이라고 하였다. 성공하려면 투자 문제와 이해당사자들의 집단 양심 문제가 함께 작동해야 한다는 것이다.

만약 관리시스템이 잘 작동하여 폐기물처리에 성공한다면 과정을 거친 후 잔존물의 양도 최소화할 수 있어서 매립지를 최소화하게 된다. 또한, 발전에 쓸 수 있는 바이오가스나 메탄까지 얻을 수 있는 장점도 갖는다. 이와 같은 설비에서는 농업 부산물이나 축산 폐기물에도 쓸 수가 있어 폐기물 처리에 획기적으로 이바지할 수 있다. 이런 제대로 된 설비업체가 있는 유럽의 여러 국가에서는 음식폐기물을 수거할 때 수거통의 세척과 살균 등도 철저히 한다.

이 과정에서 냄새가 시내에 퍼지지 않도록 하는 기술까지 개발하여 사용하고 있다. 지난달에 여의도에서 있었던 국회 환경노동위원회 소속의 한 의원과 환경부가 공동 개최한 '자원순환 정책 대전환 2020 토론회'의 자료에 따르면 2017년 한 해 폐기물 처리를 위해 쓴 돈이 최대 23조 원에 이르는 것으로 분석됐다. 이는 환경부의 일 년 예산보다 많고 전국 기초지자체로 나누면 지자체당 약 1,000억 원이나 되는 어마어마한 금액이다. 더 큰 문제는 폐기물 발생량은 해마다 늘고 있다는 점이다. 일일 발생량은 2012년 39만4,000톤에서 2017년 43만톤으로 증가했는데 버린 음식물의 양도 1만3,000톤에서 1만6,000톤으로 늘고 있다. 지금이라도 각 도시에서 음식물처리시스템을 정비하고 개선한다면 초기 설비 설치비용을 제외하고는 비용이 들지 않는다. 바이오가스로 생산된 전기로 시설을 돌리고, 그 전기를 판매하면 운영비로 충분하다고 한다. 비용도 줄이고 도시도 깨끗이 하는 방안을 찾은 것이다.

결론적으로 도시폐기물을 잘 관리하는 일이 나라를 살리는 일이자 좋은 도시를 만드는 지름길이다. "정말 열심히 노력하는데도 불법폐기물이 사라지지 않는 건 뭔가 잘못됐다. 폐기물에 대한 기존 사고방식과 이론, 원칙을 모두 허물고 다시 들여다볼 필요가 있다"라고 한 토론회에 참석한 환경부장관의 말처럼 한시 빨리 허물고 바꾸어야 한다.

이정은, 2019. 12. 4. 불법폐기물 처리 연내 처리 불가. 인터넷 환경일보.

생태마을

한때 교외에 마을 만들기와 집 짓기가 붐이었던 적이 있다. 집 짓기는 아직 진행형이지만. 도시의 복잡하고 고단한 생활을 잠시 벗어나 단순한 일상을 통해 삶에 활기를 얻고, 전원의 깨끗하고 맑은 풍경을 꿈꾸었던 도시민들이 많아서였다. 생태마을에서 살고싶은 것이었다. 일반적으로 생태마을은 다음 세 가지로 구분할 수 있을 것 같다. 첫째는 실질적인 생태공동체를 이루는 것이다. 자연에 적응하는 삶을 누리면서 마을 내에서 주민 각자가 생산적인 일을 하며 공동생활을 하는 마을이다. 두 번째는 기존 마을의 주민들이 생태마을을 지향하면서 협의로 만들어나가는 환경친화적 마을이나 동네다. 이 경우는 도시 내에 존재하는 경우가 많다. 세 번째는 새롭게 큰 토지를 사서 자연의 훼손을 최소화하면서 대지를 조성하고, 환경 자재만을 이용한 건물을 짓고 뜻을 함께하는 입주주민들을 모아 마을을 이루는 경우다. 책『세계 생태마을 네트워크』에서는 생태마을을 "사회적 환경과 자연환경을 회복하려는 목표를 가진 계획/전통공동체이다. 사회적·생태적·경제적·문화적 차원에서 지속가능성을 각 지역의 맥락에 맞게 적용한 마을"이라 하였다. 여기서 주목해야 할 단어는 '지속가능성'이다.

생태공동체면 주민들이 마을 내에서 생활하고 노동력이 필요한 경우에는 함

경기도 파주 헤이리마을은 문화마을로 시작되었지만 숲과 나무를 보호하고 습지를 살리려는 노력을 전개하고 있다.

께 일하는 것을 기본으로 한다. 또 주변의 자연과 농지를 잘 활용하여 에너지원과 식량을 획득해야 하므로 넓은 토지가 필요하다. 또한, 화석연료를 배격하니 화목으로 쓸 나무를 잘 가꾸어야 하거나 농업 부산물을 잘 관리해야 한다. 더 나아가 수입이 생기는 생산적인 일도 해야 마을이 돌아간다. 이렇게 하려면 생태계와 자연에 대한 주민들의 관점이 대체로 유사하거나 같은 철학을 공유해야 하는 전제 조건이 있다. 국내에서도 몇 곳의 생태공동체가 있으나 아직 실험적인 단계이고, 그 성과가 분명하게 알려진 것은 없다. 외국에서는 성과는 있지만, 실험적인 것은 마찬가지다. 지나치게 공동체의 가치를 강조하다 보면 사람의 본성과 상충하는 경우가 생긴다. 이도원 교수 등의 저서 『한국의 전통 생태학』에서는 우리 전통 마을들은 대개 환경친화적인 공동체였다고 하였다.

독일 지벤 린텐 Sieben Linden 전형적인 생태공동체로 수익활동과 에너지수급과 식량 생산 등을 공동으로 한다.

전통 마을은 수자원과 마을 주변의 자연을 공유하며 살아오면서 만들어진 공동체 의식이 있었다.

한편 세 번째의 경우는 파주시의 헤이리 마을을 예로 들 수 있다. 한적한 시골 농토에 대지를 조성하는 과정에서 자연 훼손을 최소화하고, 기존의 물줄기도 잘 유지하였다. 그리고 입주민들의 협의를 통해 마을 조성과 건물 디자인 원칙을 정하고 나서 도로와 정원 등을 포함한 마을계획을 세웠다. 그리고 건축 자재도 화학물질이 포함되지 않은 철재, 시멘트, 목재만으로 하고, 설계 내용도 마을건축위원회에서 통과하여야 건물을 지을 수 있었다. 이렇게 조성되기 시작한 마을은 에너지나 생태학적 차원에서 여러 가지 문제가 있었다. 하지만 단지를 조성할 때부터 환경적인 여러 가지 상황들을 고려해서 추진한 국내 최

경상북도 경주 양동마을은 전통양식을 유지하고 있는 마을로 주변 자연과 잘 어울리는 자연생태마을이다.

초의 사례이다. 그래서 주민들은 헤이리 마을이 생태마을로 불리길 기대한다. 헤이리 마을은 경기도 최초의 문화마을로 지정되었으며, 수많은 사람이 찾는 관광지가 되었다. 이제 주변 지역까지 발전시키는 '헤이리 효과'를 만들어 낸 마을이 되었다.

그런데 도시에서 생태마을은 왜 필요한가? 앞의 두 경우는 생각보다 실천이 어렵다. 그리고 초기 경비가 많이 들고 안정될 때까지 시간이 오래 걸려서 일반 도시민들에겐 어울리지 않는다. 특히 마을만 생태적으로 조성하고 주민들은 큰 도시로 나가서 일하는 경우가 많은데 그렇다면 에너지 소비 측면에서 보자면 생태마을이라 하기가 어렵다. 따라서 도시 안에서 생태마을을 조성하려는 시도가 많이 생겨났다. 생태마을 전문가인 박경화는 그의 책 『도시에서 생

영국 브리스톨 애슐리베일 마을은 마을 전체를 재생하였고, 모든 집들을 독자적인 생태모델을 가지고 건축한 독특한 사례이다.

태적으로 사는 법』에서 도시가 싫어도 떠날 수 없는 사람들에게 도시에서 작은 실천을 통해 생태적으로 살아갈 수 있다고 하였다. 그런 사람들이 모이면 그것이 동네가 되고 도시가 되는 것이다.

   녹색연합 녹색사회연구소가 지은 작은 책, 『도시 생태마을 지침서』에서는 도시 생태마을을 '도시의 일상생활에서 에너지·자원의 소비와 폐기물 발생을 최소화하고 자연순환시스템을 살릴 수 있는 주거기술을 실천하고 이웃과 함께 공동의 삶의 질 향상을 위하여 노력하는 생활공동체'라고 정의하였다. 이웃들이 참여하고 마을의 비전을 세우며, 단순히 환경이나 에너지 문제만 아니라 육아, 교육, 복지까지 고려하는 공동체를 만드는 것은 어떨까? 안산의 일동에서는 온 동 차원에서의 다양한 활동을 전개하고 있으니, 그 성과가 어떻게 나타날지 궁금하다.

  도시의 후미지거나 외딴 곳에 버려진 땅이 있다면 사람들이 돈을 모아 산 다음 각 집이 개성에 맞는 집을 자유롭게 짓고 생태적 삶을 추구하는 마을인 영국 브리스톨 시의 애슐리 베일Ashley Vale처럼 할 수도 있다. 어떤 생태마을이든 그 속에 사는 사람이 중심이 되어야 한다. 도시와 직장에서의 무미건조함을 느끼는 도시민들은 동네 또는 마을이라는 상대적으로 작은 단위의 공간 그래서 사람과 사람 사이의 간격이 좁고 정이 있는 공동체를 희망한다. 도시가 커지고 기술 중심 사회가 될수록 생태마을에 대한 동경은 늘어나게 될 것이다.

녹색연합 녹색사회연구소, 2005. 도시 생태마을 지침서. // 박경화, 2004. 도시에서 생태적으로 사는 법. 명진출판. // 제종길(김정원 감수), 2018. 도시재생 학습. 자연과생태. // 코사 쥬베르트 · 레일라 드레거(넥스트젠 코리아 에두케이션 옮김), 2018. 지구를 살리는 희망의 지도, 세계 생태마을 네트워크. 열매하나. // Marcus Andreas, 2012. The Ecovillage of Sieben Linden. Environment & Society Portal(no. 15).

보호지역

  세계적인 환경도시인 쿠리치바에는 도시 외곽에 잘 조성된 공원인 쿠리치바 식물원Botanical Garden of Curitiba이 있다. 1991년에 유명한 자이메 레르네르 Jaime Lerner 시장이 조성하여 세운 것으로 쿠리치바의 명물이자 브라질에서도 대표적인 관광지로 잘 알려져 있다. 2007년에는 온라인 투표로 선정되는 "브라질의 7대 불가사의"에서 최대의 득표를 할 정도였다. 공식 이름은 '자르징

보타니쿠 프안체테 리쉬비에테르Jardim Botânico Fanchette Rischbieter'라고 하는데 뒤의 두 단어는 사람 이름에서 온 것으로 쿠리치바의 도시계획을 한 선구적인 도시계획자의 이름으로부터 헌정된 것이다. 이 공원이 주목받는 것 중의 하나는 대서양 숲 생태계를 보전하고 있다는 점이다. 대서양 숲은 과거 브라질에서 두 번째로 큰 산림이었다. 현재는 전체의 5% 미만이 남아 있다. 그러므로 식물원 내의 일부에 있는 대서양 숲은 쿠리치바의 고유식생이다. 아라우카리아Araucaria 파라나 소나무가 대표하는 이 숲은 브라질 남부의 습윤한 아열대 산림생태지역에 속하며, 현재 세계에서 가장 심각한 멸종위기에 처한 생물군계 가운데 하나다. 이곳은 지역의 생물다양성을 보전하기 위해 조성된 점을 사람들이 주목한다. 도시공원 기능 중의 하나인 멸종위기에 놓인 종과 생태계 보호에도 있음을 보여 주는 아주 좋은 사례이다. 20여 년 전 이곳을 방문한 필자에게도 큰 감동을 주었다.

　국제자연보전연맹(이하 IUCN)의 보호지역 정의는 '자연과 연관된 생태계서비스와 문화적 가치의 장기적 보전을 성취하기 위해 법 또는 기타 효과적인 수단으로 인지, 지정, 관리되고 있는 명확하게 구획된 지리적 공간'이라 서술한다. 따라서 도시 보호지역은 인구가 많은 도시 내의, 즉 도심 또는 그 외곽 가장자리에 있는 보호구역을 의미한다. 공원의 작은 숲, 잔디밭, 화단 등 일반적인 도시공원의 녹지대는 도시 보호지역으로 간주하지는 않지만 생물다양성 보호에는 필요한 곳이다. 보호지역들을 연결하는 생태통로가 되기도 하고 일부 생물들에게는 유용한 서식공간이 되기 때문이다. 2014년에 발간된 IUCN의 서적『도시 보호지역』에 따르면 스페인의 생물학자 안토니오 마차도Antonio Machado가 개발한 '자연도 지수'는 도시 환경의 자연성 정도를 나타내는 데 쓰인다고 하였다. 지수는 0에서 10까지를 나타낸다. 완전한 인공환경을 나타내

브라질 쿠리치바 쿠리치바의 식물원은 잘 조성된 공원으로 손꼽히는 곳으로 도심과 조화를 잘 이루고 위기에 놓인 대서양 숲을 잘 보호 관리하고 있다. 멀리 보이는 숲이 그 숲이다.

는 0과 현재에는 거의 찾아보기가 어렵지만 자연상태인 처녀생태계는 10이 된다. 대부분의 기존 도시공원은 지수 3에 해당하는데 도시 보호지역이 되려면 보통 6에서 8 사이는 되어야 한다. 일부는 9 정도로 뛰어나거나 5 아래로 떨어진 예도 있다. 그렇지만 도시 보호지역은 국제적으로 공식 인정하는 제도는 없으며, 아직 전 세계 총괄 목록도 없다. 그러나 IUCN의 여섯 단계의 보호지역 어떤 범주에도 도시 보호구역을 포함할 수 있다. 해양보호구역을 비롯하여 세계문화유산, 유네스코 지질공원, 람사르 등록 습지 등에서부터 국립공원, 생물권보전지역까지.

 도시 보호지역은 여러 면에서 다른 보호지역과 구분된다. 상대적으로 자주 방문하거나 정기적으로 방문하는 많은 사람을 포함하여 많은 수의 방문자들

경기도 안산 시화호 간척 과정에서 생성된 송산습지는 기수호 특성을 가지며 텃새와 철새들이 많이 찾는다. 지금은 람사르습지로 지정되어 있다.

이 있다. 이들 중 대부분은 자연성이 높은 자연과 조우한 경험이 부족하여 자연을 훼손할 가능성이 크다. 또 도시에서 멀리 떨어진 보호지역을 찾는 방문객보다 훨씬 다양한 방문객들이 다양한 목적으로 찾게 된다. 정책 결정자, 미디어 종사자, 지역 지도자, 주요 교육과 문화활동 종사자 등 도시 분야의 수많은 이해당사자가 포함된다. 보호지역은 도시의 확산과 도시 개발로부터 위협을 받는다. 그리고 범죄, 기물 파손, 쓰레기 투기, 조명과 소음 공해 문제로부터 무관하지 않다. 더 나아가 심각한 화재, 대기 및 수질오염, 외래종 침입과 같은 도시에서 발생하는 여러 가지 영향으로부터도 자유롭지가 않다.

앞에서 소개한 책의 저자 중 하나인 다데우스 트르지나Thaddeus Trzyna가 쓴 글 '도시 보호지역 : 도시 사람들에게 중요하고, 전 세계적으로 자연보호에도 중요하다'에서는 전 세계에서 도시 보호지역의 좋은 사례 10곳을 소개하였다. 홍콩 컨트리파크Hong Kong Country Parks는 산악공원인데 해양공원을 포함하고 있으며, 고밀도로 개발된 도시지역이 40%를 차지한다. 영국의 런던 습지센터 London Wetland Center는 템스강 일부 강변 습지를 복원한 것으로 NGO인 '야생 조류와 습지 트러스트Wildfowl and Wetlands Trust'에서 만들고 관리한다. 사례 중에는 한국의 북한산도 있는데 다음과 같이 소개하였다. "인구 2,500만 명의 서울에 있는 북한산 국립공원은 화강암과 숲이 우거진 계곡으로 연간 1,000만 명 이상 방문한다." 이곳에는 소개되지 않았지만, 우리나라 순천에는 국가정원과 연안습지보호지역이, 안산에는 두 곳의 연안습지보호지역과 람사르 등록 습지가 있고, 고창은 도심을 포함한 군 전체가 생물권보전지역이다.

위 저자는 도시 보호지역의 특성을 다음과 같이 열거하였다. '소외 계층과 장애인을 비롯한 모든 사람의 출입이 가능하다. / 지역에 우리 것이라는 자부심을 부여한다. / 좋은 환경 행동을 시연, 촉진하고, 장려한다. / 자연과의 접촉과 좋은 식습관으로 인한 건강 상의 이점을 입증, 장려, 촉진한다. / 쓰레기 투기를 방지한다. / 사람과 야생과의 상호 작용과 갈등을 줄인다. / 외래종을 통제한다. / 다른 자연 지역과의 연결을 촉진한다. / 자연을 건축 환경에 주입하는 것을 돕는다. / 보호지역의 잠식을 통제한다. / 소음과 인공 야간 조명의 영향을 줄인다. / 보완적인 업무를 하는 여러 기관과 협력한다.' 등등이다.

그뿐만 아니라 문화 가치도 있을 수 있으며, 생태계서비스까지 포함하면 그 재화가치가 매우 크다 하겠다. 설령 자연성이 부족하더라도 생물다양성이 지속해서 높아질 정도로 잘 관리하고 외부의 영향으로부터 잘 통제할 수 있다면 일반 공원도 보호지역이 될 만하다. 도시도 이제 도시공원의 자연성 증대에 더 신경을 써야 할 때다.

Joseph Edmison, Glen Hyman, Jeffrey McNeely and Thaddeus Trzyna. 2014. Urban protected areas: Profiles and best practice guidelines. IUCN.

환경교육

공원에서 아침 산책을 하다가 마구 버려진 쓰레기를 보면 기분이 상한다. 도시에 쓰레기더미가 가득하다면 그 도시에서는 누구도 살고 싶지 않을 것이다. 물론 쓰레기 문제는 도시 시스템의 문제이기도 하다. 하지만 시민 각자가 주의를 기울인다면 비록 시스템이 부족하더라도 도시를 깨끗하게 유지할 수 있다고 생각하는데, 독자들은 동의하는지 모르겠다. 쓰레기 문제만이 아니므로 도시에서는 시스템의 개선 외에 개인의 시민의식 변화에도 노력해야 한다. 생태계 파괴와 기후변화는 물론이고 플라스틱 오염과 미세먼지 등 환경이슈가 사회의 문제들과 밀접하게 연계되어 있다. 문제들은 셀 수 없을 만큼 많고 얽히고설켜 있어 시에서도 문제 해결의 우선순위를 매기기가 쉽지 않다. 도시재생과 자연생태계 복원 그리고 빈곤 퇴치와 고령화 문제뿐만 아니라 교통과 상하수도 그리고 경제와 사회 혁신에 관한 문제까지 중요하지 않은 문제가 없고, 늘 새로운 문제가 등장한다. 이것이 도시의 특성이다. 하지만 많은 사람이 서로 부딪치고 어울려 사는 곳이라 창의적이고 독창적인 아이디어가 나오는 곳 또한 도시다. 그래서 사람들의 생각을 바꾸는 일과 방식의 창안도 가능하다.

도시는 끊임없이 변화하고 진화한다는 점도 도시의 중요한 특성 중에 하나다. 멈추지 않고 움직인다는 것이다. 역동적인 사회에서도 리더십과 시민들의 역량이 도시의 미래를 결정한다. 시민의식의 총합이 긍정적이고 의식 수준이 높으면 어떠한 위기에도 잘 대응하고 극복하는 회복력을 가지게 된다. 그래서 회복력이 큰 도시가 좋은 도시다. 도시에 대한 애정과 다른 사람이나 사회적 약자에 대한 배려와 정의감 그리고 환경적으로 건전한 사고 등이 위기에 대처하는 사회적 역량의 총합으로 도시의 회복력이 되는 까닭이다. 아무리 좋은 인프라와 많은 투자가 있다 하더라도 시민들의 건전하고 합리적인 의식이 없다면 노력에 대한 성과가 줄어들 수밖에 없다. 그러면 어떻게 시민들의 의식을 향상할 수 있는가? 결론부터 말하자면 교육이다.

한국의 도시에는 자원봉사센터나 환경 관련 기구나 재단이 있고, 동이나 리 단위에서도 각종 교육기능을 가진 행복센터가 있다. 아울러 많은 시민단체나 교육 기관도 사회교육을 추진하고 있어 교육 인프라는 대체로 넉넉하다 할 수 있다. 그러나 지속가능한 도시나 글로벌 시민의식 교육프로그램은 미약하다. 대부분 평생교육이나 자원봉사에 치중하고 있어서 그렇다. 환경교육은 환경이라는 주제에 치중되어 있고 도시의 내부보다는 외곽의 보호지역이나 자연성이 뛰어난 숲이나 습지 등에서 진행된다. 도시 생물다양성이나 도시농업 그리고 도시숲 생태계서비스에 대한 논의가 이

브라질 쿠리치바 서민들이 사는 동네에 세워진 '지혜의 등대' 도서관도 정보 제공 등 도서관 고유의 기능 외에도 도시환경교육을 하는 역할을 하고 있다.

루어지기는 하나 단편적이고 지속적이지도 않다. 게다가 이러한 활동들이 전체 시민들이나 공동체로부터 공감대를 얻는 경우도 드물다. 우리가 알고 있는 독일의 프라이부르크, 일본의 기타큐슈, 브라질의 쿠리치바 등 잘 알려진 환경도시들은 환경교육을 통해서 시민들의 공감대를 끌어내 정책 성과를 높일 수가 있었다. 이 경우를 도시환경교육이라 할 수 있다.

그런데도 도시환경교육을 정의하려는 노력이 아직도 진행 중이다. 미국 코넬대학교의 알렉스 러스Alex Russ는 "도시환경교육은 환경교육의 다양한 분야들 가운데 하나로서 프로그램은 지역사회 환경리더십, 긍정적으로 사고하는 청소년, 도시 자연생태계 유지, 도시환경 복원, 녹색인프라, 지속가능한 도시계획, 녹색 직업, 환경예술, 도시농업과 환경 정의에 중점을 둔다. 이러한 프로그램의 다양성에도 도시의 환경보전과 인간복지에 중심을 두고 있다."라고 하였다.

더 나아가 알렉스 러스와 같은 대학의 동료인 마리안 크라스니Marianne Krasny가 편집하여 엮은 책 『도시환경교육 리뷰Urban Environmental Education Review』에서 도시환경교육을 다음과 같이 정리하였다. "도시환경교육은 비교적 새로운 분야인 것처럼 보이지만 환경교육과 관련 보전 교육은 오래전부터 도시에 관심을 두었다. 도시환경교육 활동은 강의실, 공원 또는 보다 멀리 떨어진 주거지에 국한되지 않으며 실제로는 공동체 정원, 하수처리장, 운동장, 녹색 건물 그리고 도시 복원장도를 포함한 대부분의 도시 환경에서 실시된다. 환경친화적인 행동에 대한 집중보다는 개인의 환경규범을 변화시키고 환경시민의식을 육성하며 지속가능한 미래를 위해 도시에서 살아가는 방법을 사람들이 다시 생각하도록 돕는다. 이러한 최근의 경향은 교수법, 환경, 교육자, 피교육자 그리고 목표의 다양성을 강조하는 '도시환경교육'이라는 용어에 새로운 의미를

덴마크 리베 환경교육을 효과적으로 하기 위해서 좋은 교육자, 적절한 시설을 가진 환경교육센터가 필요하다.

부여하고 정당화하였다. 도시가 지속가능성과 회복력 혁신의 중추적 역할을 하는 것처럼 도시에서 하는 환경교육은 환경교육 분야를 다양하게 하고 혁신적으로 만들 잠재력을 갖는다.

전문가들은 도시환경교육에는 여전히 새로운 접근법이 필요하다고 한다. 도시가 가지고 있는 두 가지 특징은 자연생태계를 훼손하고 지속적인 교란을 일으킨다는 점과 생활이 어려운 사람들이 많다는 점이다. 이러한 맥락에서 보자면 우리는 앞에서 언급하고 있는 것처럼 시민들의 건강과 복지를 뒷받침하는 생태계의 기능을 복원해야만 한다. 즉, 자연을 보호하는 것만이 아니라 자연과의 협력과 공존을 도모해야 한다. 시민들은 자신들이 사는 도시생태계의 기능과 서비스를 증대하고, 그 서비스가 삶의 질 향상에 도움이 되는 그래서 서비스가 무엇인지 이해하고 생태계를 보전하는 노력을 하게끔 하는 선순환 구조를 형성하는 것이 목표가 된다. 숲과 녹지를 늘리고 숲이 있어서 한여름 도심 온도가 낮아져 폭염일수가 줄고, 기후변화에도 효과적으로 대응하며, 학생들의 학습역량이나 정서에도 긍정적인 영향을 미치는 것을 시민들이 알게 하여, 숲 조성에 더 나서는 노력을 하게 하는 이치와 같다. 이 과정에서의 시민교육을 도시환경교육이라 보면 이해가 쉽다.

도시의 생태공간이 복잡하고 변화도 심하므로 지역사회 전체가 함께 행동하고, 함께 배우는 시스템을 갖추는 것이 중요하다. 이때 청소년들의 적극적인 참여를 유도해야 한다. 그들이 도시의 미래이고, 자신들이 속한 사회 생태계의 작동에 대한 깊은 이해가 필요하기 때문이다. 도시환경교육은 궁극적으로 도시의 시스템을 개선하고, 시민들의 적응 역량을 높이며, 사회적 자본을 발전하게 하는 일이다. 이런 일들을 통해 시민의식을 변화시켜 지속가능성과 회복력이 높은 도시로 만들어서 시민들의 복지 향상과 안정된 자연환경을 가진 보다 성숙한 도시로 나아가게 한다고 믿는다. 도시환경교육이.

김영래, 2019. 12. 16. 현장에서 답을 찾는 수원시의회 도시환경교육위원회. 경인일보. // Alex Russ and Marianne E. Krasny, 2017. Urban Environmental Education Review. Cornell University Press.

일본 기타큐슈

15여 년 전 일본 여행 중에 한 책방에서 『환경수도 기타큐슈環境首都 北九州』라는 제목의 책을 보고 크게 기뻐했었다. 당시 수질오염과 대기오염으로 몸살을 앓고 있던 안산시에 살고 있어서 기타큐슈를 비롯한 환경도시에 관심이 많았던 터라 얼른 그 책을 샀다. 이후 국내에 와서 번역본도 나와 있음을 알고 구매해 읽고는 두 책을 집 책장에서 가장 잘 보이는 곳에 두었다. 안산시에게는 참 좋은 모델이라는 생각에서였다. 하루는 환경도시에 관심이 많았던 한 기자에게 이 책을 빌려주었고, 그 기자는 책을 읽고 정부로부터 해외 취재 지원금을 받아 기타큐슈에 다녀왔었다. 필자도 오랫동안 꼭 한번 방문해보고 싶었으나 2015년에 처음 방문할 때까지 기회를 얻지 못했었다.

2004년 '환경수도'로 선언한 기타큐슈는 규슈의 가장 북쪽에 있는 도시로 배후의 내륙 지방에서 산출되는 석탄자원으로 20세기 초에 눈부신 산업 발전을 이루었다. 1901년에는 일본 최초의 대형 용광로를 가진 '국영 야하타제철 현 일본제철 日本製鐵'[3]이 건설되면서 철강 도시로서의 역사가 시작되었다. 그 후 1세기가 넘게 일본 경제에서 제조업의 중심지로 성장하였으며, 일본의 4대 공업 지대 중 하나가 되었다. 1963년에는 위의 공업지대를 인근 다섯 도시가 통합해서 오늘의 기타큐슈시가 탄생하였다. 같은 해에 전국에서 여섯 번째로 정령지정도시[4]로 지정되었다. 규슈지방에서는 최초의 정령도시이자 현청 소재지가 아닌 도시가 지정된 것도 일본에서 처음 있는 일이었다. 현재 정령도시는 모두 20개로 인구가 100만이 약간 안 되는 기타큐슈는 정령지정도시 중에서

---

3) 신일본제철(新日本製鐵)을 야와타제철과 후지제철이 합병하여 1970년 설립된 일본의 대규모 제철 회사였으나 2012년 스미토모 금속공업을 합병하여 신일철주금(新日鐵住金)이 되었다. 신일철주금은 2019년 일본제철로 개명하였다. (위키백과에서 인용)
4) 정령지정도시란 일본에서 정령(政令)에 의해 지정된 인구(법정인구) 50만 명 이상의 시(市)를 뜻한다. 단, 50만 명이 넘는다고 무조건 지정되는 것은 아니다. 인구 50만은 법적 기준일 뿐이고 실제로는 인구 80만 이상을 기준으로 보고 있다. 지방자치법 제252조 19항 이하에서 정해진 일본의 도시 제도의 하나이며, 법률상으로는 지정도시 또는 지정시 등으로 표기되고, 흔히 정령시라 불리기도 한다. 2019년 현재 전국에 20개 시가 있다. (나무위키에서 인용)

모지항 주변을 고풍스럽게 재생하고, 모지코 레트로라고 하여 관광지로 조성하였다.

세 번째로 인구가 적다. 도시가 통합된 이후 산업구조의 변화로 인해 이 지역의 중공업은 쇠퇴하였고, 시의 인구도 점차 감소했다.

또한, 전형적인 해안도시인 기타큐슈는 규슈와 혼슈 사이에 폭이 아주 좁은 간몬 해협을 사이에 두고 마치 악수를 하는 것처럼 시모노세키下關시와 마주하고 있다. 그리고 북쪽의 나머지 부분은 대한해협과 접하고, 동쪽은 세토 내해와 접하고 있다. 해안선의 총 길이는 약 210km에 이른다. 해안선의 80%는 항만 등 인공적으로 조성된 해안이지만 나머지 20%는 자연해안을 잘 유지하고 있다. 남쪽에는 산지가 많고 일부는 국립공원으로 지정되어 있다. 카르스트 지형으로 유명한 히라오다이平尾台나, 신일본 3대 야경에 선정된 사라쿠라야마皿倉山 전망대 등의 유명 관광지가 있다.

사람과 생명을 지키는 환경 도시　337

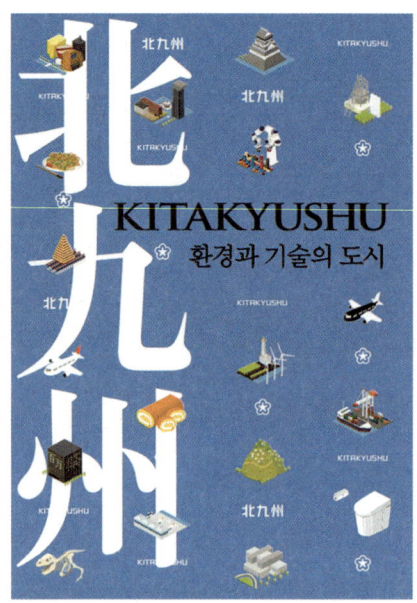

키타큐슈 홍보물에는 환경도시로의 자부심이 가득 담겨 있다.

중공업과 화학공업 단지로 번성하였던 1950~60년대의 고도 성장기에는 경제발전의 혜택을 받았지만, 반대급부로 공해다발지역이 되었다. 환경을 고려하지 않은 난개발로 인해 광화학 스모그가 매일 발생하였고, 제철소의 앞바다인 도카이洞海 만은 '죽음의 바다'라고 불릴 만큼 오염되었다. 당시 제철소 주변 지역의 학교도 피해가 극심하였고, 아이와 노인을 중심으로 기관지천식환자도 많이 발생했다. 특히 시 북부의 만에는 도시와 공장에서 유해물질이 포함된 오·폐수가 유입되어 바다를 완전히 오염시켰다. 1960년대에는 물고기와 조개 등 생물이 사라져 '죽음의 바다'가 되었다. 1966년 조사에서는 해수 중 용존산소는 0에 가까웠고, 화학적 산소요구량COD은 36ppm이었다. 현실에서 일어날 것 같지 않은 최악의 수질오염이었다. 그뿐만 아니라 대기오염도 극심하였다.

이에 주부들을 중심으로 시민이 먼저 나섰고, 시는 1971년에 환경오염관리국Environmental Pollution Control Bureau, EPCB을 신설하였으며, '기타큐슈시 공해방지 조례'를 제정하는 등 본격적으로 환경문제 개선에 나섰다. 일본에 환경청이 생기기 이전이었다. 그러면서 시민단체, 기업과 대학 그리고 지방정부가 파트너십을 형성하여 협치를 하여 새로운 하수시스템 시설 건설과 침전물 준설 등 수질 개선을 위한 지속적인 노력을 전개하였다. 환경은 눈에 띄게 개선되어 도카이만에는 이제 110종 이상의 해양생물들이 돌아온 것으로 확인되었다. 그리고 오염이 심하던 시기에는 시의 상징이라고 할 수 있는 무라사키紫川 강도 심하게 오염되었었다. 그동안 수질이 크게 향상되어 물고기들이 바다에서 올라오고 상류에서는 반딧불이 발견될 정도다. 정화된 생활하수의 배출과 잘 관리되는 하수도 시스템이 결정적인 역할을 하였다. 환경을 극복하고 살기 좋은 도시로 만들고 구체적인 노력이 결실을 보여 자연스럽게 국제적인 환경도시로 발돋움하였다.

기타큐슈시는 다른 도시의 심각한 오염 처리를 돕기 위해 여타 지방자치단체들보다 앞서 문제 해결에 적극적으로 나서고 있다. 오늘날에도 도시개발과 지역환경 개선활동을 통해서 조성된 지역사회 파트너십을 계속 이어가고 있다. 최근에는 오염이 심각한 사회문제가 된 개발도상국인 대부분 아시아 여러 나라에 전문가를 파견하고, 40개국이 넘는 외국으로부터 기술인들을 초청하여 기술연수를 시키는 등 환경분야에서 국제협력에도 앞장서고 있다. 그리고 환경문제를 극복하고 동시에 경제성장을 이룩한 성과로 국제적으로 높은 평가를 받았다. 2011년 OECD는 파리, 시카고, 스톡홀름과 함께 녹색성장도시 프로그램에 따라 평가하여 아시아 최초의 '녹색성장도시'로 선정했다. 이밖에도 지난 1990년 유엔환경계획UNEP으로부터 '글로벌 500상'을 그리고 1992년에는 유엔환경개발회의로부터 '유엔 지방자치단체상'을 수상했다. 더 나아가 2007년에는 '세계의 환경수도 만들기'를 선언하였으며, '아시아 환경프런티어도시'를 지향하고 있다. 2018년에는 「기타큐슈 지속가능성 보고서」를 작성하면서 유엔의 지속가능발전목표SDGs를 이행할 것을 천명하였다.

기타큐슈시 기획조정국 국제부 국제정책과. 기타큐슈, 환경과 기술의 도시(City of Kitakyushu Environment and Technology). // 한국기후·환경네트워크, 2017. 문화이야기 친환경 도시 이야기 - 일본 기타큐슈 -. 블로그(2017. 9. 6). // Koichi Sueyoshi, 1994. From sea of death to international environmental leadership: The case of Kitakyushu City. Marine Policy, 18(2): 195-198. // OECD, 2013. Green Growth in Kitakyushu, Japan // Yuka Kume, 2017. Learning from Pollution Experience, Kitakyushu Now Promotes Sustainable Society in Asia. JFS Newsletter No.179 (2017. 7).

영국 더럼

가끔 "어떤 도시가 살기 좋은 도시인가?"라는 담론에 빠져든다. 그런 도시들은 대개 대도시이기 마련인데, 그러면 그 도시들이 "정말 좋은 도시인가?"라고 다시 자문해보면 답이 잘 떠오르지 않는다. 무엇보다 "좋은 도시의 기준은 무엇인가?"가 중요하게 다가와서다. 우선 지역주민이 안전하고 평안해야 하고, 지구환경보전에 기여하며, 다른 도시에 긍정적인 영향을 미치면 된다고 생각한다. 비록 세 가지 기준에 불과하지만 제대로 하기는 무척 어렵다. 여러 기관에서 선정한 살기 좋은 도시들은 이미 국제적으로 명성을 얻는 일반인들이 잘 아는 도시가 대부분이다. 잘 알려지지 않으면서 좋은 곳을 찾다 보니 영국 잉글랜드의 더럼Durham을 찾게 되었다. 더럼은 카운티county의 이름이자 카운티의 중심도시county town의 이름이기도 하다. 영국의 카운티는 작은 광역자치단체라고 생각하면 된다. 그러니 카운티 내에 더럼 시를 비롯한 여러 개의 자치지역이 있다. 더럼 카운티는 스코틀랜드와 가까운 곳에 위치하니 전체 영국의

더럼 시는 자연과 문화유산을 잘 보전하고 인구도 증가하는 모범적인 도시인데 정책의 중심에 기후변화 대응 등 환경정책이 있다.

중부라 할 수 있다. 동쪽 해안과 접해 있지만, 상대적으로 넓은 내륙지방을 가지고 있다. 더럼 지역은 스코틀랜드와의 완충지역과 일대의 가톨릭중심지로서 오랫동안 그 역할을 해왔기 때문에 대성당과 종교시설들이 많다. 그래서 더럼시를 '대성당의 도시'라고도 한다. 종교 유적들과 더럼성은 1986년에 유네스코 세계문화유산으로 지정되었다. 지정 사유로는 '영국에서 가장 크고 가장 완벽한 기념비적인 대성당'과 대성당의 '둥근 천장'이었다. 현재 시의 인구는 약 5만 명 정도이고, 카운티 전체는 50만 명이 약간 넘는데 매년 조금씩 증가하고 있다.

한 기사에 따르면 더럼은 2020년에 '영국에서 가장 친환경적인 도시'로 선정되었다. 2019년 2월 기후비상사태를 선포한 이 도시는 이미 2009년부터 2019년까지 이산화탄소 배출량을 47%나 줄였다. 배출량이 절반 가까이 줄어들어 대기질이 크게 개선되자 친환경적인 도시로 주목을 받기 시작하였다. 선정은 솔라센터The Solar Centre에서 주관한 것으로 정부 데이터를 검토하고 기준에 따라 영국 도시들의 순위를 매긴 것이다. 조사항목은 모두 네 개 분야 10개 부분으로 배출물 분야에는 이산화탄소 배출, 에너지 소비, 공기질 등이 있고, 폐기물 분야에는 재활용, 불법 투기, 쓰레기 등이 있으며, 자연 분야에는 공원과 녹지, 자연보호구역 등이 그리고 수송 분야에는 전기자동차 충전지점과 교통혼잡 정도가 있다. 재활용은 퇴비화 비율과 가정쓰레기의 양이 포함되었으며, 불법 투기는 불법으로 투기한 사건의 보고 수로 평가하되 인구수로 보정을 하였다. 또 녹지와 공원 부분은 수나 면적보다는 질로 평가를 하였으며 자연보호구역은 10마일(약 16km) 내의 보호지역의 수를 점수로 나타내었다. 평가에 사용한 자료는 신뢰를 받으려고 자료 자체가 없어서 2개 부분 이상의 누락 된 도시는 목록에서 제외하였다. 그래서 영국의 총 69개 도시 중 59개 도시가 최종 목록이 남아 평가를 받았다. 앞서 언급한 것처럼 각 도시의 인구를 고려하였다고 한다. 우리가 잘 알고 있는 도시의 순위를 보면 브리스톨Bristol이 21위, 글래스고Glasgow 32위, 리버풀 39위, 맨체스터 51위, 런던이 53위였다.

더럼은 2위 도시와도 큰 점수 차이가 났다. 이 환경도시의 공기질은 만점이었고, 쓰레기 부분과 녹지와 공원 그리고 자연보호구역 부분은 만점에 가까웠다. 의회에서는 비상 선언을 한 직후 2030년까지 이산화탄소 배출량을 80%까지 감축하겠다고 의결하였다. 또한 깨끗하고 녹색의 카운티를 만드는 것을 기후 행동계획의 핵심목표로 삼아 기업과 주민들이 에너지 효율을 높이고, 카운티의 인프라에 청정기술을 통합하려고 노력하고 있다. 더럼 생물다양성 파트너십Durham Biodiversity Partnership과 더럼 카운티의 바로 북쪽에 있는 노섬벌랜드Northumberland 카운티의 생물다양성 파트너십은 함께 활동하면서 지역의 서식지와 종 다양성 관리와 보전 계획을 만들고 실행하는 일을 담당한다.

이곳의 더럼대학교Durham University는 영국에서 세 번째 오래된 대학이며, 세계 가장 우수한 대학 중 하나다. 환경과 지속가능성 문제를 다루며 지역의 정책을 수립하는데도 크게 이바지하고 있다. 영국에서 가장 환경적으로 지속가능한 대학 중 하나로 성장하는 데에 전념하고 있다. 자체적으로 녹지공간의 중요성에 대한 인식을 높이며, 행동 변화를 활성화하고, CO_2 배출량을 적극적으로 줄이고 있다. 이렇게 공공, 학계, 시민단체들이 연계한 활동들이 지역이 자연 친화적인 도시로 발돋움하는데 튼튼한 기반이 되고 있다.

카운티에서는 지역이 지속가능하도록 하고 기후변화에 적절하게 대응하기 위해 비즈니스 에너지효율 프로젝트BEEP, Business Energy Efficiency Project를 수행하고 있다. 이 프로젝트에서는 다음과 같은 활동을 한다. 기후비상사태에 대비하고, 가장 적은 에너지를 사용하도록 권장하며, 관련 계획 내에서 통합된 지속가능성을 유지하고, 에너지효율 사업과 에너지효율이 높은 건물로 개선하는 사업을 추진한다. 그뿐만 아니라 주민들의 건강과 보건을 위해 토양 보호 등 환경을 보전하고, 식품 안전, 사업장 안전, 개인 물 공급, 전염병 관리를 하며, 동물 복지와 공정한 거래 및 소비자 보호 등을 통해 삶의 질의 세세한 부분까지 신경을 쓴다. 환경, 건강 그리고 소비자 보호 정책 집행에는 모든 이해당사자가 협의하여 기업이나 주민들에게 조언과 지침을 제공하는데, 법 위반에 대응하는 것도 포함된다.

이렇게 보면 더럼은 전원지역에 있는 도시이자 카운티라서 조금만 관리하고 신경을 써도 녹지나 공원들이 잘 유지될 것으로 짐작하게 된다. 이 도시도 산업혁명 이후 1970년대까지는 카운티의 주요 산업은 석탄산업이었다. 실질적으로 도시 주변의 모든 마을에 탄광이 있었다. 이후 지역 중공업의 쇠퇴로 산업은 사라졌지만 당시 전통과 공동체정신은 아직 남아 있다. 20세기 초부터 석탄이 고갈되어 대공황이 되었을때 큰 고난을 겪은 지역 중 하나였다. 그러나 새로운 대학들을 설립하고 외곽의 그린벨트를 잘 유지하여 어려운 상황을 극복해 내어 오늘날 최고의 환경친화적인 녹색도시가 되었다. 인구도 조금씩 증가 하고 있다. 앞으로도 이 도시의 녹색 명성은 지속될 것으로 보인다.

Helena Horton, 2020. 4. 22. Durham named UK's greenest city after reducing carbon emissions by half. The Telegraph. // The Solar Centre. The UK's Greenest Cities.

프랑스 낭트

세계에는 수많은 환경도시가 있다. 그 가운데에서도 가장 눈에 띄는 도시 하나가 있다. 2013년에 유럽의 '녹색 수도' 상을 받은 프랑스의 낭트Nantes다. '지속가능성을 위한 지방정부협의회ICLEI - Local Governments for Sustainability', 이클레이로부터 우수한 지속가능발전 도시로 소개되기도 했다. 낭트 대도시권은 프랑스 서쪽 대서양 연안과 인접해 있지만, 낭트 자체는 해안 도시는 아니다. 연안에서 50km 떨어진 내륙에 있으며, 대서양으로 유입되는 루아르Loire 강변에 자리하고 있다. 프랑스 지도를 보면 대서양 쪽으로 혓바닥처럼 돌출한 지방이 브르타뉴 레지옹Region Bretagne이고, 그 남쪽 지방이 페이드라루아르 레지옹Region Pay de la Loire이다. 레지옹은 최상위 행정구역이다. 페이드라루아르 레지옹에는 다섯 개 주가 있는데, 낭트시는 루아르아틀랑티크Loire-Atlantique주의 주도이기도 하다. 역사적으로나 문화적으로는 앞의 두 레지옹을 브르타뉴 지방이라고도 한다. 낭트는 로마 이전 시기부터 이 지방의 중심지였으며, 연안에 있는 외항인 생나제르Saint-Nazaire와 함께, 서부 프랑스의 중심 대도시경제권을 형성한다. 낭트시의 인구는 2017년 현재 30여만 명이다.

큰 강과 바다를 끼고 있는 낭트 일대는 온화한 해양성 기후로 살기 좋은 고장으로 꼽히는 곳이다. 여섯 번째로 큰 대도시권인 낭트 대도시권Nantes Métropole은 약 60만 명의 주민이 거주하고 있는데, 2030년까지 70만 명에 도달할 것으로 내다보고 있다. 이러한 인구 증가 예측은 좋은 일자리가 있기 때문이며, 현재는 고용여건만으로 볼 때 전국에서 세 번째로 매력적인 도시다. 2004년 '타임Time Magazine'지는 낭트를 '유럽에서 가장 살기 좋은 도시'로 선정했을 정도로 주민들의 삶의 질이 이전부터 높았다는 것을 알 수 있다. 2009년에는 최고의 교통체계를 갖춘 도시에 주는 '키 비타스CIVITAS City-Vitality-Sustainability 상'을 수상하였다. 이어서 녹색수도까지 된 것이었다.

그러나 영광만 있었던 것은 아니다. 루아르강은 프랑스에서 가장 긴 강으로 낭트의 역사와 경제적 발전에 중대한 역할을 했다. 과거에는 항구도시로 조선소와 무역을 통하여 프랑스 경제의 한 축을 담당하였다. 17세기에 프랑스 식민지제국이 세워진 후, 낭트는 가장 큰 항구였다. 18세기 프랑스 대서양 노예무역의 거의 절반을 차

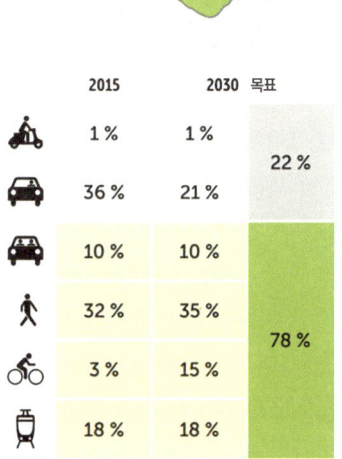

낭트시는 2030년까지 대중교통(자전거 포함)의 비중을 78%까지 높이고자 하는 의욕적인 교통정책을 추진하고 있다. 다소 그 비중이 떨어지지만, 대도시권도 같은 정책으로 추진한다. (낭트 대도시권 자료 인용)

지할 정도였다. 프랑스 혁명 이후 경제가 잠시 쇠퇴했지만, 낭트는 1850년 이후 조선과 식품 가공 등을 탄탄한 산업으로 발전시켰다. 1970년 중반 한때는 6만여 명 이상의 근로자들이 상주할 정도였다. 이러한 발전은 1980년대 후반에 조선소가 폐쇄되자 도시 경제는 나락으로 떨어졌고, 시민들은 허탈감을 가지고 절망적인 상황을 받아들여야 했다. 20세기 후반의 낭트는 기존의 자연자원을 잘 살리면서 중공업 중심의 2차산업에서 주력 산업을 서비스 산업으로 대체했다. 1989년 이후부터 능력 있는 시장의 주도하에 또 한 번의 경제적 도약을 경험했다. 그 바탕에 풍부한 문화가 있었으며, 창의적인 장소로 도시를 광고했다. 그리고 친근감을 느끼도록 '낭트 아틀랑티크Nantes Atlantique'로 브랜드를 변경하고, 노예무역의 유산 등 이색문화의 홍보도 적극적으로 장려했다.

더 나아가 환경친화적인 도시로의 탈바꿈을 시도하였다. 1958년에 마지막으로 더 이상 운행하지 않았던 트램을 1985년 다시 등장시키기로 결정했다. 현재 전체 연장 42km로 전국에서 최장 길이다. 연간 6,500만 명을 수송하고 하루에 약 200만 번을 탑승할 정도로 시민들이 좋아한다. 새로운 버스 시스템도 트램처럼 공격적으로 도입하여 환경을 중시하는 교통정책을 입안하고 실행하기 시작하였다. 크흐노버스Chronobus라는 압축천연가스를 사용하는 고급 버스로 네트워크를 구축해 나갔다. 처음 세 개 노선에서 출발한 것이 이젠 여덟 개 노선에서 버스가 다니고 있으며, 2019년에는 하루 145,883회를 운행하였다.

그리고 자전거 타기를 아주 적극적으로 권장하기 위해 자전거 주정차 공간을 확보하고, 자전거를 빌려주는 회사를 만들었으며, 대중교통과 연계시스템까지 갖추어 나갔다. 그리고 개인 승용차보다 대중교통을 우선하는 도로 정책을 시행하였다. 이러한 혁신이 앞에서 언급한 것처럼 유럽에서 '보다 깨끗하고

질 좋은 교통체계를 갖춘 도시Cleaner and Better Transport in Cities'에 EU가 주는 '키비타스 상'을 받게 했다. 천연가스 버스도 2019년 가을부터 24m 연결형 100% 전기버스로 대체되고 있다.

낭트 대도시권에서 쓰레기를 효율적으로 처리해 나가고 있으며, 수거된 쓰레기의 단 11%만이 매립지로 보내지는데, 이 중에는 생분해되는 쓰레기는 없다. 또한, 물 정책도 매우 세심하게 집행하고 있으며, 인식증진 교육을 통하여 물 사용을 절약하고, 마시는 물인 경우는 수원지를 보호지역으로 지정하여 철저하게 관리한다. 낭트에는 루아르 강 외에도 두 개의 강이 지나고 있어 도시 안에 다양한 형태와 규모의 습지와 숲들이 잘 펼쳐져 있다. 이러한 자연환경이 가지고 있는 생태계서비스 혜택을 시민들이 잘 받을 수 있도록 정책을 마련하고 있다. 그러면서도 녹지의 수와 공간의 면적을 늘리고 있다. 지난 20년 동안 도시면적의 15%가 99개의 공공공원, 정원, 광장으로 구성되었다. 이들 장소에서 시민들은 일 년 내내 여유 활동을 하고, 문화나 사회 이벤트를 개최하며, 원예농업까지 하고 있다. 도시 곳곳에 녹지가 산재해 있어 시민 누구나 쉽게 접근할 수 있도록 했다. 녹지 면적도 넓어 한 사람당 57㎡인데 이는 전 세계에서 가장 높은 수준이다. 도시 내에 10만 그루 이상의 나무가 있고, 도시의 60%가 녹지, 자연, 농지, 공원 등으로 유지되도록 정책을 펴고 있다. 이곳에는 네 개의 유럽연합 보호지역Natura 2000과 동식물과 생태계를 보호하는 33개의 자연보호구역을 지정 관리하고 있다. 또한, 기후변화 행동계획을 의욕적으로 추진하고 있는데 2020년까지 1인당 배출량을 30%(2003년 기준) 저감하는 목표를 가지고 있다.

어떤 유산이든 간에 과거의 것을 수용하고, 미래에 필요로 하는 자산으로 활용해 나가는 역량도 낭트 만의 자랑거리 중 하나다. 도시계획자들은 개발사업

낭트의 정책에는 기본적으로 풍부한 자연환경을 기반으로 도심 속으로 자연이 들어오게 하여 시민들이 자연이 주는 혜택을 충분히 받을 수 있게 하는 내용이 포함되어 있다. 아래 그림은 27년 만에 복원한 최고의 친환경적인 대중교통인 트램이다.

을 추진할 때에도 이러한 도시의 유산과 연계한다. 조선소를 공공장소로 변환하고 매력적인 공간으로 꾸미는 사업이 좋은 예다. 이곳을 첨단기술과 문화와 예술의 창조공간으로 만들어 도시의 상징이 되기까지 획기적인 재생사업을 하였다. 물론 환경친화적이면서도 지속가능한 발전을 전제로 했다. 테제베TGV로 파리에서 2시간 거리라는 것을 강조하는 것을 보니 모든 정책이 관광을 염두에 둔 시도처럼 보인다.

European Commission, 2012. 4 out of 5 European Green Capitals are also CIVITAS Cities. Environment, European Green Capital (2012. 7. 25).

기후변화

2019년 여름의 불볕더위는 무서울 정도로 그 위세를 떨쳤고, 사람들의 삶의 방식까지 바꾸어 놓았다. 전기를 아끼자고 에어컨 한 번 틀지 않았던 사람들이 에어컨의 스위치를 자연스럽게 누르기 시작하였다. 기후의 변화를 처음으로 무섭게 느꼈다. 우리나라 기후가 아열대로 변하고 있다는 뉴스는 이미 오래지만, 그때 실감하게 되었다. 대구에서 사과과수원이 사라진 것도 지나간 뉴스가 되고 말았다. 과거 매년 겨울이면 깡깡 얼었던 수도권의 하천들이 더는 얼지 않는다. 강가 동네 아이들에게 겨울에 얼음 지치며 놀던 추억은 아련한 옛이야기일 뿐이다. 이젠 그 동네에선 스케이트나 썰매가 사라졌을지도 모른다. 지난

5) 기상연구소에 요청하여 2005년을 기준으로 백 년 전과 기온을 비교해 보았던 자료의 결과이다.

백 년간 서울의 겨울철 평균 온도가 자그마치 3℃가 올랐다[5]. 50년 전과 지금의 기후 상황이 너무나 극적으로 바뀌었으며, 여름은 길어지고 겨울은 그만큼 짧아졌다. 그런데도 이런 기후변화에 저번 여름 전에는 좀 무감각했었다.

기후변화에 따른 지구온난화가 인류의 활동에 따른 결과라는데 오랫동안 의구심을 가진 집단들이 있었다. 하지만 자연적인 변화라고 하기에는 너무나 극적인 변화와 빠른 변화가 지속해서 보고되고 있어 그 원인이 인위적인 것이 아니라는 의심은 사라지고 있다. 올해의 폭염은 오래전부터 기후과학자들에 의해 예측된 상황이었기에 앞날에 대한 불안감은 더 커진다. 더군다나 가장 우려되는 지역이 우리나라가 있는 북반구의 동북아시아이기 때문이다. 이산화탄소 배출량으로 볼 때 한국이 9위, 중국 1위, 일본 5위로 지구상에서 가장 온실가스가 많이 배출되는 지역이라는 것을 고려하면 어쩌면 당연한 결과다. 온도의 상승뿐 아니라 기후의 급격한 변동 그리고 해수면 변화 등에도 우려가 제기되고 있다.

과학자들의 연구에 따르면 산업혁명 이후 인구가 급격히 늘고 사람들의 활동으로 온실가스 증가에 따른 온실효과로 인하여 기온이 상승한 것으로 보고 있다. 이런 지구환경의 변화가 국부적이고 일시적일 것이라는 일부 주장도 있지만 이런 견해와 논쟁을 하기에는 현재 상황이 너무 심각하다. 기후변화 분야에서 가장 권위 있는 기구인 기후변화에 관한 정부간 협의체Intergovernmental Panel on Climate Change: IPCC가 2013년에 발표한 5차 보고서에서는 기후변화를 이대로 내버려 두면 인류의 장래는 암담하고, 이산화탄소의 배출량을 크게 줄이더라도 적어도 100년 이상은 이상기후 현상의 영향을 받을 것으로 보고 있다. 그리고 "인간이 기후변화 95% 이상 영향을 끼치고, 지구온난화가 명백하다."라고 하였다.

특히 2021년 8월에 승인된 6차 보고서에서는 "현재(2011~2020) 지구 평균온도는 산업화 이전보다 1.09℃ 상승한 상태다. 대기 중 이산화탄소 농도(410 ppm)가 2백만 년 만에 최고 수준으로 높아졌다. 이번 세기 중반까지 현 수준의 온실가스 배출량을 유지한다면 2021~2040년 중 1.5℃ 지구온난화[6]를 넘을 가능성이 높다."라는 내용이 담겨있다. 기후변화는 인간활동의 영향이 명백하다는 결론을 내렸다.

기후변화의 주원인으로 주목받고 있는 이산화탄소 등 온실가스는 인류가 불을 사용하기 시작하면서 증가하였고, 가축 사육이나 농업 활동 등으로 늘어났다. 산업화 이후 인구는 도시로 집중되고 광범위한 지역에서 산림이 파괴되어 이산화탄소가 흡입될

전라남도 담양 산림을 구성하는 나무들은 이산화탄소를 흡수하여 광합성을 하는 일차생산자다. 산림을 조성하는 일은 한 지역의 생태계를 살리는 일뿐 아니라 지구를 살리는 일이다.

---

6) IPCC에서 제공한 「정책결정자를 위한 요약보고서(SPM)」의 일부로 "지구 온난화가 현재 속도로 계속 증가하면 2030년에서 2052년 사이에 1.5℃에 도달할 가능성이 있다. 지구 온난화가 1.5℃를 초과하는 경우, 많은 종의 멸종과 생태계의 손실과 같은 영향은 오래 지속되거나 되돌릴 수 없다. 21세기에 지구 온난화가 1.5℃로 제한되더라도 해수면 상승은 2100년 이후에도 계속될 것이다."는 것이 주요 내용이다. 따라서 1.5℃ 이하로 제한 또는 유지해야 하므로 기후변화 대응의 목표치가 된다. 더욱 자세한 내용은 참고문헌 목록의 기상청 자료 '지구온난화 1.5℃ 특별보고서 주요 내용(요약본)'을 참조 바란다.

수 있는 기작을 끈임없이 감소시켰다. 즉, 도시화와 산업화로 인해 화석연료를 지나치게 많이 사용했고 숲의 파괴로 이산화탄소의 배출은 빠르게 증가했다. 도시가 이 지점에서 주목을 받는다. 유엔의 지속가능발전 목표에 따르면 도시들은 지구 면적의 3%만 차지하고 있으면서 지구 인구의 절반 이상이 거주하고 있다. 문제는 도시가 세계에서 생산되는 에너지의 75%와 자연자원의 80% 이상을 사용하고 있으며, 이산화탄소 배출량의 75% 이상을 차지하고 있다는 점이다. 중국의 경우 86%가 도시에서 배출된다. 앞으로 이런 현상이 더 가중될 것이라고 보는 이유는 도시에 인구가 더 늘어날 것으로 보기 때문이다. 2015년에는 약 40억 명(54%)이 도시에서 살았지만, 2030년이 되면 50억 명이 도시에 거주할 것으로 본다.

2020년 6월 전국 기초자치단체장들이 모여 기후위기에 신속하게 잘 대응해야 한다는 목소리를 함께 내었다.

미래를 위해 우리가 가장 잘 대비해야 할 주제를 묻는다면 답은 단연 '기후변화'이다. 이것은 필자의 주장이 아니라 세계 전문 기업인, 과학자, 정치인, 환경운동가들의 견해가 일치하는 대목이다. 다시 한번 강조해야 할 점은 역시 도시뿐이다. 도시가 기후변화의 주범인 까닭이다. 결국, "도시가 변해야 기후변화를 잡을 수 있다."라고 보는 이유가 여기에 있다. 도시는 이산화탄소 배출량을 줄이는 체계적인 계획을 세우고 신재생에너지 발전량을 크게 늘림과 동시에 에너지 사

투발루 지난 11월에 글래스고에서 개최되었던 기후변화협약 당사국 총회(COP 26)에서 사이먼 코페 투발루 외교장관은 해수면 상승의 위기를 알리고자 바다에 들어가 연설한 것을 보여주었다.(유엔 기후변화협약 자료에서 인용)

용에 효율성을 기해야 한다. 더불어 도시숲을 조성하고, 주택 구조를 바꾸고, 대중교통을 활성화 하는 등 그린시티 추진 계획을 수립하고 실행하길 기대한다. 세계적으로 저명한 기구들이 도시의 변신을 촉구하고 있는 점도 같은 맥락이다. 바야흐로 도시가 지구환경을 지키는 역할이라는 중차대한 사명을 부여받은 것이다.

 기상청, 2019. 지구온난화 1.5℃ 특별보고서 주요 내용(요약본). 기후변화홍보포털(2019. 5. 28). // 임동민, 2021. 8. 11. IPCC 제6차 평가보고서 요약 및 함의. 교보증권 Economy Outlook. // 양연호, 2021. 8. 20. 지구 운명 담은 IPCC 보고서, 그리고 해결책 10가지. 그린피스. // IIED, 2020. Nature-based solutions for climate change: from global ambition to local action. // IPCC. 2018. Summary for Policymakers(SPM) — Global Warming of 1.5℃.

대담한 도시

전 세계가 코로나-19 바이러스 팬데믹으로 혼란에 빠져있다. 어쩌면 이런 일들이 일어날 가능성을 크게 염두에 두고 이전부터 논의와 논쟁을 해왔었지만, 막상 재난으로 닥치자 효과적으로 대응하지 못하고 있다. 예상하지 못했던 재난과 재해로부터 국가나 도시 또는 기업 등이 대응하고 복원하는 힘을 회복력이라 한다. 즉 지진, 화재, 홍수, 테러 등 충격적인 사건들 뿐만 아니라 높은 실업률, 과도한 세금, 비효율적인 대중 교통수단, 고질적인 폭력, 만성적인 식량 부족과 단수 등 시민들에게 스트레스를 주는 부정적인 일들을 해결하지 못한다면 시민들의 삶의 질 저하는 물론이고 도시경제력 약화로 이어질 수밖에 없다. 이들 문제를 물리적, 사회적, 경제적으로 극복하는 힘이 다시 말하지만 도시회복력이다. 회복력은 이 책의 앞부분에서 다루었던 주제다. 코로나 사태로 선진국에서 특히 유럽연합에서 강조해 왔던 그 회복력의 실행에 근본적인 회의를 가지게 되었다.

이클레이ICLEI[7]와 '기후변화 세계시장협의회' 그리고 독일의 수도 본(Bonn)이 '회복력 있는 도시 2019Resilient Cities 2019'라는 주제로 2010년부터 지난해까지 10년간 본에서 회의를 열었다. 2012년에는 이 회의의 공식 명칭을 '도시회복력과 적응에 대한 글로벌 포럼Global Forum on Urban Resilience and Adaptation'이라 하였다. 현재 84개국 350개 도시가 참여하고 있고, 우리나라에서는 서울과 수원이 회원 도시이다. 이 포럼에서 볼 때 지난해 말부터 시작된 코로나 사

---

7) ICLEI는 International Council for Local Environmental Initiatives의 약어이지만 '환경을 위한 세계 지방정부 협의회'라고 하지 않고, '지속가능성을 위한 세계 지방정부(Local Governments for Sustainability)'라 한다. 1,750개 도시나 지방정부가 도시의 지속가능한 발전을 위해 가입한 국제 네트워크 조직이다. 이 조직을 지칭할 때 보통 이클레이라고 한다.

독일 본 '대담한 도시 2021'이 열리는 본에 있는 회의장인 세계콘퍼런스센터인데 유엔건물과 이웃해 있다.

태는 기후비상사태로 보고 포럼의 이름을 '대담한 도시: 기후 비상사태에 참여하는 도시지도자들을 위한 본 포럼Daring Cities 2020: The Bonn Forum for Urban Leaders Taking on the Climate Emergency'으로 바꾸었다. 즉 '회복력있는 도시 세계총회Resilient Cities' 시리즈를 이은 새로운 이니시티브로 대담한 도시총회를 개최하는 것이다. 2020년 6월에 회의를 개최하려다가 10월로 연기하면서 비대면 가상 포럼으로 진행하였다.

현재 전 세계, 도시와 지역에서 코로나를 비롯한 기후 비상사태가 일어나고 있다. 2020년 11월에 영국 글래스고Glasgow에서 열릴 예정이던 26번째 유엔 기후변화협약 당사국 총회, 일명 캅 26(COP 26)도 2021년으로 연기되었을 정도다. 세계 도시지도자들도 이 중대하고 긴급한 위기를 제대로 해결하지 못하고 있다. 그러나 지역 지도자들은 담대한 행동과 노력을 전개하고 있다. 팬데믹에 효과적으로 대처하고 있는 한국의 기초지방정부가 좋은 예이다.

'대담한 도시 2020'은 야심 찬 복원력(회복력) 구축과 기후완화 노력을 포함하여 기후비상사태를 해결하기 위한 모범적인 지역 기후행동을 보여주고, 범지구적 협력 체계를 촉진하고 구축하려고 한다. 이 글에서는 이클레이 자료를 정리하고 편집해서 '대담한 도시 포럼'을 소개하고자 한다. 이 포럼은 계속 진행 중인 코로나-19 사태와 전 세계 공중 보건의 위험 증가에 비추어 이클레이와 본 시가 기후비상사태에 맞서고 있는 도시 지도자들을 위한 최초 그리고 가장 큰 기후변화에 대한 전 지구적 가상 포럼virtual forum을 준비하였다.

코로나 시대의 기후비상사태를 해결하는 도시 지도자를 위한 새로운 가상 회의는 지도자들에게 의미 있는 경험이 될 것이다. '대담한 도시 2020'은 2020년 10월 7일부터 28일까지 본에서 운영되었다. 참여자들은 수준 높은 비전 강연 세션, 일련의 유익한 워크숍과 개인 네트워킹 기회를 얻었으며, 3주 동안 다양한 주제, 시간대, 인터넷 대역폭 제한과 언어를 수용할 수 있는 다양한 가상 형식을 제공하였다. 이 행사가 진행되는 동안 고위급 협상을 통해 이후에 개최될 COP 26과 '대담한 도시 2021'의 방향을 정하는데 큰 도움이 되었다.

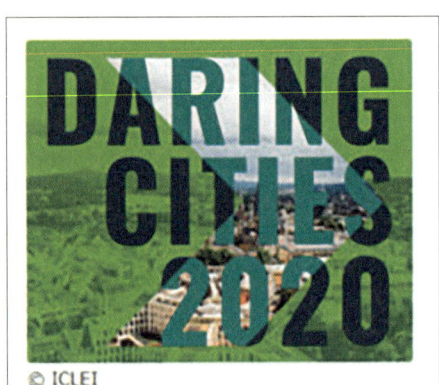

'대담함 도시 2020'의 엠블럼. 초록색과 방향성이 강조되어 있다.

그런데 왜 이런 회의 개최를 본에서 하는가가 궁금하다. 본은 이클레이 회원이 된 2000년 이후 이클레이 세계 사무국과 다른 20개 유엔 기관이 자리 잡고 있다. 이클레이는 '회복력 있는 도시 총회Resilient Cities Congress'를 10년 동안 본과 공동 주최하였다. 이 도시의 시장은 현재 이클레이 회장이다. 또한, 본은 10년 동안의 성공적인 회의 개최와 회의를 통해 쌓은 경험과 네트워크 등 중요한 기반을 갖추고 있다. 즉 본시는 확실한 리더십을 구축하고 있는 것이다. 회복력 있는 도시 총회에는 도시회복력과 기후변화 적응에 종사하는 도시 실무자, 정책 입안자 그리고 연구원들이 함께 모였다. 따라서 총회에서는 적극적이고 정보가 풍부하며 헌신적인 국제 회복력 공동체를 구축하여 도시회복력을 주류화하는데 집중했다. 총회 10년 동안 80여개 국에서 온 수천 명의 전문가가 수백 개의 역량강화 세션에 적극적으로 참여하고 서로 협력했다.

유엔 본 기후변화 회의the UN Born Climate Change Conference[8]는 '대담한 도시 2020'과 공동으로 개최될 예정이었으나 2021년 6월로 연기되었다. 도시 지도자들은 포럼에서 국가 대표들과 교류하여 여러 계층의 생산적인 교류가 프로그램의 핵심 부분이 되도록 보장되어 있었다. 이 가상 포럼은 세 부분으로 구성되었다. 알아두기know: 기후변화와 건강을 포함한 도시에 미치는 영향에 관한 최첨단 연구와 정보가 제공된다. 이러한 논의는 '기후변화에 관한 정부 간 협의체IPCC[9]'의 도시연구 의제와 '생물다양성과 생태계서비스에 관한 정부 간 과학-정책 플랫폼IPBES[10], 생물다양성과학기구라고도 함' 프로세스를 더 지원하게 될 것이다. 행동하기act: 적응과 회복력 구축 대책에서부터 기후변화 완화 노력에 이르기까지 기후비상사태를 해결하는데 있어서 전 세계의 지역 기후변화 관련 활동들을 보여준다. 리드하기lead: 유엔 기후변화협약UNFCCC과 그 당사국 총회 의장단을 포함한 주요 글로벌 파트너와 토론을 통해 협력하고 여러 단계

---

8) 같은 해에 개최될 기후변화 협약의 준비모임 성격을 가진 회의다.
9) Intergovernmental Panel on Climate Change.
10) Intergovernmental Science-Policy Platform on Biodiversity and Ecosystem Services.

의 행동으로 파리 협약을 이행하는 동시에 재정을 강조한다.

   도시 시장들의 기후변화 문제점에 대한 폭넓은 이해와 이에 대응하고 회복하려는 담대한 시도는 도시와 국가의 지속가능성을 강화하고 지구환경을 보전하는데 크게 이바지할 것이다.

이클레이 한국사무소. 대담한 도시 세계총회(Daring Cities). // Director-General for Climate Action, 2021. 8. 18. // The Road to COP 26: the Bonn Climate Change Conference. European Commission News Article. // ICLEI and Bonn, 2019. RESILIENT CITIES, THRIVING CITIES: THE EVOLUTION OF URBAN RESILIENCE.

그린 뉴딜

   일년반 전 우리나라는 총선 국면이었다. 만약 코로나-19 팬데믹 상황만 아니었다면 총선 공약에서 기후변화가 중요한 위치를 차지했을 것으로 보인다. 그만큼 기후변화는 전 세계적으로 시급히 대비해야 하는 문제이자 공동으로 대처해야 하는 난제이기도 하다. 비단 환경문제 만이 아니라는데 그 해결의 어려움이 있다. 코로나 바이러스도 기후변화에 기인하였고 앞으로 더 강한 바이러스가 나타날 것으로 예측하는 전문가들도 적지 않다. 기후변화로 위기에 처한 지구환경을 지키고 빈민과 실업자 문제를 해결하는, 새로운 개념의 산업체계를 구축하려는 움직임이 세계 각국에서 일어나고 있는데 이것을 '그린 뉴딜'이라고 한다. 뉴딜정책이라고 하면 미국에서 1929년부터 발생한 극심한 경제대공황으로 국가가 큰 위기에 빠졌을 때 1932년에 취임한 프랭클린 루스벨트

서울 영등포구 그린뉴딜의 근본은 화석문명으로부터 벗어나는 일을 미래세대에게 떠넘기지 말라는 주장을 하고 있다.

대통령이 취한 정책이다. 3R, 즉 Relief구제, Recovery부흥, Reform개혁을 슬로건으로 내세우며 정책을 마련하고 정부 지출을 크게 늘렸다. 또 테네시 계곡에 댐을 건설하는 대규모의 토목공사를 일으켜 실업자 문제를 해결하였으며, 실업보험과 최저임금제 등 과감한 사회복지정책과 병행하며 노동자들을 보호하였다.

'그린 뉴딜'에 가장 적극적으로 나서는 국가는 유럽연합이다. 미국이 아직 선언적인 수준이라면 유럽연합은 상대적으로 체계적이고 구체적으로 실행계획과 전략을 준비하고 있다. 기후변화행동연구소는 '유럽 그린딜(미국에서는 그린 뉴딜 Green New Deal이라 하고, 유럽에서 유러피언 그린딜 European Green Deal이라고 한다.)은 유럽연합을 현대적이고 자원-효율적이며, 경쟁적인 경제를 가지고도 2050년에 온실가스 순배출이 제로가 되고 경제 성장과

탄소배출을 줄이고, 기후변화에 적극적으로 대응하면서 새로운 일자리를 창출하자는 시도에 정부가 나섰다.

자원 사용의 연관성이 분리되는 경제를 지닌 공정하고 번창한 사회로 변환하는 것을 겨냥하는 새로운 성장 전략'이라 하였다. 또한, 유럽 역외 상품의 탄소발자국이 크면 관세를 부과하여 전 지구적 탄소 배출을 제한하려는 내용도 포함되어 있다. 이러면 한국과 중국처럼 석탄발전소에서 생산된 값싼 전기로 만든 제품의 수출이 크게 줄거나 아주 막힐 수도 있다는 점도 강조하였다.

사실 우리나라가 2009년에 제안한 '녹색성장' 정책도 일종의 '그린 뉴딜' 정책이라고 할 수 있다. 당시 야심 찬 목표와 요란한 구호가 있었지만 10년이 지난 지금까지 목표에 전혀 도달하지 못했다. 한 주간지의 기사 '경제 살리는 그린 뉴딜 한국만 잠잠'에 따르면 2019년에 독일 환경·개발 조직인 저먼워치Germanwatch e.V.가 전 세계 온실가스 배출량의 90% 이상을 차지하는 60개국과 유럽연합에서 추가된 4개국의 기후 대응 성과를 나타내는 '기후변화 성과지수CCPI, Climate Change Performance Index'에서 전체 64개국 가운데 60위[11]였다. "한국은 온실가스 배출량과 에너지 사용 부문에서 어떤 진전도 보이지 못했다."라는 지적도 받았다. 게다가 경제협력개발기구OECD 국가 중 이산화탄소 배출량 증가율은 1위다. 결론적으로 온실

---

11) 2021년에는 61개국 가운데 53위였다.

가스 감축은 실패했다면서 한국은 위기를 위기로 느끼지 않는다고까지 하였다. 이 문제도 도시에서 해결하도록 제도적 문제를 해결하는 것이 필요하다. 지역이 나서면 오히려 큰 힘이 되고 중앙 부서가 움직이는 것보다 명분도 있다.

물론 우리나라에도 이 위기를 아주 심각한 위기로 보는 도시도 있고, 기초지방자치단체들이 모여 '기후비상선언'을 선포하기도 했다. 서울연구원은 서울시를 위해 강력한 '그린 뉴딜' 정책을 제안하려 하고 있으며, 유럽의 지구온난화 피해를 유발하는 나라와 산업에 대해 관세를 부과하자는 주장에 대해 깊은 우려를 나타내었다. 수출 문제만은 아니다. 궁극적인 목표는 기후변화에 공동으로 대응하면서 양극화된 사회 구조와 모순점을 개선하여 사회적 약자를 보호하고, 기존의 산업 체계도 탄소 배출을 대폭 낮추는 변혁을 통해 미래 사회와 경제 제재에 대비하자는데 있다. 즉 사회·경제·환경적으로 지속가능한 사회로의 방향성을 전제로 이러한 일들을 통하여 사람들의 삶의 질 향상과 실업문제까지 해결할 수 있다는 희망까지 품고 있었다. 이렇게 보면 앞의 뉴딜 정책 소개에서 언급했던 '구조를 바꾸는 개혁reform'을 추구하는 것이 바로 '그린 뉴딜'이라는 생각이 든다.

서울시는 '그린 뉴딜' 사업을 온실가스의 감축뿐만 아니라 이를 바탕으로 에너지 효율화와 공기 환경 개선-신생 에너지산업 활성화-새 일자리 창출-도시재생과 노후주택 시설개선-저소득층 등의 사회 불평등 개선으로 이어지는 선순환 구조를 지향하는 사업으로 정의하고 정책을 마련하고 있다. 그리고 서울은 건물이 가득한 대도시로 온실가스 배출의 67%가 건물에서 발생한다. 그래서 '그린 뉴딜' 사업의 성패는 건물의 관리에 있음을 강조하였다. 건물에 대한 강력한 규제 정책이 필요함을 암시하였다. 이런 정책이 배출원을 줄이는 직접적인 방식이라면, 숲을 조성하여 에너지를 줄이고 기후변화의 속도를 줄이는 것을 간접적인 방식이라 할 수 있다. 이 둘을 함께해야 정책 실행시 시너지가 발생할 것이다.

  우리나라 도시들은 구조나 기능에서 서울시와 별반 다르지 않다. 따라서 각 도시는 자체적으로 '그린 뉴딜' 정책을 수립하고 시행할 필요가 있다. 국가가 움직이려면 시간도 걸리고 정책 정비에도 장애가 많으니 각 도시가 자신의 도시의 특성에 맞는 정책으로 빠르게 전환하여 사업을 추진할 필요가 있다. 기후변화가 가져온 사회환경적 변화는 이미 전문가들의 예측 범위를 이미 넘어섰고, 앞으로는 어떤 일이 닥칠지 알 수가 없다. 코로나-19 팬데믹이 이를 입증하고 있지 않은가? 선제적 예방이 최선이고 '그린 뉴딜'에는 그것이 담겨있다.

문화체육관광부 국민소통실, 2020. 7. 31. 그린 뉴딜 5대 대표과제는?, 대한민국 대전환 '한국판 뉴딜' - ② 그린 뉴딜. 대한민국 정책브리핑. // 반기웅, 2020. 3. 2. 경제살리는 '그린 뉴딜' 한국만 잠잠, 온실가스 감축 단순 구호가 아닌 시스템의 대전환으로 불평등 해소, 주간경향(1366). // 서형석, 2021. 기후위기, 마지막 경고. 문예춘추사. // 이병천, 2020. 10. 23. (칼럼) 그린뉴딜, 어디로 가야 하나. 한겨레. // 제러미 리프킨(안진환 옮김), 2021. 글로벌 그린뉴딜, 2028년 화석연료 문명의 종말 그리고 지구 생명체를 구하기 위한 대담한 경제계획. 민음사.

도시와 자연을 살리는 숲의 도시

"도시숲은 열대우림이나 극지방 또는 사막만큼 중요한데 다르게 취급되고 있다.
국립공원의 숲보다 도시숲에서 훨씬 더 신난다."

– 다니엘 레이븐-엘리슨 –

폭염사회

2020년 여름엔 더위를 걱정하는 사람들이 많았다. 한 기사를 보니 평년 평균 폭염일수가 9.8일인데 비해서 지난해는 20일에서 25일이나 되었다고 한다. 2016년에 21.4일이었으니 4년 전 상황과 비슷하였다. 가장 심각한 해는 3년 전인 2018년이었다. 더위가 절정이던 그해 8월 1일, 오후 홍천의 기온이 41℃까지 올라가 1942년 대구에서 관측된 40℃를 뛰어넘었다. 폭염일수가 상대적으로 많았던 대구의 기록이 강원도 홍천에 의해 깨진 것이었다. 이 해에는 폭염일수가 31.4일이었고, 5월에 이미 30도가 넘기 시작하였으니 우리나라가 이번 세기에 들어 처음으로 본격적인 폭염 현상을 겪었다. 서울은 39.6℃까지 올라갔고, 이 온도는 1907년 기상 관측 이후 111년 만에 최고였다. 한 TV 방송사 기자는 "111년 만에 가장 더웠던 여름, 우리도 '폭염사회'"라고 했다.

때마침 다른 주제에서 소개한 책 『도시는 어떻게 삶을 바꾸는가』의 저자 에릭 클라이넨버그가 저술한 『폭염사회Heat Wave: A Social Autopsy of Disaster in Chicago』가 번역 소개되어 눈길을 끈 해여서 더욱 이 주제에 관심이 갔다. 그래서 폭염사회가 일상이 될 줄도 모른다는 불안감이 처음으로 엄습하였다. 책의 내용같지는 않더라도 일수가 평균의 두 배가 넘는다고 하니 걱정이 앞서고, 3년 전까지 생각하면 우리사회가 폭염사회로 이미 진입한 것은 아닌가 하는 우려가 되었다. 문제는 이 폭염이 코로나 문제와 비슷하게 사회적 문제로 파생될 가능성이 크다는 점이다. 즉 사회적 약자나 저소득층 그리고 노인들이 더 취약해서 두 문제의 고위험군이 정확하게 겹친다.

책 『폭염사회』는 출판사 소개 글과 저자의 이전 도서에 따르면 1995년 7월, 시카고에서 발생한 폭염으로 739명이나 사망한 참사에 관한 사회적 고찰을

슬로바키아 브라티슬라바 여름 한낮에는 그늘을 찾아야 한다. 나무는 도심온도를 낮추어 준다.

담았다. 41℃까지 올라간 기온이 일주일간 지속되자 참사가 벌어졌다. 앞서 말한대로 그 희생자는 대부분 노인, 빈곤층, 일인 가구인 사람들이었다. 작가는 당시 치명적인 무더위로 인한 죽음을 자연재해가 아닌 사회적 비극의 관점에서 바라보면서 정치적 실패로 규정하였다. 오랫동안 직접 조사한 자료를 분석한 결과 사망이 사회 불평등의 결과라고도 진단하였다. 특히 정부의 폭염 사태에 대한 부인과 침묵으로 폭염 당시에 재난에 긴급히 대처했어야 할 공공기관의 대응을 늦추는 결과를 가져왔다. 더 나아가 폭염 이후에도 재난 당시의 상황에 대해 제대로 된 조사와 분석을 할 수 없게 만드는 부작용까지 낳았다. 저자는 취약계층의 문제를 해결하지 못한다면 극단의 도시에 나타날 디스토피아적 징후가 될 것이라고 경고하였다. 이러한 상황은 미국에서 코로나 감염증에 대한 공공의 부실한 대처와 결과 부인 등이 엄청난 피해로 확산되고 있음을 보면서 저자의 우려에 동감하지 않을 수 없다.

올해부터는 폭염온도를 정하는데 최고기온이 아니라 체감온도로 바뀌었다. 이는 세계적인 추세이다. 작년까지는 기온만 가지고 폭염특보를 발령했는데 문제는 2018년 같은 경우 기온이 낮았는데도 불구하고 많은 온열질환자들이 발생했던 곳은 습기가 높은 곳이었다. 습도를 고려한 기준이 피해를 줄일 수도 있고 국민의 체감과도 일치하는 것으로 당국이 판단한 것으로 보인다. 폭염은 특별히 더운 날씨가 연속될 때 쓰이는 용어로 천재지변이라고 할 정도로 사람뿐 아니라 농업 등 산업에도 큰 피해를 주기도 한다. 열과 햇빛에 과하게 노출되면 인체를 과열시켜 위험을 초래한다. 그리고 에어컨 사용 증가 등으로 전기를 과하게 사용하여 생기는 여러 가지 문제까지 파생하기도 한다.

사전적으로 폭염은 나라마다 다르게 정의되는데, 이는 기후대에 따라 사람의 적응정도가 다르기 때문이다. 정의는 절대적 기준과 상대적 기준이 있어 이를 선택적으로 사용하고 있다. 우리나라 기상청의 경우 '한낮의 일 최고기온이 33℃ 이상인 날이 2일 이상 지속할 것으로 예상할 때 '폭염주의보'를, 35℃ 이상으로 2일 이상

미국 시카고 폭염으로 심각한 위기를 겪었던 시카고는 이를 극복하기 위해 노력하고 있다.

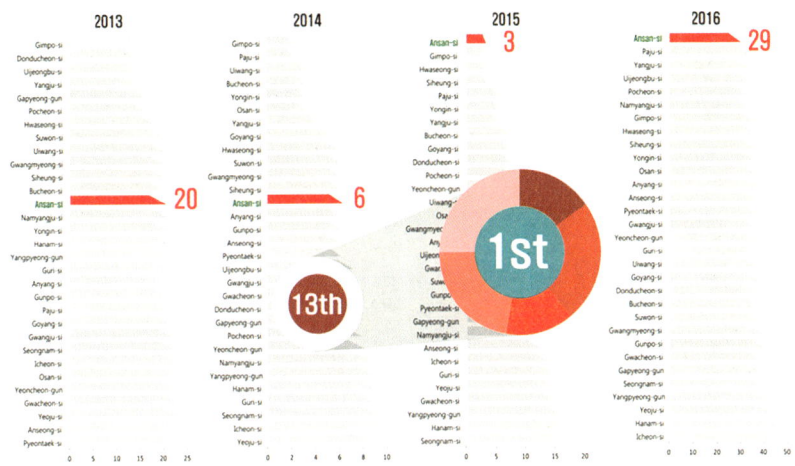

경기도 안산 안산시는 '숲의 도시'를 선언하고 계획을 세워 나무를 심자 불과 1년만에 폭염일수 순위가 13위에서 1위가 되었다.

지속할 것으로 예상할 때 '폭염경보'를 발령한다.'라고 정의하고 있다. 지구온난화는 여름철에 극심한 고온의 날씨가 나타날 확률을 높여 폭염으로 인한 위험한 사고를 유발할 수 있어 각별한 주의가 요구된다.

  불볕더위인 폭염은 미국에서 가장 치명적인 기상 현상으로 보고 있다. 1992년과 2001년 사이에 미국의 열사병으로 인한 사망은 2,190명으로, 홍수로 인한 880명, 허리케인으로 인한 사망자 수 150명보다 훨씬 많다. 미국에서 열과 연계된 연간 평균 사망자 수는 약 400명에 달하고, 미국 역사상 최악인 1995년 시카고 폭염은 700명 이상의 목숨을 앗아갔다.

  우리나라도 매년 온열 질환자는 수천 명이 되고 2018년에는 48명이 사망하였다. 그러나 이러한 수치는 과소 보고된 것일 수 있다는 점을 전문가들이 지적하고 있다. 희생자들이 대부분 병약자나 사회적으로 소외된 사람들이어서 당연히 그럴 수 있다. 또 그 피해는 도시에 집중될 수밖에 없다. 도심이 고온 현

독일 베를린 나무의 덮개(캐노피)가 겹칠수 있도록 식재를 하면 폭염을 피하는데 효과적이다.

상을 가중하여 도시 기온이 교외 지역에 비해 높게 나타나는 현상인 도시열섬 urban heat island, UHI으로 설명할 수 있다. 도시열섬 강도는 도심지역과 교외지역의 기온 차이로 정의하는데 야간에 강도가 더 높게 나타난다. 원인으로는 도시의 어두운 표면은 태양 복사를 훨씬 더 많이 흡수하여 낮에는 교외와 농촌 지역보다 더 많이 가열되는 탓이다. 다른 원인은 도시지역 내의 고층 건물이 햇빛의 반사와 흡수가 되는 다중 표면을 보유하여 도시지역에 난방 효과를 나타낸다. 이것을 '도시 협곡 효과'라고 한다.

앞으로 우리나라 도시에서도 폭염으로 인하여 큰 피해를 입기 전에 예방조치를 취해야 한다. 외국에서는 많은 지방정부가 나무와 조경 법령을 시행하여 여름 동안 그늘을 제공함으로써 온도 관리에 나서고 있다. 안산시도 '숲의 도시'를 표방하고 나무를 심기 시작한 지 2년 만에 경기도에서 폭염일수 순위 13위에서 1위로 올라섰었다. 또 녹색건축 프로그램 등을 통해서 열섬효과를 완화하기도 했다. 이러한 정책을 수행할 때 사회적 약자를 고려해야 하는 점을 반드시 기억해야 한다.

에릭 클라이넨버그(홍경탁 옮김), 2018. 폭염사회, 폭염은 사회를 어떻게 바꿨나. 글항아리. // 배문규, 2019. 8. 1. 10년 내 지자체 절반 이상 폭염 위험 '높음' 지역 된다. 경향신문.

도시숲

얼마 전 독일의 건축가와 대화를 나눈 적이 있었다. 자연의 치유효과가 대화의 주제 중에 하나였는데 자연 속, 특히 숲속 활동을 주기적으로 하면 사람의 뇌 전두엽이 활성화된다고 하였다. 스페인, 노르웨이, 미국 학자들이 공동으로 연구·저술한 논문에서는 자연에서 활동한 학생들이 그렇지 않은 학생들에 비교해 학습효과가 뛰어나고 특히 학습능력과 창의력을 담당하는 뇌의 한 부분이 발달한다고 하였다. 한국생태유아교육학회에서 2015년에 발간하는 학술지에 이영녀 박사가 발표한 논문에 따르면 영아 주도의 놀이 중심 숲 산책프로그램을 구성하여 영아의 신체발달, 사회정서발달, 인지발달, 언어발달에 미치는 효과를 알아보았더니 전 분야에서 향상되었다.

또 세계적으로 유명한 개미학자 에드워드 윌슨은 그의 저서 『자연주의자』에서 아이들은 자연 속에서 세상의 이치를 깨닫는다고 하였다. 안산의 한 초등학교에서는 학생들에게 한 달에 한 번 숲 체험과 회복적 생활교육을 진행해 학교 내 폭력을 현저히 줄이는 효과를 보았다. 또 정원의 필요성을 강연한 한 조경학자는 도시의 녹지 확대로 범죄율을 줄이고 행복한 도시가 된 사례를 소개하였다. 영국의 노팅햄Nottingham이었다.

독일 하이델베르크 도시숲은 도시 경관을 아름답게 하고, 그뿐만 아니라 도시민들의 정서를 안정되게 하여 행복감을 고취한다.

이렇게 자연의 가치가 강조되는 강연이나 논문, 언론 기사가 많아지는 이유는 스트레스가 많은 현대사회에서 자연치유효과에 관한 관심이 많아졌기 때문이다. 그리고 미세먼지 증가 등 환경문제와 기후변화 대응책의 하나로 자연 보강이 제시되고 있기 때문인 것으로 보인다. 앞으로 이 두 주제는 도시민들의 생활에 지대한 영향을 미칠 것이다. 도시의 나무와 정원 등 녹지는 생물학적 여과장치로서 다량의 먼지 오염물을 걸러내 도시의 공기 질을 개선한다는 연구는 이젠 새롭지 않을 정도다. 정화 효과도 도심 오염원에 가까이 있을수록 크게 마련이어서 도시숲이 중요하게 대두된다. 공익섹션 '더 나은 미래'의 연재물인 '도시 숲의 가치를 찾아서'에서는 "환경 및 도시환경 전문가들은 '도시 숲 조성'이 대기질 개선에 주요 열쇠가 될 수 있다고 말한다. 2018년 1월 18일

미국 뉴욕주립대 환경과학임업대학과 이탈리아 나폴리 파르테노페대 연구진들이 연구한 결과, 중국 베이징, 영국 런던, 미국 로스앤젤레스 등 세계의 주요 거대도시 10곳에서 도시 숲이 제공하는 사회적 편익이 연간 5억 500만 달러(약 5,404억 원)에 달했다. 특히 사회적 편익 가운데 95%가 넘는 4억 8,200만 달러(약 5,707억 원)가 대기오염물질 저감과 관련된 사회적 편익이었고, 특히 미세 먼지(PM10)와 초미세먼지(PM2.5) 저감이 큰 몫을 차지했다."라고 소개하였다.

자연에서 수백만 년 동안 살아왔던 인류의 신체는 자연환경에 감응하도록 전화해 왔다. 도시와 달리 외부자극이 적은 자연 속에서 지내면 주의력이 회복되고, 쾌적함을 느끼며, 스스로 감각기관을 열어 자연환경이 제공하는 오감의 자극을 적극적으로 받아들이게 된다. 따라서 자연속에서 사람은 몸과 마음이 건강해진다. 최근에는 숲의 치유 효과가 자주 주목받는데 인자로는 경관, 피톤치드phytoncide, 음이온, 산소, 소리, 습도 등을 들 수 있다. 효과는 면역력을 향상해 환자의 빠른 회복 촉진, 고혈압, 아토피 피부염, 천식 등을 호전시킨다고 한다. 숲이 발산하는 피톤치드는 악취

경기도 안산 안산의 도로 가운데 있었던 콘크리트 공간을 숲으로 만들자 생물들이 찾아오고 사람들의 휴식·소통공간으로 쓰이고 있어 주민들이 좋아하고 있다.(안산시 자료 인용)

를 없애거나 항균작용도 있지만, 사람들의 자율신경을 안정시키는데 효과적이며, 간 기능을 개선하고 숙면에도 도움을 준다. 결과적으로 스트레스 저감과 우울증 완화 등 사람들의 심리적 안정감과 집중력이 향상되게 한다. 도시에 있는 숲도 크기의 차이가 있을지 몰라도 같은 효과가 있다.

도시숲은 도시에 있는 숲으로서 도시 인근의 산림, 도시공원과 녹지, 학교 숲, 가로수를 일컬어 말한다. 옥상이나 벽면에 조성하는 특별한 공간의 숲 등도 포함된다. 도시민에게 멀리 떨어진 숲이 아닌 자주 찾을 수 있는 가까이 있는 숲으로 사람에게 직접적이고 일상적인 영향을 미치는 숲을 생활권 숲이라고 한다. 당연히 이 숲이 시민들에게 더 중요하다. 앞서 언급된 자연과 숲의 유익한 기능에 더하여 도시숲은 깨끗한 산소의 공급, 도시 열섬현상 완화, 소음 감소, 생태학습장과 마을단위 공동체의 활동공간을 제공하는 효과가 있다.

'숲의 도시'를 표방하였던 안산시는 '2030년까지 1인당 도시숲 면적 15㎡'로 정책목표를 세웠는데, 이는 1인당 생활권 도시숲의 면적이다. 세계보건기구WHO에서 권고하는 '1인당 생활권 도시숲 면적 9㎡ 이상'과 직접 비교하기에는 다소 어려움이 있으나, 2017년 현재 1인당 숲은 9㎡에 근접하였다. 당시 도시 전체 숲에서 생활권 도시숲은 약 52%였다. 2014년부터 적극적으로 생활권 숲을 조성하여 2015년부터 3년간 경기도 내에서 여름철 폭염일수가 가장 적은 도시가 되었는데, 그 이전에는 13위였다. 연구지역이 안산은 아니지만, 숲이 있는 도심의 여름철 낮 기온은 2.55~4℃ 정도 감소하고, 식생지의 기온은 도심지보다 평균 3.26℃ 낮으며, 건물 옥상과 벽면녹화도 평균 2.55℃ 정도 기온을 낮추는 것이 가능하다는 연구결과도 있다. 기후온난화가 가중되고 있는 이 시점에 짧은 기간에도 불구하고 도시숲 조성 효과를 볼 수 있었음을 안산을 통해서 알 수 있다. 안산시는 도시숲 조성과 더불어 학교 숲 조성에도 앞장섰다.

1인당 생활권 도시숲 면적은 쉽게 측정할 수 있으면서 타 도시와 비교할 수 있는 계량적이고 물리적 지표가 된다. 안산시는 이 지표를 근거로 목표 수치를 단·중·장기별로 제시함으로써 쉽게 이해되고 중간 평가와 다른 도시와의 비교가 가능하게 하였다. 더구나 생활권 도시숲은 인공적으로 조성한 숲이 대부분이어서 정책 목표를 실현하는데 큰 어려움이 없다. 숲의 긍정적 효과와 기능의 질적 강화가 시민들에게 '숲의 도시'에 산다는 자부심을 부여하고, 다시 이 자부심이 도시숲의 양적 확대를 촉진하는 선순환이 이루어지면 이상적이다. 2019년 초에는 수원시가 도시숲 조성을 선언하였고, 유럽에서 도시숲을 중요시하는 것은 이미 일반화 되고 있고, 중국의 위례시 등이 숲의 도시임을 표방하고 있다. 도시숲은 도시의 자산가치를 높이고 경제 활성화에도 이바지 한다. 숲세권이라는 용어가 일반화되고 있는 시점이다.

김동수, 2019. 12. 16. 미세먼지 잡는 그린인프라, 전국 지자체에 '도시숲' 열풍. 그린포스트코리아. // 박민영, 2019. 8. 8. 도시 숲의 가치를 찾아서-① "미세먼지도 줄이는 숲의 가치는 얼마?". 더 나은 미래, 조선일보. // 산림청, 2018. 미세먼지 저감 및 품격 있는 도시를 위한 그린 인프라 구축방안. // 에드워드 윌슨(이병훈·김희백 옮김), 1997. 자연주의자. 사이언스 북스. // 이영녀, 2015. 영아 주도의 놀이중심 숲산책프로그램 개발 및 효과 – 생태유아교육의 관점 -. 한국생태유아교육학회 생태유아교육연구 14(2): 159-191. // 이창우, 2016. 2. 18. 팔곡초 학교폭력 36.9% –〉 0% 쾌거, 숲 체험과 '회복적 생활교육'의 결실. 안산뉴스. // David Nowak, 2016. Chapter 4. Urban Forests. in Assessing the Sustainability of Agricultural and Urban Forests in the United States. USDA Forest Service by Guy Robertson and Andy Mason(eds.).

생태계서비스

　자본, 즉 돈이 중요한 사회에서 사람들은 경제적 손익에 따라 웃고 울고 한다. 경제가 모든 사회적 가치를 앞서가고 있기 때문이다. 그래서 다른 가치들도 시장 가치들로 바꾸려고 노력한 지 오래다. 연예인들과 프로스포츠 선수들의 몸값이 이미 그렇게 되었다. 그러면 우리를 둘러싼 나무들의 가치는 어떨까? 나무를 구매하여 인건비를 주고 심었으니 그 값이 있는 것은 분명하다. 이 값이 단순히 나무 자체만의 가치라면 왜 나무를 하필 특정한 자리에 정해서 심고, 숲이 되도록 가꾸었는가에 대한 의구심이 생긴다. 그래서 어떤 이는 이런 예산으로 복지비용으로 바꾸는 것이 더 좋다고 한다.

　도시숲이 도시의 온도를 낮추고 나무가 미세먼지를 줄인다면 나무를 바라보는 시각은 조금 달라진다. 보통 도시숲이 있는 도시와 그렇지 않은 도시는 최대 도심에서 여름 온도가 3~7℃ 차이를 나타낸다. 국립산림과학원의 한 전문가는 도시숲 중에서도 '생활권 도시숲'의 중요성을 강조하였다. 생활권 도시숲이란 도시 내에 시민들의 활동반경 내에 있는 인접한 것으로 공원이나 거리 등에 있는 숲을 말한다. 전문가는 "우리나라 국토 중 63.5%가 산림이지만 생활권 도시숲은 국토의 0.5%, 전체 도시숲 면적의 3.7%에 불과하다."라고 하였다. 우리나라의 도시숲 평균 면적이 일인당 8㎡가 되지 않으며, 세계보건기구(WTO)는 최소 9㎡ 이상을 권장한다.

　한편 대부분의 선진국 도시에서는 이미 이 면적을 초과하는데 프랑스 파리, 미국 뉴욕, 영국 런던이 각각 13㎡, 23㎡, 27㎡이다. 유엔의 지속가능발전 목표SDGs에서는 2030년까지 15㎡를 달성하도록 하고 있다. 산업단지가 넓게 차지하고 있는 안산은 2015년부터 3년 연속 경기도에서 여름 폭염일수가 가장

독일 베를린 나무 그늘에서 휴식을 취하거나 관광활동을 한다면 문화서비스를 숲으로부터 제공받는 것이 된다.

적었고, 산림에 둘러싸인 홍천은 올여름에 우리나라 역사상 최고의 온도인 41℃를 나타내었다. 이 점은 도시라 하더라도 어떤 곳에 나무를 많이 심는가와 비록 산림 지역에 위치하더라도 도심(생활권)의 나무 밀도 차이와 상관관계가 분명해진다. 안산은 현재 생활권내 1인당 숲의 면적이 세계보건기구의 기준을 넘어섰다.

요즈음 문제가 되는 미세먼지도 숲과의 연관성이 있다. 상관관계를 연구한 논문들이 많은데 2016년 국립산림과학원 연구 결과, 서울에서 발생한 미세먼지의 42%는 숲이 흡수한다는 사실이 밝혀졌다. 미국 농무부의 도시숲 조성의 주요 원칙과 목표는 일반 시민이 쉽게 알 수 있도록 계량화와 그래픽화하는데 있다. 또 세 개의 원칙도 있다. 첫째 숲 생태계와 인간의 건강과 행복 향상, 둘째 공동체와 생태계의 지속가능성의 극대화, 셋째 공동체 형성과 자연생태계의 회복력 구축이다. 워싱턴 DC는 도시숲을 통해 우수관리 비용을 20년마다 47억 달러(약 5조5,000억 원)를 절감하는 것으로 추정한다. 또 로스앤젤레스

벨기에 브르쉘 생태계서비스 중 공급서비스는 사람들이 식용이나 약용 등으로 직접 이용할 수 있는 혜택을 말한다.

 의 100만 그루의 나무 식재는 35년간 약 19억5,000달러(약 2조2,000억 원)로 추정되는 생태계 혜택으로 확인하였다.[1] 생태계가 제공하는 혜택이 바로 생태계서비스ecosystem service다. 미국 농무부는 도시숲 조성과 관리계획에 있어서, 기준과 목표로 사용될 수 있는 생태계서비스를 수치로 환산해서 시민 건강과 환경질 개선에 활용하고 있다. 우리나라 산림청도 유사한 일을 하고 있다.

 생태계가 중요하다는 사실을 잘 알고 있지만, 사람들은 자신들에게 어떤 혜택을 주는지에 대해서 재화(화폐) 수치로 환산하지 않으면 잘 받아들이지를 않는다. 이렇게 본다면 아름다운 경관이나 선선한 바람과 깨끗한 공기도 생태계가 제공하는 서비스이니 환산을 시도하는 학문분야가 있다. 환경경제학이다. 인류가 생활하고 발전하는데 사용되었던 모든 물질이나 에너지도 궁극적으로 생태계로부터 나온다. 우리 생활에 쓰이는 모든 것, 예를 들면 음식, 연료, 건축자재, 의약품 등이 기본적으로 자연생태계에서 왔다. 자연의 경이로움을 보

---

1) 《월간 산》(583호, 2018.5), '도시숲이 해결책이다.'에서 인용하였다.

고 느낀 체험이나 생태관광 그리고 문화유산까지도 생태계의 문화서비스로 구분한다. 그동안 생태계가 제공한 것으로 인류는 삶의 질을 유지 해왔는데 물질의 원천인 생태계를 잘 관리하지 못하여 이젠 그동안 누렸던 혜택을 받지 못할 위기에 놓인 것이다.

특히 도시에서의 자연자원의 과도한 이용이 문제가 되고 있다. 도시로 인구가 집중되고 따라서 자원의 이용 비중이 커짐에 따라 도시민의 생활양식이나 철학이 지구환경과 생태계의 지속성과 회복력에 지대한 영향을 미칠 것이 분명해졌다. 따라서 도시들은 생태계서비스[2]에 대한 이해는 물론이고 그 가치를 도시자산의 일부로 보고 잘 관리해야 한다. 머지않은 장래에 생태계서비스가 도시의 공식 자산으로 취급될지도 모른다.

김기범, 2018. 1. 21. 미세먼지 필터, 도시숲. 경향신문. // 박민영, 2018. 8. 8. 도시 숲의 가치를 찾아서-② "우리나라 63.5%가 숲이지만…생활권 도시림은 국토의 0.5%". 조선일보, 더나은 미래. // 산림청. 도시숲의 기능. // 이현주, 2021. 7. 27. 폭염을 막는 자연해결사 '도시숲' 조성. 새마을운동.

자연 돕기

얼마 전 한 신문에서 어떤 제목을 보고 몹시 놀랐었다. '100년 안에 모든 곤충 사라질 수도…인류 생존에도 재앙' 현재 곤충의 개체 수가 급격히 줄고 있

---

[2] 생태계서비스는 공급서비스, 문화서비스, 조절서비스, 지원서비스로 구분하기도 한다.

오스트레일리아 지롱 Geelong 도시에 있는 생물들의 서식지를 잘 관리하는 것은 도시나 그 도시에 사는 시민들에게 자부심을 심어 주고 지역의 환경 개선에 이바지한다.

고 포유류, 조류, 파충류보다 8배나 빨리 사라지고 있다는 내용이었다. 그 원인을 농경지 확대와 도시화, 삼림 훼손으로 인한 서식지 파괴로 보았다. 화석 증거로 보면 지구는 이미 다섯 번의 대멸종을 겪었고, 6,600만 년 전 공룡을 사라지게 한 것이 마지막이었다. 문제는 곤충이 사라지면 생태계의 먹이망이 붕괴되어 다른 생물들도 살 수 없게 만들 가능성이 매우 크다는 데 있다. 물론 인류도 포함해서다.

사람들은 지구에 아직 쓸만한 녹지가 많고 보호지역들도 있는데 왜 이런 일이 생길까 하고 의구심을 가질 수 있다. 그런데 우리나라를 보자. 비무장지대와 가까운 고산지대도 고랭지 채소를 재배하고 있고, 몇몇 산을 빼곤 다 등산로가 가득하다. 그렇지 않은 산이라 하더라도 임도 등으로 서식지를 파편화하고 있다. 해안습지인 갯벌도 50% 이상이 사라졌고, 수도권의 갯벌은 90% 이상이 자연성을 잃었다. 지구상에서 가장 가치가 높은 곳인 하구도 남한에서는 큰 강 중에는 한강만 열려있다. 남북의 심각한 대치상황이 있었기에 가능했던 일이다. 분단 상황이 자연에는 도움이 된 아이러니다.

사람들이 도시로 몰리는 것이 어쩌면 다행인지 모른다. 도시에 사람들이 많아지면 전원이나 도시 외곽에서는 인구 밀도가 줄어들 수 있어 자연을 되살릴 기회가 될 수도 있기 때문이다. 1900년에는 전체 인구의 14%만 도시에 살았었다. 그로부터 약 100년이 지난 2008년에 지구 인구 반 이상이 도시에 살기 시작하였다. 2050년에는 2/3 이상이 도시에서 생활할 것으로 예상한다. 한국 최초의 계획도시인 안산은 1970년 후반에 인구 17,000명 정도의 해안지역이었으나 약 40년이 지난 지금은 70만 명을 넘어선 지 오래다. 더한 예도 있다. 중국의 선전Shenzhen深圳은 1970년에 인구 30,000명이던 시골마을이 1,100만 명이 넘는 사람들이 사는 거대도시가 되었다.

이렇게 도시들이 전 세계에서 우후죽순처럼 생겨나고 사람들이 몰리게되자 그 자리에 있었던 자연은 파괴될 수밖에 없었다. 그래서 도시를 운영하거나 도시계획을 하는 전문가들에게 자연은 도시와는 반대 개념이었다. 하지만 이젠 맞설 상대가 아니라 공존하고 조화를 이루어 지구환경을 지켜야 하는 상황이 되고 있다. 온갖 것을 할 수 있는 도시에서 살면 전원에 사는 것보다 오히려 시간과 에너지가 덜 들 수도 있다. 따라서 사람들의 활동에 따른 탄소발자국carbon footprint을 줄일 수 있다. 지구 표면의 3%를 차지하고 있는 도시가 전 세계 총생산의 80% 이상을 맡고 있다는 점을 역으로 바라보자. 제프리 허스트Geof-

서울 영등포구 도심의 빌딩 주변 자연과 유사한 구조로 조경을 하면 도시에 생태계를 조성한 것과 같아진다.

frey West는 그의 저서 『스케일Scale』에서 "2050년까지 매주 100만 명이 도시로 몰려들 것이고, 도시의 규모가 커질수록 더 창의적이고 생산적이 되므로 해결책을 도시에서 찾아야 한다."라고 했다. 물론 자연의 문제에 대해서는 언급이 없었지만, 도시의 자본과 기술을 가지고 자연을 적극적으로 지원할 수 있을 것을 암시하였다.

우리는 여러 도시에서 녹지를 늘리고 자연을 도입하는 과감한 도전을 보아왔다. 서울의 명동 유네스코빌딩의 하늘공원, 청계천, 서울로7017 그리고 뉴욕 맨해튼의 하이라인파크와 센트럴파크 그리고 쿠리치바의 바리귀 공원Parque Barigui 등 수많은 사례가 있다. 아시아에서 처음(?)으로 우리나라 안산이나 중국의 웨이하이Weihai 威海처럼 도시의 비전을 '숲의 도시'로 하여 녹지의 확대를 전략적으로 추진하는 예도 있다. 안산은 녹지 확대를 통하여 도시의 이미지를 바꾸고 있다.

쿠리치바는 1970년대 초반에 쓰레기매립장을 도시공원으로 바꾸었는데, 이곳 바리귀 공원에는 보호종인 카피바라Capybara의 서식지가 있다. 이 대형 설치류는 잘 보전되어 그 수도 늘어나고 시민들의 사랑도 받아 2017년에는 도시의 심볼이 되었다. 오스트레일리아의 멜버른은 120여 종의 동식물 고유종을 특별히 보전하고 있다. 도시 내에서 자연을 보전하고 강화하려는 많은 도시들은 서식지를 확대하고, 이를 지도화하여 관리한다. 또 시민들에게도 자연의 중요성에 대한 인식을 증진하고 있다. 더 나아가 그린웨이를 만들어 도시 밖의 자연과 연결시켜서 생물들의 안전한 이동경로를 설치하기도 한다. 뉴욕의 센트럴파크는 동물들의 훌륭한 서식지가 된 숲과 습지를 관리하고, 많은 일자리를 창출했을 뿐 아니라 주변 지역의 경제적 가치까지 높였다. 이제 도시로 자연을 들이는 것은 우리의 '삶의 질'과 직결되어 있다.

제프리 웨스트(강주헌 옮김), 2018. 스케일: 생물·도시·기업의 성장과 죽음에 관한 보편 법칙. 김영사. // 조일준, 2019. 2. 11. "100년 안에 모든 곤충 사라질 수도…인류 생존에도 재앙". 한겨레. // PREFEITURA MUNICIPAL DE CURITIBA. Parque Municipal Barigui de Curitiba.

도시공원

2년 전 언론에서 공원에 관한 이야기가 늘어난 적이 있었다. 국회에서 열린

전라남도 담양 도시공원이 지역의 고유종이나 자생종인 나무들로 숲을 이루면 자연을 소중하게 다룬 것으로 평가를 받는다.

'정부의 도시공원 일몰제 대책평가와 문제 해결을 위한 대안 입법 토론회'가 그 한 원인이었다. 2019년 11월 초에는 '공원은 문명사회의 특권'이라는 제목을 가진 기사가 났는데 독자들께는 일독하길 권한다. 강제로 개발구역으로 수용될 뻔한 127평의 서울 종로구 통의동 마을마당을 주민들이 2여 년간의 노력으로 지켜낸 이야기다. 도시에서 공원이 얼마나 소중한지가 잘 압축되어있다.

도시의 미집행된 도시공원의 80%에 가까운 400㎢가 헌법재판소의 헌법불합치 판결로 2020년 7월 1일부로 해제된다. 문제가 되는 것은 소유자가 민간일 경우이고 남은 기간으로 볼 때 당시로서는 시간이 얼마 남지 않아 입법을 통해 해결되기에는 상당히 어려운 점이 있었다. 우리나라의 자연정책에는 개발할 경우 대체 자연공간을 마련하는 구체적인 구제제도가 없다. 습지와 관련해서는 대체습지에 대해서는 '습지보전법'에 간접적인 언급이 되어있고, 환경영향평가 지침에는 '대체 서식지'에 관한 내용이 있으나 둘 다 현재 실효성을 거두지 못하고 있다.

스위스 취리히 도시공원의 가치는 우리가 상상하는 것보다 훨씬 크다.

 공원은 비교적 잘 관리된 또는 잘 유지된 숲이 있는 임야들인 경우가 많은데 녹지공간으로만 인식하면 안 된다. 숲의 생태계서비스는 일반에서 상상하는 것보다 훨씬 크다. 우선 기후온난화로 심각한 재해를 목격하고 있는 시점에 도시의 숲은 너무나 소중하다. 러시아의 모스크바시는 '스마트 그리고 지속가능한 모스크바'라는 비전을 세운 후 2013년부터 95,000그루의 나무와 2백만 그루의 관목을 심고 150개 이상의 공원 환경을 개선하여 도시경관과 도시의 지속가능성을 크게 향상시켰다. 그 결과 관광객이 크게 늘어 2010년과 비교해 관광객이 68% 증가하였고, CNN과 세계적인 관광회사 론리 플라닛Lonely Planet이 선정한 세계 10대 관광도시가 되었다.

 보통 공원의 중요성도 숲에 못지 않다. 미국 뉴욕의 센트럴파크는 녹지가 부족한 도시에 녹지를 확보하기 위해 1598년부터 쓰레기가 가득 쌓여 있던 동네에 인공적으로 공원을 조성하였다. 오늘날에는 연간 4,000만 명이 방문하고, 미국에서 자연 학습장으로 가장 유명한 곳이 되었다. 그리고 이 공원 주변이

영국 런던 런던 켄싱턴 정원 내에 있는 다이애나비 추모 분수 Diana, Princess of Wales Memorial Fountain인데 타원형으로 물이 흘러가도록 해서 그 속에서 물놀이도 할 수 있다. (위) 정원은 서펜틴 호수 Serpentine Lake를 경계로 비슷한 크기의 하이드 파크가 있다. (아래) 이 두 도시공원은 런던의 허파 역할을 한다.

미국에서 지가가 가장 비싼 곳이 되었는데 이를 '센트럴파크 효과'라고도 한다. 2017년에는 세계문화유산의 잠정 기록물로 등재되기까지 하였다. 미국의 한 보고서에서는 지방공원 1,169곳은 2013년 기준으로 약 140조 원의 가치가 있고, 100만 개에 가까운 일자리를 창출한다고 되어있다.

 공원은 모든 시민이 누구나 편하게 이용할 공공장소다. 따라서 소득이 낮은 시민들이나 노인이나 장애인들에게 상대적으로 더 필요한 공간이 된다. 그러므로 공원은 모든 사람에게 환영받을 수 있는 곳이어야 한다. 그러므로 도시계획자는 의도적으로 공원을 만들어 가야 한다. 그렇다고 아무렇게나 만들어서는 안 된다. 철저하게 검토하고 주민들과 논의를 거치는 것이 좋다. 인근 주민들이 어떻게 반응할지, 공원에서 할 수 있는 레크레이션 기능을 고려하되 생태적 가치나 미적 경관까지 생각하면 좋다. 이렇게 만들어진 공원의 기능은 다양하다. 그리고 도시의 많은 문제를 해결할 수도 있다. 그럴만한 기능이 있기 때문이다. 도심 내에서의 휴식과 휴양 기능은 너무나 중요하다. 그뿐만 아니라 지역사회의 자산으로서도 가치가 높아 주변의 경제 발전에도 이바지한다.

 어쩌면 가장 중요한 기능이라 할 수 있는 것은 시민들의 육체와 정신 건강과 교육할 기회를 제공하는 것이다. 도심의 녹지공간과 생물다양성이 잘 보전되었을때 가능한 일이다. 도시공원은 문화의 전달·촉진하는 공간으로도 각광을 받는다. 예술, 음악, 공연 예술, 축제 그리고 역사 관련 이벤트를 할 수 있는 최적의 장소이기 때문이다. 때론 연극이나 뮤지컬 장소로도 시민들의 환영을 받는다. 실내에서 가질 수 없는 생동감을 선사한다. 결론적으로 공원의 도시에서 환경, 복지, 휴식, 보건, 문화와 예술, 체육 그리고 시민들 간의 소통 공간으로서의 가치를 검증할 수 있다.

 미국의 한 공원 – 린치버그 공원Lynchburg Parks and Recreation은 시민들에게 수

많은 가치를 제공하는 도시공원의 장점을 다음과 같이 잘 정리하였다. 첫째 공공공원은 시민들에게 신체 활동을 할 기회를 제공한다. 체력은 건강한 생활에 있어서 핵심 요소다. 적절한 공원 인프라가 있는 곳은 체력을 향상할 수 있는 최적의 장소가 된다. 둘째 공원은 중요한 녹지공간을 제공한다. 사람들은 분위기를 개선하고 활기를 되찾으려고 공원에 간다. 녹색환경은 건강 회복과 면역체계 기능을 향상한다. 셋째 지역에 진정한 경제적 혜택을 생성한다. 공공공원은 공원에 인접한 주거용 부동산의 가치를 부동산의 한계 가치의 20%까지 증가시킨다. 전시회, 박물관, 스포츠와 놀이 공간과 같이 공원이 관광 목적지가 되면 지역 경제 활성화에 크게 도움이 된다. 넷째 자연에 중요한 습지와 야생생물 서식지를 보전한다. 나무를 보호하는 것은 호흡하는 공기를 깨끗하게 하고 그늘을 제공하게 한다. 미국의 경우 도시 나무만으로도 매년 75,000톤의 대기오염 물질이 제거되는 것으로 추정한다.

   다섯째 여러 지역사회 프로그램의 기회와 생태계서비스를 제공한다. 위기에 처한 청소년을 위한 안전한 피난처가 되기도 한다. 2010년 연구에 따르면 방과 후 공원 프로그램에 사용된 1달러가 범죄, 법정, 구류 비용을 줄여 평균 6달러를 절감하는 셈이 되었다. "사회적 고립은 하루에 15개의 담배를 피우는 것만큼 조기 사망의 강력한 원인이다. 외로움은 비만보다 두 배나 치명적이라고 한다. 치매, 고혈압, 알코올 중독과 돌발적인 사고 – 이러한 모든 건강 문제는 이웃과 연결이 끊어질 때 더 심각해진다. 우리는 혼자서 사회에서 살아갈 수 없다. 공원은 모든 사회문제를 해소할 수 없지만, 그 심각성을 크게 완화할 수 있다.

   강지원, 2019. 11. 4. '통의동 공원' 지켜낸 건축가 "공원은 문명사회의 특권". 한국일보. // 김용국, 2019. 국내 공원녹지 정책 추진 현황과 과제. (재)숲과 나눔의 도시공원 토론회, '도시공원의 변천, 그리고 지금' 자료집: 35-52. // 알렉산더 가빈, 2020. 위대한 도시의 조건. 창조적 도시재생 시리즈 97, 국토연구원. // 제종길, 2018. 발로 찾은 도시재생 아이디어, 도시상상노트. 자연과생태. // 환경운동연합, 2020. 1. 특집, 키워드로 보는 2020 환경운동. 함께 사는 길(319): 26-49. // Jennifer Jones, 2017. 2. 14. Top 5 Benefits of Parks and Recreation. Lynchburg Parks & Rec. // Jessica Sain-Baird, 2017. 4. 25. How Central Park Keeps New York City Healthy. Central Park Conservancy Magazine.

녹색수도

　전 세계의 수많은 도시가 녹색도시가 되길 희망한다. 물론 녹색도시는 다른 도시들의 별칭인 생태도시, 지속가능한 도시 등과 그 의미는 대동소이하다. 어쩌면 녹색도시가 그런 도시가 가지고 있는 특성들을 다 수렴하고 있다고 해도 과언이 아니다. 그러므로 도시들이 좋은 도시를 만들려고 하면 녹색도시들을 관찰하고 닮아가는 것이 가장 편하고 바른 방식이라고 할 수 있다. 그러나 도시의 성과를 과장하여 녹색도시로 치장하는 도시들은 제외해야 한다. 여기서는 좋은 도시를 선정하는 여러 사례를 소개하고 각 도시가 시민들이 살기 좋은 도시로 만들기 위해 어떻게 노력하는지 보려고 한다. 이 글에서는 유럽연합 집행위원회European Commission가 2010년부터 매년 한 도시를 선정하여 녹색수도 상European Green Capital Award: EGCA을 선정하는데 그 연혁과 의미를 소개하고자 한다.

　수도는 대표적인 도시를 말한다. 유럽연합의 녹색수도라면 유럽에서 최고의

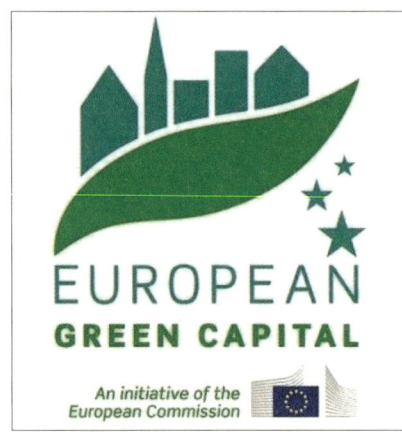

유럽연합 녹색수도의 로고이다. 로고에는 도시 이미지와 맑고 깨끗한 환경과 더불어 숲을 연상하게 한다.(유럽연합 녹색수도 상 홈페이지에서 인용)

녹색도시라는 의미가 된다. 이 상의 첫 수상 영예는 스웨덴의 스톡홀름이 차지했다. 준비는 2008년부터 시작하였다. 그러니까 2년 전부터 신청을 받고 선정 과정을 시작한 것이다. 유럽연합은 오랫동안 도시들이 시민들의 삶에 적절한 도시를 만들기 위해서 환경을 개선하는데 큰 진전이 있다고 보고, 이를 평가하여 보상하고 그러한 노력을 장려하기 위한 목적으로 이 상을 처음 고안하게 되었다.

녹색수도가 되려면 인구가 10만 명 이상인 전 유럽 연합 회원국과 후보국 그리고 아이슬란드, 리히텐슈타인, 노르웨이, 스위스의 도시들이어야 신청할 수 있다. 주민 수가 10만 명을 초과하는 도시가 없는 국가에서는 가장 큰 도시가 참여할 수 있다. 이 경우, 2015년부터 시작된 인구 2만 명에서 10만 명 사이의 도시 중에서 선정하는 '유럽연합 녹색잎 상European Green Leaf Award: EGLA'에도 신청할 수 있으나 한 해에 두 상에 모두 신청할 수는 없다.

녹색수도는 2006년 에스토니아 탈린에서 개최된 15개 도시 간 회의에서 처음 제안되어 구상을 하기 시작하였다. 주민들이 적절한 삶을 희구할 수 있는 환경친화 도시를 녹색도시로 정하고 유럽의 도시들을 그렇게 이끌고자 유럽연합 집행위원회에 안을 제출한 것이 계기가 되었다. 2년 후 위원회의 준비로 공식적으로 수상 절차가 시작되었다. 수상 도시는 2010년 스톡홀름을 시작으로 2011년 독일 함부르크, 2012년 스페인 빅토리아-가스테이즈Vitoria-Gasteiz,

2013년 프랑스 낭트, 2014년 덴마크 코펜하겐, 2015년 영국 브리스톨, 2016년 슬로베니아 류블랴나Ljubljana, 2017년 독일 에센, 2018년 네덜란드 네이메헌Nijmegan, 2019년 노르웨이 오슬로, 2020년 포르투갈 리스본이며, 2021년은 핀란드의 라피Lappi가 최종 후보에 올랐다. 녹색잎 도시는 2020년까지 9개 도시가 수상했는데 2019년과 2020년에는 공동 수상을 하였다. 지난해에는 아일랜드 리머릭Limerick과 벨기에 메헬렌Mechelen이 수상하였다.

오늘날 도시는 모든 환경 문제의 원천이며, 유럽에서는 세 명 중 두 명이 도시에서 거주하고 있다. 지방정부들은 이런 문제점을 인식하고 여러 가지 노력을 기울이며 혁신을 거듭해 왔다. 이에 위원회가 이러한 노력에 부응하기 위해 사용한 정책 도구 중 하나로 만든 것이 유럽연합 녹색수도 상이다. 녹색수도나 녹색잎 도시는 좋은 환경을 가지고 있으면서 녹색성장을 위한 노력을 보여주는 도시로 알려지게 되며, 도시는 시민들의 환경인식 제고와 참여를 더 적극적으로 추진하게 된다. 또한 선정된 도시는 '녹색 대사'로서 다른 도시가 더 나은 지속가능성 성과를 나타내도록 장려하기도 한다. 영감을 주는 역할 모델이 되는 것이다.

녹색수도가 되려는 도시는 다음의 12가지 환경지표를 기준에 맞추어 준비해야 한다. 기후변화 완화, 기후변화 적응, 지속가능한 도시 이동성, 지속가능한 토지 이용, 자연과 생물다양성, 대기 질, 소음, 낭비, 물, 녹색성장과 생태적 혁신Green Growth and Eco-innovation, 에너지 성과, 협치Governance 등이다. 따라서 이들 영역에 도시가 이룩한 성과를 보여주어야 한다. 구체적으로는 지난 5~10년 동안 시행했던 조치를 설명하고, 장단기 미래 목표와 이를 달성하기 위한 아이디어와 접근법을 제시해야 한다. 그리고 나면 국제적으로 인정받는 전문패널이 각 도시가 제공한 정보를 평가하여 경쟁의 마지막 단계에 진입하는 도시의 명단을 결정한다. 결선 진출 도시들은 행동계획과 의사소통전략을 심사위원들에게 발표해야 한다. 이 발표 이후에 심의하여 수상자를 정한다. 이런 과정이 대략 2년 정도 걸린다.

유럽의 녹색수도를 홍보하기 위해 그래픽 아이덴티티인 로고가 개발되었다. 즉 수상 도시에 역동적이고 독특한 브랜딩 플랫폼을 제공하는 동시에 도시에 혜택을 주고 타이틀에 대한 인식도를 높이기 위한 것이다. 로고의 핵심 요소는 녹색과 파란색인데 색상은 깨끗한 공기, 환경에 대한 녹색 접근과 도시 생활에 대한 긍정적인 태도를 나타낸다. 도시를 포용하는 잎은 후보 도시가 거주 환경을 개선함으로써 시민을 돌보는 일들을 상징하고, 별은 유럽연합을 의미한다. 또 슬로건은 '삶에 적합한 녹색도시 Green cities – fit for life'인데 로고와 통합하여 사용한다.

유럽연합 녹색수도가 되면 더 많은 투자를 유치하고 젊은 전문가들의 유입과 같은 기대 효과를 현실화 할 수 있다. 그밖에도 관광업의 증가, 긍정적인 국제 홍보, 국제 네트워킹과 새로운 제휴 증가, 새로운 일자리 창출 등이 있다. 녹색도시는 외국인 투자자들에게 더 매력적으로 다가간다. 무엇보다 시민들의 자긍심이 커져 시민의식과 역량이 강화된다는 점이 좋다. 2012년 수상 도시인 빅토리아-가스테이즈는 그린벨트에 25만 그루의 나무와 새로운 환경 프로젝트에 수백만 유로의 후원을 유치했다. 그리고 2020년까지의 홍수 예방 사업 등을 위해 다른 기관과 자금 지원계약을 체결하기도 했다. 그뿐만 아니라 강화된 도시 프로필은 국제 관광객이 12% 늘게 하였다. 모든 수상 도시의 시민들은 녹색수도에 강한 소속감과 감수성을 가진다.

European Commission, 2019. 11. 18. Growing interest in 'going green': record number of cities apply for European green city awards. News.

독일 에센

지난 7~8년 간의 도시에 관한 관심 주제는 단연 '숲의 도시'였다. 자연스럽게 전 세계의 어떤 도시들이 좋은 도심 숲을 가졌는지 알고 싶었다. 지금으로부터 약 4년 전쯤에 국제기구인 이클레이ICLEI의 한국지부에서 독일 출장을 권하면서 녹색도시 '에센'을 알려주었다. 이 도시도 습지와 숲을 복원하고 도심에 숲의 면적도 넓다고 귀띔까지 해주었다. 알아보니 그해인 2017년에 에센은 '유럽 녹색수도 상'을 받았었다. 에센은 독일의 중서부에 있는 도시로 인근 세 도시 뒤스부르크, 도르트문트, 뒤셀도르프 사이에 있으며 쾰른과도 가까이 있다. 네덜란드 국경과는 약 35km에 불과한 국경지역이자 공업이 발달한 지역에 있으며 인구는 57만여 명으로 독일연방 노르트라인베스트팔렌Nordrhein-Westfalen 주에서 네 번째로 큰 도시이다. 에센은 한때 독일에서 인구로 다섯 번째로 큰 도시였으나, 공업의 쇠퇴로 그 수가 줄었다가 최근 꾸준히 증가하는 도시로 현재에는 아홉 번째로 큰 도시다. 에센이 있는 라인-루르Rhein-Ruhr 지역으로 독일 최대의 도시 광역권으로 가장 산업이 발전했던 지역이었다. 서독의 수도였던 본도 여기에 속한다. 이 지역의 산업은 19세기 초에 시작된 지하 석탄 채굴과 밀접한 관련이 있다.

에센에는 상장된 독일 100대 기업 중 여덟 곳을 비롯하여 다양한 기업들의 본사와 독일지사가 있다. 유럽 전력회사 에온E.ON과 독일 최대 에너지 공급업체이자 다국적 기업인 '에비엣RWE' 사의 본사가 있어 독일의 에너지 수도로 불

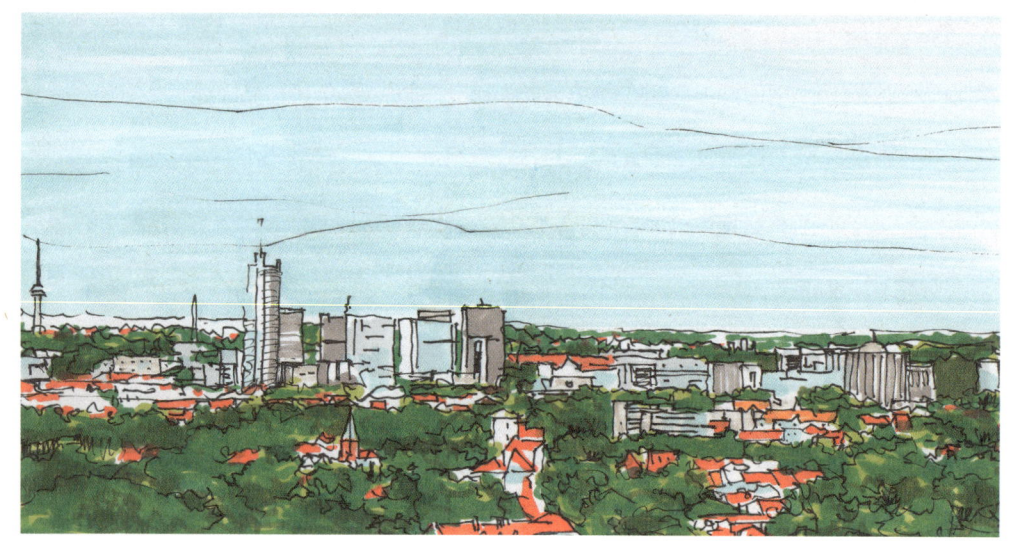

2017년 녹색수도 상을 받은 독일의 에센시는 루르 지방의 중심도시로서 탄광도시였다. 1986년에 마지막 석탄광이 문을 닫으며 이 도시의 경제를 이끌어왔던 석탄과 제철산업은 서비스업과 금융업으로 전환되었다.

리기도 한다. 독일 최대 화학유통회사 브랜탁Brenntag사는 2017년 말에 본사를 에센으로 이전했다. 또한 에센은 예술과 디자인 분야에서 큰 업적을 가진 대학, HBK에센예술학교가 있어 유명하다. 2003년 초, 에센대학교와 인근 도시 뒤스부르크대학교(1972년 설립)가 뒤스부르크-에센 대학으로 합병하였다. 두 도시에 캠퍼스가 있고 에센에 대학 병원이 있다.

이 시는 과거 크루프Krupp 그룹 제철소를 중심으로 독일에서 가장 중요한 석탄과 철강 산업지역으로 자리를 잡았었다. 그래서 1970년대까지는 전국에서 노동자들이 몰려들었다. 1929년부터 1988년까지는 독일에서 다섯 번째로 큰 도시였으며, 1962년에 73만 명으로 최대 인구 수를 기록했다. 지난 20세기의 수십 년 동안 지역 전체의 중공업이 쇠퇴하자 상대적으로 경쟁력이 강한 3차 산업도시를 추구하며 변신을 시작하였다. 한때 유럽 최대의 탄광지대였던 스트룩트바르델Strukturwandel 지역의 코크스 공장과 광산은 1993년에 폐쇄되었

공업지대를 복원하면서 녹지를 회복했고, 녹지 축을 만들고 연결하여 시민들이 녹색을 즐기도록 했다.

으나 2001년부터 유네스코 세계문화유산으로 등재되었다.

 '유럽 녹색수도 상'은 유럽연합 집행위원회에서 환경 개선에 있어서 주목할 만한 진전이 있거나 중대한 역할을 한 사항을 검토하고 심사하여 매년 한 도시씩 유럽의 도시들에 수여하는 상이다. 상에 대한 일들은 2008년부터 추진되었고, 2년 후인 2010년에 첫 번째 상이 스톡홀름에 주어졌다. 이 상은 오랫동안 지역의 삶의 질 향상을 위해 노력해 온 도시들의 노력을 보상하고 다른도시에게 모범 사례를 보여주기 위함이다. 그러니까 다음 해에 수상받을 도시까지 선정되었으니 현재 단 12개 도시만 수여가 되었다. 이들 도시는 '유럽 생물다양성전략 2030'을 포함하여 유럽 그린딜의 목표를 달성하기 위한 중요한 역할도 수행해야 한다. 따라서 녹색수도는 지속가능성을 기반으로 하여 더 깨끗하고 친환경적인 환경으로 도시를 유지하면서 경제 번영을 지속하고, 시민의 건강까지 보호할 것을 권장 받는다.

에센은 과거 침체했던 산업사를 극복하고 '녹색도시'로 전환하였으며, 다른 도시에 모범이 되는 대표적인 '변혁의 도시'로 자리매김하기 위해 감탄할만한 노력을 기울였다. 도시 내에 녹색과 청색 네트워크를 건설했으며, 200년 가까이 된 공장지대인 가장 중요한 석탄 그리고 철강 센터 중 하나인 '크루프 벨트 Krupp Belt' 재생사업 개발을 통해 입증된 녹색 인프라에 과감히 투자하였다. 에센시는 자연과 생물다양성을 보호하고 향상하기 위해 다양한 시도를 실행했다. 도시의 녹색화뿐만 아니라 새로운 녹색지역의 생물다양성 증진, 특히 기후변화와 회복력 강화에 초점을 맞추었다. 또한, 기후변화, 녹색도시 지역, 대기질, 폐기물 관리와 에너지 성과를 포함한 다른 많은 영역지표에서 일관되고 뚜렷한 성과를 보여 주는 환경통합관리를 하고 있다.

일반적으로 루르강 남쪽의 넓은 지역은 대부분 녹색지역으로 조성되어 상대적으로 인구밀도가 높은 중앙 루르 지역과 자주 비교하여 인용된다. 독일연방통계청에 따르면 지역의 9.2 %가 레크리에이션을 할 수 있는 녹지이며, 노르트라인베스트팔렌에서 가장 친환경적인 도시로 알려지게 되었다. 독일에서도 세 번째이고 2016년과 2017년에 걸쳐 두 차례 연속 후보에 올랐으나 2017년에 최종 선정되었다. 자연과 생물다양성을 보호하고 제고하는 모범적인 관행과 노력이 주된 선정 이유였다. 지금도 물 소비를 줄이고 있으며, 온실가스 배출량을 줄여 기후변화에 대한 도시의 회복력을 개선하기 위한 다양한 네트워크를 선도하고 있다. 환경 개선으로 도시의 경제와 시민들 삶의 질이 향상하고 있으며, 이를 대내외적으로 잘 보여주고 있다.

European Commission, 2017. ESSEN, European Green Capital 2017. // Samanta Early, 2017. 1. 2. From coal city to European Green Capital-Essen's extreme makeover. DW.

싱가포르

싱가포르는 동남아시아 국가이자 도시이다. 인구는 약 584만 명으로 서울의 반보다 조금 많고, 면적은 부산보다 조금 작다. 이 글에서는 싱가포르를 하나의 도시로 보고 정리하고자 한다. 세계에서 이름난 도시를 정리하다 보면 늘 한국에서는 어느 도시가 그리고 아시아에서는 어디가 살기 좋은 도시로 평가받는가가 궁금해졌다. 과거에는 일본의 도시들 뿐이었지만 최근에는 싱가포르와 서울이 떠오른다. 싱가포르는 지도를 보면 말레이반도 남단에 육지로 이어져 있는 것으로 보이지만 좁은 조호르 해협Johor Bahru으로 떨어져 있다. 남쪽으로는 인도네시아 바탐Batam 섬과의 사이에 싱가포르 해협이 놓여있어 이 도시는 바다로 둘러싸여 있는 섬인 것이다. 말레이시아와는 두 개의 다리로 연결되어 있다. 싱가포르는 모두 63개의 섬으로 되어있고, 중심은 가장 큰 섬인 '풀라우 우종Pulau Ujong'이라고도 불리는 싱가포르섬이다. 시민들은 대부분 이 섬에 거주한다. 도시개발 이전에는 가장 높은 곳이 해발 163m일 정도로 평탄한 해안지역이다. 도시의 이름은 '싱가푸라सिंहपुर, Singapura'에서 온 것으로 '사자의 도시'라는 뜻이다.

섬은 과거 맹그로브 습지로 된 해안을 가졌으나 오랫동안 간척과 개발을 통해 오늘날 고층 빌딩이 가득한 도시로 변했다. 북쪽 해안의 순게이 불로Sungei Buloh 습지보호지역과 플라우 우빈Pulau Ubin 섬에는 아직 맹그로브 원시림이

싱가포르는 공원들을 연결하는 일종의 녹지 축을 잘 구축하여 잘 가꾸어진 녹색 도시로 보이도록 노력하고 있다. 축에는 걷기 길과 자전거 길이 잘 나 있다. 그림은 맥리치 저수지 공원이다.

남아있으나 예전과 비교하면 일부분이라 할 수 있다. 지금도 남쪽과 서쪽 해안에는 간척사업이 진행 중이다. 나무위키에 따르면 싱가포르섬의 면적은 1960년대에는 582㎢이던 것이 2010년에는 710㎢로 확장되었고, 2030년까지 800㎢로 확장시킬 계획이라고 한다. 그러니까 개발을 통해 습지를 훼손했지만 이를 보완하기 위해 '정원 속의 도시City in Garden'라는 비전을 세우고 이를 굳건히 추진하고 있다. 풍요로운 자연녹지에 깨끗한 환경을 갖춘 도시로 만들어 사람들의 삶의 질을 높이자는 비전이 독립 2년 후인 1967년에 처음 제안되었다. 쓰레기가 없는 환경에 녹지가 가득 존재한다는 것은 관광객과 투자를 하려는 외국인에게 좋은 조건이 될 것이라고 믿은 것이었다. 초기 단계에서부터 공원을 늘리고 나무 심기를 체계적으로 하였다. 녹화 프로그램은 큰 성공을 거두었으며, 1970년 말까지 심은 나무가 55,000그루 정도였던 것이 2014년에는 140만 그루로 늘어났다.

한편 공원은 시민들에게 더 많은 레크리에이션 공간을 제공하고 도심을 환기하는 '녹색 허파' 역할을 하는 녹지공간으로 자리 잡아가았다. 경관에도 긍정적인 영향을 주었다. 공원과 녹지 면적은 1975년 879ha에서 2014년 9,707ha로 증가했으며 공원 수는 같은 기간에 13개에서 330개로 증가했다. 현재에도 공동체 파트너십 프로그램이 도입되어 시민들에게 '녹색 의식'을 고취하고 있다. 내셔널 지오그래픽(2017)에서 녹색도시의 주택개발위원회 책임자이면서 도시계획가인 챙Cheong Koon Hean은 다음과 같이 도시를 설명하였다. "우리는 고층 건물 사이에 공원, 강, 연못이 산재한다. 이 수역은 홍수 제어 메커니즘으로도 사용된다. 그리고 우리는 나무를 무성하게 심는다. 섬의 중심부에 생물다양성이 풍부한 원시 열대우림을 포함하여 약 3백만 그루의 나무가 싱가포르를 덮고 있다. (중략) 우리는 또한 많은 공원을 네트워크로 연결하고 있다."

싱가포르는 혁신을 거듭하여 시민들이 살기 좋은 도시로 만들어가면서 국제적으로 경쟁력이 있는 도시로 거듭나고 있다. 2020년에는 월간 금융잡지인 글로벌 파이낸스Global Finance 조사에 따르면 살기 좋은 도시 세계 3위로 나타났다. 그리고 2019년 머서Mercer 평가에서는 외국인이나 주재 직원들의 삶의 질이 높은 도시 순위에서 아시아 1위권을 계속 유지하고 있었다. 평가 기준은 안전, 교육, 위생, 건강 관리, 문화, 환경, 레크리에이션, 정치·경제적 안정, 대중교통, 그리고 상품과 서비스에 대한 접근성 등이다. 참고로 이 순위에서는 싱가포르가 25위인데 일본의 주요 도시들은 40~60위권이고 서울 77위였다. 또 지난해 금융분석회사인 '밸류 챔피온Valuechampion'이라는 곳에서는 '20대·30대 밀레니얼 세대가 살기 좋은 아시아·태평양의 주요 도시 순위를 매겼는데 1위가 싱가포르였다. 세계경제포럼은 5명 중 4명의 밀레니얼은 취업을 위해 해외로 이주할 의향이 있다고 발표했다. 그뿐만이 아니다. 싱가포르는 헬싱

싱가포르의 마스코트는 바다사자 머라이언(Merlion)이다. 전설에 의하면 인도네시아 스리위자야 왕국의 '상 닐라 우타마(Sang Nila Utama)' 왕자가 이곳으로 표류해 와서 바닷가에 있는 사자를 본데서 유래한 이름이다.

키와 취리히와 함께 2020년 '경영개발연구소Institute for Management Development'에서 발표 한 보고서에 따르면 세계 최고의 스마트도시로 선정되기도 했다. 인프라와 기술에 대한 인식을 바탕으로 109개 도시의 순위를 매긴 것인데, 싱가포르는 2년 연속 1위를 차지했다. 지적재산IP이 주요 기준인데 이 지적재산은 혁신을 촉진하고 비즈니스 성공을 유도하는 데 도움이 되는 중요한 도구다. 싱가포르는 세계경제포럼의 2019 국제 경쟁력 보고서에서 최고로 지적재산이 보호받은 나라로 세계 2위와 아시아 1위를 차지했다. '2020 블룸버그 혁신 지수'에서는 세계에서 싱가포르가 세 번째였다. 도시의 혁신 순위에서는 늘 최상위권을 유지하고 있다.

아주 작은 섬인 도시가 이젠 세계에서 최고로 주목받는 도시가 되었다. 끊임없이 혁신을 하면서 환경의 질을 유지하고 개발과의 균형을 잘 잡아 온 정책 때문이다. 정부가 강력한 행정력으로 시민을 통솔하는 '권위주의식 자본주의'라는 체제가 시민기본권을 침해한다는 비판 속에서도 세계에서 살기 좋은 도시로 평가받는 것을 보면 점차 균형잡힌 도시로 발전할 것이 분명하다. 동남아시아는 물론이고 아시아 전체 도시 중에서 모든 분야에서 앞서가고 있다. 과연 싱가포르가 꿈꾸는 것처럼 2030년에 세계 최고의 녹색도시가 될지 지켜볼 일이다.

Amy Kolczak, 2017. 3. 1. This City Aims to Be the World's Greenest. As Singapore expands, a novel approach preserves green space. National Geographic. // Claire Turrell, 2020. 10. 12. Singapore Will Plant One Million Trees by 2030. EcoWatch.

지속가능한 도시

어떠한 도시가 살기 좋은가? 시민들이 건강하고 행복하게 살며 각자 독립적이며 창의적인 삶을 영위하면 된다고 생각한다. 이상적인 답이지만 이 이상을 추구하기 위해 노력하는 사람들이 많다. 정치인을 포함해서. 다양한 노력과 실행을 하다보면 지속가능한 도시의 개념이 가장 와 닿는다. 이 글에서는 다섯 권의 서적에 나타난 지속가능한 도시에 대한 글을 인용하여 정리하고자 한다. 이것이 지속가능한 도시가 필요한 이유를 가장 잘 보여줄 것이라고 판단하기 때문이다.

브라질 벨루오리존치 이클레이(ICLEI)는 지속가능성을 추구하는 지방정부간의 국제회의를 주최했다. 따라서 이 회의에 참석하는 지방정부는 지속가능한 도시를 희망한다.

    2016 지구환경보고서에 따르면 이 책에서 여러번 언급한 것처럼 도시는 세계 경제 생산의 80%, 전체 에너지와 온실가스 배출의 70% 이상을 차지한다. 그리고 세계 인구의 절반 이상(2050년에는 70% 가까이 될 것으로 예상)이 살아가는 '문화, 생활양식, 소망, 그리고 행복을 떠받치는 상부 구조물'이다. 농업생산량이 크게 증가하면서 인구밀도가 농업사회 이전에 비해 10배 이상 늘어났다. 20세기 이후 약 1세기 동안(1900년과 2005년 사이)을 살펴보면 전 세계의 바이오매스 수확량은 3.5배 증가했고, 화석연료는 12배, 공업용 광물은 27배, 건자재는 34배나 늘어났다. 전체적으로 보아 세계적으로 물질자원 사용은 8배 증가했으며, 이는 인구 증가율의 약 2배에 이른다.

    1800년에는 인구가 50만 명이 넘는 도시가 런던, 베이징, 광저우(광둥성), 이스탄불(콘스탄티노플), 파리 등 다섯 군데 밖에 없었다. 이후 1세기 사이에 거주 인구가 50만이 넘는 도시는 46곳이나 되었고, 오늘날에는 1천 개가 넘는다. 지난 2,000년에 걸쳐 에너지, 물자, 그리고 이 두 가지를 이용하기 위한 기술혁신은 확대되었으며, 여러 역사적 시점에서 최대 도시의 인구에 의해 나타난 것처럼 도시의 규모는 엄청나게 성장했다(월드워치연구소, 2016). 특히 1975년부터 1995년 사이 도시인구는 눈부신 성장을 보이며, 15억에서 26억으로 늘어나게 된다. 2020년에는 이 인구 역시 두 배로 늘어날 전망이다. 2006년에는 유럽과 북미의 인구 70~80%가 도시에 살게 됐다. 2020년에는 유럽 인구의 89% 이상과 세계 인구의 60%가 도시지역에서 살 것으로 예측된다(폴 스타우턴, 2017).

현대적 지속가능한 도시란 자연환경 개선과 스마트 도시의 개념이 통합된 것이며, 전 세계 곳곳에서 새로운 모델들이 등장하고 있다.

평균적으로 도시의 인구가 두 배로 늘어나면 도시는 1인당 10~20% 적은 인프라 규모를 갖는다. 또한, 부의 생산, 혁신, 그리고 강력범죄와 같은 불친절한 인간의 사회경제적 상호작용이 10~20% 증가하는 것을 보여준다(디트마르 오펜후버와 카를로 라티, 2016). 도시에서의 잘못된 방향으로 고착된 생활양식에 대한 우리의 선택은 지역사회와 나라의 성공적인 미래뿐 아니라 개인과 가족의 건강과 번영을 증진하는데 주된 장벽으로 남아 있다. 더 나아가서는 오늘날 지구의 기후변화의 원인이 되었다(더글라스 피르, 2013). 또한, 도시의 시내 중심가는 멋진 예술작품과 세계에서 가장 열악하고 비참한 가난이 자발적으로 공존하는 허브가 되고 있다. 도시는 세계 경제의 원동력일뿐 아니라 지역과 지구적 차원의 안보 위협, 인간 소외와 종교적 극단주의의 모태가 되고 있다. 지금의 도시는 혁신적인 환경정책의 선구자인 동시에 세계적인 자원 파괴와 오염의 직간접적인 원인이 되고 있다(월드워치연구소, 2007).

기원전 4000년경 티그리스와 유프라테스강 사이에 세계 최초의 조그마한 도시가 건설되기 전부터 인류는 10만 년 넘게 존재해오고 있지만, 현재 급속도로 성장하고 있는 도시의 지배력은 그동안 우리가 경험한 것 중에서 가장 급격한 변화이자 대처할 준비가 가장 미흡한 변화이다(월드워치연구소, 2007). 도시의 발전에 따른 '환경 영향'에 대한 똑같은 역사적 분석은 널리 인용되는 영향의 세 요인, 즉 인구, 풍요로움(소비), 기술 중에서 풍요로움이 산업사회에서는 가장 큰 요인이 되었음을 보여 준다. 즉, 환경 영향에서 풍요로움은 인구 증가의 3배나 차지한다. 이 연구결과는 모든 사람을 지속가능하게 수용하기 위해 도시를 재정비하는 것에 대한 이점은 자원 소비를 줄이는 것에서 찾아야 한다는 것을 암시한다(월드워치연구소, 2016).

도시는 그저 거대하기만 한 사람들의 집합이 아니라 사회적 관계의 집합체다. 공간과 인프라는 사회적 상호작용들을 형성 및 지속시키고 연결성 증가의 측면에서 개방적으로 만들며 에너지 사용과 인간의 노력의 관점에서 지속가능하게 하는데 핵심적인 역할을 한다(디트마르 오펜후버와 카를로 라티, 2016). 지속가능발전은 단순한 '환경 보호'에서 더 나간 개념이다. 도시가 지속가능하기 위해서는 그 도시의 '사회-경제적 이해관계가 환경 및 에너지 차원의 문제들과 공진화共進化, co-evolution를 이루며 변화하는 상황 속에서 유지될 수 있어야 한다(폴 스타우턴, 2017). 지속가능한 어바니즘의 가장 기본적인 원리는 보행이 가능하며 편리한 대중교통체계와 고성능 건물과 고성능 기반시설로 통합된 도시환경의 구현이다. 이는 세 개의 필수 요소로 구성되는데, 근린neighborhoods, 지구districts, 그리고 통로corridors이다. 통로는 대로나 기찻

길에서 강이나 녹지도로에 이르기까지 선형적 지역으로 근린과 지구를 연결하는 역할을 한다(더글라스 피르, 2013).

지속가능한 도시는 사람들을 묶어 주고 자극, 혁신, 그리고 연계에서 생기는 내실을 극대화 한다. 누구나 널리 이용할 수 있는 공원, 교통 체계, 축제, 공공 텃밭, 그리고 시민 공간들에 지대한 관심을 가지고 당당하게 일반 대중을 위한다. 다람쥐와 울새, 개울과 나무를 인공물이라기보다는 이웃으로 간주한다. 그리고 시민들의 기본적 욕구에 대비한다. 즉, 성취와 소속 같은 좀 더 높은 수준의 필요 불가결한 것들을 위한 발판을 준비해야 한다(월드워치연구소, 2016).

더글라스 피르(다니엘 오 등 옮김), 2013. 지속가능한 도시만들기, 사람과 환경을 위한 도시설계, 한국환경건축연구원. // 디트마르 오펜후버와 카를로 라티 편저(박재현 옮김), 2016. 도시 디코딩: 빅데이터 시대의 어바니즘, 국토연구원. // 월드워치연구소(오수길 · 진상현 · 김은숙 옮김), 2007. 도시의 미래(Our Urban Future), 2007 지구환경보고서. 도요새. // 월드워치연구소(황의방 · 김종철 · 이종욱 옮김), 2016. 도시는 지속가능할 수 있는가?(WWI 2016 지구환경보고서). 환경재단. // 폴 스타우턴(최경호 옮김), 2017. 로테르담에서의 도시정책 30년사, 도시재생의 맥락. 국토연구원.

이탈리아 밀라노

외국의 한 블로그에서는 밀라노Milan를 '세계의 주요 패션 수도 중 하나이며 이탈리아의 경제 수도이자 예술과 문화의 중심지이다.'라고 간략하면서도 명료하게 정리하였다. 누구나 그렇게 생각하니 이의를 달 사람은 없다. 그만큼

스테파노 보에리(Stefano Boeri)의 수직 숲(Bosco Verticale)은 지속가능한 도시화의 예로 자연 기반 해결책을 사용하는 고급 엔지니어링과 기술 개발의 쇼케이스다. 수직 숲의 매력과 가시성으로 여러 가지 혜택을 받았다. 여러 상을 받았고 도시 관광객도 증가했다.

도시의 이미지가 잘 조성되었고 그 강점을 적절히 발휘하고 있는 도시라는 점에도 별 이견을 달지 않을 것이다. 그런데 스마트도시라고 하니 약간 의외다. 필자가 도시 연재를 하면서 메모를 자주 하고 자료를 많이 수집하는데 한 노트에 이렇게 적혀 있었다. 한 줄. '밀라노 공유도시 / sustainable smart city.' 이것을 보고 "그래 이번엔 밀라노를 조사해보자."라고 생각했다.

밀라노는 이탈리아의 북부에 있는 도시로 롬바르디아Lombardy주의 주도이며 로마 다음으로 큰 도시이다. 이탈리아 북부에서는 최대의 도시로 롬바르디아 평원에 있으며, 포강이 이 도시를 흐르고 있다. 인구는 2021년 현재 약 315

만 명이며, 1950년에는 약 190만이었으니 꾸준히 증가했다고 볼 수 있다. 아무런 문제가 없을 것 같은 이 도시에는 강과 운하가 많은데 폭우로 도시가 자주 범람하는 홍수에 직면해 있어서 전 세계 수백 개의 도시와 마찬가지로 기후변화에 대비해야 했다. 기후변화의 위협에 직면한 밀라노시는 도시회복력을 구축하기 위해 최선을 다하고 있다. 완전한 기후대응 계획을 준비하고 있으며, 두 개의 글로벌 이니셔티브인 '기후와 에너지를 위한 세계 시장 규약Global Covenant of Mayors for Climate & Energy'과 '100개의 회복력 있는 도시100 Resilient Cities'에도 합류했다.

도시 전체에 걸쳐 홍수 지도 작성이 완료되었으며, 그다음 도시 마스터플랜에서는 기후 영향을 고려하지 않을 수 없었다. 또한, 새로운 지속가능한 경제의 기회를 모색하고 있다. 시의 스마트도시 이니셔티브Smart Cities Initiative는 새로운 비즈니스 산업을 개발하고, '100개의 회복력 있는 도시'를 통해 새로운 자금원에 접근하고, 에너지 효율성을 높이며, 2020년까지 2005년 수준에서 배출량을 20% 줄이려는 목표를 달성하고자 한다. 아울러 재생에너지 사용을 늘리고 보다 효율적인 보일러 사용을 장려함으로써 밀라노는 목표 달성에 다가가고 있다. 지속가능한 도시를 만들기 위해서는 다양한 커뮤니티 이해관계자 간의 협력이 요구된다. 이를 염두에 두고 밀라노는 여러 프로젝트에서 민간부문과 협력했다. 도시의 가로등과 신호등을 LED로 업그레이드하고 자동차 공유 프로그램을 설정하기 위해 기업과 직접 협력하고 있다. 해야 할 일이 훨씬 더 많아졌지만, 밀라노는 굳건히 길을 가고 있으며 지속할 수 있고 회복력 있는 도시가 되기 위해 노력하고 있다.

지속가능한 스마트도시Sustainable Smart Cities는 정보통신기술ICTs과 기타 기술들을 사용하여 삶의 질을 향상하고, 경제, 사회, 환경 그리고 문화 측면에서

스마트도시는 미래 도시의 패러다임이자 현재를 위한 도전이다. 밀라노는 시민들의 삶의 질 향상을 위해 스마트도시 계획을 지속해서 추진하고 있으며 이에 대해 좋은 평가를 받고 있다.

현세대와 미래 세대의 요구를 충족시키는 동시에 삶의 질, 도시 운영과 서비스의 효율성, 경쟁력을 개선하기 위한 혁신적인 도시를 말한다. 이러한 정의는 유엔 유럽경제위원회UNECE와 국제 전화통신연합International Telecommunication Union, ITU이 300명 이상의 국제 전문가가 참여한 다중 이해관계자 접근 방식을 통해 공동으로 개발한 것이다. 또 '지속가능한 스마트도시 연합U4SSC'은 지속가능한 스마트 도시로의 전환을 촉진하기 위해 ICT 사용을 장려하고, 공공정책을 옹호하는 스마트도시 이해관계자를 위한 글로벌 플랫폼이다.

밀라노는 2019년 '스마트도시 평가ICity Rank'에서 6년 연속 이탈리아 최고의 스마트도시로 선정되었으며, '2016년 언스트 앤 영의 이탈리아 스마트도시 지수Ernst & Young's Italian smart city index 2016'에서는 볼로냐 다음으로 2등을 하였다. '스마트도시 평가' 순위는 사회(사회 통합), 정치(시민 참여), 경제(경제적 견고성), 기술(디지털 혁신), 환경(녹색 인프라) 등 15개 분야의 분석을 기반으로 한다. 밀라노는 경제적 견고성, 연구와 혁신, 고용, 문화적 매력 면에서

1위를 차지했지만, 환경적 측면(예: 토지와 사유지, 공기, 물)에서는 훨씬 낮은 점수를 받았다. 위의 2등도 이 때문이다. 지속가능성에 대한 정책에 집중해야 할 이유이다. 한 언론 기사에 따르면 "2019년 현재 밀라노가 있는 포강 계곡Po Valley의 대기오염은 이미 법적 한계를 넘어섰고 스모그 속을 헤엄치고 있다."고 하였다. 또 "오염의 25%는 도로 교통, 45%는 가정 난방, 나머지는 산업과 농업 배출로 인한 것"이라고 롬바르디아주 정부는 말했다. 축산 폐기물도 문제가 되고 있는데 이탈리아 우유 생산량의 40% 이상을 공급하고, 이탈리아 돼지 생산량의 절반 이상이 이 포 계곡에 있다.

이에 주에서는 화력발전소 운행을 중단하고, 대중교통 이용을 적극적으로 권장하는 계획들을 추진하고 있다. 더 나아가 밀라노 카르타(밀라노 지도)에는 주 전역의 녹지공간과 공원Green Rays and Green Belt을 연결하는 녹지시스템이 들어 있다. 농업공원Parco Agricolo Sud에서는 지역주민들에게 농업, 임업, 문화뿐 아니라 레크리에이션 활동을 제공한다. 공원은 경관을 보존하고, 지역의 환경 회복을 보장하여 도시와 국가를 연결하고 외부 지역을 도시 녹색시스템과 연결한다. 생물다양성을 보호하기 위해 일부 지역은 생태계를 재건하고 점점 더 희귀해지고 있는 동물 종의 재도입에도 신경을 쓰고 있다. 당연히 보호지역이 포함된다. 2015년 밀라노시에는 23.5㎢ 이상의 공공녹지가 있었으며, 이는 주민 1인당 17.31㎡의 공공녹지공간으로 환산할 수 있다. 이곳에는 633개의 레크리에이션 장소와 반려견을 위한 348개의 공간이 마련되어 있다.

밀라노는 공유도시sharing city로도 잘 알려져 있다. 지난 5년간(2016-2020) 자동차 공유를 위한 EU 프로젝트에 참여하였다. 밀라노는 자동차 중심 도시 중 하나로, 1,000명당 505대의 차를 소유(파리 250대, 베를린 290대, 런던 310대)하고 있다. 1990년대 초반의 1,000명 당 약 700대에서 감소한 수치이자 자동차의 총 대수도 약 100만대에서 70만대로 감소하였다. 하지만 여전히 탄소배출량의 저감이 당면 과제다. 이래저래 지속가능한 도시를 스마트도시에 결합할 수밖에 없었다. 이와 같은 야심 찬 비전의 결과를 많은 도시가 지켜보고 있다.

Annalisa Girardi, 2019. 1. 10. Milan: The Grey City is Going Green. Forbes. // Teresa Principato, 2019. 12. 11. ICity Rank 2019.:Milano, Firenze & Bologna Sul podio delle citta smart, maketing del Territorio.

영국 밀턴 케인즈

최근엔 생태도시가 아닌 도시가 없을 정도로 많은 도시가 이를 표방하고 있다. 아니다. 이름 자체는 유행이 좀 지난 느낌마저 있다. 네이버 지식백과(두산백과)에 따르면 생태도시를 "1992년 리우 회의 이후 전 세계적으로 개발과 환경보전을 조화시키기 위해 '환경적으로 건전하고 지속가능한 개발Environmentally Sound and Sustainable Development: ESSD'이라는 전제 아래, 도시지역의 환경문제를 해결하고 환경보전과 개발을 조화시키려는 방안의 하나로서 도시개발·도시계획·환경계획 분야에서 새로이 대두된 개념이다. 유사한 개념들로 전원도시garden city, 자족도시self-sufficient city, 녹색도시green city, 에코 폴리스ecopolis, 환경보전형 도시, 에코시티ecocity, 환경보전 시범도시 등이 있다."라고 정의하고 있다. 그러다 보니 지속가능한 도시와도 동의어처럼 쓰이기도 한다.

월드워치연구소가 엮은 책 『도시의 미래』 중 제1장 '세계의 도시화'에서 상

밀턴 케인즈는 계획도시인 생태도시로 고층 건물을 제한하고 녹지공간을 확보하여 쾌적한 생활환경을 유지하고 있다.

하이에 동탄Dongtan을 개발하려던 회사인 아럽Arup은 2007년에 이 미래에 지어질 도시를 '세계 첫 지속가능한 도시'라고 하면서 사업의 이름은 '동탄 생태도시 프로젝트'라 했다. 이 글의 저자는 농민이 쫓겨나고 조류 보호구역인 습지가 파괴될 것을 예측하고, 미래를 부정적으로 내다보았다. 결국, 생태도시 건설은 실패했다.[3] 실패의 명목상 이유를 관리들의 부패와 거버넌스의 문제로 들었으나 개발을 전제로 한 습지 파괴 등을 통해 나타난 정책결정자의 생태적

---

3) 차이나 다이아로그(China Dialogue 中外對話)는 2015년 한 기사에서 동탄 생태도시가 실패한 원인에 관한 기사를 실었다.

사고의 부재가 더 큰 원인처럼 보였다. 두 글에서 보면 생태도시가 가져야 할 철학을 짐작할 수 있을 것이다.

1960년대 영국의 상황에서 탄생한 생태도시 밀턴 케인즈Milton Keynes의 생성과정을 살펴보자. 우리나라 수도권의 한 도시와 빼어나게 닮았음을 알 수 있다. 제2차 세계대전 후 영국은 대도시 과밀화 현상을 해소하기 위해 전국 곳곳에 신도시를 개발키로 하는 '신도시법New Town Act'을 1946년 제정하고 예정지구를 고시하였다. 밀턴 케인즈가 지정된 당시에는 기존의 농촌 마을 여러 개와 농지였던 지역을 통합하여 1967년에 본격적인 개발을 시작하였다. 정부는 이 신도시를 건설하기 위해 '밀턴 케인즈 개발공사MKDC, Milton Keynes Development Corporation'를 설립하였다. 밀턴 케인즈는 32개 신도시 중의 가장 큰 도시이며, 영국 내에서는 물론 세계적으로도 성공한 신도시로 꼽힌다. 또 세계 최장기 도시개발로도 잘 알려진 도시이다.

런던에서 북서쪽으로 80여㎞ 떨어진 지역에 서울 여의도 면적의 약 30배 규모인 8,826만㎡의 계획 면적을 가졌다. '밀턴 케인즈 개발공사'가 추진하였던 개발은 2006년을 기점으로 마무리되었지만, 지금은 '밀턴 케인즈 파트너십 MKDP, Milton Keynes Development Partnership'이 2030년까지 여러 토지개발계획을 세우고 있다. 이 조직은 시의회 소속이라는 점이 특이하다. 개발공사와 파트너십은 도시계획의 추진을 감독하고 있으며, 최근 인구변화와 인프라 이용 등 도시이용 상태 등을 고려해 지속적이며 장기적인 도시성장을 위한 마스터플랜을 순응적으로 관리해왔다. 자연환경을 훼손치 않고 보전하는 생태도시로 개발했고, 베드타운에 머물렀던 기존 신도시 한계에서 벗어나 기반산업을 유치해 자족도시의 기능까지 갖추었다.

특히 '공원 관리위원회'라는 독립기구를 통해 해마다 100만 그루 이상의 나

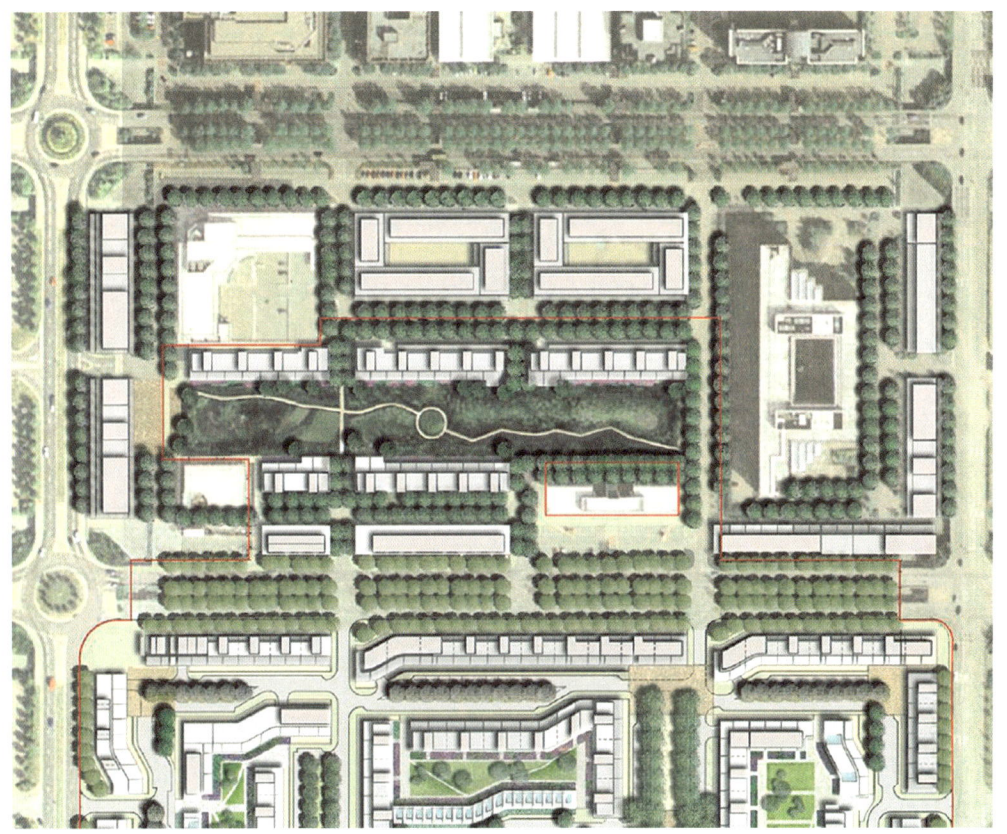

밀턴 케인즈의 도시계획도로 직선도로와 라운드어바우트(roundabout 원형 로타리)를 통해서 도시교통의 편의성을 기하고 있음과 도시숲 그리고 도로와 옥상 정원 배치 계획을 확인할 수 있다.

무를 심어 신도시 전체가 거대한 숲과 나무로 덮인 '녹색도시'가 되게 했다. 전태휘 기자는 "도시설계 초기부터 다양한 형태와 가격의 주택을 하나의 블록에 고루 섞어 짓도록 해 자연스레 소셜 믹스social mix를 이뤄낸 것은 매우 놀랄만한 점임"을 지적했다. 밀턴 케인즈는 2020년에 휴가용 임대 검색 엔진 '홀리듀Holidu'의 새로운 연구에서 가장 친환경적인 도시로 선정되었다. 도로지도Open Street Map 데이터베이스를 이용하여 산출한 자료였다. 인구 10명당 평균 15.42㎡의 공원 면적으로 영예를 안았다. 영국에서 두 번째의 녹색도시인 워링턴

Warrington에 비해 녹지공간과 공원면적이 두 배였다. 특히 윌런호수Willen Lake에는 매년 75만 명 이상의 방문객을 오게 하는 가장 인기 있는 공원이 있다. 그리고 개발공사는 '숲의 도시forest city'라는 디자인 개념을 도시계획의 목표로 삼았다. 자체 묘목장에 수백만 그루의 나무를 심었으며, 2018년을 기점으로 보면 공공의 열린 공간에 2,200여만 그루의 나무와 관목이 있다. 이것으로 도심지역의 약 25%가 공원 또는 도시숲이 되었다.

이 도시는 스스로 '세계 최고의 녹색도시est City in the World'가 되려는 열정과 자신감에 충만해 있다. 시 정부는 2018년 '녹색 미래, 25년 계획A Green Future: Our 25 Year Plan'을 수립하여 토지 경관과 서식지 다양성을 개선하고 보호하기 위한 종합적이고 장기적인 실행에 착수하였다. 또 '전략계획Sustainability Strategy 2019-2050'을 통해 2050년까지 큰 대도시 가운데 밀턴 케인즈가 세계 최초로 '탄소 네거티브Carbon Negative 이산화탄소 순 배출량을 마이너스로 만드는 것'를 달성하고, 세계에서 가장 앞서가는 지속가능한 도시가 되겠다는 선언을 하였다.

밀턴 케인즈는 항상 앞서왔다. '열린 공간 전략Open Space Strategy'이라는 네트워크'가 있는데 도시 디자인의 통합 요소들을 가지고 출범하였다. 이 자연과 녹색 공간들의 네트워크는 신도시의 정체성이자 유산이며 도시의 핵심이다. 선형 공원, 삼림지대, 격자 도로축 그리고 균형 잡힌 호수들은 매력적인 편의시설 공간보다 더 많은 것을 제공한다. 즉 사람, 야생 그리고 물을 연결하고 있다. 앞으로 밀턴 케인즈는 런던이 처음 시작한 국립공원도시가 되려는 준비도 하고 있다. 초기 아이디어인 서식지 다양성 개선, 수목 확대, 삼림 연결과 홍수 회복력 향상이 포함된다. 이미 이 도시에는 5,000에이커(약 20.2㎢)의 공원, 호수, 삼림지대, 숲을 구성하는 수많은 수목이 있다. 더 나아가 300㎞에 달하는 보행자와 자전거 도로 시스템도 갖추었다. 시민 누구도 공원에서 0.5마일(약 0.8㎞)

이상 떨어져 살지 않을 정도로 공원들이 가까이에 있다. 높은 생물다양성은 도시가 건강하다는 증거이므로 이 도시는 생물들이 번성할 수 있도록 좋은 환경을 꾸준히 조성하고 있다. 물론 도심에는 시민들을 위한 많은 문화시설이 있다.

 2021년 현재 계획도시 밀턴 케인즈 인구는 약 23만 명으로 지난 10년간 거의 변동이 없다. 위키피디아에 따르면 영국에서 가장 경제적으로 성공한 도시로 1인당 창업 수는 다섯 번째로 많고, 주요 국내외 기업들의 본거지이기도 하다. 물론 어려움도 있다.

전태훤, 2012. "45년 넘게 조성중"..세계 최장기 개발 영국 밀턴 케인즈 신도시. 조선비즈, 조선일보. // MKE\FM, 2020. The ressons why Milton Keynes has been named 'The UK's Greenest City' in new research. // Milton Keyens Council, 2019. The Greenst City in the World. // Murrer, Sally, 2019. Milton Keyens has a new aspiration to become and official National Park City, MKCitizen. 그리고 Wikipedia.

숲의 도시

 전 세계에 다양한 숲의 도시들이 있으며, 점차 그 수가 늘어나고 있다. 이름도 숲의 도시 외에도 나무들의 도시나 국립공원도시 등이 있으나 내용을 들여다보면 다 '숲'이 주제어인 것을 금방 알 수 있다. 도시에서 숲이 새삼 강조되고 있는 것은 크게 세 가지 이유 때문이다. 첫째는 기후변화다. 이산화탄소 등 온실가스는 지구 표면에 온도 상승과 기후변화를 가져왔는데 지역 단위에서 가장 효과적으로 대응할 수 있는 수단이 나무를 심는 것이다. 일차적으로는 여

스위스 취리히 도시숲은 여러가지 생태계서비스를 제공하지만 바라보기에도 아름답고 시원한 느낌을 준다.

름철 폭염에 대비할 수 있고 도심의 온도를 낮춘다. 미세먼지 농도를 낮추는데에도 탁월하다는 연구가 이어지고 있다. 이산화탄소의 흡수율이 정량화되면 도시의 배출량을 상쇄하는 데에 활용도 가능하니 소위 가성비가 아주 높다. 둘째는 숲이 제공하는 생태계서비스가 커서다. 아낌없이 주는 나무라는 말이 있듯이 맑은 공기와 물의 원천이기도 하고 그늘 만들어 주어 사람들을 편히 쉬게 해주기도 한다. 과실나무라면 열매도 제공해준다. 영동은 가로수가 감나무이고, 영주에는 사과나무 가로수가 있다. 이런 혜택은 이미 잘 알고 있는 것들이다. 숲에 가까이 있으면 정서가 안정되어 그런지 학습 성적이 높아진다. 최근 잇따른 연구에 따르면 숲은 사람들의 정서를 안정시키고 학습능력과 창의력을 향상시킨다. 물론 연구 결과들이 있다. 도시에서 가장 주목해야 할 서비스는 폭력성을 낮춘다고 한다. 숲이 울창하고 아름다우면 도시 생태관광이나 환경교육의 장소가 된다. 셋째는 도시와 자연이 조화를 이루게 해주어서다. 숲은 도시에 서식하는 생물들의 서식지가 된다. 숲에는 많은 종류의 나무도 있고 풀밭도 있으니 생물다양성을 유지하고 높이는데 최고의 장소다. 또 도시 주변의 자연과 도시를 이어주는 녹색 생태통로나 그린웨이가 된다.

세계의 많은 도시가 숲의 도시임을 표방하고 있어 그 가운데 대표적인 도시들을 소개한다. 숲의 생태계서비스는 숲의 도시들을 소개하며 더 상세히 다루어진다.

경기도 안산

경기도의 안산만큼 고도성장과 큰 고난을 동시에 겪은 도시는 그리 많지 않을 것 같다. 마치 대한민국의 근대사를 압축한 것 같다고 해야 하나? 마찬가지로 안산이 가지고 있는 잠재력이 크고 고난을 겪는 과정에서 형성된 시민사회 역량으로 도시의 저력을 유지하고 있다. 그러나 외부에서 가지고 있는 부정적인 이미지와 이전보다 산업단지 활력 저하 그리고 도시를 재생하는 과정에서 불거진 미진한 도시계획이 안정적인 성장에 발목을 잡고 있다.

안산은 국내 최초의 계획도시로 서해안 중부 연안에 있는 도시다. 국내에서 가장 큰 중소기업 국가산업단지가 있는 산업도시로 잘 알려져 있다. 수도권의 오염유발업체들을 이전할 산업단지 부지와 농지를 확보하고자 과거 군자만의 입구를 막아 간척하였다. 이와 함께 안산시와 시흥시 신도시 사업의 일부로 포함되었으며, 1994년 방조제가 완공되자 방조제 안쪽에는 시화호가 생성되었다. 시화호는 농업용수와 공업용수로 사용할 목적이었다. 호수의 북쪽 호변에는 안산시와 시흥시가 있고, 남쪽에는 화성시와 인천 옹진군 대부도가 있었다. 안산시의 남서쪽 해상에 위치했던 대부도는 이보다 작은 섬인 선감도, 불도,

탄도와 이어져 연륙되었다. 그리고 방조제가 완공되던 그 해 말에 대부도를 비롯한 이들 섬들은 안산시로 편입되었다. 대부도로부터 서남쪽으로 약 24킬로미터 해상에는 유인도인 풍도와 육도가 있어 경기도에서 안산시의 바다가 가장 넓다. 그래서 안산시는 산과 하천이 있는 육지, 간척호수, 섬과 바다 그리고 국가산업단지가 있는 독특한 해안도시가 되었다.

경기도 시흥군 반월면이었던 인구 17,576명의 전원지역은 1977년에 간척사업과 함께 신도시를 조성하기 위한 반월신공업도시 계획을 수립하면서 인구가 빠르게 증가했다. 1986년 안산시로 승격을 할 때는 인구가 127,231명이 되었으며 산업단지에는 1,000개가 넘는 공장이 입주하였다. 불과 10년 만에 인구는 7배나 넘게 성장하였다. 산업단지에 공장 가동이 활발해지고 도시의 면모가 갖추어지자 인구는 더 빠르게 증가하여 1995년에는 50만 명을 돌파하였다. 연평균 18.3%씩 증가하여 전국 평균의 9배 이상 그리고 경기도의 4배나 되었다. 이 시기에 전국에서 노동자들이 몰려왔고 노동자들이 거주할 대단위 주택단지를 건설하기 시작했다. 또 신도시에서 크고 작은 호수와 수로를 재정비하고 정방형의 도로건설을 제외하고는 제대로 된 도시계획을 기반으로 발전하지는 못했다. 게다가 산업단지에는 수많은 공장들이 입주하였으나 폐수처리장이 없었고, 대기를 관리할 시설이나 제도와 법규도 없었다. 심각한 오염이 발생할 상황을 도시개발 과정에 이미 잉태하고 있었던 것이다.

시화호가 방조제로 막히면서 해수순환이 제한받자 이전부터 오염되어가던 호수가 더 빠르게 오염되기 시작하여 물을 어떠한 용도로도 사용할 수 없는 '죽음의 호수'가 되었다. 서식하던 생물들도 떼죽음을 당하고 바닥 퇴적층도 중금속과 환경호르몬으로 오염되어 심각한 상황이 되었다. 중앙정부에서 다양한 노력을 기울였으나 효과가 없자 2000년에 해수호로 전환하고 2001년에는 해

해안도시 안산은 산줄기들이 도시의 배후를 둘러싸고 있어 전형적인 '배산임수' 형이며 시내에는 도시숲이 있어 평온한 느낌을 준다.(안산시 사진 인용)

양수산부 시화호 특별관리해역 종합관리계획을 확정하였다. 이후 시민사회의 요청으로 한국수자원공사가 조력발전소를 2004년부터 착공해 2011년부터 가동을 하자 해수 순환으로 수질이 크게 개선되었다. 지금은 2급수 수준을 유지하고 있다. 시화호가 오염될 당시 산업단지의 공장에서 배출된 가스에 다이옥신 등 환경호르몬 수치가 전국 최고의 농도가 될 정도여서 수질과 더불어 몇 년간 전국의 주목을 받았다. 이것이 안산시의 부정적인 이미지가 되었다. 이에 지역사회에서 환경문제 해결을 위한 시민활동이 활발하게 전개되었고, 국회에서는 대기오염방지법을 제정하는 등 제도적 뒷받침을 하였다. 현재 수질과 대기는 안전한 수준을 유지하고 있으며 안산시는 체계적인 자동 감시체계를

안산의 도시숲은 계절에 따라 화려하게 변하여 시민들을 기쁘게 해준다. 도시숲은 시민들이 가장 자부심을 갖는 시의 자산이다.(안산시 사진 인용)

가동하며 모니터링하고 있다. 안산 신도시는 국토교통부가 주관하던 1, 2단계 계획을 2010년에 마무리하여 안산시가 독자적으로 도시계획과 관리를 독자적으로 수행할 수 있는 권한을 갖게 되었다.

그사이에 인구는 계속 늘어 2010년에는 75만 명을 넘어섰고 공장 수도 만 개에 가까워졌다. 인구는 이후 주춤하고 있으며, 현재는 재건축 시행으로 인한 이주와 입주 등으로 등락을 거듭하고 있다. 안산시는 처음에 자기완결형 전원 공업도시로 계획되었다. 인구 20만 명에 공장 1,000개 규모의 도시로써 산업 단지 배후에 배후도시를 두어 생활환경과 어울리게 한 것이었다. 그러나 오염 문제가 발생할 당시에는 신도시 계획이 지극히 비현실적인 계획이라는 비난을 받을 수밖에 없었다. 원계획과 관계없이 도시와 산업단지를 계속 확장해 나

안산 대부도의 염생식물 지대(붉은색)는 큰 줄기가 있는 나무는 아니나 숲이 하는 기능을 다한다. 이 해안습지는 습지보호지역으로 지정되었다.(안산시 사진 인용)

갖기 때문이다. 안산시에서는 이런 문제를 극복하고자 도시의 비전을 '전원 공업도시'에서 '녹색첨단산업도시', '환경도시', '에코시티' 등으로 바꾸거나 병용하면서 부정적인 도시 이미지를 개선하려고 노력하였다. 그 일환으로 녹지와 도시숲을 확대하고, 도시공원을 개선하는 등의 시도도 하였고, 조력발전소가 준공하던 해엔 풍력발전도 시작하여서 전국에서 주목받는 신재생에너지 발전도시로 등장하였다. 시민사회는 개인주택이나 아파트에 태양광발전 설치 운동을 전개하여 전국에서 모범도시가 되었다. 앞서 소개한 오염문제에 해결을 요구하고 부적절한 정책에 저항한 시민역량들이 에너지와 마을 운동으로 전환하기 시작한 것도 이때다.

2015년에는 시의 비전을 전국 최초로 '숲의 도시'로 선언하고, 같은 해에 '원전 하나 줄이기'를 목표로 하는 2030 에너지 비전계획을 발표하였다. 100만 그루 나무 심기와 소공원 500개 만들기 도시의 외진 공간과 사용하지 않는 콘크리트 바닥들과 더불어 옥상녹화를 시작하였다. 도시숲 만들기는 비전 선언 이전인 2014년부터 시작하였는데 불과 1년만인 2015년에 경기도에서 폭염일수가 13위에서 1위로 되어 가장 적은 도시가 되었다. 생활권 도시숲 면적이 2013년 시민 일인당 5.77㎡이던 것이 2015년 8.82㎡, 2017년 11.15㎡ 늘어났다. 2016년에 세계보건기구가 권장하는 9㎡를 넘어섰다. 이 시기에 국·공유지 녹화 15만㎡ 그리고 옥상녹화 1.2만㎡가 증가했다. 목표연도인 2030년이 되면 도시숲의 환경적 가치가 99조 원 정도 될 것으로 예상하고 있다.

유엔에서 지속가능한 목표를 의결한 한 해 뒤인 2016년에는 국내 최초로 기초 지방정부 차원에서 지속가능성보고서를 작성하였고, 지속가능발전 이행계획도 수립하였다. 더불어 지역 주민과 공무원의 역량 강화를 위해 ICLEI와 공동으로 도시 생물다양성에 대한 국제워크숍, 아시아 생태계서비스 워크숍, 국제생태관광협회 총회, 등등 국내외 행사들을 성공적으로 개최하였다. 이에 국내 여러 기관으로부터 친환경경영대상 연속 수상 그리고 기후변화 그랜드 리더스 상 등 많은 수상을 하였다.

안산은 조선시대 최고의 화가인 단원 김홍도와 '누와주(엮음)'라는 장르를 개척한 신성희의 고장으로서 미술을 비롯한 문화 전 분야에서 활동이 활발하다. 단원미술제는 지방에서 개최되는 최고의 미술제로 인정 받고 있다. 경기도미술관과 문화예술의 전당이 있어 유수한 전시와 공연이 연중 이어지고 있다. 또 세계적으로 주목받는 안산시립합창단과 국악단도 있다. 성호 이익의 실학사상은 조선시대 후기에 가장 큰 영향을 미친 학문 분야다. 이렇듯 예술과 학문의 풍토가 이어져와서 그런지 도시의 규모가 확대되는 동안 다섯 개 대학이 설립되었고 서울예술대학과 한국호텔전문대학 등 국내 최고의 특수 대학과 한양대학교 에리카캠퍼스, 안산대학교, 신안산대학교가 전문대학교육뿐 아니라 사회교육에 기여하고 있다.

안산시, 2016. 안산 30년 도시계획 이야기 – 안산 30주년 도시계획의 역사와 과정 –. // 안산시, 2016. 안산시 지속가능발전 이행 기존 계획. // 제종길, 2014. 좋은 도시 만들기 프로젝트, 도시 발칙하게 상상하라. 자연과생태. // 제종길, 2014. 자연과 사람이 공존하는 생태도시 안산. '경기도 LAB-안산 생물다양성 국제워크숍: 도시속의 생명, 생물다양성 속의 인간' 자료집: 255-279.

말레이시아

말레이시아는 새로운 신도시를 건설하고 있는데 그 규모가 엄청나고 목표가 야심 차다. 이 도시를 주목하는 이유는 지속가능한 스마트도시를 만들려고 하며, 또 이상적인 숲의 도시가 있다는 소문을 들었기 때문이다. 도시 개념의 다변화와 도시개발 기술의 발전으로 과거보다는 현재 그리고 현재보다는 미래에 개발되는 도시는 더 좋은 모델과 첨단기술을 총동원할 수 있다. 다 살기 좋은 도시를 만들려는 것이다. 말레이시아에서는 거대도시를 계획적으로 건설하고 있다. 이스칸다르 말레이시아Iskandar Malaysia 사업이 그것이다. 말레이반도 남단 그러니까 싱가포르 바로 북쪽에 있는 조호르Johor 지역에서 2006년부터 시작하였다.

2005년 정부가 카자나국립연구소Khazanah National Institute에 개발 타당성 조사를 요청하였다. 연구 결과는 조호르 지역의 성장 가속화가 가능할 뿐만 아니라 국가적으로 파급될 효과의 잠재력이 엄청나다는 것을 보여주었다. 제9차 말레이시아 개발 계획에 따라 정부는 경제 성장을 촉진하기 위해 다섯 가지 개발 분야 중 하나로 이 계획을 확정했다. 처음 개발 범위는 인근 지역과 함께 조호르 바루 지역을 포함하는 2,217㎢에 달했다. 이는 인근 싱가포르 전체 면적의 세 배가 넘는다. 개발지역은 다섯 개의 주력 개발구역으로 세분되었으며, 개발구역과 면적이 점차 늘어나고 있다. 그러므로 의욕적으로 시작한 이 계획 도시 건설은 실질적이고 가치 있는 성장 통로가 되길 바라는 말레이시아 정부의 강한 의지가 담겨있는 사업이라고 보아야 한다.

아스칸다르 말레이시아는 거대도시이자 최초의 특별경제구역SEZ, special economic zone으로 국가와 지역 경제에 실질적이고 지속가능한 성장에 촉매 역할을 할 것으로 기대하고 있다. 지역이 포용적 사회로의 성장과 지속가능성의 순환이 이스칸다르 말레이시아 사업의 핵심 비전이다. 2025년까지 '강하고 지속가능한 국제적 입지를 가진 거대도시A strong and sustainable metropolis of international standing'라는 담대한 목표를 표방하고 있다. 질 좋은 생활 생태계와 탄력적인 환경을 갖춘 번영하는 경제체제로 나아가길 희망하고 있다. 2025년까지 인구 3백만 명, 누적 투자액 383억 링깃(약 10조 4천억 원)을 목표로 삼아 번영하는 경제 성장은 사회와 환경적 측면에서도 발전을 나타내려는 것이다.

이 특별경제구역은 지금까지 빠르게 성장해 왔으며, 투자, 일, 생활 그리고 여가 측면에서 선호하는 국제 대도시로 나아갈 준비를 차근차근히 하고 있다. 이 지역은 아시아 대륙의 최남단이라는 상징성을 싱가포르와 공유하며, 싱가포르와 시너지 효과를 내려는 전략적 선택의 결과이다. 그리고 세계에서 가장 분주한 해운 노선에 자리 잡고 있고, 지역 북부에 있는 세나이Senai 국제공항까

이스칸다르 말레이시아는 조하르 해협을 사이에 두고 싱가포르와 남북으로 바라보고 있다. 숲의 도시는 이 지역의 서남쪽이면서 싱가포르 서쪽에 위치한다.(이스칸다르 포레스트시티에서 인용)

지 있어 아시아 주요 도시들이 여섯 시간 이내에 있는 장점도 누리게 된다. 최고의 입지조건을 갖춘 셈이다. 이러한 호조건 하에서 추진되는 경제개발 프로그램은 조호르 지역 내에서 성장을 촉진하고, 투자를 장려하며, 지역 경제를 크게 부양할 것으로 계획 입안자들은 믿고 있다. 그리고 이 모든 성과는 전체 말레이시아 사회에 긍정적인 영향을 미칠 것으로 기대하고 있다.

 궁극적으로는 조호르 지역 주민들이 안정적이고 만족스러운 소득을 누려서 삶의 질을 향상할 수 있고, 공정하고 동등한 기회를 누리며 동시에 보다 포용적인 지역으로 성장하려는 것이다. 어쩌면 개인 소득을 늘리고 더 나은 일자리를 늘려나가는 것이 일차 목표라고 할 수 있다. 더 나아가 지속가능한 발전을

숲의 도시는 네 개의 간척 섬에서 조성되고 있으며 주변의 자연생태계가 잘 보전되어 있어서 자연을 잘 개선·관리하려는 계획도 가지고 있다. 2035년에 완공될 예정이다.

통하여 자원 사용을 최적화하는 저탄소 개발 계획을 수립하고, 미래를 위해 지역의 자연과 인공 자원을 보전하기 위한 노력까지 개발 계획은 포함하고 있다. 즉, 균형 잡힌 지역 성장, 자연계의 보호와 향상, 건축환경 최적화, 도시연결성 향상, 인프라 자원 통합 등을 통해 지속가능성을 강화한다는 것이다. 환경적으로 이스칸다르 말레이시아 개발은 녹색 중심 의제를 통해 이루어지며, 녹색과 지속가능한 환경이 주요 의제 중 하나이다. '이스칸다르 말레이시아 저탄소사회 청사진'은 동남아시아 지역을 비롯해 전 세계적으로 인정받고 있다. 또한 이 지역의 많은 이해관계자들이 기업과 지역사회에 도움이 되는 다양한 녹색 프로그램의 추진과 동시에 주도권을 행사하고 있다. 그리고 스마트 경제, 스마트 거버넌스, 스마트 환경, 스마트 모빌리티, 스마트 피플 그리고 스마트 생활 등 여섯 개 차원을 포괄하는 스마트도시를 지향하고 있다.

조하르 해협에는 이스칸다르 특별경제구역 내의 인공섬 네 개가 인접해 있으며 서로 연결되어 있다. 각각의 이름을 가지고 있지만 전체를 '포레스트시티 Forest City'라 한다. 이 숲의 도시는 동남아시아 최대 규모의 복합 용도로 개발되는 녹색구역이다. 마스터플랜에 따르면 별도로 약 119조 원이 투자될 계획이며, 약 22만 개의 일자리가 만들어질 것으로 기대하고 있다. 동남아시아의 경제 중심지인 싱가포르처럼 될 것으로 기대하고 있는 이스칸다르 말레이시아 남쪽에 있는 새 포레스트시티는 상업과 문화의 허브가 되기에 이상적 장소로 꼽히고 있다. 개발 전략에는 건축환경과 자연환경 사이의 '공생 관계'와 더불어 조화롭게 이용, 걸어서 쉽게 환경에 접근하는 방식 등이 포함된다. 이 개발은 경전철과 페리를 통해 더 넓은 지역과 연결되는데 싱가포르와 말레이시아의 대중교통 인프라와도 연결된다.

'공생 관계'의 핵심 부분은 보전 전략이다. 이 지역의 민감한 생태계와 그에 의존하는 어업에 영향을 미치는 문제를 해결하기 위해 포레스트시티 디자인은 섬 가장자리를 이 지역에 있었던 자연해안 생태를 모방하여 9km 이상의 맹그로브, 10km의 얕은 만과 갯벌을 복원하고, 250ha의 얕은 잘피밭을 보호할 계획도 가지고 있다. 이 복원사업은 지역의 생태적 지속가능성을 유지하는 것 외에도 해수면 상승에 대한 회복력을 제공한다. 포레스트시티의 전반적인 비전에는 지속가능한 도시 환경에서 살기를 원하는 재능있는 국제적 감각을 가진 인재를 유치하려는 목적도 있다. 이 거대한 사업은 2035년에 완공될 예정이며, 최대 70만 명을 수용할 것이라고 한다. 그러나 부정적인 시각도 있으니 조금 더 두고 볼 일이다.

조현호, 2020. 2. 17. 2020년에 지켜볼 미래의 스마트시티 5곳은? SmartCityToday. // James Clark, 2020. 4. 8. ForestCity Malaysia-A new city on man-made islands near Singapore, Future Southeast Asia. // Sarah Wray, 2019. 12. 9. Malaysian 'forest city' wins Sustainability award. Smart Cities World.

중국 루저우

가끔 인터넷에서 숲처럼 생긴 빌딩이 나오거나 건물이 살아있는 나무로 덮여있는 영상도 보게 된다. 어떤 경우는 빌딩의 내외부를 공원처럼 나무를 빽빽이 심어 주목을 받는 예도 있다. 일본 오사카의 난바파크Namba Park가 좋은 사례인데 2003년에 완공된 이 종합쇼핑몰은 건물 내외부에 300여 종 7만여 그루를 심어서 녹화하였다. 공원이 건물 속으로 들어왔다 하여 관광지로도 큰 인기를 끌었다. 정작 더 주목을 받은 것은 도시의 재생에 새로운 경관의 창출을 유도한 사례로써 미국의 그랜드캐년을 모티브로 자연과 인간이 공존할수 있게끔 설계한 것이다. 주제는 '자연과의 공생'이었다. 당시로서는 첨단이었다. 녹지는 사람들을 평안하게 경관을 아름답게 만들기도 하지만 온도를 크게 낮추었다. 대기 온도가 31.1℃ 일 때 일반 콘크리트 옥상의 온도는 45.6℃인데 난바파크는 29.2℃여서 16.4℃ 차이를 보였다. 기후변화로 온난화가 점차 심화하는 상황에서 이러한 건축에 대한 요구가 증대되고 있다. 난바파크 이후에는 후쿠오카나 자카르타에 유사한 개념의 빌딩이 등장했었지만 최근에 일부 도시에서 수직 숲vertical forest 빌딩이 등장하고 있다. 난징이나 하노이 등인데 도시 자체를 수직 숲 빌딩으로 건설하고 있는 사례도 있어서 주저우시를 통해

일반 도시와는 확연히 다른 수직 숲의 경관은 그 자체만으로도 자연과 닮은 도시로 보이고, 사람들이 자연 속에서 거주한다는 느낌을 줄 것으로 보이는데 앞으로의 전개가 궁금해진다.

서 소개하고자 한다.

  중국의 가장 남쪽에 있는 광시성에 인구 380여만 명으로 두 번째로 큰 도시이자 최대의 산업도시인 루저우柳州 Liuzhou가 이 부분에서 과감하게 도전에 나섰다. 이곳은 소수민족인 '좡족특별자치구역'으로 좡족壯族을 비롯한 둥족侗族, 먀오족苗族 등 27개 소수민족이 살고 있는데 전체 인구의 약 절반 정도를 차지한다. 따라서 다양한 문화적 유산과 생활양식이 혼재되어 있는 독특한 지역이다. 1939년대 말에는 대한민국 임시정부가 있었던 곳으로 우리와도 인연이 있다. 중국에서도 오래된 고장으로 기원전에 세워진 도시다. 18세기에 바뀐 이 도시의 이름이 이러한 변신을 예견한 듯하다. 버들 '유柳' 자를 쓰고 있으니 그야말로 버드나무, 나무의 도시였던 것이다. 오늘날 세계의 수많은 도시가 콘크리트로 둘러싸여 있고 녹지면적이 더이상 늘지 않고 있다. 기후변화의 위기가 코 앞인데 말이다. 루저우에서는 도시가 자연과 다름없이 함께 존재할 수 있다는 새로운 개념으로 숲의 도시Liuzhou Forest City를 만들려고 한다. 그래서 도시의 북부 외곽 류강 강변에 138.5ha(약 1.4㎢ / 약 42만 평)에 새로운 신도시-수직 숲의 빌딩군을 건설하고 있다. 모든 건물은 나무로 덮여있는 자연 중심 도시이다.

세계 여러 도시에서 녹지를 확장하려는 움직임이 완전 새로운 트렌드라고 할 수 없지만 3만 명 정도 주민들이 거주하게 되는 한 지역 전체를 수직 숲 빌딩으로 한 계획은 그 어디에도 없었다. 지금까지 그런 정도의 도시개발은 자연과 기존의 땅에 자라고 있는 많은 나무를 파내고 생태계를 파괴하는 방식을 취해왔다. 이 새로운 도시는 도시 건설과 함께 새로운 자연을 창출해내는 방식이다. 희망컨대 이 방식은 자연생태계에 좋을 뿐만 아니라 사람들의 건강에도 더 나은 생활환경을 만들 것으로 보인다. 루저우 숲의 도시 식물과 나무는 100여 종에 약 100만여 그루가 매년 10,000톤의 이산화탄소와 57톤의 오염 물질을 흡수하는 것으로 예상하고 있다. 공기 중 해로운 오염 물질을 제거하는 것 외에도 나무와 식물은 매년 약 900톤의 산소를 생산할 것이며 나무만도 40,000그루가 넘을 것이라 한다. 그리고 도시의 평균 기온도 낮아질 것이 분명하다.

이러한 아이디어는 스테파노 보에리 건축회사Stefano Boeri Architeetti가 고안한 것으로 이 저명한 건축회사는 이미 여러 도시에서 같은 방식의 빌딩을 건축한 바 있다. 일반 도시와 비교할 때 도시 온도를 낮추는 것은 물론이고, 빌딩을 장식하는 식물들은 주변 자연과 조화를 이루고 이웃한 생태계들 사이에서 생태 다리와 서식지 기능을 하면서 지역 생물다양성을 높이는 역할을 할 것으로 기대하고 있다. 이 숲의 도시는 지열과 태양 에너지와 같은 재생에너지원으로 자급자족할 계획도 가지고 있다. 또한, 완전히 스마트한 도시가 되어 상업구역, 주거지역, 레크리에이션 공간, 병원 그리고 두 개의 학교가 온라인으로 연결될 것이다. 전기를 동력으로 하는 고속철도로 루저우의 원도심과 연결된다.

　유로 뉴스에 따르면 위에서 언급한 건축회사의 대표인 이탈리아 건축가 스테파노 보에리가 도시숲을 홍보하기 위한 글로벌 캠페인을 시작했다고 한다. 그는 오염을 줄이고 기후변화를 역전시키기 위해 도시에 더 많은 숲과 나무를 늘리기를 희망한다. 이 캠페인은 건축가, 연구원, 부동산 개발자 및 NGO를 포함하여 문제에 영향을 미치는 모든 사람에게 녹색도시 경관이 갖은 여러 장점을 생각하도록 한다. 현재 도시는 전 세계 이산화탄소 배출량의 75% 이상을 차지하므로 숲을 늘리는 것 자체가 지역주민들의 삶의 질을 향상시킨다. 더 나아가 녹지공간에 접근하면 특정 질병의 위험을 줄이고 기대수명에 긍정적인 영향을 미칠 수 있다고 하였다. 이 건축가는 이탈리아 밀라노의 '수직 숲 타워 Vertical Forest Towers' 디자인으로도 유명하다.

　루저우에서 일어나는 실험이 성공한다면 국내와 전 세계의 녹색도시 디자인에 새로운 방향을 제시할 것으로 보인다. 이 엄청난 사업은 본래 계획대로라면 2020년에 완료될 예정이었으나 아직 완공되었다는 소식이 없어 궁금하지만 기후변화 위기에 봉착한 도시들의 대담한 그리고 성공적인 도전이길 기대한다.

　Design42Day, 2020. 1. 14. Liuzhou Forest City: The Redefinition of a Green City. design wanted. // Karla Lant, 2017. 8. 28. China Has Officially Started Construction on the World's First "Forest City". Futurim.

프랑스 파리

파리를 가본 사람이라면 아름다운 건축물과 세련된 거리와 골목은 생각날지 언정 인상적인 숲은 기억나지 않을 것이다. 지난 1월에 난 한 기사에 따르면 파리는 현재 도시숲에 대한 야심에 찬 계획을 세우고 있음이 분명해 보인다. 2030년까지 유럽에서 가장 친환경적인 도시greenest city가 될 담대한 계획을 세웠다. 전면적인 자동차 금지와 함께 광대한 도시숲 조성에 이르기까지 프랑스의 수도인 파리는 자신의 도시와 지구를 위해 변모하려는 것이다. 이와 같은 변화를 위한 개방은 자부심이 강하고, 전통적이며, 규제가 많은 이미지를 가진 파리와는 연상이 잘되지 않는 장면이다. 열린 녹색공간도 마찬가지다. 따라서 이제 프랑스 수도가 환경적으로 건전한 도시생활의 비전을 제시하는 데 앞장서고 있다는 사실에 누구나 놀라고 있다. 이 엄청난 변화는 2014년에 처음 선출된 여성 시장인 안느 히달고Anne Hidalgo가 녹색정책을 최우선으로 실행하면서 가능해지기 시작하였다.

앞의 기사는 또 이렇게 적고 있다. "그냥 길을 택하세요. 지난 5년 동안 파리를 걸어 본 적이 있다면 마치 거대한 건물부지처럼 느껴졌을 것이다. 히달고가 취임한 후로 약 900마일의 자전거 도로가 도시 전역에 만들어졌다. 센 강을 따라 나 있는 둑길을 포함한 주요 도로는 통행이 완전히 차단되었다. 세계적으로 유명한 마들렌Madeleine, 나시옹Nation, 바스티유Bastille 광장은 보행자 친화적으로 재설계되었다. 2024년부터는 모든 디젤 차량이 도시에서 금지되고, 2030년에는 휘발유 차량도 금지된다." 이런 엄청난 변화에 격렬한 반대가 따랐지만, 변화를 지속하고 있다.

뿐만 아니라 파리시청호텔 드 비예 Hôtel de Ville, 리옹역Gare de Lyon 그리고 오페

파리에서는 유명 거리를 중심으로 도시 숲이 조성되고 있다. 이 변화는 도시의 미래와 지구의 미래를 위한 것이라는 확실한 신념을 가진 정치인들에 의해서 추진되고 있다.

라 가르니에Opéra Garnier, 센 강 주변 등 네 곳의 랜드마크 옆에 새로운 '도시숲'을 조성할 계획을 세우고 있다. 파리는 랜드마크 건물 바로 옆에 '도시숲'을 만들어 환경을 보호할 계획이다. 공기의 질을 개선하고 기후변화를 해결하기 위해 나무를 심고 정원을 만들어 숲을 조성할 구체적 계획을 추진하고 있다. 시장은 2026년까지 수도 전역에 17만 그루 이상의 나무를 심겠다고 약속했으며, 2030년까지 도시의 50%가 숲으로 덮여 있을 것으로 내다봤다. 이렇게 하려고 건물 규정을 완화하여 시민들이 그들 주변에 훨씬 쉽게 나무를 심게 했다. 이것은 시장의 주요 목표 중 하나인 '개인을 중심으로 숲의 도시를 건설하는 것'이다. 또 파리는 2024년 올림픽 개최를 준비하면서 다른 많은 주요 명소도 새로운 모습으로 바꿀 계획이다. 예를 들어, 에펠탑 주변지역은 경기일정에 맞춰 '특별한 숲 공원'으로 만들려고 한다. 파리에서 가장 큰 광장이자 마리 앙투아네트가 처형된 장소인 '콩코르드 광장Place de la Concorde'에도 새롭게 도시

2030년이면 가로수 하나 제대로 없던 샹제리제 거리가 그림처럼 나무가 가득한 거리가 된다. 유럽 최고의 숲의 도시를 만들려는 계획 중 하나다.

숲이 생길 것이다. 그리고 센-생드니Seine-Saint-Denis 교외에는 곧 새로운 '친환경' 올림픽 빌리지, 미디어 시티와 올림픽수중센터가 자리하게 된다. 이러한 유명한 녹색 프로젝트의 원동력 대부분은 센-생드니에서 열린 또 다른 중요한 국제행사로 거슬러 올라간다. 2015년 12월, 유엔 기후변화협약 당사국총회 COP 21를 주최한 프랑스 수도의 이 북쪽 지역에 모든 시선이 집중되었다. 파리 회의는 기후변화에 맞서 싸우는 전환점으로 환영받았으며, 각국은 지구온난화를 산업화 이전 수준에서 2℃가 넘지 않도록 제한하겠다고 약속했다.

세계 탄소배출량의 75% 이상을 차지하고, 에너지의 78%를 사용하는 도시는 파리 협정에서 약속한 것을 현실로 바꾸는데 중요한 역할을 해야 한다. 따라서 COP 21 주관자였던 파리가 이제 다른 구성원들에게 어떻게 진행되는지 보여주어야 한다는 사실이 어쩌면 당연한 일이다. 의무라 생각했다. 이러한 계획들은 2024년 올림픽을 지나서도 진행된다. 2030년까지 파리에서 가장 유명한 거리인 샹젤리제는 2억 5천만 유로(약 3,388억 원)를 들인 대규모 단장으로 '특별한 정원'이 될 것이다. 이 계획에는 자동차 차선 수를 네 개에서 두 개로 줄이고 새로운 보행자와 녹지 구역을 만들고 1.9km 길이의 도로를 따라 공기 질을 개선하는 '나무 터널'을 만드는 것이 포함된다.

기후 위기에 현실적으로 대처하기 위한 새로운 전략의 목적으로 파리 시장은 도시에 '도시숲' 건설을 추진하고 있다. 이미 사업은 시작되었고, 2020년부터 숲이 조성되었다. 보행자가 숲에서 더 많은 시간을 보낼 수 있도록 장려하고, 녹지로부터 환경적 혜택을 더 받으려는 것이다. 파리 사람들은 런던이나 밀라노와 같은 다른 주요 유럽 도시와 비교할 때 숲이 부족하므로 시민들은 수도의 녹지 부족에 대해 불평하고 있었다. 생태 '도시숲'은 바쁜 일과를 보내는 도시 거주자들이 쉬어갈 수 있는 휴식 공간이 되길 바라고 있다. 사람들의 스트레스 수준 감소와 정신적 웰빙 증진에 도움을 주기 때문이다. 더 나아가 지역의 자산 가치 증가 그리고 가장 중요한 것은 환경적 혜택이 다양한 생태계서비스로 많은 사회적·경제적 이점이 된다는 것인데, 이미 과학적으로 입증된 바 있다. 일반적으로 환경적 혜택에는 도시의 온도 감소, 대기오염 감소, 주변 건물의 에너지 비용 감소, 야생 동물 서식지 제공, 생물다양성 보존 등이 있다.

아마도 파리가 가장 적극적으로 진행하는 정책은 자동차 사용을 줄이고 도보 그리고 대중교통을 통한 여행을 장려하는데 중점을 두어 2백만 명의 주민들이 주변 도시와 상호 작용하는 방식으로 재구성하려는 것이다. 정책자문을 하는 칼로스 모네로Carlos Moreno 교수는 '15분 도시' 개념의 주요 지지자 중 한 명으로 파리에서는 주민들이 집에서 15분 이내에 모든 기본 서비스(대중교통, 상점, 학교)를 이용할 수 있도록 제안하였다. 현재 세계 어느 곳에서도 파리만큼 대담하고 적극적으로 행동하는 도시는 찾기 어렵다. 전통적으로 파리 동쪽과 서쪽에 있는 두 개의 주요 공원인 뱅센 부아와 불로뉴 부아는 '파리의 허파les poumons de Paris'로 작용했다. 앞으로 모든 것이 계획대로 진행되면 파리 사람들은 편하게 숨을 쉴 수 있는 더 많은 공간을 갖게 될 것이 확실하다. 미래의 '숲의 도시' 파리가 기대된다.

Huw Oliver, 2021. 11. 3. How Paris plans to become Europe's greenest city by 2030. Time Out. // IDEAS, 2017. 7. 12. 2050:The fight for Earth, How Paris is Actually Walking the Climate Change Walk. TIME.

영국 글래스고

얼마전 11월 초에는 글래스고에 모인 세계정상들이 메탄가스를 줄이고 숲을 구하겠다고 약속을 했다. 이곳에서 개최된 기후변화협약COP 26 회의에서 한 공약이다.

2017년 한 칼럼리스트는 사이언스 타임스ScienceTimes 뉴스레터에서 글래스고Glasgow를 다음과 같이 소개했다. "20세기 초까지만 해도 100만 명이 넘는 인구가 사는 대형 도시로 영국에서 런던 다음으로 가장 번성하였던 도시 중 하나였다. 한때 글래스고는 세계 제조업의 중심지였으며, 영국 조선의 50%가 글래스고에서 생산됐다. 그뿐만 아니다. 전 세계 기관차 생산의 25%를 차지했었다. 그러나 현재는 60만 명도 채 되지 않는 중소형 도시에 평균수명 65세(영국 평균 81세), 약물자살 범죄가 많은 '병든 도시'로 전락해 버렸다." 한 도시가 단기간에 이렇게 바닥까지 추락한 일은 매우 드물다. 제조업 중심의 산업도시가 중공업 생산의 중심이 아시아로 넘어가면서 발생한 것이라는 평이 일반적이다. 산업혁명의 중심지인 곳에서 생긴 일이었다.

그래서 글래스고는 재생을 위해 여러 가지 처방을 내려 살기 좋은 도시가 될 것이라는 희망을 위해 재도약을 추진하고 있다. 그 첫째가 스마트도시로의 변모다. 2013년 미래의 건설과 기술 중심의 혁신을 위해 만든 영국 정부의 기술전략위원회TSB로부터 시범도시로 선정되었는데 29개의 도시를 경쟁에서 이기고 약 408억 원을 지원받았다. 글래스고는 IBM, 인텔 등 정보통신기업과 손잡고 맞춤형 미래도시 '스마트도시' 개발을 추진하기로 하였다. 핵심 기업인 IBM은 저탄소 에너지 기술을 적용하여 '글래스고 스마트도시'를 난방 등의 절약이 가능한 절약형 주거지로서, 지속가능한 공동체로 만드는 것을 목표로 하고 있다.

선행적으로 창안된 '글래스고 운영 센터'는 통합 교통체계와 공공 안전 관리를 위한 일종의 시스템이다. 이것은 도시 전역의 크고 작은 사건에 대한 지능형 대응방식으로 실시간 정보를 제공한다. 글래스고의 개방형 데이터 카탈로그를 보면 현재 여행, 에너지, 관광, 공공안전 그리고 교육 부문의 60개 분야에 걸쳐 있다. 이것들은 대중에게 무료로 제공되며, 미래에 새롭고 혁신적인 솔루션을 창조하기 위해 누구든지 사용할 수 있다. 또한, 시민들의 생각을 반영하고자 매년 '미래 해킹Hacking the Future' 대회 등을 개최한다.

또 다른 사례로는 '스마트에너지'가 있다. 글래스고는 시민들에게 에너지 사

글래스고가 숲의 도시를 지향하는 것은 분명하다. 숲이 제공하는 생태계서비스 혜택을 효과적으로 활용하자는 것인데 그 효과 중에는 시민들을 기분 좋게 하고, 창의성을 고양시키는 것이 있다. 그리고 시민들의 수명도 늘리고자 하는 의도도 있다.

용정보와 관련해서 두 가지를 제공한다. 하나는 본인의 에너지 사용 정보이고, 다른 하나는 본인과 유사한 사용자들의 평균 에너지 사용 정보이다. 여러 학술연구에 따르면 이러한 에너지 사용 정보 제공만으로 기존 에너지 사용량 대비 5%에서 15%를 절감할 수 있다고 한다. 즉, 사용자가 기존에 낭비되는 에너지를 줄여줌으로써 얻는 효과다. 이와 같은 목적으로 모바일로 에너지 사용정보를 제공하는 과제를 29개 학교를 대상으로 수행했었다. 실험 첫해에 전년 대비 연간 약 4억 9천만 원 정도의 에너지 절감효과를 내었다.

글래스고는 오는 2030년까지 불필요한 플라스틱을 없애고, 2022년까지 모든 일회용 플라스틱 사용을 단계적으로 폐지할 계획이다. 글래스고 시의회는 최근 플라스틱 사용의 폐지를 위해 도시에서 사용 및 폐기되는 플라스틱의 양을 줄이기 위한 24가지 전략을 제안했다. 주요한 조치 중 하나로 글래스고는 플라스틱 폐기물과 쓰레기를 억제하려는 유로시티(유럽 대도시 네트워크)의 약속에 서명했다. 글래스고의 전략은 올해 초 1,500건 이상의 설문 조사와 함께 일회용 플라스틱 소비를 줄이는 작업을 지원함으로써 플라스틱 사용을 공개적으로 줄이는데 기반을 두고 있다. 전략의 장기 목표는 '플라스틱 사용을 피할 수 있거나 플라스틱 품목의 대체 및 재사용이 가능한 해결책이 존재하는 곳에서 플라스틱 사용을 끝내는 것'이다.

마지막으로 '숲의 도시'로 될 가능성에 도전하였다. 산책로, 다리 그리고 나무와 관목으로 뒤덮인 길을 통해 '글래스고 사람들Glaswegians'은 집을 떠나는 순간부터 퇴근할 때까지 자연에 푹 빠져서 생활할 수 있는 환경을 만드는 것이 목표다. 먼저 자연 형태를 모방한 생태 모방 아키텍처를 채택하여 도시의 스카이라인을 고려한 건물 건립계획을 세웠다. 영국 사람들은 또한 사업주와 주택 소유자가 수직 숲, 생체 모방과 옥상정원과 같은 기능의 도입을 통해 도심이 가능한 한 환경친화적이 되도록 하는 법안을 만들어야 한다고 믿고 있다. 많은 영국의 도시와 마을이 이미 도시숲 분위기를 구현하여 자연환경을 개선하겠다고 약속했지만, 연구에 따르면 62%의 사람들은 충분하지 않다고 생각하였다.

2013년 여름에 글래스고는 숲이 제공하는 다양한 생태계서비스를 평가·연구했다. 가장 가치있는 생태계서비스는 탄소 포집, 빗물 차단 그리고 대기오염 제거였으며, 사회·문화적 가치도 있는 것으로 파악되었다. 이 평가는 글래스고 시의회Glasgow City Council와 스코틀랜드 산림위원회Forestry Commission Scotland에서 자금을 지원했으며, 숲 연구소Forest Research에서 수행했다. 연구 목표는 도시숲의 종 구성, 나이 등급, 건강상태 확인 등이었으며, 이들 기초자료를 통하여 숲이 제공하는 생태계서비스를 계산하고, 더 많은 나무를 심을 수 있는 토지와 그 이용 유형을 결정하였다. 아울러 도시숲의 해충과 질병에 대한 감수성에 대한 위험도 분석도 했다. 글래스고는 영국의 다른 도시와 비교해 나무의 밀도가 높지만, 이웃 도시 에든버러Edinburgh보다 낮았다. 글래스고는 큰 나무 (60cm +)의 비율이 높았는데 중간 크기의 나무가 부족하면 미래에 위험에 처하게 된다.

  삼림위원회 조사에 따르면 주민 2/3 이상이 지난 수년 동안 도심 또는 도시 주변 숲을 방문하였는데, 주로 가족들의 체험과 휴식을 위한 것이었다. 정기적으로 도시숲을 찾으면 건강 증진, 특히 혈압과 정서적 안정에 도움을 준다고 하였다. 영국의 한 연구에서 나무에 1파운드(약 1,560원)를 투자할 때마다 숲은 10파운드의 경제적 편익을 창출한다는 결과를 내었다.

  글래스고에서 공터는 공원 다음으로 많은 수의 나무들이 자라는 곳이다. 이런 곳은 향후 개발될 가능성이 가장 크기 때문에 숲의 상태가 개발 계획에서 평가기준이 될 수 있다. 도시 공간의 최대 32%는 새로운 나무나 관목을 심을 수 있을 것으로 추정되었다. 도시숲이 제공하는 가치는 연간 450만 파운드(약 71억 원)의 가치가 있는 것으로 추정되었다. 이러한 나무 심기는 향후 10년간 1,800만 그루를 심을 예정이며 이는 시의 탄소중립 목표와도 연계되어 있다. 그렇게 되면 숲은 17%에서 20%로 늘어나며 훼손된 습지와 생물다양성이 회복될 것으로 보았다.

  위 보고서에 따르면 전체 생태계서비스를 다 포함하면 앞의 가치의 10배 이상이 될 것으로 보인다. 모든 도시공원에 대해 개요를 알려고 하면 글래스고 시의회의 공원과 정원 웹 사이트를 방문하고 자신의 '글래스고 걷기' 응용 프로그램을 다운로드하여 이용하기에 편한 길을 찾을 수 있다. 글래스고시가 시민들과 함께 환경도시로 발전해 나가면서 이전의 2차 산업혁명 때처럼 또다시 4차 산업혁명을 선도하는 도시로 재도약할 수 있을지 궁금하다.

BBC News, 2021. 6. 1. Eighteen million trees to be planted around Glasgow. // Forestry Commission Scotland, 2015. The Urban Forest, How trees and woodlands can improve our lives in and around our towns and cities. The Scottish Government. // Jake Spring and Jeff Mason, 2021. 11. 3. Nations make new pledges to cut methane, save forests at climate summit. Euronews. // Heather Rumble, Kenton Rogers, Kieron Doick, Angiolina Albertin and Tony Huchings, 2015. Assessing the Ecosystem services of Glasgows Urban Forest: A Technical Report. Forest Research.

영국 런던

얼마 전 서울연구원에서 발간하는 소식지 《세계도시동향(458호, 2019)》을 보니 '국립공원도시 런던 첫선 기념 축제 연다'라는 제명의 소식이 실려있어 유심히 읽어 보았다. 영국의 수도 런던이 2019년 7월에 세계 최초의 국립공원도시가 되었다고 하니 흥미가 작동할 수밖에 없었다. 일단은 어떤 기구가 있길래 거대한 도시를 국립공원으로 지정까지 하였을까 하여 여러 자료를 추적하여 이 글을 쓴다. 결론적으로 말하면 도시를 더 푸르고 건강하게 그리고 야생에 가깝게 만들어 미래를 대비하는 도시를 위해 시작한 시민운동에 시와 여러 조직이 적극적으로 호응하여 지원해서 이루어진 일이었다. 이러한 운동의 배경에는 "왜 야생에서만 국립공원이 지정되고 그곳에 가야만 자연을 즐길 수 있는가?"라는 단순한 의문에서 출발한 것이었다.

'런던 국립공원도시London National Park City'는 런던 시민들의 생활을 개선하기 위한 운동이지만 시가 함께 하면서 세계 최초가 된 것이다. '국립공원도시

런던 시내 빌딩들은 옥상의 작은 공간이라도 녹색 공간으로 만들어 런던시가 추진하고 있는 국립공원도시 계획에 동참하고 있다.

재단National Park City Foundation, NPCF'은 '세계도시공원협회World Urban Parks' 등과 협력하여 최초의 '국립공원도시NPC' 국제헌장을 제정했다. 재단은 2025년까지 최소 25개의 국립공원도시를 지정하는 것을 목표로 하고 있으며 이미 보통 뉴캐슬이라고 하는 '뉴캐슬 어폰 타인Newcastle upon Tyne'과 글래스고 등 영국 도시와 다른 세계 도시들과 논의 중이다. 도시재단은 비전과 수많은 아이디어를 실현하고 있다.

그리고 국립공원도시가 된 런던은 이를 기념하기 위한 행사로 2019년 제1회 국립공원도시 축제를 개최하였다. 아울러 다양한 홍보와 함께 클라우드 모금 캠페인도 하였다. 도시 전역에서 개최된 많은 행사를 통해 처음으로 출범하는 '런던 국립공원도시'를 자축하였다. 축제에는 무대중심의 축제, 옥상 축제, 숲 축제, 야생 축제, 물빛 축제 등이 열렸고, '국립공원도시재단'과 여러 파트너 그리고 시의 환경팀이 함께 주관하였다. 지난 2017년부터 3년간 재정을 투자해 17만 그루의 나무를 새로 심고, 200여 곳에 녹색공간을 조성하였다. 내셔널 지오그래피 지는 관련 기사에서 "런던 도심 지역의 기의 절빈은 강, 운하, 저수지를 의미하는 녹색 또는 파란색 공간이다. 난간과 마당을 야생

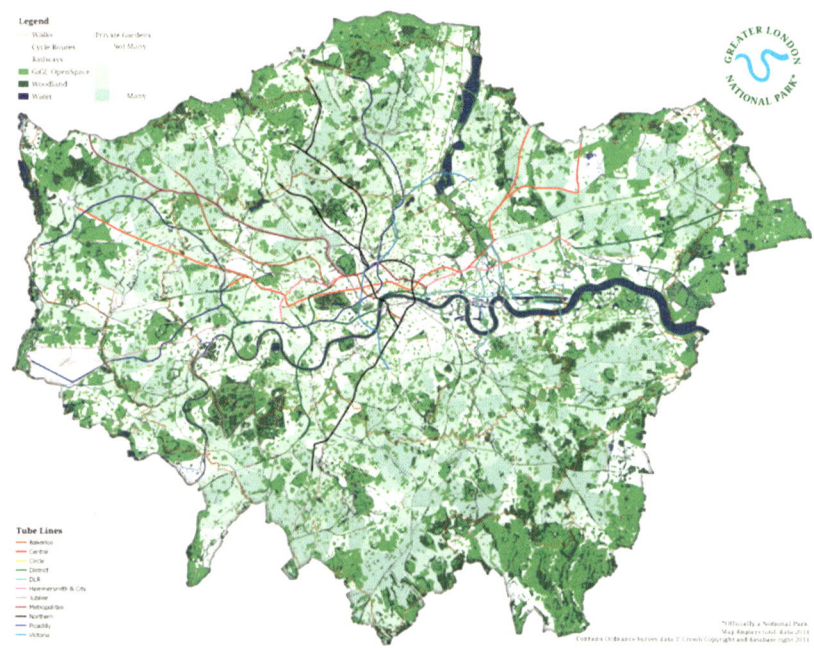

런던의 사회적기업 '어반굿(Urban Good)'이 주도하여 만든 '런던 국립공원도시 지도(London National Park City Map)'의 일부분이다. 2016년부터 지도 제작을 위해 모금하기 시작하여 성공적으로 마무리를 했다. 현재 우편 요금만 내면 무료로 받아 볼 수 있다.(런던 국립공원도시 자료 인용)

동물 친화적인 식물로 채워 도시를 더욱 자연이 풍부하고 활기차게 만드는 것은 런던시민이다. 또는 정원과 공공장소에서 채소와 과일을 재배한다. 또는 울타리에 작은 구멍을 뚫어 고슴도치가 도시를 돌아다닐 수 있다."라고 기술하고 있다.

이 운동은 2013년에 한 전직 지리교사인 '다니엘 레이븐-엘리슨Daniel Raven-Ellison'이 "런던을 국립공원도시로 만들면 어떨까요?"라고 제안하면서 시작되었다. 그리고 이듬해부터 본격적으로 캠페인을 시작하였다. 2년 후인 2015년에는 600명이 넘는 사람들이 다시 런던을 국립공원도시로 만들기 위한 구체적인 협의를 이어갔다. 여론 조사에서는 런던 시민 90%가 이 재미있는 아이디어를 지지하였다. 2017년에는 추진력을 유지하고 지지를 확산하기 위해 런던 중심부에서 정기적으로 회의를 공개하여 개최하였다. 연말까지 각 주요 정당의 1,000명 이상의 지역 정치인들이 지지 의사를 밝혔다. 당시 사디크 칸Sadiq Khan 시장은 2050년까지 도시의 청록색 토지 비율을 50%로 늘리고 영구적으로 보존하고 개발을 허용하지 않겠다는 목표를 가진 '런던 국립공원도시 계획'을 수립했다. 앞서 언급한 것처럼 '런던 환경전략'을 수립하여 이를 지원하였다. 전략의 다섯 가지 주요 영역은 대기 질, 자연친화적 기반시설, 기후변화 대응과 에너지, 쓰레기, 환경소음 등이다.

 영국의 유명작가인 로버트 맥팔레인Robert Macfarlane은 이것을 '런던을 위한 너무나 멋진 순간'이라고 하며 그 이유를 "도시가 보유하고 있는 생물다양성과 녹색을 축하하고, 도시생활이 자연과 얼마나 밀접하게 연결되어 있고 자연에 의해 풍요로워지는지에 대한 인정, 그리고 우리 관계를 심화하고 개선하는 방법에 대한 미래에 대한 비전이 자연에 좋은 것은 우리 모두에게도 유익하기 때문입니다."라고 하였다. 영국 정부는 런던을 세계적으로 유명한 금융, 문화 및 정치 중심지일 뿐만 아니라 생태 중심지라 생각한다. 유럽에서 가장 큰 도시인 런던은 총면적 1,572㎢, 인구 약 900만 명, 나무 830만 그루, 3,000개가 넘는 공원과 열린 공간, 147개의 자연보호구역, 300여 개의 농장, 네 개의 유네스코 세계문화유산을 가지고 있다. 그리고 도시 런던은 야생동물로 가득 차 있다. 8종의 박쥐, 영국에서 가장 많은 사슴벌레 개체군, 수백 종의 조류를 포함하여 거의 15,000종이 이곳에 살고 있다. 런던의 도심지역이 교외보다 오히려 나무가 더 많다는 것이 밝혀졌다. 이것을 진정한 도시숲이라 여기고 있다.

 중국의 한 신문기자는 이 성과는 정부의 지원을 받는 것이 운동 성공의 열쇠라고 말했다. 런던시 정부는 매우 효율적이며 빠르게 조처했다. 첫 번째 단계는 모든 시민과 단체가 나무 심기 및 하천 복원과 같은 목적을 위해 신청할 수 있도록 약 140억 원의 '녹색도시 기금Greener City Fund'에 투자하였다. 두 번째 조치는 규제를 위한 입법으로 개발자에게 더 많은 친환경 인프라를 새로운 개발 프로젝트에 포함시키도록 요구하는 것이다. 세 번째는 교육이었다. 시는 런던의 학교 아이들이 자연을 누릴 수 있는 기회를 100% 제공하겠다고 약속했다. 모든 대도시와 마찬가지로 런던은 끔찍한 오염으로 고통받은 경험이 있다. 이로 인해 야생동물이 희생되었고, 시민들은 건강을 해쳤다. 바로 이점이 앞으로 수십 년 동안 런던에서의 삶이 어떻게 개선될지 생각한다면 이 국립공원도시 사업을 이해하게 된다. 레이븐-엘리슨은 또 이렇게 말하였다. "국립공원과 국립공원도시의 유일한 차이점은 도시환경과 경관이 열대우림이나 극지방 또는 사막 지역만큼 중요한데 다르게 취급되고 있다는 점이다. 우리가 자연에서 다시는 멀어지면 안 된다. 국립공원의 숲보다 도시숲에서 훨씬 더 신난다."

로라 파커, 2018. 11. 새롭게 변모하는 런던. 내셔널 지오그래픽: 2-31. // Stephen Leany, 2019. 7. 20. London to become first 'National Park City' that mean?. National Geographic. // Susan Gray, 2018. 2. 22. Walk & Talk: Dan Raven-Ellison. Walk Magazine of the Ramblers.

미국 워싱턴 DC

워싱턴 DC는 인구 70여만 명의 도시이지만 미국의 수도로 세계 정치의 중심지라 할 수 있다. 공식 이름은 '콜롬비아 디스트릭트the District of Columbia'라고 하는데 그냥 디씨 또는 워싱턴시라고도 한다. 필자도 여러 차례 이 도시를 방문했지만, 눈에 띄는 것은 링컨기념관, 백악관 그리고 의회 의사당을 비롯한 건축물들이었고, 정작 인상적으로 기억에 남은 것은 스미스소니언 내셔널 뮤지엄Smithsonian National Museum이 있는 박물관 거리다. "아! 우리 도시도 저런 박물관 거리가 있으면 좋겠다."라는 생각을 방문할 때마다 가졌다. 그런데 어느 자료를 보니 이 수도가 미국 내에서 최고의 도시숲을 가진 도시로 선정되었다고 해서 약간 놀랐다. 그래서 늘 어떻게 했을까가 궁금하였다. 2013년에 '미국숲협회American Forests'는 미국에서 최고의 도시숲을 가진 10개 도시를 발표하였다. 해당 도시는 오스틴, 샬럿, 덴버, 밀워키, 미니애폴리스, 뉴욕, 포틀랜드, 새크라멘토, 시애틀 그리고 워싱턴 DC였다.

　미국숲협회는 여러 가지 사업을 통해 사람들(도시의 정책결정자 포함)이 자신의 삶, 건강, 경제와 지역사회 복지에 대한 도시숲의 중요한 가치를 더 잘 이해할 수 있도록 지원하고 있다. 우리 주변의 나무들이 단순히 그늘만 제공하는 존재일 뿐만 아니라 인류가 생존을 위해 의존하고 있는 행성인 지구 자연계의 필수 요소임을 사람들이 인식하도록 홍보하고 있다. 최고의 도시숲을 가진 도시들은 장기적이고 체계적인 투자를 했으며, 이 중요한 자연자원을 개선하고 유지하는데 지역사회와 비영리 단체들의 적극적인 참여로 성과를 이루어냈다. 결과적으로 시민과 방문객 모두의 삶의 질을 높이는데 도시숲이 이바지하고 있는 것이다. 그리고 숲에서 발생하는 다양한 문제점에 대한 해결책을 제시하고 있다. 여러 도시가 가진 경험과 지식을 공유하면 예측하지 못했던 여러 문제점을 해결할 수 있다고 믿고 있다. 기후변화로 인한 계절의 변동, 강풍의 빈도와 심각도, 이전에 있었던 질병과 곤충 감염 등의 위협이 변화함에 따라

매일 새로운 문제들의 발생에 직면하면서 이를 해결하는 방법을 항상 필요로 했다.

   미국에서 진행된 과학적 연구 결과를 통해 도시숲은 우리가 상상한 것 이상의 기능이 있음이 밝혀지고 있다. 하지만 때때로 사람들은 이산화탄소 흡수, 빗물 저장과 홍수 통제 그리고 도시생활의 한가운데에서 편안하게 스트레스를 줄이는 오아시스를 제공하는 이러한 숲 환경이 사람들의 도움 없이는 존재할 수 없다는 사실을 잊어버리곤 한다. 현재 미국 인구의 80%가 도시지역에 거주하고 있으며, 미국의 도시면적은 2050년까지 두 배 이상 증가할 것으로 예상하여 도시숲을 기획하고, 나무를 심고 육성할 때라고 협회는 여기고 있다. 나무는 하루아침에 자라지 않고, 건강한 도시숲의 혜택은 여러 세대가 누릴 수 있다는 점을 강조하고 있다. 그래서 토지를 새로 조성하거나 건설 활동을 수행하기 전에 현장에 있는 나무들에 대한 잠재적인 영향을 파악하는 것이 중요하다. 디씨의 조례인 2002년에 제정된 '도시숲 보존법the Urban Forestry Preservation Act'과 2016년에 개정된 '나무 캐노피 보호법Tree Canopy Protection Amendment Act'은 사유지에 있는 성숙한 나무의 훼손을 규제하고, 보호를 장려하는 것도 그러한 이유 때문이다.

   워싱턴 DC는 나무 관리에 관한 한 대단한 자부심을 느끼고 있다. 도시가 처음 건립될 때부터 나무는 매우 필수적인 것으로 간주하여 도시계획에 포함하였다. 이 도시의 나무를 말할 때면 항상 피에르 랑팡Pierre L' Enfant의 최초 도시계획을 언급한다. 1791년에 만들어진 초안에 이미 나무를 위한 공간들이 확보되어 있었다. 이후 여러 차례 보강되었지만, 원계획을 흩트리지 않았다. 위기가 없었던 것은 아니지만 긴 역사에 대한 존중과 헌신적인 노력으로 도시숲이 제공하는 아름다움을 지닌 도시로 오늘날까지도 지속할 수 있었다.

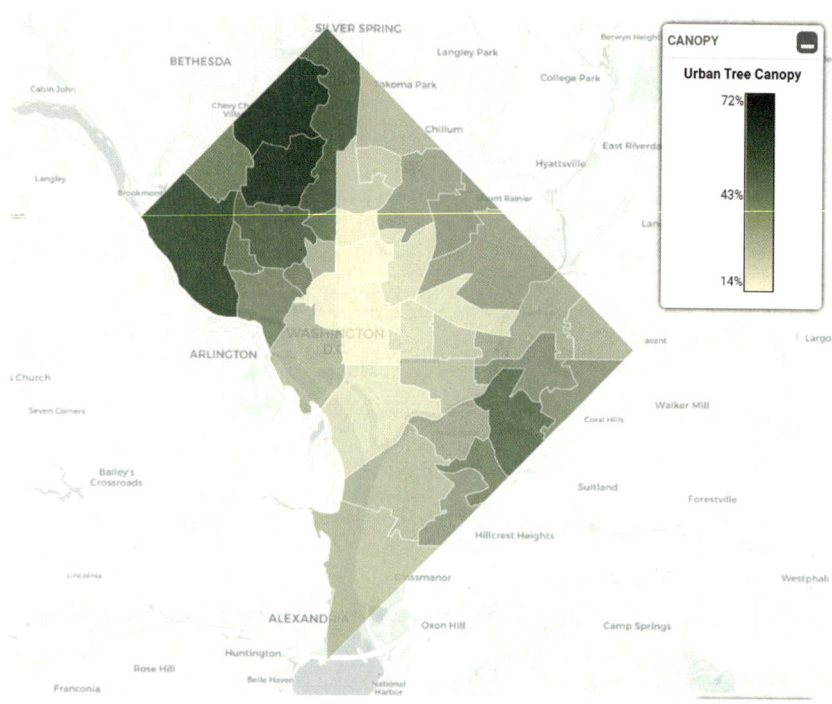

워싱턴 DC는 단순히 나무의 수보다는 캐노피(나뭇가지와 나뭇잎이 만들어내는 덮개)를 더 중시한다. 이 지도는 나무 캐노피가 도시를 덮는 면적을 나타낸 것이다. (워싱턴 DC의 도시숲국의 자료 인용)

    숲과 나무를 가까이하면 사람들의 정서·심리적 건강에 큰 도움이 되고, 종종 스트레스를 덜 느끼고 집중할 수 있으며 일반적으로 기분이 좋아진다고 말한다. 어떤 사람들은 이런 접촉이 외상을 치료하는 데도 긍정적인 영향을 미친다고 한다. 일부 의사들은 '자연 요법' 처방을 쓰고 있으며, 일본에서 시작된 '삼림욕'도 힐링 방법으로 인기를 끌고 있다. 2015년 미국의 한 연구에서 녹색 공터를 바라보는 사람들은 건물이나 공터만 지나가는 사람들보다 심박 수가 낮다고 하였다. 2013년 연구에 따르면 3km 이내의 일정량의 녹지공간이 있으면 불안 장애, 우울증, 공격성 증상을 줄일 수 있었다고 한다. 또 많은 연구

가로수의 캐노피는 그늘을 만들고, 그늘을 만들 정도의 풍성한 잎사귀는 도시숲의 생태계서비스의 크기를 크게 향상시킨다.

에 따르면 야외에서 시간을 보내는 아이들은 더 행복하고 스트레스가 적으며 학업 성적이 더 좋고 사회적 활동에 더 많이 참여한다. 2016년 일리노이 대학교의 연구에 따르면 교실에서 바라보는 녹색풍경에 관한 주의 테스트에서 학생들의 성적이 향상되고 공격성을 줄일 수 있는 것으로 나타났다. 같은 해 캘리포니아 남부에서 실시한 연구에 따르면 접근 가능한 1,000m 이내에 녹지공간이 있으면 청소년의 공격성이 현저히 감소했다.

　이러한 여러 가지 이유로 해서 미국숲협회는 역사적으로 나무가 적은 저소득 지역에 형평성을 부여하는 방식으로 도시를 재조림하는 운동을 주도하고 있다. 자연자원이 부족한 동네 숲의 혜택을 주기 위해 여러 미국 도시들은 노력하고 있다. 주된 이유 중 하나는 빈곤이 가져오는 심각한 정신적 스트레스를 완화하는 데 도움이 되어서다. 그와 같은 지역사회에서는 청소년들이 자기 훈련방식을 개선하고, 불안과 우울증을 줄이며, 교실 집중력을 높이는 다른 입증된 수단이 숲 외에는 없다. 이러한 노력을 기울이는 워싱턴 DC에서도 학교에 나무가 아직 부족한 형편이고, 2015년 자료에 따르면 21개 학교에는 덮개있는 나무가 하나도 없었다. 현재에도 나무 덮개를 늘리기 위해 열심히 노력하고 있는데 2032년까지 건강한 나무 덮개로 전체 면적의 최소 40%를 덮을 계획이다.

워싱톤DC의 교통관리실의 도시숲국 Urban Forestry Division, UFD은 200만 그루가 넘는 도심 나무 중에 17만여 그루를 집중적으로 관리하고 있다. 이처럼 오랫동안 도시 나무들을 잘 관리하고 있고, 역사적으로 도시계획을 잘 세워서 워싱턴 DC는 미국에서 '나무들의 도시 the city of trees'라는 별명까지 얻었다.

Jona Elwell, 2021. 10. 4. Get to Know DC's Urban Forestry Division. Casey Trees Washington DC. // Melanie Choukas-Bradley, 2008, City of Trees: The Complete Field Guide to the Trees of Washington, DC. Center Books.

도시의 미래, 미래 도시

"인간이 건강하고, 행복하고, 결실을 맺고,
의미 있는 삶을 영위하려면 자연이 필요하다."
– 티모시 비틀러 –

도시의 미래, 미래 도시

도시에 사는 사람이라면 누구나 꿈꾸는 '살기 좋은 도시'를 찾으며 2년간 길을 헤메었다. 시민들이 행복하게 사는 도시를 머리에 그리며 글을 적었다. 상상 속에는 두려움 없이 도시의 복잡하고 어려운 문제들을 풀어내기 위해 도전하고 극복해내었다. 사실 전 지구적으로 환경위기에 봉착해 있었으므로 도시도 이 점을 피해갈 수 없었기에 두려운 일이었다. 어쩌면 코로나-19가 가져온 엄청난 혼돈이 앞으로 닥쳐올 더 큰 위기에 대한 일종의 경고라는 점을 지적하는 전문가들도 많았다. 어느 정도는 동의한다. 심각한 위기를 촉발하는 재난은 기본적으로 자연현상에 의한 것과 인간의 활동에 기인한 것으로 나뉜다. 지금의 위기는 환경을 비롯한 지구생태계 전반에 영향을 미친다는데 문제가 있다. 현시점에서 위기의 주된 원인은 기후변화에 따른 지구온난화다. 힘들지만 도시도 대비를 해야했다.

먼저 생태계를 보자. 생태계는 인류가 향유하고 있는 모든 가치를 제공하는 바탕이다. 우리가 입고, 먹고 마시는 것에서부터 숨 쉬고, 감동하고, 종교적 영감을 얻는 등등 모두 생태계로부터 왔다. 이러한 혜택을 생태계서비스 ecosystem service라고 하는데 네 가지 - 공급, 조절, 문화, 지원서비스로 구분하기도 한다. 그런데 이들 서비스를 지속해서 받으려면 생태계가 안정되어야 하고, 그러려면 생물의 다양성이 잘 유지되어야 한다. 생물다양성이란 생물의 다양한 정도를 말하는 것으로, 이들 생물이 의지해서 사는 서식지 또한 다양함을 잘 유지해야 생물다양성도 지속된다. 그런데 기후변화가 생태계의 구조와 기능에 심대한 영향을 미치고 있다. 이런 상황임에도 도시의 생태계를 가지고 기후변화에 대응해야 하는 것이 도전과제다.

국내 처음으로 조성될 스마트시범도시인 부산 강서구 에코델타시티 조감도. 한국수자원공사가 주도하는 이 미래도시는 첨단 기술로 조성되었으나 숲을 보강한 독특한 외형이 돋보인다. (한국수자원공사 자료 인용)

문제는 기후변화를 발생하는데 도시의 비중이 절대적이다. 앞의 글에서 몇 차례 언급을 한 적이 있는 것처럼 도시인구는 2008년에 처음으로 지구 전체 인구의 50%를 넘어서서 '도시 시대'에 진입한 바 있다. 지금도 도시인구가 계속 늘고 있으며, 2050년에는 지구 전체 인구의 70%가 도시에 거주할 것으로 내다보고 있다. 이제 도시는 지구 전체를 움직이는 핵심 동력이자 문제의 발생처다. 지구자원과 에너지의 80%를 소비하고, 이산화탄소 배출의 75% 이상을 차지한다. 총생산의 70% 이상을 차지하는 것도 도시다.

역으로 도시에 있기에 희망도 있다. 도시를 이끄는 지도자들과 시민들이 합리적이고 이성적으로 움직이면 우리가 안고 있는 문제를 해결할 수 있는 실마리가 도시에 있다는 점을 지적한 것이다. 필자가 엮은 책인 『도시재생 학습』의 머리말에서는 책 『도시와 인간: 중세부터 현대까지 서양도시문화사(마크 기로워드Mark Girouard 지음)』를 인용하면서 두 문장을 언급하였다. 하나는 "인간은 도시를 만들고, 도시는 인간을 만든다."이고, 다른 하나는 "도시는 상상력의 보물창고다. 도시는 사람들이 만들어가는 살아 움직이고 변화하는 유기체다. (중략) 도시는 언제나 이성과 감성, 꿈과 현실, 희망과 절망, 갈등과 타협, 해체와 창조, 전통과 새로운 유행이 혼재된 하나의 소우주였다."이다. 소우주라도 우주는 언제나 우리의 상상을 초월하는 곳이어서 실체를 알기 어려운 미지의 존재로 인식된다. 그러나 우리는 그곳에 온갖 가능성이 열려 있다고 희망을 품는 것이다.

도시의 유기체성을 언급한 것은 기로워드 뿐만 아니다. 아르콜로지[1] arcology, 생태건축학 개념을 만든 파울로 솔레리Paolo Soleri는 도시를 생태주의를 배태한 유기적인 구조로 집약화해야 한다고 했다. 물론 도시문제를 극복하고 자연과 소통하는 신자연아르콜로지을 구현하기 위한 것이다. 그러나 일부 전문가들은 도시의 미래는 스마트도시에 달려있다고 하였다. 정보통신기술을 통해 사람과 사물, 공간을 유기적으로 연결해 시공간 제약에 따른 문제점을 극복할 수 있다고 보았기 때문이다. 아직은 기술적인 진보가 사람들의 심리적·정서적 문제 그리고 생태계까지 어쩌지 못하고, 도시 구성원들의 창의성을 향상시키는 데에는 한계가 있을 것이다. 결국 문제의 해결은 스마트도시와 바이오필릭 디자인biophilic design[2]을 활용한 숲의 도시로 방향을 잡아야 할 것이다. 그 속에 지속가능성이 담겨 있어서다.

---

1) 유승호의 책 『문화도시』에서는 '환경친화적 생태도시'로 번역하였으며, 생태도시에 더하여 문화적 지속성을 가지는 도시로 해석했다.

자연과 함께 하는 방식이 보다 녹지공간을 늘리고 숲을 조성하여 기능적으로 자연생태계와 가깝게 하자는 것이다. 즉, 도시는 자원을 훼손하는 곳이 아니라 자연공간이 되어야 하며, 쉼터로서 역할을 하면서 공기·물·정신을 정화하는 기능을 맡아야 한다. 이런 지속가능한 도시인 숲의 도시에서 시민들이 심리적 안정과 함께 첨단기술의 건조함과 빠른 사회변화에 지친 시민들이 힐링을 하고 가족 안정과 공동체 평화를 통해 행복한 사회로 나아가는 그린 어바니즘을 추구해야 한다.

도시의 구성원들은 누구나 도시(또는 정책결정자)가 시민의 행복을 추구하고, 도시가 위기에 내몰렸을 때 빠르게 회복할 수 있는 역량을 가지고 있기를 기대한다. 이 두 일도 결국은 생태계서비스를 활용해야 가능한 일이다. 특히 기후위기의 실재적인 위험이 다가오는 이 시점에서 더욱 자연과 공존이 필요하다. 더 나아가 도시가 자연을 재생하고 개선하는 일에 나서야만 하는 때이다.

안산시가 '숲의 도시'를 선언하자 이웃 도시들이 안산같이 제조업체가 많은 곳에서 무슨 의미가 있냐며 의아해하기까지 하였다. 그러나 일 년 만에 경기도에서 여름에 폭염(불볕더위) 일수가 가장 적은 도시가 되었을 때는 다들 놀라워 했다. 현재는 세계의 수많은 도시가 숲의 도시, 공원도시, 녹색도시, 지속가능한도시를 지향하고 있다. 숲은 우리에게 일차적으로 맑은 공기 그늘을 제공하지만, 지하수를 보전하고 도시에서 살아가는 생명체들의 서식지가 되어 준

---

2) 바이오필릭 시티를 만들기 위한 디자인으로 도시와 자연이 연합하도록 하여 숲과 토종 동식물이 예전처럼 남아있고, 녹색 지붕이나 수직 정원 등이 있게 하는 디자인을 말한다. 기본적으로는 자연과 도시가 함께하는 디자인을 뜻하므로 단순히 녹지를 증대하는 것에 그치지 않고 도시 속에서 자연의 기능까지 작동하게 하려는 것이다. 바이오필릭은 독일 학자 에리히 프롬이 만들었고, 생물학자 에드워드 윌슨이 공고화 한 개념인 '바이오필리아(biophilia)'에서 왔다. 바이오필리아는 '살아있는 유기체에 대한 인간의 본래 타고난 정서적 친화성'으로 정의하는데 윌슨은 이를 인간 본성의 일부라고 하였다.

다. 숲은 도시 주변자연과 이어주는 연결통로와 그린웨이가 되어서 자연을 도시로 불러들인다. 무엇보다 좋은 점은 도시민의 정서를 안정시키고 평안함을 느끼게 해주며 학생들과 직장인들의 창의력을 높여준다. 물론 가족들의 화합에도 영향을 준다. 사람들이 살아가는데 이보다 더 큰 가치가 있는가?

도시에서 이젠 보이지 않는 가치를 인정하고 그 필요성에 대한 요구가 많아지고 있다. 문화도 대표적인 주제 중에 하나다. 문화는 사람들이 즐기고 심리적 안정과 자부심을 심어준다는 것까지는 알지만, 사람들의 창의성을 향상한다는 점에서는 아직 "글쎄"하는 독자들이 있을지 모르겠다. 유승호의 책 『문화도시』에서는 이렇게 글을 마무리하고 있다. "느리게 걸으며 사색할 수 있는 곳, 그러나 다양한 즐거움 또한 즐길 수 있는 곳, 이처럼 인간이 추구하는 일상적인 삶의 가치를 창조적으로 실현될 수 있는 곳을 우리는 문화도시라고 부른다." 그러나 사색할 수 있는 거리를 만들고 그곳에서 편하게 즐길 수 있으며, 삶의 가치를 구현하는 도시를 만드는 것은 도시설계자와 정치가의 몫이다.

그러려면 시민들이 즐기는 시설과 편히 대화할 수 있는 장소 그리고 뭔가 문화적 갈증이 있을 때 가까운 곳에서 해소할 수 있는 시설이나 공간이 필요하다. 당연히 대화할 수 있는 이웃도 중요하다. 미래도시의 완성은 첨단도시이기만 해서는 안되는 이유다. 결국 사람과 공동체가 중요하고 도시에서 정작 필요한 것은 공간 문화 콘테츠라고 도시학자 최유진은 주장한다. 알렉산더 가빈은 그의 책 『위대한 도시의 조건』에서 문화의 힘을 잘 설명해 주었다. 사례로 든 도시인 스페인 빌바오는 문화도시로의 변신으로 도시의 경제를 활성화시키고 시민들의 삶의 질을 높였다. 그러나 그 성공배경에는 도심을 흐르는 네르비온 강의 오염을 해결한 정치적 의지가 있었기에 가능했다. 그러니까 문화와 환경이 기본인 것이다.

사람들이 살고 싶은 도시는 그 개념이 점차 확대되고 다양해지는 것을 보면서 좋은 도시의 조건은 문화와 경제 그리고 사회적 응집력으로 도시의 회복력을 강화하고 도시를 작동하는데 첨단 기술을 활용하는 것이 이 책에서 열거한 '숲의 도시'들이 공동으로 취하는 방식이다. 그러나 '숲'을 강조하는 것은 자연과의 소통, 즉 자연의 보강인데 '숲'이 그 상징인 것이다. 도시 쇠퇴의 경험을 가진 도시들인 경우 숲의 도시는 좋은 치유 방안이자 지속가능한 발전 방안이 되어 방문객 증가가 도시 혁신의 성공 지표가 되기도 했다. 자, 우리가 살고 있는 도시를 한번 둘러보자. 도시에서 과감한 도전을 시작하자. 그 시작은 도시 숲을 만들고 문화와 첨단기술 역량까지 융합하며, 도시민의 삶을 행복하고 보람있게 만들어 가자. 이것이 기후변화가 촉발한 위기에 대응하는 가장 효과적인 방식이라는 것을 세계의 여러 도시들이 보여주었다. 이제 실행만 남았다.

라우드소싱, 2021. 1. 28. 바이오필릭 디자인(Biophilic Design), 자연과 사람이 공존하는 방법. 라우드매거진. // 알렉산더 가빈, 2020. 위대한 도시의 조건. 창조적 도시재생 시리즈 97, 국토연구원. // 유승호, 2020. 지역발전의 창조적 패러다임, 문화도시. gasse · 아카데미. // 이상호 · 임윤택 · 안세윤, 2017. 스마트시티. 대한국토 · 도시계획학회 도시와 시민총서. 커뮤니케이션북스. 바이오필릭 디자인(Biophilic Design) : 자연과 사람이 공존하는 방법 // 최유진, 2021. 도시, 다시 살다, 오래된 도시를 살리는 창의적인 생각들. 가나. // 티모시 비틀리(이시철 옮김), 2017. 그린 어바니즘, 유럽의 도시에서 배운다. 한국연구재단총서 545, 아카넷. // 티모시 비틀리(최용호 · 조철민 옮김), 2020. 자연과 인간이 공존하는 지속가능한 도시, 바이오필릭 시티. 차밍시티 // 파울로 솔레리(이윤하 · 우영선 옮김), 2004. 파울로 솔레리와 미래도시, 생태와 건축의 만남 아르코산티. 르네상스. // Chris Harrop Obe, 2019. 11. 4. Future Spaces – Cities of Green. Marshalls.

그 밖의 참고서적

강릉시. 2010. 저탄소 녹색시범도시 강릉.
강병기. 2009. 걷고 싶은 도시라야 살고 싶은 도시. 보성각.
경기도. 2004. 생태공원,생태마을 기본계획, 생태공원 최종보고서.
고정희 · 김지현 · 최낙훈 · 신영규. 2016. 독일의 경관어메니티 및 비오톱지도를 활용한 침해조절. 국립환경과학원.
고주석. 2016. 도시재생: 생태적 접근방법. 국토연구원.
국토연구원. 2002. 세계의도시, 도시계획가가 본 베스트 53(한울공간환경시리즈,16). 한울.
김경민. 2011. 도시개발 길을 잃다. 시공사.
김민수. 2009. 한국 도시 디자인 탐사. 그린비.
김정자. 2007. 생태도시 길잡이. 녹색연합부설 녹색사회연구소.
김정후. 2013. 발전소는 어떻게 미술관이 되었는가. 돌베개.
나가타 가쓰야. 2009. 환경수도 기타큐슈시(창조적 도시재생 시리즈, 4). 한울.
나카야마 토오루(김선희 · 민범식 · 서민호 옮김). 2020. 인구감소와 지역 재편(창조적 도시재생시리즈, 90). 국토연구원.
노다 구니히로(정희정 옮김). 2009. 창조도시 요코하마. 예경.
노우에 토시히코 · 스다 아카히사(유영초 옮김), 2004, 세계의 환경도시를 가다, 사계절.
녹색도시전국포럼조직위원회. 2009. 2009 녹색도시전국포럼, 기후변화 대응, 녹색도시가 대안이다.
녹색연합. 1998. '오래된 미래'를 위한 녹색대안 생태마을 지침서.
대통령소속 자치분권위원회. 2020. 우리마을 함께 만들기!
대한국토 · 도시계획학회. 2004. 서양도시계획사. 보성각.
대한국토 · 도시계획학회. 2015. 도시재생. 보성각.
대한민국도지사협회. 2020. 자치분권학개론.

데이비드 심(김진엽 옮김). 2020. 소프트 시티. 차밍시티.

都市綠化技術開發機構 編集(이승은·홍선기 옮김). 2002. 도시 생태네트워크 계획, 인간과 자연의 공생을 위한 생태도시 만들기 가이드. 시그마프레스.

도시와 자연연구소. 2009. 헤이리 생태마을 조성을 위한 제안.

도시재생사업단. 2012. 새로운 도시재생의 구상. 한울.

디트마르 오펜후버·카를로 라티(박재현 역). 2016. 도시 디코딩: 빅테이터 시대의 어바니즘(창조적 도시재생 시리즈, 71). 국토연구원.

류중석. 2007. 도시설계가의 눈으로 본 세계 도시 탐방. 보성각.

르 코르뷔지에(정성현 옮김). 2003. 도시계획. 동녘.

리즈 워커(이경아 옮김). 2006. 자연과 문명이 조화를 이룬 생태마을 이타카 에코빌리지. 황소걸음.

리처드 로저스·필립 구무치안(이병연 옮김). 2005. 도시 르네상스. E이후

리처드 윌리엄스(김수연 옮김). 2021. 무엇이 도시의 얼굴을 만드는가, 돈, 권력, 성, 노동, 전쟁, 문화로 읽는 도시. 현암사.

마강래. 2017. 지방도시 살생부, 압축도시만이 살길이다. 개마고원.

마쓰나가 야스미쓰(진영환·김진범·정윤희 옮김). 2006. 도시계획의 신조류(살기 좋은 도시만들기 시리즈, 1). 한울.

무라카미 아쓰시(최선주 옮김). 2009. 프라이부르크의 마치즈쿠리(창조적 도시재생 시리즈, 6). 국토연구원.

문화연대 공간환경위원회. 2002. 문화도시 서울 어떻게 만들것인가. 시지락.

민유기 외. 2018. 세계의 지속가능 도시재생(창조적 도시재생시리즈, 85). 국토연구원.

박경화. 2015. 지구인의 도시사용법(도시에서 생태적으로 살기, 20). 휴.

박헌주. 2007. 환경건축,환경도시. 기문당

백선혜·라도삼·여혜진. 2008. 2008 서울 도시디자인 전략 연구. 서울시정개발연구원.

비니프리드 마스·앤 벤투스·한스-요하임 뇌베르(서영조 옮김). 2007. 세계에서 가장 아름다운 도시 100. 터치아트.

비르기트 글록(박문숙 옮김). 2013. 쇠퇴하는 도시들의 도시정책(창조적 도시재생시리즈,

42). 국토연구원.

사무엘 지프, 네이튼 스토링(김형진 옮김). 2020. 제인제이콥스 : 작은 계획의 힘(창조적 도시재생 시리즈, 94). 국토연구원.

사사키 마사유키(이석현 옮김). 2010. 창조도시를 디자인하라, 도시의 문화정책과 마을만들기. 세움.

샤론 쥬킨 · 필립 카시니츠 · 샹잉 첸(황성남 옮김). 2017. 글로벌 도시들과 현지. 쇼핑거리들:뉴욕에서 상하이까지, 그 일상의 다양성(창조적 도시재생 시리즈, 79). 국토연구원.

샤론쥬킨(민유기 옮김). 2015. 무방비도시, 정통적 도시공간들의 죽음과 삶(창조적 도시재생 시리즈, 62). 국토연구원.

서울대학교 도시설계 포럼. 2003. 도시경관과 도시설계. 태림문화사.

서울디자인재단 시민디자인연구소. 2015. 디자인, 골목을 잇다(창조적 도시재생 시리즈, 58). 국토연구원.

서울시정개발연구원. 2006. 세계도시동향(137).

서울특별시. 2014. 서울, 도시생물다양성과 미래.

서울특별시의회. 2018. 지방분권,서울특별시의회 지방분권TF 백서.

서정렬 · 김현아. 2008. 도시는 브랜드다 : 랜드마크에서 퓨처마크로(연구에세이, 99). 삼성경제 연구소.

성동구. 2016. 젠트리피케이션 방지와 지속가능 도시재생을 위한 포럼.

성미산마을만들기모임, 녹색연합부설녹색사회여구소. 2005. 살고싶은 성미산 생태마을 만들기.

송진희. 2007. 문화도시 경쟁력과 디자인, 공공디자인으로 가꾸는 도시 이미지. 기문당.

수원시. 2011. 동북아 저탄소 녹색도시 수원 컨퍼런스.

승효상. 2016. 보이지 않는 건축, 움직이는 도시. 돌베개.

안산시. 2016. 숲의도시, 안산 지속가능성보고서.

안종천 · 엄준호 · 이평직. 2017. 리버풀 스토리: 역사와 문화를 아로새긴 도시재생(창조적 도시재생 시리즈, 80). 국토연구원.

앙투안 반 아그마엘 · 프레드 박커(이학선 옮김). 2020. The Smartest Places(창조적 도시재생시리즈, 96). 국토연구원.

앤드류 대넌버그 · 하워드 프럼킨 · 리차드 잭슨(김태환 김은정 외 옮김). 2014. 시민을 위한 건강한 도시 만들기. 국토연구원.

앤드류 탈론(김명준 · 정해준 · 이태희 옮김). 2016. 영국의 도시재생(창조적 도시재생 시리즈, 68). 국토연구원.

앤 보먼 · 마이클 파가노(국토연구원 국 · 공유지연구센터 옮김). 2020. 미지의 땅, 유휴지와 도시 전략(세계 국 · 공유지를 보다, 1). 한숲.

야마자키 미츠히로(손예리 옮김). 2017. 포틀랜드, 내 삶을 바꾸는 도시혁명. 어젠다.

얀 겔(김진우 · 이성미 · 한민정 옮김). 2003. 삶이 있는 도시디자인. 푸른솔.

양도식. 2020. 문화수변재생 볼티모어 신드롬(창조적 도시재생시리즈, 92). 국토연구원.

양병이. 2011. 녹색도시 만들기. 서울대학교출판문화원.

양상현. 2005 거꾸로 읽는 도시, 뒤집어 보는 건축. 동녘.

에릭 클라이넨버그(서종민 옮김). 2019. 도시는 어떻게 삶을 바꾸는가, 불평등과 고립을 넘어서는 연결망의 힘. 웅진 지식하우스.

오마이뉴스 특별취재팀. 2013. 마을의 귀환. 오마이북.

온수진. 2020. 2050년 공원을 상상하다. 공원이 도시를 구할 수 있을까. 한숲.

원대연. 1996. 도시의 재생, 건축의 재생(월간플러스, 113). 플러스문화사.

원제무. 2008. 마음으로 읽는 도시, 삶의 공간을 가꾸는 도시계획, 도시계획 이론과 이즘의 경계에서. 조경.

월간 건축문화. 1995. 도시건축과 색채. 건축문화(163).

월드워치연구소(황의방 · 김종철 · 이종욱 옮김). 2017. 도시는 지속가능할 수 있을까? 환경재단.

위성남 · 구교선 · 문치웅 · 허선희. 2012. 마을하기, 성미산마을의 역사와 생각(창조적 도시재생시리즈, 33). 국토연구원.

유승호. 2020. 문화도시, 지역발전의 창조적 패러다임. gasse아카데미.

유현준. 2015. 도시는 무엇으로 사는가. 을유문화사.

이건영. 1989. 살고 싶은 집, 걷고 싶은 거리. 전예원.

이규목. 2002. 한국의 도시경관, 우리도시의 모습, 그 변천,이론,전망. 열화당 미술책방.

이규민. 2004. 세계의 지속가능한 도시주거. 발언.

이규인. 2008. 미국의 그린빌딩. 발언.

이상. 2013. 헤이리 예술마을 이야기. 열화당.

이석현. 2019. 공생의 도시재생디자인. 미세움.

이왕건·박정은·임상연 외. 2020. 도시재생 비틀어 보기(창조적 도시재생시리즈, 100). 국토연구원.

이이다 야스유키·키노시타 히토시 외(임상연·조미향 옮김). 2018. 지역재생의 실패학(창조적 도시재생시리즈, 86). 국토연구원.

이정형. 2008. 도시재생과 경관만들기, 일본의 13_도시재생 프로젝트. 발언.

이클레이(오수길 외 옮김). 2014. 세계 지속가능발전 도시. 리북.

이현수. 2006. 이현수 교수의 도시색채 이야기. 선.

이화여자대학교 건축학과. 2015. 건축의 지역성을 다시 생각한다. 운생동.

이훈길. 2013. 도시를 걷다. 안그라픽스.

이희연·한수경. 2014. 길 잃은 축소도시 어디로 가야하나(창조적 도시재생 시리즈, 52). 국토연구원.

임상훈·이시웅·최율. 2004. 생태마을론(생태건축시리즈,4). 고원.

임석재. 2005. 건축, 우리의 자화상. 인물과 사상사.

정석. 2016. 도시의 발견. 메디치.

정석. 2019. 천천히 재생, 공간을 넘어 삶을 바꾸는 도시 재생 이야기. 메디치.

정원오. 2016. 도시의 역설, 젠트리피케이션. 후마니타스.

정혜진. 2007. 착한 도시가 지구를 살린다, 지구온난화 시대에 도시와 시민이 해야 할 일. 녹색평론사.

정희정·이경돈. 2012. 세계도시디자인기행. 미세움.

제레미 리프킨(안진환 옮김). 2020. 글로벌 그린 뉴딜. 민음사.

제종길. 2014. 도시견문록. 자연과 생태.

제종길. 2014. 좋은 도시 만들기 프로젝트, 도시 발칙하게 상상하라. 자연과생태.
제종길. 2018. 도시상상노트, 발로 찾은 도시재생 아이디어. 자연과 생태.
진영효. 2019. 도시재생지원센터의 경험과 과제(창조적 도시재생시리즈, 91). 국토연구원.
찰스 랜드리(임상오 옮김). 2005. 창조도시, THE CREATIVE CITY. 해남.
창원시. 2006. Environmental Capital Changwon.
최유진. 2021. 도시, 다시살다. 가나.
최인규. 2008. 도시디자인 프로젝트. Spacetime.
최재정. 2015 도시를 읽는 새로운 시선. 홍시.
테오로드 폴 김. 2011. 도시클리닉, 병든 도시를 치유하는 인문학적 방법론. 시대의 창.
티머시 비틀리(이시철 옮김). 2013. 그린 어바니즘, 유럽의 도시에서 배운다. 아카넷.
티모시 비틀리(박상현 · 전지영 · 백두주 · 정호윤 · 현민 옮김). 2021. 블루 어바니즘. 이담북스.
폴 스타우턴(최경호 역), 2017. 도시재생의 맥락, 로테르담에서의 도시정비 30년사(창조적 도시재생 시리즈, 72). 국토연구원.
한국 마을만들기 연구회. 2012. 우리, 마을만들기. 나무도시.
한국건축가협회. 2006. 헤이리 건축.
한국박물관건축학회. 2000. 유럽의 뮤지엄과 건축.
한국지방자치학회. 2005. 지방분권과 지역혁신, 전략적 과제.
한국환경정보연구센터 · 에코뉴스 · (사)한국환경사랑21. 2009. 에너지자립형 녹색마을과 건물에너지 효율화방안.
한영숙 · 강동진. 2015. 행복한 동네살이를 위한 33가지 이야기(창조적 도시재생 시리즈, 59). 국토연구원.
한영호 · 안진근. 2006. 현대 도시환경 디자인. 기문당.
행정공제회. 2008. 자전거 활성화와 도시발전. 도시문제(480).
홍성태. 2005. 생태문화도시 서울을 찾아서. 현실문화연구.
환경부. 2004. 생태마을 활성화 방안 연구.
환경부. 2008. 지속가능발전을 위한 친환경 자립도시 조성 세미나.

환경정의시민연대. 2001. 생태도시의 이해. 다락방.

황용철. 2017. Art In Solidarity with Society. 공간(SPACE, 592).

황희연·백기영·변병설. 2002. 도시생태학과 도시공간구조. 보성각.

희망제작소. 2015. 영국, 스페인 도시재생 및 사회적 경제 현장. 목민관클럽.

Frank Stillwell. 1992. UNDERSTANDING CITIES & REGIONS. Pluto Press.

Jeff Speck. 2014. WALKABLE CITY. NORTH POINT PRESS.

Leslie Kilmartin, David C.Thorns. 1978. CITIES UNLIMITED. George Allen & Unwin AUSTRALIA.

Patrick Bingham-Hall. 2016. GARDEN CITY MEGA CITY, RETHINKING CITIES FOR THE AGE OF GLOBAL WARMING. WOHA.

Peter Bishop and Lesley Williams. 2012. The Temporary City. Routledge.

Peter Newman and Isabella Jennings. 2008. Cities as Sustainable Ecosystems, Principles and Practices. ISLAND PRESS.

찾아보기

10 베스트 리더스 초이스 어워드 193
100인 마을합창단 78
10년 건축상 259
15분 도시 434
1인 가구 281
1인 가구 중심사회 285
2007 지구환경보고서 5
22@ 디스트릭트 197
2차 산업혁명 278
3차 산업혁명 278
4차 산업혁명 172, 272, 277, 279
4차 산업혁명 기술 283, 287
4차 산업혁명이 추구하는 도시 287
4차산업 209
C40의 적응 계획 및 평가상 263
CNN 383
CO_2 배출량 263
HBK에센예술학교 392
ICBM 279
OECD 55, 307, 339
SNS 282

〈ㄱ〉

가능한 도시 정상 회담 2021 288
가장 살기 좋은 도시 지수 108
가장 인기 있는 도시 294
가장 친환경적인 도시 341, 411, 430
가정쓰레기의 양 342
가치 중심 273
가평 127, 207
간척사업 396
강릉 238
강변 재생사업 191
강변길 192
강서구 36
강소기업 270
강하고 지속가능한 국제적 입지를 가진 거대도시 422
개발도상국 42, 48, 339
개방형 데이터 카탈로그 435
거대도시 23, 34, 48, 379, 422
거리 예술 201
거리의 낙서 예술 195
거버넌스 41
거점의료기관 54
거주 적합성 288
거창 231
건강도시 118
건조환경 57
건축 7
건축 환경 330
건축물 190, 193, 444
건축물 전시장 260
건축환경 최적화 424

찾아보기 463

건축환경과 자연환경 사이의 '공생 관계'
    425
걷기 좋은 도시 12, 83, 88
걷는 길 78
게이츠헤드 169
격자 도로축 412
경리단길 82
경영개발연구소 398
경쟁력이 있는 도시 397
경제 수도 403
경제 활성화 373
경제부흥 정책 230
경제협력개발기구 99, 360
고령화 243, 331
고베 44
고온 현상 367
고용여건 345
고용의 미래 279
고유식생 327
곡물 자급률 207
골목 201
골목 상권 249
골웨이 199
공격성 증상 446
공공건물 130
공공공간 39, 222
공공공원 187, 347, 386
공공기관 365
공공녹지 113, 407
공공디자인 정책 223
공공병원 55
공공보건의료 53

공공보건의료 서비스 53
공공보건의료기관 54
공공서비스 244, 288, 291, 317
공공식당 316
공공안전 192, 435
공공예술작품 194
공공예술품 221
공공장소 349, 385
공공전문진료센터 54
공공정보시스템 219
공기질 342
공동체 75
공동체 의식 323
공동체 정원 333
공동체 파트너십 397
공동체의식 135
공동화 253
공립공원 114
공업도시 258
공업용 광물 400
공에 171
공원 관리위원회 410
공원 조성 191
공원과 정원 웹 사이트 438
공원도시 453
공유도시 404, 407
공정한 거래 343
관광 349
관광도시 148, 168, 191, 225, 293
관방제림 179
광대한 도시숲 조성 430
광저우 400

광주 172, 211
광화학 스모그 338
교실 집중력 448
교외화 190, 237
교육 443
교육자치 242
교토 44, 137, 151
교토의정서 43
교통서비스 217
교통혼잡 정도 342
구겐하임미술관 127, 162, 168, 177
구겐하임미술관 효과 177
구도심 247
구스타프 클림트 95, 112
국가 보물 179
국가 정원 251
국가산업단지 415
국가정원 330
국립공원 337, 413
국립공원도시 12, 412, 439
국립공원도시 국제헌장 440
국립공원도시재단 439
국제 대도시 422
국제쇼핑센터협의회 262
국제자연보전연맹 327
군산 246, 312
군포시 154
권위주의식 자본주의 399
그래픽 아이덴티티 390
그르쉘 376
그린 뉴딜 358
그린벨트 390

그린시티 추진 계획 353
그린웨이 381, 415, 454
극단의 도시 365
근대도시계획 160
근린 402
글래스고 342, 440
글래스고 사람들 437
글래스고 걷기 응용 프로그램 438
글러벌 시민의식 332
글로벌 500상 339
글로벌 녹색경제지수 119
글로벌 브랜딩 전략 296
글로벌 인재 225
글로벌 파이낸스 185, 397
금융 중심지 184
금융, 문화 및 정치 중심지 442
기대수명 429
기술 중심 사회 326
기술적인 사회 284
기술혁신 280
기차역 220
기초자치단체 61
기타큐슈 26, 34, 333, 336
기타큐슈 지속가능성 보고서 339
기타큐슈시 공해방지 조례 338
기후변화 11, 49, 206, 227, 263, 331, 335, 343, 350, 358, 394, 401, 405, 413, 420, 426, 427, 431, 450
기후변화 대응과 에너지 442
기후변화 성과지수 360
기후변화 세계시장협의회 62, 354
기후변화 완화 389

기후변화 적응　357, 389
기후변화 지역행동계획　43
기후변화 행동계획　347
기후변화에 관한 정부 간 협의체　357
기후변화적응법　43
기후변화행동연구소　359
기후변화협약　355
기후비상사태　341, 355
기후비상선언　361
기후온난화　383
기후와 에너지를 위한 세계 시장 규약　405
기후조절　266
김해　157
김홍도　420
꿈의 도시　111, 264

〈ㄴ〉

나무 캐노피 보호법　445
나오시마　164
나주　238
나폴리　123
나폴리 노랑　123
난바파크　426
난방 효과　368
난징　426
남도예술　182
낭트　344, 389
낭트 아틀랑티크　346
내셔널 아트 컴피티션　167
내셔널 지오그래픽　147, 294, 440
네르비온 강　174
네트워크형 지방행정체계　243
노령화　285
노르딕 국가　91
노르딕 요리　117
노마　117
노면전차　184
노트르담대학교　230
노팅햄　369
노팅힐카니발　137
노후화　247
녹색 건물　333
녹색 대사　389
녹색 도시　119
녹색 수도　344
녹색 의지　397
녹색 중심 의제　424
녹색 허파　397
녹색건축 프로그램　368
녹색경관　72
녹색공간　440
녹색광장　222
녹색구역　425
녹색기본계획　46
녹색도시　34, 42, 387, 408, 411, 453
녹색도시 경관　429
녹색도시 기금　443
녹색도시 디자인　429
녹색미래, 25년 계획　412
녹색성장　360, 389
녹색성장과 생태적 혁신　389

녹색성장도시　339
녹색성장도시 프로그램　339
녹색수도　118, 387
녹색수도 상　391
녹색인프라　333
녹색잎 도시　389
녹색정책　430
녹색첨단산업도시　419
녹색풍경　447
녹색혁명　147
녹색환경　386
녹지공간　198, 343, 385, 446
녹지도로　403
녹지면적　427
녹지율　100, 102
녹지축　198
녹화 프로그램　396
논스톱도시　294
농경지 확대　378
농업 부산물　320, 322
농업공원　407
농업생태계　210
농업혁명　278
누르술탄　150
누와주　420
눈물의 도시　257
뉴 룩소르 극장　260
뉴델리　154
뉴딜정책　358
뉴욕　27, 38, 60, 146, 158, 190, 231, 374, 380, 444
뉴욕 센터럴파크　95

뉴캐슬 어폰 타인　440
니스　147

〈ㄷ〉

다 살기 좋은 도시　421
다가구주택　217
다낭　268
다니엘 레이븐-엘리슨　441
다데우스 트리지나　329
다목적 문화 공간　252
다문화 국제도시　260
다문화시민권　196
다바오　231
다세대주택　217
담빛길　182
담빛예술창고　180
담양　178
담양동　126
담양문화재단　181
당당한 도시　8
당진　36
대구　100, 141, 172
대구 중구　83
대기 질　442
대기오염　100, 113, 146, 336
대기오염 물질　386
대기오염 제거　437
대기오염물질 저감　371
대나무 숲　178
대담한 도시 2020　356

대담한 도시: 기후 비상사태에 참여하는
　　도시지도자들을 위한 본 포럼　355
대도시　287
대도시권　25, 183, 187, 345
대멸종　378
대성당의 도시　341
대용량 데이터　274
대전　211, 312
대중관광　143
대중교통　7, 41, 113, 214, 291, 346,
　　353
대체 서식지　382
대한민국 역사박물관　130
더럼　340
덥베드 스마트 산타데르　290
데 잠하븐　261
데이비드 옌켄　170
데이비드 콜먼　236
덴버　444
도농복합지역　208
도로 시스템　219
도봉구　36
도서관 도시　251
도시 공동체　297
도시 디자인　412
도시 마스터플랜　405
도시 병리 현상　127
도시 보도여행　203
도시 보호지역　327
도시 브랜딩　220
도시 생물다양성　332
도시 생태관광　145, 414

도시 쇠퇴　455
도시 시스템　288
도시 열섬현상 완화　372
도시 이미지　219
도시 폐기물 관리　317
도시 협곡 효과　368
도시 회복력과 적응 글로벌 포럼　62
도시경관　147, 162, 383
도시경쟁력　257
도시경제력　63, 354
도시계획　57, 85, 103, 122, 198, 219,
　　245, 260, 265, 274, 327, 410, 445
도시계획 참여　35
도시계획자　347
도시공원　146, 327, 372, 385
도시공원 일몰제　382
도시관광　148, 149
도시관광에 관한 세계정상회의　150
도시국가　225, 270
도시권　189
도시농업　147, 208, 332
도시문화　197, 199
도시붕괴　190
도시브랜드　37, 122
도시생태계　303, 334
도시서비스　192
도시설계　79
도시성　161
도시쇠퇴　248
도시수축 현상　237
도시숲　102, 187, 353, 374, 412,
　　429, 430, 431, 444

도시숲 보존법　445
도시숲 생태계서비스　332
도시역사　202
도시연결성 향상　424
도시원예 운동단체　192
도시의 미래　5, 159, 173, 331, 408
도시의 시대　33
도시의 이미지　122
도시의 행복지수　99
도시의 회복력　394
도시자산　377
도시재건　203
도시재생　105, 161, 164, 177, 209, 219, 245, 251, 257, 288, 331, 361
도시재생 시민토론회　253
도시재생 학습　452
도시재생사업　253
도시재생전략계획　253
도시정책　173
도시집중　75
도시토지연구소　38
도시폐기물　320
도시학　246
도시화　5, 48, 34, 209, 217, 300, 352, 378, 408
도시환경　174, 261
도시환경 복원　333
도시환경교육　333
도시회복력　50, 354, 357, 405
도시회복력과 적응에 대한 글로벌 포럼　354
도카이　338

도쿄　43, 100, 137, 151, 166
독일　392
동네 숲　447
동물 복지　343
동아시아 해양환경관리 파트너십　267
동탄　409
두바이　151
디자인 허브　197
디자인도시　110
디지독　295
디지타프　295
디지털 도로표지판　291
디지털 인프라　291
디지텔 주민 클럽　295
디트로이트　188, 240
디트로이트 국제 강변길　192
뛰어난 조경 건축상　295

〈ㄹ〉

라고스　166
라이프치히　239
라피　389
람사르 등록 습지　328
래스터 브라운　206
랜드마크　127, 129, 177, 187, 220, 431
러스트 벨트　230
런던　22, 124, 132, 137, 141, 151, 190, 212, 214, 231, 244, 247, 249, 342, 374, 400, 433

런던 국립공원도시　439
런던 국립공원도시 계획　442
런던 습지센터　330
런던 예술대학교　212
런던 자연사박물관　132
런던 환경전략　442
레소넌스 컨설턴시　113
렌조 피아노　289
렘브란트　117
로버트 맥팔레인　442
로스앤젤레스　216, 375
로카보어　315
로테르담　260
로테르담 기후 이니셔티브　263
로테르담 센트랄　262
로테르담 타워　260
록 시티　188
론리 플라닛　193, 263, 294, 383
루벤스　117
루저우　426
루저우 숲의 도시　428
류블랴나　389
리더십　273
리더의 도전　227
리버 노스 갤러리거리　167
리버 워터프론트　192
리버풀　139, 239, 342
리스본　150, 152, 389
리예카　199
리옹　158
리옹역　430
리차드 로저스　127

리콴유 세계 도시 상　39
린치버그 공원　385

〈ㅁ〉

마드리드　139, 154
마리안 크라스니　333
마린블루　123
마스터플랜　410, 425
마스토렌　261
마쓰리　137
마을　85
마을 만들기　321
마을건축위원회　323
마을계획　323
마을만들기 운동　75
마이스　264
마이애미　38, 138
마크 기로워드　452
마크탈 로테르담　262
마티스　117
말뫼　117, 162, 256
맞춤형 미래도시　435
맨체스터　342
맹그로브 습지　395
머서　94, 102, 397
먹거리 반란　210
먹이망　378
메데인　37
메탄　320
메트로 카블레　41

메헬렌　389
멕시코시티　38
멜리나 메르쿠리　200
멜버른　100, 166, 183
멜버른 크리켓 구장　187
멜버른박물관　186
멜크　208
모노클　108, 118
모바일　279
모바일 소통 플랫폼　295
모바일 앱　221
모스크바　151, 165
모타운　190
모터타운　188
문학의 도시　167
문화 랜드마크　290
문화 인프라　173
문화경영　162
문화공간　180
문화도시　8, 161, 168, 173, 196, 454
문화르네상스센터　191
문화를 위한 의제 21　196
문화마을　324
문화브랜드　163
문화생태도시　126, 182
문화생활센터 영동 1번지　252
문화센터　175
문화수도　199
문화시설　173, 413
문화예술　162
문화예술 도시　165
문화예술 재생사업　182

문화유산　199
문화인프라　169
문화자산　162
문화자원
문화재생사업　180, 182
문화적 가치　194
문화적 역량　180
문화적 유산과 생활양식　427
문화정책　164
문화환경　163
물　263, 300, 389, 414
물 소비　394
물로뉴 부아　434
물빛 축제　440
물질자원 사용　400
뮌헨　95, 152
미국 은퇴자 협회　71
미국숲협회　444
미니애폴리스　444
미디어 예술　171
미래 대안 농업　209
미래 도시　261, 262
미래 세대　214
미래 지향적인 건축물　289
미래도시　276
미래를 대비하는 도시　439
미래세대　305
미래의 도시　190
미래해킹　435
미래형 인재　280
미세먼지　11, 100, 305, 331, 375
미세플라스틱　309

미술관 133
미식가들을 위한 요리 194
민속예술 171
민주주의의 무기고 188
밀라노 403, 429, 433
밀라노 카르타 407
밀워키 444
밀턴 케인즈 410
밀턴 케인즈 개발공사 410
밀턴 케인즈 파트너십 410

〈ㅂ〉

바르셀로나 127, 152, 193
바르셀로나 디자인 박물관 194
바르셀로나 문화지구 196
바르셀로나 현대 문화센터 197
바리귀 공원 380
바야돌리드 150
바이오가스 263, 315, 320
바이오매스 119
바이오매스 수확량 400
바이오필릭 디자인 452
박물관 거리 444
반월신공업도시 416
반프레 고후 142
발터 벤야민 95
발틱 현대미술관 169
방콕 100, 149, 151, 154
밴쿠버 100
밴쿠버수족관 134

밸류 챔피온 397
뱅센 부아 434
버스 전용차선제 216
범죄도시 192
베드타운 410
베레다 공원 289
베르겐 100
베를린 34, 152, 166, 베를린 375
베이징 400
벨루오리존치 316
변혁의 도시 394
별마당도서관 154
보고타 38
보르도 81
보전 전략 425
보틴 센터 289
보행자 73, 120, 412
보행자 도로 79
보행자 중심도시 221
보행전용도로 코르조 200
보행환경 113
보호구역 179
보호지역 144, 326, 332, 342, 347, 378, 407
복원 425
복합적인 도시 196
본 62, 354
볼티모어 240
봉사단체 233
부산 100, 102, 163, 172
부천 162, 172
북촌 82

분리수거 318
불법 투기 342
불법폐기물 320
불안 장애 446
브라타슬라바 160
브랜드 109, 122, 346
브루넬 상 262
브뤼셀 218
브리스톨 219, 221, 248, 342, 389
브리지타운 103
블룸버그 혁신 지수 398
비상계획 59, 285
비영리 단체 444
비전 25, 254
비지니스 에너지효율 프로젝트 343
비지니스 인텔리전스 276
빅데이터 274, 279, 287
빅토리아 국립미술관 187
빅토리아-가스테이즈 388
빈 95, 100, 111, 184, 211
빈곤 6, 29, 447
빈곤 퇴치 331
빈곤층 365
빈민 250, 358
빈민촌 39
빌딩 양식 209
빌바오 127, 162, 168, 174, 216, 225, 454
빌바오 효과 177
빗물 차단 437

〈ㅅ〉

사그라다 파밀리아 195
사그라다 파밀리아 성당 127
사디크 칸 442
사람 중심 도시디자인 전략 221
사람 중심 마을 75
사물인터넷 279, 282, 287
사물인터넷 기술 291
사업장폐기물 317
사용자 친화적인 도시 221
사우스벤드 228
사이언스 타임스 434
사카이미나토 174
사토야마 75
사회 불평등 개선 361
사회 불평등의 결과 365
사회 인프라 235, 283
사회·문화적 가치 437
사회관계망 233
사회교육 226
사회교육단체 233
사회복지정책 359
사회적 기업 250
사회적 문제 364
사회적 안정 317
사회적 약자 130, 332, 361, 364
사회적 역량 332
사회적 자본 233, 240, 335
사회적 통합 92
사회적 편익 371
사회적 환경 321

찾아보기 473

사회정서발달　369
사회조직　232
산림생태지역　327
산악공원　330
산업도시　168
산업쇠퇴　238
산업혁명의 중심지　435
산업화　352
산탄테르　289
산토리니　123
산티아고 칼라트라바　259
살기 좋은 도시　46, 102, 107, 112, 118, 184, 225, 239, 257, 340, 395, 397, 435, 450
삶에 적합한 녹색도시　390
삶의 질　102, 118, 185, 243, 251, 267, 291, 343, 361, 394, 405, 423, 429
삼림욕　446
삼바 축제　135
삼중주행차선제　215
삼청동　82
삿뽀르　156
상파울르　30, 166
상하수도　331
상하이　408
새뜰마을　251
새크라멘토　444
색　178, 220
색깔 있는 버스　216
색상　122
색채디자인　123

샌프란시스코　142, 158, 166
생나제르　345
생명산업　257
생명의 빛 예배당　127
생물권　64
생물권보전지역　328
생물다양성　268, 327, 385, 389, 394, 397, 407, 413, 415, 420, 428
생물다양성 파트너십　342
생물다양성과 생태계서비스에 관한 정부간 과학-정책 플랫폼　357
생물성다양성　147, 450
생분해되는 쓰레기　347
생태 모방 아키텍처　437
생태 중심지　442
생태계　450
생태계 파괴　331
생태계서비스　7, 330, 347, 376, 383, 386, 414, 420, 437, 450
생태공동체　321
생태관광　143, 178
생태도시　12, 26, 34, 257, 410
생태마을　83, 324
생태수도　26, 251
생태적 삶　326
생태적 지속가능성　425
생태통로　327, 415
생태학습장　372
생활 일광 상　262
생활공동체　325
생활권 도시숲　372, 374
생활수준조사　185

생활쓰레기 316
생활폐기물 317
샬럿 444
서식공간 327
서식지 다양성 412
서식지와 종 다양성 관리 342
서울 34, 49, 50, 82, 88, 92, 100, 102, 150, 152, 169, 172, 216, 223, 231, 354
서울 강남구 128
서울 성동구 154
서울 영등포구 242
서울로7017 83, 380
서울역 211
서울연구원 81, 88, 439
서울예술대학교 214
서촌길 82
석탄 채굴 391
석탄발전소 360
선명한 도시 219
선명한 도시 프로젝트 220
선진도시 318
성남 157, 162, 231
성장 지향적 접근 239
세계 100 회복력 도시 62
세계 금융센터지수 184
세계 디자인수도 110
세계 라이브 음악의 수도 187
세계 살인의 수도 38
세계 책의 수도 154
세계 첫 지속가능한 도시 409
세계 최고의 녹색도시 412
세계 최고의 살기 좋은 도시 185
세계 최고의 쇼핑센터 262
세계 최고의 스마트도시 295
세계경제포럼 277, 398
세계경제포럼(일명 다보스포럼) 279
세계관광기구 144, 149
세계도시공원협회 440
세계도시동향 439
세계문화유산 187, 195, 328
세계문화유산도시 112
세계생태관광협회 144
세계야생기금 268
세계은행 50, 89, 267
세계의 자동차 수도 188
세계의 환경수도 만들기 339
세계의료서비스 57
세계자원연구소 49, 72
세계행복보고서 57, 98
세계환경개발위원회 34
세월호 사고 60
세이지 음악당 169
세토오치 트리엔날레 137
센트럴파크 146, 381
센트럴파크 효과 385
소도시 229
소비자 보호 343
소셜 네트워크 236
소셜 믹스 411
소프트시티 122
속초 312
솔라센터 342
수원 34, 83, 157, 162, 223, 313, 354

수자원　303
수족관　134
수직 숲　426, 437
수직 숲 타워　429
수진오염　336, 329
수축사회　236
순게이 불로 습지보호구역　395
순천　26, 251
순천만 습지　251
술 아카이브　182
숲 산책프로그램　369
숲 생태계　327, 375
숲 연구소　437
숲 조성　335
숲 축제　440
숲 환경　445
숲세권　373
숲의 도시　8, 27, 368, 373, 381, 391, 412, 413, 419, 421, 425, 437
슈퍼 블록　198
스녹홀름　388
스마트 거버넌스　424
스마트 경제　424
스마트 도시 엑스포 세계 대회　288
스마트 모빌리티　425
스마트 생활　425
스마트 수축적 접근　239
스마트 피플　425
스마트 환경　425
스마트그리드 시스템　287
스마트도시　12, 285, 289, 398, 404, 425, 435, 452

스마트도시 엑스포 세계대회　295
스마트도시 이니셔티브　405
스마트에너지　435
스마트팜　209
스마트팩토리　280
스뫼레브 브뢰드　117
스미소니언 자연사박물관　134
스미스소니언 내셔널 뮤지엄　444
스즈키 나오미치　224
스코틀랜드 산림위원회　437
스타트업　259, 297
스타트업 생태 가치　298
스테파노 보에리 건축회사　428
스톡홀름　91, 339
스톡홀름 회복력센터　62
스트레스 저감　372
스포츠　140, 218
스포츠 경기장 조성　191
스포츠 관광　185
스포츠 마이스　142
습지보전법　382
습지복원　115
시각적 정체성　109
시드니　95, 100, 129, 183
시디 부 사이드　125
시모노세키　337
시민교육　335
시민단체　233
시민보호본부　202
시민운동　439
시민의식　226, 331
시애틀　444

시에나　135, 141
시에나 팔리오　135
시장점유율　270
시카고　128, 158, 166, 190, 232, 339, 364
시카고미술관　167
시티랩　230
시화호　415
시화호 특별관리해역　417
시흥　66
식량　322
식량 자급률　207
식량 자급자족량　208
식량부족의 시대　206
식량산업　268
식재료　315
신도시　247
신도시법　410
신도시-수직 숲의 빌딩　428
신재생에너지　258, 267, 352, 419
신재생에너지 발전　305
신체발달　369
신형철　128
실리콘밸리　159
실업보험　359
실행계획　27
싱가포르　39, 48, 100, 151, 166, 225, 425
쓰레기　442
쓰레기 수거　115
쓰레기 수거 비용　290
쓰레기 투기　330

쓰레기봉투　318

⟨ㅇ⟩

아날로그적 관계망　285
아덴　278
아르콜로지　452
아반도이바라 지역　177
아방가르드 미술 전시회　194
아비뇽　138
아스칸다르 말레이시아　422
아시아 환경프런티어도시　339
아시아·태평양 경제협력체　267
아이콘 심벌　221
아쿠아포닉스　209
아트 갤러리　194
아프리카 예술가재단　167
아헨　272
안느 히달고　430
안산　66, 131, 136, 161, 162, 166, 214, 238, 301, 367, 415, 453
안양　162, 223
안전　48, 288
안전도시　49
안전도시 정상회담　48
안전도시 지수　49
안전한 도시　111, 118
안토니 가우디　195
안토니 타피　194
안토니오 마차도　327
알렉산더 가빈　454

알렉스 러스 333
암스테르담 120, 152, 217
압축천연가스 346
애들레이드 100
야생 축제 440
야생생물 서식지 386
야생조류와 습지 트러스트 330
양구 129
양극화 284
양평 172
어메니티 160
어바니즘 20
어바니즘 아카데미 261
언어발달 369
에곤 실레 112
에너지 34, 287, 322, 402, 435
에너지 분권 307
에너지 비전 2030 307
에너지 성과 394
에너지 소비 342
에너지 수도 391
에너지 저장장치 306
에너지 절감효과 436
에너지 절약아파트 259
에너지 획득 267
에너지 효율성 405, 361
에드워드 윌슨 369
에든버러 136
에든버러 438
에든버러프린지페스티벌 136
에라스뮈스 대학교 263
에라스뮈스 지속가능성 날 263

에레츠 이스라엘 박물관 295
에릭 클라이넨버그 232
에릭 홀트-히메네스 210
에버딘 125
에센 391
에센대학교 392
에우스깔뚜나 문화센터 177
에코 폴리스 408
에코시티 408, 419
에코톤 95
에펠탑 431
에픽 재즈음악 축제 194
엘 페즈 194
여행 435
여행도시 118
역량강화 357
역사박물관 133
역사적 유산 201
역세권 210
역세권 재생사업 214
연결망의 힘 232
연안생태계 265
연안습지보호지역 330
연안통합관리 266
열린 공간 240
열린 공간 전략 412
열린 녹색공간 430
열사병 367
열섬효과 72, 368
열섬현상 232
영동 414
영등포역 211

영세사업자 212
영주 414
예리코 23
예술과 문화의 중심지 403
예술도시 164
예술창작 공간 179
옐로브릭 124
오르후스 99
오멘카갤러리 167
오버투어리즘 143, 152
오사카 44, 100, 137, 426
오스트레일리아 108 186
오스트레일리아 그랑프리 187
오스트레일리아 오픈 187
오스트레일리아식 축구 187
오스틴 138, 444
오슬로 91, 100, 389
오카야마 164
오클랜드 95
오페라 가르니에 430
옥리단길 251
옥상녹화 106, 258, 420
옥상정원 263, 437
옥상축제 440
옥토버페스트 135
온실가스 20, 351
온실가스 배출량 360
온실가스 배출량 394
온실가스 순배출 359
온실가스의 감축 361
온실효과 350
올해의 유럽도시 261

완다 메트로폴리타노 139
완전한 거리 70
완전한 도시 73
외래종 침입 329
외레순 해협 117, 256
외레순대교 117, 257
용산역 212
우루크 22
우리공동의 미래 34
우범지역 211
우울증 446
울산 26, 66
워싱턴 DC 134, 443, 444
워커빌리티 70
워터 플라자 263
원도심 253
원예농업 347
원자력발전 305
원전 1기 줄이기 307
원주 141, 172, 312
월드워치연구소 7, 206, 401, 408
웰링턴 100
유네스코 디자인 도시 191
유네스코 문학 창의도시 196
유네스코 세계문화유산 341, 393, 442
유네스코 지질공원 328
유네스코 창의도시 108
유네스코 창의도시 네트워크 171
유네스코 창조도시 169
유네스코 책 수도 지명위원회 156
유니버설 디자인 130
유니콘 도시 298

유대인박물관　133
유러피언 그린딜　359
유럽 그린딜　393
유럽 생물다양성전략 2030　393
유럽에서 가장 살기 좋은 도시　345
유럽연합 녹색잎 상　388
유럽연합 보호지역　347
유럽연합 집행위원회　200
유럽의 문화수도　263
유로시티　436
유무형문화재　179
유바리　224
유발 하라리　66, 279
유비쿼터스 도시　285
유엔 기후변화협약 당사국총회　432
유엔 본 기후변화 회의　357
유엔 지방자치단체상　339
유엔해비타트　5
유엔환경계획　34, 257, 339
유현준　79, 96
윤리적 기반　235
융합　279
은평구　36
음식　314
음식도시　106
음식물쓰레기　316
음식물처리　315, 316
음식물처리시스템　320
음식쓰레기　263
음악 레이블　190
음악의 도시　111
의료폐기물　317

의사소통전략　390
의정부　162
의제21　35
이규인　129
이그니션 파크　230
이민자들의 도시　188
이반 코자리치　202
이산화탄소 배출　218
이산화탄소 배출량　259, 292, 306, 315, 341, 350, 360, 429
이산화탄소 흡수　445
이상기후 현상　350
이스칸다르 말레이시아 저탄소사회 청사진　424
이스탄불　150, 400
이재명　231
이천　169, 172
이코노미스트　100
이코노미스트 인텔리전스 유닛　49, 184
이클레이　62, 344, 354, 391
이해당사자　317, 329
인간복지　333
인공지능　279
인구 증가　345
인구감소　192, 209, 237, 240
인구절벽　244
인구증가　206
인재양성　223, 257
인적자원　223, 268
인지발달　369
인천　100, 154

인터넷 282
인터넷 시대 279
인텔 105
인텔리젠스 유닛 100
인프라 자원 통합 424
일과 삶이 균형잡힌 도시 118
일인 가구 365
일자리 65, 238, 270, 277, 280, 423
일자리 창출 267, 361
일자리가 많은 도시 271
일회용 플라스틱 436

〈ㅈ〉

자급자족 428
자동차 금지 430
자립공동체 84
자살률 281
자연 수도 107
자연 요법 446
자연 중심 도시 428
자연 친화적인 도시 343
자연과의 공생 426
자연녹지 396
자연도 지수 327
자연보호 178
자연보호구역 342, 347, 442
자연사박물관 131
자연생태계 75, 376, 428
자연성 330
자연순환시스템 325

자연자원 303, 346, 447
자연재해 365
자연치유효과 370
자연친화적 기반시설 442
자연환경 7, 10, 266, 321, 347, 371, 410
자연환경 복원 240
자원봉사센터 332
자원봉사자 134
자원순환 320
자이푸르 125
자전거 218, 264
자전거 도로 120, 430
자전거 도로 시스템 412
자전거 문화 117
자전거 친화적인 도시 120
자전거 타기 346
자전거길 114
자전거도로 116
자족도시 408, 410
자치경찰제 도입 244
자치분권 242, 271
자치역량 제고 242
자치입법권 확대 243
자치지역 340
자카르타 426
잘츠브르크 87, 152
잘피밭 425
잠들지 않는 도시 295
장미의 도시 103
재개발 127
재건축 127, 247

재생사업 212, 260, 349
재생에너지 113
재생에너지원 428
재정 건전화 224
재정분권 242
재조림 447
재해재난 대응력 35
재활용 114, 342
저소득층 364
저출산 243, 285
저탄소 개발 계획 424
저탄소 에너지 기술 435
전국 책읽는도시협의회 158
전국시장군수구청장협의회 241
전기자동차 충전지점 342
전략계획 2019-2050 412
전미 완전거리 연합 71
전원 공업도시 419
전원도시 408
전주 140, 157, 170, 172
전통 마을 323
전통문화 178
정령지정도시 43, 336
정보통신기술 287, 405
정신적 스트레스 447
정원 속의 도시 396
정원도시 187, 253
정책결정자 227
정책수립 275
정체성 199, 412
정치적 결단 213
정치적 실패 365

정치적 의지 246
제1회 국립공원도시 축제 440
제인 제이컵스 82
제주도 313
제주업의 중심지 434
제천 238, 300
제프 스펙 70, 85
제프리 삭스 35
제프리 허스트 379
조력발전소 417
조류 보호구역 409
조안 미로 194
조형물 130
족색지업 333
종량제봉투 316
종로 82
종속된 생태계 11
좋은 도시 8, 226, 236, 294, 340
좋은 도시 만들기 296
좋은 해변을 가진 도시 294
쫭족특별자치구역 427
주거권 보장 35
주민참여 243
주택 구조 353
죽음의 바다 338
중소기업 제조업 벨트 280
중앙처리시설 317
즐거움을 주는 도시 97
증강 현실 282
지구 402
지구온난화 146, 263, 300, 303, 350, 361, 367, 432

지구환경 379
지구환경보고서 90
지구환경보전 340
지능형 공공공간 관리 292
지능형 대응방식 435
지능화된 네트워크 283
지롱 378
지방 이양 242
지방 지속가능발전 36
지방분권 국가 선언 243
지방소멸 244
지방소멸위기 237
지방자치법 241
지방재정 244
지방정부 56
지속가능발전 34, 267, 402
지속가능발전 목표 35, 89, 144
지속가능발전 해법 네트워크 98
지속가능발전기본계획 36
지속가능발전목표 152, 339
지속가능발전목표 이행 계획 36
지속가능발전위원회 36
지속가능성 210, 288, 291, 321, 389, 424
지속가능성 정책 262
지속가능성보고서 36
지속가능한 공동체 435
지속가능한 관광의 해 143
지속가능한 도시 34, 57, 258, 332, 389, 399, 403, 408, 408, 412, 453
지속가능한 도시계획 333
지속가능한 도시관광을 위한 세계관광기구 시장포럼 150
지속가능한 발전 34, 246, 423
지속가능한 방식 267
지속가능한 사회 361
지속가능한 스마트 워터 이니셔티브 292
지속가능한 스마트도시 405, 406, 421
지속가능한 어바니즘 402
지속가능한 이용 267
지속가능한 환경 424
지속성 377
지역 공동체 250
지역 기후행동 356
지역 문화유산 보전 35
지역 양극화 243
지역 예술가 196
지역공동체 232, 234
지역문화 179
지역사회 122, 234, 267, 297
지역사회 개발 171
지역사회 복지 444
지역사회 조직 232
지역사회 파트너십 339
지역사회 환경리더십 333
지역안전지수 52
지역음식 314
지역주민 340
지적재산 398
짐 다이어 76
집 짓기 321
집짓기 129
쪽방촌 211

〈ㅊ〉

착한 어린이들의 책들　203
찰스 랜드리　169
창업 인큐베이터　259
창원　66, 157, 168
창원 선언　267
창의도시　169
창의도시 네트워크　187
창의력　170, 369
창의성　173
창의적인 솔루션　292
창작산업　171　171
창조공간　349
창조도시　12, 42, 169, 173, 177, 196
창조산업　163, 172, 176, 196
창조적 조직　170
창평 전통마을　178
책 중심 마을　157
책의 거리　158
책의 도시　154
책의 해　157
책축제　157
처녀생태계　328
천연가스 버스　347
천연기념물　179
천재지변　366
철강 도시　336
청색경제　264
청색경제센터　267
청색성장　267
청소년 문화센터　201

첼시마켓　81
초고령화　244
초연결사회　281
초저출산　244
최고로 살기 좋은 도시　113
최연소 도시　259
최우수 단거리 목적지　264
최저임금제　359
최초의 계획도시　415
축산 폐기물　320
축소도시　237
축소도시 국제연구네트워크　237
축제　135
축제도시　136
춘천　312
출판도시　154
취리히　95, 100, 301
취약계층　365
친환경 인프라　443
친환경경영　28
친환경적 도시계획　257
친환경적인 기법　247
친환경적인 도시　106, 107, 113, 394

〈ㅋ〉

카자나국립연구소　421
카탈루냐 문화 축제　194
칼 베네딕트 프레이　279
칼로스 모네로　434
캔버라　183

캘거리 100
커피의 도시 187
컨틴전시 플랜 59
컬러 유어 시티 123
컴퓨터 혁명 279
코로나 55
코로나-19 450
코르즈나 201
코무나 13 41
코쿰스 조선소 256
코펜하겐 49, 91, 100, 115, 152, 256, 389
코펜하겐지수 120
콥반자이드 260
콩코르드 광장 431
쾌적성 163
쾌적한 도시 192
쿠리치바 5, 27, 34, 215, 327, 333
쿠부스 보닌엔 262
쿠알라룸푸르 151
크로아티아 국립극장 202
크로아티아 연안의 해사와 역사박물관 202
크루프 그룹 제철소 392
크루프 벨트 394
크리스토퍼 플래빈 7
크리스티안 크레켈 100
크흐노버스 346
클라우드 279, 287
클라우스 슈밥 279
클리블랜드 240
키비타스 상 345

킨포크 104
킹스크로스역 211, 250

〈ㅌ〉

타이베이 100
타이포그래픽 서울 123
탄소 네거티브 412
탄소 배출량 34
탄소 포집 437
탄소 흡수 267, 268
탄소발자국 262, 360, 379
탄소배출량 432
탄소배출량의 저감 408
탄소중립 119
탈도시 238
탈린 152, 388
태양광 287
태양광발전 419
터닝 토르소 162, 259
텔아비브 38, 100, 293
텔아비브 논스톱 시티 296
텔아비브 미술관 295
텔아비브 브랜드 296
토론토 100
토지 경관 412
통로 402
통영 172, 175
통합관리 265
퇴비화 114
퇴비화 비율 342

찾아보기 **485**

투명성 50
트램 176, 346
트레블+레저 294
특별경제구역 422
특별한 숲 공원 431

⟨ㅍ⟩

파리 95, 151, 158, 166, 339, 374, 400, 430
파리 에펠탑 127
파리 협약 358
파리시청 430
파리협정 433
파블로 카잘스 195
파블로 피카소 194
파산도시 224
파주 127, 154
파트너십 구축 297
파티의 수도 295
팔로 알토 286
패션 수도 403
페이스 오브 더 시티 293
페르난도 보테로 38
평균 에너지 사용 정보 436
평생교육 332
평화로운 도시 118
폐기물 317
폐기물 관리 394
폐기물 처리 268
폐기물관리법 317
폐기물관리시스템 318
폐기물처리시설 318
폐플라스틱 308
포레스트시티 425
포루투 263
포용국가 89
포용도시 12, 89
포틀랜드 87, 103, 444
폭염 46, 350, 414
폭염 현상 364
폭염경보 367
폭염사회 364
폭염온도 366
폭염일수 335, 368, 372
폭염주의보 366
푸드트럭 106
풀뿌리 주민자치 강화 242
풍력발전 268, 419
프라이부르크 27, 34, 333
프랑크푸르트 271
플라스틱 백 311
플라스틱 쓰레기 308, 310
플라스틱 오염 331
플라스틱 폐기물 436
피렌체 166
피에르 랑팡 445
피카소 117
피카소미술관 193
피터 비숍 69
피터르 브뤼헐 112
피톤치드 371
피트 부티지지 228

필라델피아 190
핑크도시 125

⟨ㅎ⟩

하노이 426
하늘공원 380
하수처리장 333
하이델베르크 80
하이라인 80
하이라인파크 380
하이테크 스포츠 105
하천 습지보호구역 178
학교 숲 조성 372
학습효과 369
학업 성적 447
한옥 글방 251
함부르크 388
항만도시 260
해동예술센터 181
해수면 변화 350
해안 문화도시 200
해안도시 122, 264, 337, 416
해안생태계 265
해안선 보호 266
해안습지 379
해양 생태계서비스 267
해양공원 330
해양박물관 175
해양보호구역 328
해양보호지역 60

해양생태계 267, 309
해양쓰레기 조사 311
해양오염 265
해양투기 317
해양활동 267
해커톤 297
해크니 협동조합 250
행동계획 390
행리단길 83
행복한 도시 11, 26
향동 문화거리 251
헤르만 지몬 270
헤이리 마을 127
헤이리 효과 324
헤이온와이 137, 157
헬싱키 91, 99, 107, 138, 286
혁신 273
혁신도시 42
현대 건축예술가 195
현대미술박물관 167
현대미술센터 167
협동적 관계망(사회적 연계망) 235
협치 389
형평성 447
호세 사바타 엘 페즈 195
혼잡통행료 214
홀로코스트추모공원 133
홀리듀 411
홍수 제어 메커니즘 397
홍수 회복력 향상 412
홍콩 컨트리파크 330
화석연료 352, 400

화성행궁 83
환경 보호 402
환경 정의 333
환경교육 226, 332, 414
환경규범 333
환경도시 8, 34, 42, 168, 336, 339, 344, 419, 438
환경보전 시범도시 408
환경보전형 도시 408
환경성 회복 160
환경소음 442
환경수도 26
환경수도 기타큐슈 335
환경시민의식 333
환경영향평가 지침 382
환경예술 333
환경오염 237
환경오염관리국 338
환경위기
환경인식 제고 389
환경적으로 건전하고 지속가능한 개발 408
환경적으로 건전한 도시생활 430
환경지표 389
환경친화적 마을 321
환경친화적인 녹색도시 344
환경친화적인 도시 346
환경친화적인 행동 333
환경친화지구 258
회복력 332, 354, 377, 394, 425
회복력 있는 도시 48, 49, 62
회복력 있는 도시 2019 354

회복력 있는 도시 총회 357
후쿠오카 42, 426
히든 챔피언 270
히로시마 44